KB272187

카오스
CHAOS

카오스
CHAOS

CHAOS
MAKING A NEW SCIENCE

James Gleick ⓒ 1987
All Rights reserved

Korean translation copyright ⓒ 2013 by East–Asia Publishing Co.
Korean tranlation rights arranged with Carlisle & Company, through EYA
(Eric Yang Agency)

카오스
새로운 과학의 출현

초판 1쇄 펴낸날 2013년 6월 10일 | **초판 19쇄 펴낸날** 2025년 6월 18일

지은이 제임스 글릭 | **옮긴이** 박래선 | **감수** 김상욱 | **펴낸이** 한성봉
편집 황여정·김종립 | **디자인** 김숙희 | **마케팅** 박신용 | **경영지원** 국지연
펴낸곳 도서출판 동아시아 | **등록** 1998년 3월 5일 제1998-000243호
주소 서울시 중구 필동로8길 73 [예장동 1-42] 동아시아빌딩
페이스북 www.facebook.com/dongasiabooks | **전자우편** dongasiabook@naver.com
블로그 blog.naver.com/dongasiabook | **인스타그램** www.instagram.com/dongasiabook
전화 02) 757-9724, 5 | **팩스** 02) 757-9726

ISBN 978-89-6262-069-6 93400

잘못된 책은 구입하신 서점에서 바꿔드립니다.

카오스

새로운 과학의 출현

CHAOS

Making a new science

제임스 글릭 지음

박래선 옮김 · **김상욱** 감수

동아시아

카오스

이 책에 쏟아진 찬사들

CHAOS
MAKING A NEW SCIENCE

아주 흥미로운 책이다. 한 문장 한 문장이 그야말로 충격 그 자체다.

— 『뉴욕타임스』

『카오스』는 축제다.

— 『워싱턴포스트』

경외감을 불러일으키는 책이다. 마치 어두운 방 안에 불을 훤히 켠 것 같은 느낌이다.

— 더글러스 애덤스Douglas Adams · 『은하수를 여행하는 히치하이커를 위한 안내서』 저자

글릭의 『카오스』는 아주 재미있고 정확할 뿐만 아니라 아름답도록 낯설며, 기이하게 아름다운 생각들로 가득하다.

— 더글러스 호프스태터Douglas Hofstadter · 퓰리처상 수상작 『괴델, 에셔, 바흐』 저자

혼돈 속의 질서를 설명한 카오스 이론은 인간의 정신적 산물이며 복잡계를 이해하는 초석이다.

— 강병남 · 서울대학교 물리천문학부 교수

새롭고 낯선 과학인 카오스 이론의 훌륭한 소개서였던 이 책은 현대를 살아가는 우리 모두가 읽어야 할 고전이 되었다. 독자들은 이 책을 통해서 선형인 자연현상들이 오히려 예외임을, 그리고 우리 주변의 많은 자연현상과 사회현상의 한 꺼풀 바로 밑에 비선형성이 지배하는 아름다운 카오스가 도사리고 있음을 발견하게 될 것이다.

— 김범준 · 성균관대학교 물리학과 교수

『카오스』는 미국에서만 100만 부가 넘게 팔리며 대중과학 서적의 한 획을 그었다. 이보다 잘 쓰인 카오스 책은 없다고 자신 있게 말할 수 있다.

— 김상욱 · 『카오스』 감수, 부산대학교 물리교육과 교수

현대과학의 격랑 속에 방황하는 내 마음의 등대가 되었던 제임스 글릭의 『카오스』. 한 시대를 풍미한 명저의 감동은 20년 이상이 지난 지금도 여전히 쓰나미처럼 몰려온다. 과학혁명의 최전선을 누비는 개척가들의 흥미진진한 에피소드는 당신의 마음 깊은 곳에서도 거대한 나비 효과를 만들어낼 것이다.

— 김승환 · POSTECH 물리학과 교수, 한국뇌연구협회장

서울대 권장도서 100권에 선정된 『카오스』는 기상학, 주식시장의 비주기적 변동, 전염병 확산이나 생태계의 변화 · 심장 박동 등 자연과학 분야는 물론, 여러 학문 분야에서 연구의 동반자로 삼고 있다.

— 김홍종 · 서울대학교 수리과학부 교수

제임스 글릭이 말하는 '카오스'는 당신의 세계관을 한꺼번에 바꿔놓을 것이다.

— 손동원 · 인하대학교 경영학부 교수, 전 복잡계 네트워크 학회 회장

『카오스』는 장차 미래를 이끌어갈 독자들에게 자연현상을 넘어 사회현상까지 아우르는 복잡계의 매혹적인 세계를 안내해줄 것이다.

— 이상욱 · 한양대학교 철학과 교수

『카오스』는 대학 5년간 "나의 꿈은 천체물리학자다"라고 이야기했던 저를 한순간에 복잡계 물리학 분야로 이끈 책입니다. '이 분야에 뛰어들면 새로운 분야의 학문이 만들어지고 어떤 모습으로 바뀌어가는 것을 직접 목격할 수 있겠구나, 그리고 잘하면 내가 거기에 기여할 수도 있겠구나' 하는 것이 이렇게 도전적이면서 좀 불확실하지만 아주 흥미로운 분야로 저를 이끌었습니다.('지식인의 서재' 중에서)

— 정재승 · KAIST 바이오및뇌공학과 교수

과학사를 뒤흔든 카오스 이론은 21세기의 화두인 복잡계와 네트워크 과학의 뿌리가 되었다.

— 정하웅 · KAIST 물리학과 석좌교수

양자역학은 수백 년 동안 내려온 결정론적 세계관을 무너뜨렸다. 카오스 이론은 고전역학에서도 결정론적이지 않은 물리계가 있다는 충격적인 세계관을 제시한다. 연구원 시절에 이 책을 우연히 찾아 빠져들며 받았던 신선한 충격이 아직도 생생히 떠오른다.

— 최준곤 · 고려대학교 물리학과 교수

음악이 인간적인 것이라면,
잡음은 자연의 섭리이다.

존 업다이크

일러두기

■ 본문에 있는 괄호 안 글은 옮긴이라는 표시가 있는 경우를 제외하고는 모두 지은이가 쓴 것이다.

■ 본문에 나오는 전문용어는 학계에서 두루 쓰이는 용어를 선택해 우리말로 옮겼다. 용어 번역에서 주로 사용한 참고자료로는 대한물리학회 물리학용어집, 대한수학회 수학용어집 등을 참조했다.

■ 책, 장편소설, 논문집, 저널, 신문은 『 』, 단편소설, 시, 논문, 기사는 「 」, 예술작품, 방송 프로그램, 영화는 〈 〉로 구분하였다.

20주년 기념판 서문

아직도 카오스 이론이란 말은 다소 모순된 말처럼 들린다. 1980년대에는 '카오스'와 '이론'이란 단어를 한 문장에서 쓰는 것은 고사하고 한 공간에서 공존할 수 있을 것이라고 여겨지지도 않았다. 내가 카오스에 관한 책을—과학 관련 책을—쓰려고 준비하는 중이라는 말을 하자 친구들은 다소 놀란 표정을 지으며 눈썹을 치켜들었다. 한참 후에 한 친구는 내가 '가스^{gas}'에 관한 책을 저술하고 있는 줄 알았다고 말했다. 책의 부제에서 말하는 바와 같이 카오스는—이상하고 생소하며, 흥미롭고도 납득하기 어려운—'새로운' 과학이었다.

20년 동안 어떻게 달라졌을까? 카오스 개념은 주류 과학계뿐만 아니라 일반 문화계에도 받아들여지고 내면화되었다. 그럼에도 여전히 많은 과학자들은 카오스를 이상하고 생소하며, 흥미롭긴 하지만 받아들이기 쉽지 않은 것으로 여기고 있다.

지금은 카오스에 대해 한두 번 정도 들어보지 않은 사람은 거의 없을 것이다. 1993년 상영된 영화 〈쥐라기공원〉에서 엘리 새들러 박사 역을 맡은 배우 로라 던은 이렇게 말한다. "난 아직도 카오스가 잘 이해되지 않아." 그러자 자칭 카오스 전문가 역의 배우 제프 골드블룸은 이렇게 말한다. "카오스는 복잡한 계에서 단순히 예측 불가능성을 다룰 뿐이야. (……) 나비 한 마리가 북경에서 날갯짓을 한 번 하면, 뉴욕 센트럴파크에 화창한 날씨가 아니라 비가 내릴 수 있다는 얘기지.” 그때부터 나비 효과는 대중문화에서 상투어가 되었다. 적어도 두 편의 영화와 『바틀렛의 인용문Bartlett's Quotations』 등재, 뮤직비디오 및 수천 개의 웹사이트와 블로그에서 회자되는 계기가 되었다. (단지 장소만 바뀔 뿐이었다. 이를테면 나비가 브라질/페루/중국/캘리포니아/타히티/남아메리카에서 날갯짓을 하면, 비가 허리케인/토네이도/폭풍의 형태로 바뀌어 텍사스/플로리다/뉴욕/네브래스카/캔자스/센트럴파크에서 몰아쳤다는 식이다.) 2006년 거대한 허리케인 카트리나가 지나간 후에는 생뚱맞게도 나비 군단을 탓하는 듯한 분위기에 대해 『피직스 투데이Physics Today』에 실린 “나비 효과와 전투중”이라는 제목의 기사는 “마음속에 갑자기 나비들이 테러리스트로 훈련받는 장면이 떠올랐다”고 평했다.

카오스의 여러 측면—대체로 다른 측면—들은 한편으로는 현대 경영이론가들에 의해, 다른 한편으로는 초현실주의 문학이론가들에 의해 받아들여졌다. 이들 양 진영은 “질서정연한 무질서”와 같은 구절을 사용했는데, 특히 논문 제목으로 인기가 있었다. 셰익스피어의 클레오파트라와 같은 강렬한 문학적 인물들은 ‘이상한 끌개’처럼 보였다. 금융시장의 차트 패턴들도 마찬가지였다. 한편 조각가들은 물론 화가들도 프랙탈 기하학의 용어나 이미지에서 영감을 받았다.

내 생각에 이런 아이디어들을 가장 강력하게 예술적으로 구현한 것은 영화 〈쥬라기공원〉보다 몇 달 앞서 런던에서 공연된 톰 스토파드Tom Stoppard의 희곡 〈아카디아Arcadia〉였다. 이 연극에는 특히 카오스에 몰두해 있는 수학자가 등장한다. 수학자가 말한다. “기이한 것들이 자연세계의 수학으로 드러나고 있다.” 스토파드는 질서정연한 무질서를 뛰어넘어, 전형적인 영국식 정원과 황무지 사이의 긴장, 고전주의와 낭만주의 사이의 긴장에 이른다. 스토파드는 연극에서 이 책(『카오스』를 말한다_옮긴이)이 전달하려는 내용을 다룬다. 여기서 그 내용을 인용하면 이 책을 다시 인용하는 꼴이 되어 이상한 반복처럼 보이겠지만 어쩔 수 없는 일이다. 스토파드는 수많은 연구자들이 카오스를 발견한 순간의 흥분을 정확히 담아내고 있으며, 연구자들이 본 새롭게 열린 문과 그 문 너머로 펼쳐진 풍경을 함께 보았다.

우리 삶에 있는 일상적 크기의 사물들, 사람들은 이런 사물들에 대해 시를 쓴다. 구름, 수선화, 폭포, 그리고 한 잔의 커피에 크림을 넣을 때 일어나는 일들에 대해. 이러한 사물들은 마치 고대 그리스인들에게 하늘이 신비로웠듯 수수께끼로 가득하다. (……) 미래는 무질서하다. 이와 같은 문은 우리가 뒷다리였던 두 발로 서기 시작한 이래로 대여섯 번은 부서져 열렸다. 당신이 알고 있다고 생각한 거의 모든 것이 틀렸을 때가 가장 살기 좋은 시간이다.

지금 그 문은 처음에 열려 있던 틈보다 더 열려 있다. 그리고 자연이 어떻게 움직이는지에 대해 견고한 가설로 무장한 차세대 과학자들이 등장하고 있다. 이들은 복잡한 동역학계가 기이해질 수 있음을 알고 있다. 또한 언제 그런 일이 일어나는지 알고 있고 조용히 응시하며 관측한다. 축척 패턴이나 네트워크 행위 분석에 대한 방법론을 공유하기 위해 학제간 학술회의가 (정기적이진 않지만 적어도 더 이상 이례적인 일은 아닐 정도로) 열리고 있다.

대체로 카오스 개척자들은 황무지 같은 학문 분야에서 시작하여 이제는 과학 분야에서 확고히 자리매김하였다. MIT 명예교수로 큰 존경을 받고 있는 에드워드 로렌츠^{Edward Lorenz} 박사는 90대의 연세임에도 아직도 연구에 매진하며, 54동 건물 높은 층에 있는 연구실에서 날씨를 예의주시하고 있다(로렌츠는 저자가 이 후기를 쓴 후인 2008년 4월 사망했다_옮긴이). 미첼 파이겐바움Mitchell Jay Feigenbaum 박사는 록펠러 대학교로 옮겨 수리물리연구소를 세웠다. 로버트 메이Robert May 박사는 왕립협회장을 지냈고, 영국 정부 최고위 과학자문위원도 지냈으며, 2001년에는 옥스퍼드의 메이 남작 칭호를 수여받았다. 브누아 망델브로Benoît Mandelbrot가 2006년 자신의 예일대 웹페이지에 공개한 '약력'을 보면, 상과 부상 및 메달을 24차례나 수상했으며, 훈장 2개, 명예학위 19개, 과학자 단체 12군데의 회원이자 15개 학술지의 편집위원이고, 헝가리 발란톤퓌레드 지방의 노벨가에 기념식수와 명판, 중국의 연구소 및 소행성 그 외에도 자질구레한 것들을 포함해 다양한 곳에 이름을 남겼다.

'카오스'라는 말 자체와 함께 시작되어, 이들이 발견한 원리들과 창안한 개념들은 진화에 진화를 거듭하고 있다. 이미 1980년대 중반 카오스란 단어는 많은 과학자들에 의해 다소 좁은 의미로 용어가 재정의된 바 있다(본문 427~428페이지). 이들 과학자들은 '복잡계'와 같은 보다 일반적인 용어가 포괄하는 현상들의 특별한 부분집합에 카오스라는 말을 적용했다. 눈치 빠른 독자라면 조 포드의 자유분방하고 풍부한 스타일의 단어 정의—"동역학이 마침내 질서와 예측 가능성의 족쇄로부터 해방되었다."—를 좋아한다고 말할 수 있을 것이다. 아직도 그렇다. 그러나 모든 것이 전문화를 향해 나아가고 있는 지금, 엄밀하게 말해 '카오스'는 매우 특별한 것이다. 야니르 바얌Yaneer Bar-Yam은 2003년 저술한 1000페이지가 넘는 두꺼운 교재 『복잡계 동역학Dynamics of Complex Systems』 첫 장 첫 절에서 카오스를 제대로 다루고 있다.(그는 말한다. "보면 아시겠지만, 1장이 300페이지입니다. 괜찮겠죠?") 이후에는 확률과정론, 모델링 시뮬레이션, 세포자동자, 컴퓨터 계산이론 및 정보 이론, 축척, 재규격화 및 프랙탈, 신경망, 끌개 망, 균일계, 불균일계 등등을 다룬다.

고에너지 물리학자의 아들로 태어난 바얌은 응집물질물리학을 공부했고, 보스턴 대학교의 공학교수가 되었다. 이후 1997년 뉴잉글랜드 복잡계연구소를 설립하기 위해 보스턴 대학교를 떠났다. 바얌은 세포자동자를 연구한 스티븐 울프램Stephen Wolfram의 연구와 카오스를 연구한 로버트 디배니Robert Devaney의 연구에도 이름을 올렸지만, 중합체나 초전도체보다는 신경망과 인류문명의 본질에 관해 더 관심이 있었다(그는 이에 대해 과장하지 않고 말했다). 바얌은 말한다. "문명에 대해 생각하다 보니 하나의 독립체로서 복잡성에 대해 생각하게 되었습니다. 어떻게 문명을 다른 것과 비교할 수 있을까요? 놋쇠 같은 것일까요? 개구리 같은 것일까요? 이런 문제에 어떻게 대답하겠습니까? 이런 것들이 복잡계를 연구하도록 동기를 부여했습니다."

딱히 말로 표현하기 힘들지만, 문명은 놋쇠보다는 개구리 같은 면이 많다. 한 가지는 진화한다는 것이다. 너무 복잡한 나머지 사실상 독립된 부분들로 나눌 수 없는 것을(이를테면 생명체 같은 것_옮긴이) 설계하고 창조하는 데에는 진화하고 적응하는 과정이 필수적이다. 사회경제계는 생태계와 비슷하고, 사실상 생태계라고 할 수 있다. 바얌은 컴퓨터 모델로 무엇보다도 종족이 혼합되는 패턴, 그리고 종족 간 충돌이 일어나는 경계선을 분리하면서 인종 갈등의 지구적 패턴을 연구해왔다. 핵심은 패턴 형성에 관한 연구이다. 바얌은 이 연구로 지난 20년 동안 무엇이 정당한 과학적 문제를 구성하는지에 대한 과학 공동체의 이해가 엄청나게 변화했음을 보여주었다.

바얌은 "그 과정을 알기 쉽게 설명해드리겠습니다"라며, 우화를 하나 들려주었다.

사람들은 과수원에서 과일을 수확하기 위해 일을 합니다. 그렇죠? 아름다운 과일은 따서 시장에 내놓고, 또 더 높은 곳에 있는 과일을 수확합니다. 수확하기가 조금 힘들고, 아마 크기도 좀 작고 그리 좋지도 않을 것입니다. 당신은 사다리를 만들어 나무 위에 올라가 높은 곳에 달린 과일을 수확합니다. 그러고는 사람들에게 사다리 만든 값을 지불합니다.

제가 한 일에 대한 저의 느낌은 이렇습니다. 제가 보니 거기 울타리가 있었고, 울타리 너머에는 '다른' 과수원이 있었으며, 많고도 많은 나무에 멋진 과일들이 주렁주렁 달려 있었습니다. 과일을 찾은 저는 울타리를 통과해 마을로 돌아가 사람들에게 과일을 보여줍니다. 그러자 사람들은 이렇게 말합니다. "그건 과일이 아니야!" 사람들이 더 이상 과일을 알아보지 못했던 것입니다.

바얌은 이제 의사소통이 좀 나아졌다고 느꼈다. 다양한 과학 분야에서 복잡성과 축척 패턴, 그리고 패턴과 함께 나타나는 집단적 행태를 이해하기 위해 힘 모으는 법을 터득했다는 얘기였다. 그것이 열매라고 했다.

카오스가 의기양양하게 부상하던 초기 시절 과학자들은 카오스를 상대성 이론과 양자역학에 뒤이어 자연과학계에 일어난 20세기의 세 번째 혁명이라고 묘사했다. 지금 분명해진 사실은 카오스는 상대성 이론과 양자역학으로부터 '떼려야 뗄 수 없다'는 것이다. 오직 하나의 물리학이 있을 뿐이다.

일반상대성 이론의 기본 방정식은 비선형적이다. 비선형적이라는 말은 이제 우리가 알고 있듯 카오스가 숨어 있다는 하나의 신호이다. 컬럼비아 대학교 바너드 캠퍼스의 천체물리학자이자 우주론자인 재나 레빈Janna Levin 은 이렇게 말한다. "사람들이 숨겨진 카오스를 찾는 방법에 항상 정통한 것 은 아닙니다. 특히 이론물리학은 기본 대칭성 개념 위에 세워졌습니다. 때문 에 저는 이론물리학이 포용하기에는 어려운 패러다임 전환이 있어야 한다 고 생각합니다." 대칭성과 대칭군群은 풀이가 가능한 방정식을 만들어내는 경향이 있다. 그게 이런 방식이 잘 작동하는 이유이다. 잘 작동하는 경우에 말이다.

상대론 물리학자인 르빈은 상대론에서 가장 큰 의문점을 다룬다.(이를테 면 우주는 무한한가? 또는 진짜 큰 유한인가? 같은 의문점 말이다. 그녀는 우주가 유한하거나, 조금 더 전문적으로 말해 위상적으로 콤팩트하고 다중연결되어 있다 고 주장한다.) 우주의 기원을 탐구하던 르빈은 좋든 싫든 카오스를 다룰 수 밖에 없었고 이후 저항에 부딪힌다. 르빈이 말한다. "제가 처음 이 연구를 발표할 때, 이에 반대하는 유별나게 격한 반응이 있었습니다." 사람들은 "순수하고, 복잡하지 않으며, 실제 기초물리학 영역이 아니라 복잡하고 지 저분하게 얽힌 물리계"에 한해서는 카오스가 좋다고 생각했던 것이다.

우리는 한 점 오점이 없고 아주, 아주 조그만 연구 과제인 순수한 일반상대성 이론에서의 카오스에 관한 연구를 진행하고 있었다. 일반적인 빅뱅, 블랙홀의 중력붕괴, 또는 블랙홀 주변의 궤도운동에서 나타나는 카오스를 연구했다. 사 람들은 카오스란 용어를 두려워하지 않았지만, 순수한 상대론적 계처럼 카오 스가 원자나 다른 지저분한 입자와 달리 깔끔한 역할을 하는 것을 보고 놀랐다.

천문학자들은 이미 태양 표면에서 일어나는 격렬한 현상과 소행성대의 간극에서, 그리고 은하계의 분포에서 카오스의 흔적을 찾아냈다. 르빈과 동료 과학자들은 빅뱅으로부터의 탈출구와 블랙홀에서 카오스를 발견했다. 이들은 블랙홀에 포획된 빛이 불안정하고 혼돈스런 궤도로 진입해 재방출될 수 있음을 예측했다. 매우 짧은 순간이긴 하지만, 블랙홀을 볼 수 있도록 만든 것이다. 그렇다. 카오스는 블랙홀을 볼 수 있도록 환하게 밝힐 수 있다. 르빈은 "제 연구 결과와 프랙탈 집합들 그리고 진정으로 아름다운 모든 결과에는 일정한 비율을 가진 수, 즉 유리수가 있습니다. 따라서 사람들은 한편으로는 두려움에 떨면서도 다른 한편으로는 넋을 잃고 빠져드는 것입니다"라고 말했다. 그녀는 구부러진 시공간에서 카오스를 연구하고 있다. 아인슈타인^{Albert Einstein}이 살아 있다면 자랑스럽게 여길 것이다.

나로서는 카오스를 결코 다시 다룰 일이 없었다. 그러나 독자들은 이 책에서 이후 내가 저술한 책들의 실마리를 얼핏 보았을 수도 있다. 리처드 파인만^{Richard P. Feynman}에 대해서는 전혀 아는 바가 없었지만, 책에 카메오로 한 번 나온다(본문 205페이지). 아이작 뉴턴^{Isaac Newton}은 카메오가 아니라 여러 번 나오지만 카오스의 반영웅으로, 타도될 절대적 권위자로 비쳐졌다. 나는 나중에야 뉴턴의 노트 메모와 편지글을 읽고 얼마나 그를 잘못 알고 있었는지 깨달았다. 그리고 지난 20년 동안 나는 클로드 섀넌^{Claude Shannon}이 창안한 카오스와 정보 이론에 대해 로버트 쇼^{Robert S. Shaw}가 이야기한 것에서 시작된 실마리를 찾으려 노력했다. 카오스는 '정보'의 창조자이다(이는 또 하나의 명백한 패러독스다). 이 실마리는 버나도 후버만^{Bernardo Huberman}이 말했던 것과 관련이 있다. 후버만은 정보망에서 예기치 않게 나타난 복잡한 행

태를 보았던 것이다. 여명이 시작되고 있었고, 마침내 우리는 그것이 무엇
인지 관찰하기 시작했다.

2008년 2월
플로리다 키웨스트에서 **제임스 글릭**

목차
contents

프롤로그

　1974년 미국 뉴멕시코 주의 작은 도시 로스앨러모스의 경찰을 잠시 긴장하게 만든 사건이 있었다. 한 사내가 밤마다 어둠 속을 배회하고 다녔던 것이다. 빨간 담배 불빛이 뒷골목을 따라 흘러 다녔다. 사내는 고원지대의 희박한 공기 속으로 쏟아져 내리는 별빛 속을 몇 시간이고 정처 없이 떠돌아 다녔다. 놀란 것은 경찰만이 아니었다. 로스앨러모스 국립연구소의 물리학자들 중에는 새로 온 동료가 '하루 26시간 생활' 실험을 하고 있다는 것을 아는 사람도 있었다. 동료의 기상시간이 자신들의 기상시간과 일치했다가 서서히 달라졌던 것이다. 이상하게 생각하기는 연구소의 이론 분과 사람들도 마찬가지였다.

　로버트 오펜하이머Julius Robert Oppenheimer가 뉴멕시코의 한적한 시골 동네를 원자폭탄 개발계획의 본거지로 삼은 이후 30여 년 동안, 로스앨러모스 국립연구소는 광활하고 황량한 고원지대에 세계 최대의 슈퍼컴퓨터 설비 및 입자가속기, 가스레이저, 화학 설비와 수천 명의 과학자, 기술자, 행정 인력을 유치하며 계속 확장되었다. 선배 과학자들 중에는 바위 절벽 바깥에 목조 건물이 급히 세워지던 1940년대를 기억하는 사람들도 있었지만, 대학생처럼 코르덴바지에 작업복 셔츠를 입은 대부분의 남녀 직원들에게 원자폭탄을 최초로 만들었던 사람들은 까마득한 옛날 사람들이었다.

연구소에서 이론적 사고 실험을 전담하는 곳은 T분과로 알려진 이론 분과였고, 마찬가지로 계산을 하는 곳은 C분과, 무기를 다루는 곳은 X분과였다. T분과에서 일하는 100명이 넘는 물리학자와 수학자들은 보수가 높을 뿐 아니라, 강의를 하거나 논문을 써야 한다는 학문적 중압감도 없었다.

이곳 과학자들은 재기가 넘치고 기이한 인물들을 워낙 많이 겪은 탓에 웬만한 일에는 콧방귀도 뀌지 않았다. 하지만 미첼 파이겐바움은 유별났다. 자기 이름으로 발표한 논문도 한 편밖에 없는 데다, 딱히 유망한 연구를 하고 있는 것 같지도 않았다. 어수선하게 헝클어진 갈깃머리는 독일 작곡가들 흉상에서처럼 넓은 이마 뒤로 넘겨져 있었다. 부리부리한 눈은 열정으로 가득했다. 항상 말을 속사포처럼 쏟아냈던 그는 뉴욕 브루클린 토박이였는데도 중부 유럽인들처럼 관사와 대명사를 빼먹었다(파이겐바움은 폴란드에서 이주한 유대인 가정에서 태어났다_옮긴이). 일할 때는 신들린 듯이 몰두했지만 일을 하지 않을 때는 낮이건 밤이건 가리지 않고(특히 밤에) 걷거나 생각에 빠졌다. 하루 스물네 시간은 너무 제한적인 것처럼 보였다. 그럼에도 며칠마다 저녁 무렵 잠자리에서 일어나는 생활이 계속되자 더 이상은 힘들다고 판단한 파이겐바움은 자신의 준주기성quasiperiodicity 실험을 끝낸다.

스물아홉의 나이에 이미 석학 중의 석학이 된 파이겐바움은 과학자들이 특히 해결하기 어려운 문제가 생기면 언제든 찾아가 자문을 구하는 맞춤형 상담가였다. 어느 날 저녁 파이겐바움은 연구소장 해럴드 애그뉴가 막 퇴근하려던 참에 연구소에 출근했다. 오펜하이머의 제자로 연구소 실세였던 애그뉴는 원폭 투하 비행기 에놀라 게이Enola Gay를 수행한 비행기를 타고 히로시마 상공으로 날아가 당시 연구소에서 생산한 첫 번째 원자폭탄이 투하되는 모습을 사진으로 찍은 사람이었다. 애그뉴가 말했다. "자넨 정말 똑똑

한 사람이야. 자네의 뛰어난 재능을 가지고 왜 레이저 핵융합 문제를 해결하지 않나?”

친구들조차도 파이겐바움이 자신만의 연구 업적을 낼 수 있을지에 대해 의구심을 가졌다. 친구들이 질문하면 흔쾌히 즉석에서 문제를 해결하는 마력이 있었지만, 성과를 낼 만한 문제에 대해 자신만의 연구를 열정적으로 진행하는 것 같지 않았던 것이다. 파이겐바움은 액체와 기체의 난류에 대해 생각했다. 그리고 시간에 대해서 생각했다. 시간은 매끄럽게 앞으로 미끄러져 가는 것일까, 아니면 영화 장면처럼 불연속적으로 깡충깡충 뛰듯 가는 것일까? 물리학자들이 끊임없이 이동하는 양자量子 만화경이라 생각하는 우주에서, 인간의 눈은 어떻게 일정한 색깔과 형태를 볼 수 있는지에 대해서 생각했다. 또한 구름에 대해서도 생각했다. 1975년 과다 이용을 이유로 연구 여행비 지원이 공식 정지될 때까지 파이겐바움은 비행기 창밖으로 구름을 보면서, 연구소 안에 있는 오솔길을 따라 걸으면서 구름에 관해 생각했다.

미국 서부 산골마을의 구름은 동부의 하늘을 채우고 있는 거무스름하고 낮게 깔린 연무와는 전혀 다르다. 거대한 칼데라 분지라 바람이 없는 로스앨러모스에서 구름은 무작위적 형태로 하늘에 흩뿌려져 있지만, 또한 일정하게 돌출된 형태를 이루거나 인간의 뇌처럼 주름진 패턴을 이루고 있기도 했다. 번개가 쳐 하늘이 희미하게 빛나고 천둥이 진동하는 오후에는 저 멀리 50킬로미터 정도 떨어진 곳에 구름은 빛을 투과시키거나 반사하면서 (하늘 전체가 물리학자를 은근히 책망하듯 장관을 이루며) 높이 떠 있다. 구름은 주류 물리학이 외면한 자연의 일면을 상징했다. 모호하면서도 상세하고, 구조적이면서도 예측 불가능한 것들을 동시에 보여주었다. 파이겐바움은 묵묵하게, 아무런 성과도 없이 이런 것들에 대해 생각했다.

레이저 핵융합을 창조하는 것은 물리학자의 소관이다. 또 작은 입자의 스핀spin과 색color과 맛깔flavor을 밝히고, 우주의 생성 시기를 알아내는 것이 물리학자들에게 합당한 문제이다. 하지만 구름을 이해하는 것은 기상학자의 소관이다. 여느 물리학자들과 마찬가지로 파이겐바움 역시 그런 문제를 하찮게 여기며 과소평가했다. 파이겐바움이라면 이렇게 말했을 것이다. "그건(구름과 같은 문제는_옮긴이) 너무 자명하다." 이 말은 숙련된 물리학자라면 적절한 사유와 계산을 하면 누구나 결과를 이해할 수 있다는 얘기다. '자명하지 않은' 연구를 해야 명성을 얻고 노벨상을 받는다. 우주의 내부를 오랜 시간 고찰하지 않고는 그 해답을 찾을 수 없는 어려운 문제들에 대해 물리학자들은 '심오하다'는 말을 쓴다. 1974년, 동료들은 거의 모르고 있었지만, 파이겐바움은 심오한 문제에 매달려 있었다. 바로 카오스였다.

카오스가 시작되는 곳에서 고전과학은 멈춘다. 자연법칙을 탐구하던 과학자들은 대기와 요동치는 바다에서, 그리고 야생동물의 개체수 변동과 심장과 뇌의 진동에서 나타나는 무질서에 대한 특유의 무지에 시달려왔다. 과학에서 자연의 불규칙하고 불연속적이고 변덕스러운 측면은 좋게 말하면 설명하기 힘든 수수께끼였고, 나쁘게 말하면 기괴한 것이었다.

하지만 1970년대가 되자 미국과 유럽의 몇몇 과학자들은 무질서 문제를 해결할 방법을 모색하기 시작했다. 이들 수학자, 물리학자, 생물학자, 화학자들은 서로 다른 종류의 불규칙성 사이에서 연관성을 찾으려 했다. 생리학자들은 돌연사의 주요 원인인 심장 활동의 불규칙성에서 놀라운 질서를 발견했다. 생태학자들은 집시나방의 개체수 증가와 감소를 연구했다. 경제학자들은 과거의 주가변동 자료를 조사해 새로운 분석을 시도했다. 여기서 얻은 통찰은 구름의 모양, 번갯불의 경로, 혈관의 미세한 뒤얽힘, 은하의 성단 등 자연세계로 직접 이어졌다.

로스앨러모스에서 카오스에 대해 궁리하기 시작할 때만 해도 파이겐바움은 대부분이 서로 모른 채 흩어져 있던 몇 안 되는 카오스 과학자 중 하나였다. 캘리포니아 버클리대에 있는 한 수학자는 '동역학계'라는 새로운 학문을 정립하기 위해 작은 모임을 만들었다. 프린스턴 대학교의 한 집단 생물학자는 단순한 모델 속에 숨어 있는 놀랄 만큼 복잡한 행태에 대해 모든 과학자들이 주목해야 한다고 강력하게 호소하는 논문을 발표하려 하고 있었다. IBM에서 근무하던 한 기하학자는 같은 계통의 모양들—들쭉날쭉하고, 엉키고, 쪼개지고, 꼬이고, 깨져 있는—을 표현할 수 있는 새로운 단어를 찾고 있었는데, 이런 모양이야말로 자연의 구성 원리라고 생각했다. 프랑스의 한 수리물리학자는 액체의 난류가 자신이 이상한 끌개라 부른 기이하고 무한히 꼬여 있는 추상적 도형과 관련이 있다는 매우 논쟁적인 주장을 내놓았다.

10여 년 뒤 카오스는 과학의 구조를 새로운 관점에서 재조명하는, 급속히 부상하고 있는 운동의 대명사가 되었다. 카오스 관련 학술회의와 학술지가 우후죽순 생겨났다. 미 국방부, CIA, 에너지부 등에서 연구비를 담당하는 관리들은 카오스 연구에 예전보다 훨씬 많은 자금을 책정했고, 재정 관련 전담 부서를 구성했다. 주요 대학교와 주요 기업연구소 연구자들 중에는 자신의 전공 분야는 뒷전이고 카오스에 빠져 있는 이들이 생겨날 정도였다. 로스앨러모스는 카오스와 관련 문제들을 조직적으로 연구하기 위해 비선형연구센터를 설립했다. 미국 전역의 대학에도 유사한 연구기관들이 등장했다.

카오스 이론은 컴퓨터를 사용하는 특유의 기법과 특별한 그래픽 이미지, 다시 말해 복잡성에 내재한 환상적이고도 우아한 구조를 나타내는 그림을 만들어냈다. 또한 이 새로운 과학은 '프랙탈fractal', '분기bifurcation', '간헐성', '주기성', '접힌 수건 미분동형사상folded-towel diffeomorphism'과 '매끄러운 국수 사상smooth noodle map' 같은 자신만의 세련된 전문용어도 만들어냈다. 이러한 것들은 마치 전통 물리학에서 쿼크와 글루온이 물질의 새로운 요소이듯 운동의 새로운 요소들이었다. 어떤 물리학자들은 카오스가 상태보다는 과정의 과학이고, 존재의 과학이라기보다는 생성의 과학이라고 보았다.

과학에서 지금은 카오스가 어디에나 존재하는 것으로 본다. 피어오르는 한 줄기 담배연기는 거칠게 소용돌이치며 흩어진다. 바람이 불면 깃발은 앞뒤로 펄럭인다. 물이 똑똑 떨어지는 수도꼭지에서 처음에는 물방울이 일정한 패턴으로 떨어지다가 갑자기 무작위적으로 떨어진다. 날씨와 하늘을 나는 비행기에서, 고속도로에 몰려 있는 차량 행렬과 지하 송유관을 흐르는 석유의 흐름에서 카오스 현상이 나타났다. 매질이 뭐든 간에 반응은 모두 새롭게 발견된 법칙에 따랐다. 이런 깨달음은 회사 경영진의 보험 관련 의사 결정 방식에서부터 천문학자가 태양계를 관찰하는 방식, 그리고 정치 이론가가 군사적 충돌로 이어지는 긴장 상태에 대해 논의하는 방식을 바꾸기 시작했다.

카오스 이론은 과학 분과를 나누는 경계선을 붕괴시킨다. 왜냐하면 계系의 총체적 속성을 다루는 과학이 서로 떨어져 있던 분야의 전문가들을 한데 묶었기 때문이다. "15년 전, 과학은 전문화가 심해지면서 위기를 맞고 있었습니다." 수학자, 생물학자, 물리학자, 의사들로 이뤄진 청중들 앞에선

과학연구 재정 담당 해군장교가 말했다. "하지만 카오스 이론 때문에 이런 전문화 양상은 극적으로 바뀌었습니다." 카오스는 기존 과학이 연구하던 방법에 반기를 들면서 문제를 제기했고, 또 복잡성의 보편적 행태를 강하게 주장했던 것이다.

최초의 카오스 이론가들, 다시 말해 카오스 분야에 활기를 불어넣은 과학자들은 어떤 감성을 공유하고 있었다. 이들은 패턴, 특히 다양한 축척scale에서 동시에 나타나는 패턴을 보았고, 또한 무작위성과 복잡성, 그리고 들쭉날쭉한 모서리와 급작스러운 변화에 관심을 가졌다. 카오스 이론 신봉자들은—때로 이들은 자신들을 신봉자, 개종자, 복음 전도사라 불렀다—결정론과 자유의지, 진화와 의식적 지능의 본질에 대해 깊이 생각했다. 또한 이들은 쿼크나 염색체 혹은 신경세포와 같은 구성 부분으로 계를 분석하는 과학의 환원주의적 경향을 되돌려놓고 있다고 생각했다. 그들은 자신들이 전체적인 것을 찾고 있다고 믿었다.

이 새로운 과학을 가장 열성적으로 옹호하는 사람들은 다음 세 가지만이 20세기 과학에 길이 남을 것이라 말하기까지 한다. 바로 상대성 이론과 양자역학과 카오스 이론이다. 이들은 카오스 이론이 20세기 물리학 분야에서 세 번째로 일어난 대혁명이라고 주장한다. 앞의 두 혁명과 마찬가지로 카오스 이론도 뉴턴의 물리학 교의敎義에서 벗어난다. 어떤 물리학자는 이렇게 썼다. "상대성 이론은 절대적 공간과 시간이라는 뉴턴물리학의 환상을 제거했다. 양자 이론은 측정 과정을 제어할 수 있다는 뉴턴물리학의 꿈을 깨뜨렸다. 그리고 카오스 이론은 결정론적 예측 가능성이라는 라플라스적 환상을 깬다." 이 세 가지 혁명 중에서 카오스 이론은 우리가 보고 만지는 우주, 말하자면 인간 척도에 있는 대상들에 적용된다. 일상의 경험과 세계의 실제 모습이 탐구 목표가 된 것이다. 항상 대놓고 말하지는 못했지만, 이론물리학이 세계에 대한 인간의 직관과 너무 괴리되지 않았나 하는 분위기가 오랫동안 있었다. 카오스 이론이 생산적인 이단異端으로 판명이 날지, 아니면 평범한 이단으로 그칠지는 아무도 모른다. 그러나 물리학이 벽에 부딪혔다고 생각하는 사람들 가운데 일부는 카오스 이론을 새로운 탈출구로 생각하고 있다.

물리학 안에서 보면 카오스 연구는 변방에서 출현했다. 20세기 대부분의 시기에 걸쳐 물리학의 주류였던 소립자물리학은 더욱더 높은 에너지, 더욱더 작은 규모, 더욱더 짧은 시간 영역에서 물질의 구성 단위를 탐구했다. 소립자물리학에서 자연의 근본적 힘과 우주의 기원에 대한 이론이 나왔다. 그럼에도 몇몇 젊은 물리학자들은 가장 각광받고 있는 과학 분야의(소립자물리학_옮긴이) 연구 방향에 점점 불만을 느꼈다. 발전은 더뎌졌고, 새로운 소립자의 발견은 드물어졌으며, 이론 체계는 흐트러졌다. 카오스 이론이 등장하자 젊은 과학자들은 물리학 전반에 방향 전환이 이루어지고 있다고 믿었다. 이들은 물리학이 너무 오랫동안 고에너지 입자와 양자역학이라는 화려하고 추상적인 개념에 지배되어왔다고 느꼈다.

우주과학자이자 케임브리지 대학교 뉴턴좌座 교수인 스티븐 호킹^{Stephen William Hawking}은 1980년 "이론물리학은 그 종말에 가까워지고 있는가?"라는 제목의 강연을 통해 자신의 과학에 대해 찬찬히 살펴보면서 대부분의 물리학을 대변해 이렇게 말했다.

"우리는 이미 일상생활에서 경험하는 모든 것을 지배하는 물리법칙을 알고 있습니다. (……) 오늘날 결과를 예측할 수 없는 실험을 하는 데 엄청난 장비와 자금이 필요하다는 사실은 이론물리학이 얼마나 발전했는가를 보여주는 증표입니다.”

하지만 호킹은 소립자물리학으로 자연의 법칙을 이해한다 해도, 가장 단순한 계 외에는 이들 법칙을 적용하는 방법이 여전히 해결되지 않은 문제로 남는다는 사실을 알고 있었다. 안개 상자 속에서 두 소립자가 가속기 주위를 돌다가 충돌하리란 것을 예측하는 것과 소용돌이치는 유체가 담긴 매우 단순한 통 안에서, 혹은 지구의 날씨나 사람의 뇌에서 일어날 일을 예측하는 것은 전혀 다르다.

호킹의 물리학은 노벨상을 수상하고 실험에 필요한 막대한 연구비를 모으는 데 효율적이라는 측면에서, 종종 하나의 혁명으로 불린다. 때로는 과학의 성배인 통일장 이론 혹은 ‘모든 것의 이론’도 머지않아 나올 것처럼 보인다. 물리학은 우주가 탄생한 직후부터 지금까지 전 역사에 걸쳐 일어난 에너지와 물질의 발전을 추적해왔다. 그렇다면 제2차 세계대전 이후의 소립자물리학을 혁명이라 할 수 있을까? 아니면 아인슈타인, 보어 그리고 다른 상대성 이론과 양자역학의 선구자들이 이미 짜놓은 틀에 살을 붙였을 뿐인가? 원자폭탄에서 트랜지스터의 발명에 이르기까지 물리학이 20세기를 변화시켰다는 것은 분명하다. 그럼에도 오히려 소립자물리학의 범위는 좁아진 것 같다. 어쨌든 그 분야에서 일반인의 세계관을 변화시킨 새로운 이론적 아이디어가 나온 지 이미 두 세대가 흘렀다.

호킹이 말한 물리학은 자연에 대한 가장 근본적인 질문에 답하지 않아도 별 지장이 없었다. 가령 이런 질문들 말이다. 생명은 어떻게 시작되는가? 난류는 무엇인가? 무엇보다 거침없이 점점 더 무질서가 증가하는 엔트로피가 지배하는 우주 속에서 질서는 어떻게 생성되는가? 더불어 물리학자들은 유체나 기계적인 계와 같이 일상적으로 경험하는 대상들은 너무 기초적이고 평범하기 때문에 잘 이해한다고 생각하는 경향이 있다. 그러나 그렇지 않다.

카오스 혁명이 안정 궤도에 오르자 가장 뛰어난 물리학자들까지도 거리낌 없이 인간 척도의 현상들로 회귀하고 있다. 이들은 은하계뿐만 아니라 구름도 연구한다. 또한 슈퍼컴퓨터의 대명사인 크레이^{Cray}뿐만 아니라 매킨토시를 이용해 유용한 연구를 진행한다. 가장 권위 있는 학술지들은 양자물리 논문과 함께 책상 위에서 튀는 공의 이상한 동역학에 관한 논문들을 나란히 싣고 있다. 이제는 가장 단순한 계가 예측 가능성이라는 엄청나게 어려운 문제를 제기하는 것으로 여겨진다. 하지만 이런 계에서도 자연발생적으로 질서가 발생한다. 다시 말해 혼돈과 질서가 함께 생기는 것이다. 오직 새로운 과학만이 하나의 존재(이를테면 한 개의 물 분자, 하나의 심장 조직세포, 하나의 신경세포)가 무슨 일을 하는지에 대한 지식과 (이런 개별 존재들) 수백만이 모여 나타나는 작용 형태에 대한 지식 사이에 놓여 있는 커다란 간격을 극복할 수 있다.

폭포수 아래에서 나란히 떠다니는 두 개의 거품을 한번 보자. 이 거품들이 폭포수 위에서는 얼마나 가까이 있었는지 알 수 있을까? 알 수 없다. 표준 물리학에서 이런 문제는 하느님이 물 분자를 붙잡아 테이블 밑에서 마음대로 뒤섞어놓은 것과 같다고 여긴다. 전통적으로 물리학자들은 복잡한 결과는 복잡한 원인에서 발생한다고 생각한다. 따라서 어떤 계에 유입되고 유출되는 것 사이에 무작위적인 관계가 있을 경우, 인위적으로 잡음이나 오류를 추가하여 무작위성을 어떤 현실적인 이론 안으로 넣어야 한다고 여긴다.

하지만 1960년대에 극히 단순한 수학 방정식으로 폭포수와 같이 격렬한 계를 빈틈없는 모델로 만들 수 있다는 사실을 서서히 인식하면서 현대 카오스 연구가 시작되었다. 입력에서의 미세한 차이가 출력에서 엄청나게 큰 차이로 나타난다. 이것이 바로 초기조건의 민감성이라는 현상이다. 날씨에서는 그저 농담 반 진담 반으로 이런 현상을 '나비 효과'라고 부른다. 오늘 북경에서 나비 한 마리가 대기를 휘저으면 다음 달 뉴욕에서 폭풍이 일어날 수도 있다는 것이다.

자신들의 새로운 과학의 계보를 돌이켜보던 카오스 연구자들은 과거로부터 많은 지성사적 발자취를 찾아낼 수 있었다. 한 가지는 분명했다. 카오스 혁명을 이끌고 있는 젊은 물리학자와 수학자들에게, 시작은 나비 효과부터였다는 점 말이다.

제1장

나비
효과

물리학자들은 '조건이 주어진다면,
어떤 결과가 일어날 것인가'를
말하기만 하면 된다고 생각한다.

리처드 파인만

구름 한 점 없는 푸른 하늘에 태양이 빛나고, 바람은 유리 위를 미끄러지 듯 부드럽게 불었다. 밤은 오지 않았고 가을 날씨가 계속되었다. 비도 전혀 내리지 않았다. 에드워드 로렌츠가 새 컴퓨터에서 재현한 날씨는 마치 세상이 지상낙원으로 변한 듯한 온화한 계절의 한낮을 지나면서, 느리게 그러나 분명히 변해가고 있었다.

창밖으로 펼쳐진 현실의 날씨는 달랐다. MIT 캠퍼스를 따라 새벽안개가 피어오르고 지붕 위로는 대서양의 낮은 구름이 미끄러지듯 흘러갔다. 컴퓨터에서 재현되고 있는 모델에는 안개와 구름이 전혀 나타나지 않았다. 전기회로와 진공관이 뒤엉킨 채 로렌츠의 연구실 한구석에 볼품없이 놓여 있던 컴퓨터 로열 맥비Royal McBee는 갑자기 듣기 싫은 소리를 냈고, 1주일에 한 번 정도는 고장이 났다. 컴퓨터의 처리 속도나 메모리로 볼 때, 지구의 대기와 해양을 실제에 가깝게 시뮬레이션할 수는 없었다. 하지만 로렌츠는 1960년 날씨 모델을 개발해 동료들을 매료시켰다. 컴퓨터는 1분마다 한 줄씩 숫자를 인쇄함으로써 하루의 경과를 표시했다. 출력된 데이터를 보면, 어떤 때는 편서풍이 북쪽으로 불고 또 어떤 때는 남쪽으로 불다 다시 북쪽으로 불고 있었다. 숫자로 표시된 폭풍우는 이상화理想化된 지구 주위를 천천히 회전했다. 학과에 소문이 퍼지면서 다른 기상학자와 대학원생들이 몰려와 다음에는 날씨가 어떻게 될 것인지를 놓고 내기를 걸었다. 하지만 똑같은 날씨가 반복된 적은 한 번도 없었다.

기상학자라고 해서 반드시 그래야 하는 법은 없지만 여하튼 로렌츠는 날씨를 좋아했다. 날씨의 변화무쌍變化無雙함이 좋았던 것이다. 로렌츠는 대기 안에서 나타났다 사라지는 회오리바람이나 열대성 저기압과 같은 (항상 수학적 법칙을 따르면서도 결코 똑같이 반복되지 않는) 패턴들의 진가를 제대로 볼 줄 알았다. 구름을 보면 구름 속에서 어떤 구조를 보았다. 한때는 기상학 연구가 그저 드라이버로 도깨비 상자를 여는 것은 아닐지 염려하기도 했지만, 이제는 과연 과학이 날씨의 신비를 풀 수 있을지 궁금했다. 날씨는 평균치에 대해 말하는 것만으로는 표현할 수 없는 묘미가 있었다. 만약 '매사추세츠 주 케임브리지 시의 6월 일일 최고기온 평균은 섭씨 24도이다. 사우디아라비아 리야드의 연중 강수일수는 평균 10일이다'라고 말한다면, 이는 통계수치일 뿐이다. 하지만 본질은 대기 중에서 날씨의 패턴이 시간이 경과함에 따라 어떻게 변화하는가이며, 이것이 바로 로렌츠가 로열 맥비에서 찾아낸 것이었다.

로렌츠는 자신이 원하는 대로 자연의 법칙을 선택할 수 있는 이 컴퓨터 우주의 신이었다. 얼마 동안 시행착오를 겪은 그는 12개의 법칙을 선택했다. 법칙들은 기온과 기압, 그리고 기압과 풍속 간의 관계를 나타내는 방정식이었다. 로렌츠는 우주를 창조하여 영구히 작동하게 한 신성한 시계공에게 적절한 도구인 뉴턴의 법칙들을 적용하고 있었다. 물리법칙의 결정론적 특성 때문에 더 이상 개입할 필요는 없었다. 예나 지금이나 그러한 모델을 만들어낸 사람들은 운동법칙이 수학적 확실성을 보장한다는 것을 당연하게 받아들인다. 자연의 법칙을 이해하라, 그러면 우주를 이해하게 될 것이다. 이것이 바로 컴퓨터로 기상을 모델링하는 것 뒤에 숨어 있는 철학이었다.

사실 로렌츠는 18세기 철학자들이 상상했던 창조주, 말하자면 쓸데없이 참견하지 않고 무대 뒤에서 물끄러미 세상을 바라보는 자비로운 존재 같은 인물이었다. 로렌츠는 기상학자치고는 좀 별난 축에 속해서 양키 농부의 수척한 얼굴을 하고 있었는데, 놀랄 만큼 반짝이는 눈 때문에 사실이 어떻든 웃는 얼굴이었다. 또한 자기 자신이나 자신의 일에 관해서는 거의 입을 열지 않았지만 다른 사람의 이야기는 경청했다. 종종 로렌츠는 복잡한 계산이나 공상에 빠져들어 친구들이 접근하기 어려워했다. 가까운 친구들은 로렌츠가 많은 시간을 먼 외계에서 보낸다고 느꼈다.

어쨌든 코네티컷 주 웨스트하트퍼드에서 어린 시절을 보낸 로렌츠는 집 밖에 온도계를 설치하고 매일 최고기온과 최저기온을 기록할 정도로 날씨에 관심이 많았다. 하지만 온도계를 들여다보는 것보다는 집 안에서 수학 퍼즐 책을 가지고 노는 시간이 더 많았다. 때로 아버지와 함께 퍼즐을 풀었다. 한번은 아주 까다로운 문제를 가지고 씨름을 했는데, 알고 보니 답이 없는 문제였다. 아버지는 이렇게 말했다. 답이 없다면(그럴 수도 있다) 답이 없다는 것을 증명하도록 노력해야 한다고. 일리가 있는 말이었다. 수학의 순수성만큼이나 아버지의 말을 좋아했던 로렌츠는 1938년 다트머스 대학교를 졸업할 무렵 수학을 천직으로 삼아야겠다고 생각한다. 그러나 상황이 허락하지 않았다. 제2차 세계대전이 일어났고, 로렌츠는 육군 항공대 기상

예보관으로 일하게 된다. 전쟁이 끝난 뒤 로렌츠는 기상학 분야에 남아 기상학 이론을 연구하고 또 기상학에 쓰이는 수학을 좀 더 발전시키기로 작정했다. 그는 대기의 일반적인 순환양상과 같은 정통적인 문제들에 관한 연구 논문을 발표함으로써 명성을 얻었다. 이런 와중에도 날씨 예측 문제에서는 손을 떼지 않았다.

대부분의 진지한 기상학자들은 날씨 예측이 경험과 육감으로 하는 일이지 진정한 의미의 과학은 아니라고 생각했다. 말하자면 기술자들이 계측기와 구름 분포를 보고 다음 날 날씨를 읽어내는 직관력이 있으면 할 수 있는 업무였다. 일기예보는 어림짐작이었다. MIT와 같은 연구기관에서 취급하는 기상학 문제들은 해답이 분명했다. 로렌츠야 비행기 조종사들을 위해 일기예보를 해본 적이 있었기 때문에 일기예보의 불확실성에 대해 누구보다도 잘 알고 있었다. 하지만 로렌츠가 흥미를 가진 부분은 수학적인 것이었다.

기상학자들은 날씨 예측을 하찮게 여겼고, 1960년대만 해도 과학자라는 사람들은 대체로 컴퓨터를 신뢰하지 않았다. 이 고성능 계산기를 이론과학의 도구로 생각한 사람은 거의 없었다. 수학적 기상 모델이 서자 취급을 받은 것은 당연했다. 하지만 시대는 거스를 수 없었다. 기상예보는 무지막지한 힘으로 수천 번의 계산을 반복할 수 있는 기계가 나오기를 200년간 기다려온 것이다. 이 세계가 행성처럼 법칙을 따르고, 일·월식과 조수처럼 예측 가능한 결정론적 경로를 따라 펼쳐진다는 뉴턴의 예측은 오직 컴퓨터만이 증명할 수 있었다.

이론상 기상학자들은 천문학자들이 연필과 계산자로 할 수 있었던 일들을 컴퓨터로 할 수 있다. 말하자면 초기조건과 (우주의 진화를 이끄는) 물리법칙을 통해 우주의 미래를 계산할 수 있다는 것이다. 대기와 물의 운동을 나타내는 방정식들은 행성의 운동을 나타내는 방정식만큼이나 잘 알려져 있다. 하긴 천문학자들도 아홉 개의 행성과 수십 개의 위성 그리고 수천 개의 소행성이 서로 끌어당기고 있는 태양계의 운동에 대해 완벽하게 이해하지 못하고 있으며, 앞으로도 결코 완벽하게 이해하지는 못할 것이다. 하지만 사람들은 행성운동 계산이 너무 정확해서 이것이 예측에 불과하다는 사실을 잊었다. 천문학자들이 "핼리혜성은 76년 후 이 경로로 되돌아올 것이다"라고 말하면, 단순한 예측이 아니라 사실처럼 보인다. 결정론적 수치 예측은 우주선과 미사일의 정확한 궤도를 계산해냈다. 그런데 왜 바람과 구름에 대해서는 그러지 못할까?

날씨는 훨씬 더 복잡한 현상이지만, 역시 동일한 법칙들에 의해 지배된다. 아마 강력한 컴퓨터가, 그 누구보다도 뉴턴주의에 빠져 있었던 18세기의 철학자이자 수학자인 라플라스Pierre Simon de Laplace가 상상한 최고 지성이 될 수도 있을 것이다. 라플라스는 이렇게 썼다. "최고 지성은 우주에서 가장 큰 물체와 가장 가벼운 원자의 운동을 하나의 공식 안에 동시에 나타낼 것이다. 불확실한 것은 하나도 없으며, 최고 지성의 눈에는 미래가 마치 과거처럼 나타날 것이다." 아인슈타인의 상대성원리와 하이젠베르크Werner Karl Heisenberg의 불확정성원리가 지배하는 이 시대에 라플라스는 낙관주의에 빠진 어릿광대처럼 보이지만, 현대과학의 대부분은 그의 꿈을 추구했다.

많은 20세기 과학자들—생물학자, 신경과학자, 경제학자들—의 사명은 암묵적으로 연구 대상을 과학법칙에 복종하는 가장 단순한 요소들로 분해하는 것이었다. 이 모든 과학에 뉴턴주의적 결정론이 영향을 미쳤다. 현대 계산학의 선구자들은 언제나 라플라스를 염두에 두었으며, 폰 노이만John

Von Neumann이 1950년대 프린스턴 고등연구소에서 자신의 첫 컴퓨터를 고안한 이래 계산의 역사와 예측의 역사는 서로 밀접한 관련을 가졌다. 폰 노이만은 기상 모델링에는 컴퓨터가 적격이라고 생각했다.

이렇게 생각한 배경에는 하나의 조그만 타협 같은 것이 있었다. 과학자들의 철학 한구석에 마치 미지불 계산서처럼 숨어 있는 (너무 보잘것없어서 과학자들이 대개 잊어버리는) 작은 타협이었다. 바로 측정은 결코 완벽할 수 없다는 것이다. 뉴턴의 기치 아래 행진하는 과학자들은 사실 다음과 같이 말하는 또 다른 깃발을 흔들고 있었다. 어떤 계의 '거의 정확한' 초기조건과 자연법칙을 안다면 그 계의 '거의 정확한' 운동 행태를 계산할 수 있다. 한 이론과학자가 학생들에게 말했듯 과학의 철학적 중심에는 이런 가정이 놓여 있었다.

"서구과학의 기본적인 관념은 이렇습니다. 지구에서 당구대에 놓여 있는 당구공의 운동을 계산할 때, 다른 은하계의 어떤 혹성에서 나뭇잎이 하나 떨어지는 것까지 고려할 필요는 없다는 겁니다. 매우 미미한 영향력은 무시할 수 있습니다. 사물들이 작용하는 방식에는 수렴이 존재하며, 제멋대로인 작은 영향력이 독단적으로 커다란 결과로 확대되지는 않습니다."

고전과학의 입장에서 이러한 근사치와 수렴에 대한 믿음은 충분히 정당화할 수 있었다. 문제가 없었던 것이다. 1910년 핼리혜성의 위치를 파악할 때 작은 오차가 있었기 때문에 1986년 혜성의 진로를 예측하는 데는 약간의 오차가 생겼지만, 그 오차는 앞으로 수백만 년 동안 여전히 미미할 것이다. 컴퓨터로 우주선을 움직일 때에도 가정은 동일했다. 입력을 거의 정확하게 하면 거의 정확한 결과물을 얻는다는 가정 말이다. 과학만큼 타당성이 있는 것은 아니지만 경제를 예측하는 사람들도 마찬가지였고, 날씨 예측의 선구자들도 마찬가지였다.

로렌츠는 원시적인 컴퓨터를 가지고 기상 현상을 뼈대만 남을 때까지 단순화시켰다. 그럼에도 한 줄씩 인쇄되어 나오는 바람과 기온은 상당히 현실적인 것처럼 보였다. 로렌츠의 직관과도 들어맞았다. 로렌츠는 기압의 상승과 하강, 기단의 남북 이동이 반복되어 시간이 갈수록 익숙한 패턴을 보일 것이라 생각했다. 선이 높은 곳에서 낮은 곳으로 굴곡이 없이 내려가면, 다음에는 두 번의 굴곡이 온다는 것을 발견한 그는 "예보가들이 이용할 수 있는 일종의 법칙"이라고 말했다. 그러나 아주 정확하게 반복되지는 않았다. 패턴이 있었지만, 교란도 있었다. 질서정연한 무질서였다.

패턴을 분명하게 파악하기 위해 로렌츠는 원시적인 그래프를 그렸다. 통상적인 숫자 열을 인쇄하는 대신 몇 개의 여백 다음에 a를 인쇄한 것이었다. 그러고는 변수를 하나—아마, 기류의 방향—뽑았다. 물결 모양의 선을 그리며 활기차게 왔다 갔다 하던 a자는 인쇄용지 아래로 내려가면서 점차 언덕과 계곡을 길게 만들어냈다. 대륙을 가로질러서 북쪽과 남쪽으로 불어간 서풍의 경로를 나타낸 것이었다. 인식할 수 있는 주기가 반복되면서도 결코 똑같은 형태가 나타나지는 않는 파동선의 규칙성은 최면적인 매력을 지니고 있었다. 드디어 예보가의 눈에 계^{system}의 비밀이 서서히 드러나는 것 같았다.

1961년 겨울 어느 날 하나의 결과를 더 면밀하게 검토하기 위해 로렌츠는 지름길을 택한다. 전체를 처음부터 다시 계산하지 않고 중간부터 시작한 것이다. 초기조건을 부여하기 위해 이전의 출력된 데이터를 보고 그대로 타이핑했다. 그러고는 잠시 소음도 피하고 커피도 마실 겸 식당으로 내려갔다. 한 시간 후 다시 돌아온 로렌츠는 뜻밖의 것을 보게 된다. 새로운 과학의 씨를 뿌린 것이었다.

　이렇게 새로 돌린 결과는 정확히 이전의 결과와 일치해야 했다. 숫자들을 컴퓨터에 그대로 타이핑한 데다 프로그램이 바뀌지도 않았기 때문이다. 그럼에도 출력된 데이터를 검토하던 로렌츠는 새로운 결과가 이전의 패턴에서 매우 빠르게 벗어난다는 사실을 발견했다. 불과 수개월 만에 모든 유사성이 사라져버린 것이다. 숫자들을 검토해보고 다시 되돌아가 이전 숫자들도 살펴보았다. 주머니에서 두 개의 무작위적 날씨를 골랐다고 해도 과언이 아니었다. 처음에는 컴퓨터의 진공관이 고장 난 게 아닌가 하고 생각했다.

　고장 난 데는 하나도 없었다. 불현듯 로렌츠는 진실을 깨달았다. 문제는 타이핑한 숫자들에 있었다. 컴퓨터에 저장된 숫자는 0.506127과 같이 소수점 이하 6자리까지였다. 그러나 출력할 때는 분량을 줄이기 위해 3자리, 즉 .506만 나타나게 했다. 1000분의 1 정도의 차이는 의미가 없다고 생각하고 반올림한 3자리 숫자를 입력했던 것이다.

　합당한 추정이었다. 기상위성이 해수면 온도를 1000분의 1 오차 범위 내에서 측정해도 위성을 운영하는 입장에서는 운이 좋다고 여길 것이다. 로렌츠의 로열 맥비 컴퓨터가 운용한 프로그램은 방정식이 순수하게 결정론적인 계系로 가히 고전적 프로그램이었다. 특정한 초기조건이 주어지면, 날씨는 매번 완전히 동일하게 재현되었다. 초기조건이 약간 달라지면 날씨도 약간 다르게 나타나야 했다. 수치상의 작은 오차는 한 줄기 미풍 같은 것이었다. 날씨에 중요하고 규모가 큰 변화를 일으키기 전에 분명히 사그라질 미풍 말이다. 그러나 로렌츠 방정식의 특정한 계에서는 조그만 오차가 엄

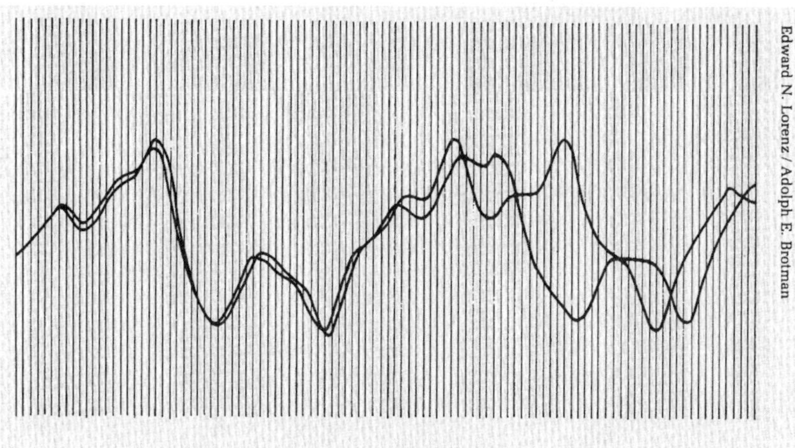

두 기후 패턴이 어떻게 달라지는지를 보여주는 그림 ••• 에드워드 로렌츠는 컴퓨터로 재현한 날씨가 출발점이 거의 같은 지점에서 시작해 갈수록 사이가 멀어져 모든 유사점이 사라지는 것을 보게 된다.

청난 변화를 초래한 것으로 드러났다.

거의 동일한 날씨 선이 왜 그렇게 달라지는지를 자세히 살펴보기로 한 로렌츠는 출력물 하나를 투명지에 복사하여 다른 출력물 위에 겹친 다음 선이 어떻게 달라지는지 살폈다. 처음 두 개의 언덕 모양은 잘 일치했다. 하지만 다음 언덕에서는 한쪽 선이 머리털만큼 뒤로 처지기 시작하더니, 그 다음 언덕에서 두 선의 위상은 현저히 달라졌다. 그리고 세 번째, 네 번째 언덕에 이르러서는 유사성이 완전히 사라졌다.

어설픈 컴퓨터가 흔들려서 이런 결과가 나온 것일 뿐이다,라고 로렌츠는 자신의 컴퓨터나 날씨 모델에 뭔가 이상이 있다고 생각할 수도 있었다. 어쩌면 그렇게 생각'해야만' 했다. 나트륨과 염소를 섞어 금을 만들어낸 건 아

니었으니까. 하지만 로렌츠는 불현듯 머리를 스치는 수학적 직관에(동료들
은 나중에야 이해하기 시작했다) 정신이 번쩍 들었다. 뭔가가 철학적으로 어긋
난 느낌이었다. 사고방식의 근간이 흔들렸다. 비록 방정식이 지구의 날씨
를 서툴게 모방한 것이긴 하지만, 방정식은 실제 대기운동의 핵심 요소들
을 포함하고 있다고 믿었다. 그날 로렌츠는 장기 기상 예측은 실패할 수밖
에 없다고 판단했다. 로렌츠는 이렇게 썼다.

우리는 분명히 장기 기상 예측에 성공하지 못했고, 이제 그 이유를 찾아냈다.
사람들이 먼 앞날을 예측할 수 있으리라 생각한 이유 중 하나는 태양이나 달
그리고 지구의 역학관계가 매우 복잡하게 얽혀 있는 일식, 월식, 조수처럼 우
리가 정확하게 예측할 수 있는 물리 현상이 존재하기 때문이었다. 나는 조수
예보가 결코 예측이라고 생각하지 않지만(사실에 대한 기술이라고 생각한다),
그럼에도 우리는 조수를 예측한다. 조수는 실상 대기와 마찬가지로 매우 복잡
하다. 둘 모두 주기적 요소를 가지고 있다. 여러분들은 다음 해 여름이 올해 겨
울보다 따뜻할 것이라고 예측할 수 있다. 그러나 날씨에 관한 한 우리도 그 정
도는 이미 알고 있다고 생각한다. 조수에 대해 우리가 관심을 가지는 부분은
예측할 수 있는 부분이며, 사실상 폭풍만 발생하지 않는다면 조수에 대해 예
측할 수 없는 부분은 거의 없을 것이다.
우리가 몇 개월 후의 조수를 매우 정확하게 예측할 수 있다는 것을 아는 보통
사람들은 이렇게 말할 수도 있다. 왜 대기에 대해서는 같은 예측을 할 수 없
을까? 그 둘의 차이점은 단지 서로 다른 유체계fluid system라는 것뿐이고, 법칙
의 복잡함도 거의 비슷하지 않은가? 그러나 나는 비주기적인 형태를 보이는
어떤 물리계도 예측할 수 없다는 것을 깨달았다.

1950~60년대는 기상 예측을 놓고 비현실적인 낙관론이 팽배한 시대였다. 신문과 잡지들에는 기상학이 단순히 날씨를 예측하는 것만이 아니라 날씨를 조정하고 통제할 것이라는 기대로 가득했다. 디지털 컴퓨터와 인공위성이라는 두 가지 기술이 함께 발전하던 때였고, 이에 발맞춰 이 두 가지 기술을 이용하는 국제적 프로그램인 세계대기연구계획이 설립되었다. 사람들은 인간 사회가 날씨의 혼란스러움에서 해방되고, 기상의 희생자가 아니라 지배자가 될 것이라고 생각했다. 지오데식 돔geodesic dome이 옥수수 밭을 덮고, 비행기가 구름을 만들 것이며, 과학자들이 비를 내리고 멈추는 방법을 알게 될 것이라고 생각했다.

이러한 대중적 인식의 지적 선구자는 폰 노이만이었다. 폰 노이만이 컴퓨터를 만든 데는 무엇보다도 날씨를 제어하고자 하는 분명한 의도가 있었다. 그는 기상학자들과 어울렸으며, 일반 물리학계에 자신의 놀라운 계획을 설명했다. 폰 노이만이 이렇게 낙관적으로 생각한 데는 분명한 수학적 근거가 있었다. 폰 노이만은 복잡한 동역학계는 불안정한 지점을 가질 수 있다는 사실을 알고 있었다. 마치 언덕 꼭대기에 균형을 잡고 있는 공처럼 살짝만 밀어도 커다란 결과를 낳을 수 있는 그런 임계점 말이다. 그럼에도 폰 노이만은 과학자들이 컴퓨터를 이용하면 수일 내에 유체 운동방정식을 계산할 수 있을 것이라고 생각했다. 그러면 기상학자들로 이루어진 중앙위원회가 날씨를 원하는 형태로 바꾸기 위해 비행기를 타고 가 연기막이나 구름의 씨앗을 뿌리면 된다는 것이었다. 그러나 폰 노이만은 모든 지점에서 불안정성을 갖는 카오스의 가능성을 간과했다.

1980년대까지 미국 정부는 폰 노이만의 계획, 아니 그중에서 최소한 예측 부분이라도 실현하기 위해 막대한 투자를 했다. 미국의 일류 예측 전문가들이 메릴랜드 주 교외의 워싱턴 순환도로 근처에 있는 단출한 사각형 건물에서 일했다. 지붕에는 레이더와 안테나가 설치되어 있었다. 이들은 모델을 분석하기 위해 슈퍼컴퓨터를 사용했지만, 모델의 기본적 취지만은 로렌츠와 비슷했다. 로열 맥비가 초당 60번의 연산을 했던 반면, '컨트롤 데이터 사이버 205'는 메가플롭^{megaflop}, 즉 초당 백만 번의 부동소수점^{浮動小數點} 연산을 수행했다. 로렌츠가 12개의 방정식으로 만족했던 것에 비해, 최신 글로벌 모델은 50만 개의 방정식으로 표시되는 계를 계산한다. 이 모델에는 습기가 응결되고 증발될 때 공기 중에서 열을 받아들이고 내보내는 방식이 들어 있다. 숫자로 표시된 바람은 숫자로 표시된 산맥에 의해 형성되었다. 전 세계 각국의 비행기, 인공위성 그리고 선박으로부터 매 시간 자료가 쏟아져 들어왔다. 미국 국립기상센터는 세계에서 두 번째로 뛰어난 예보를 내보냈다.

가장 뛰어난 예보는 영국 런던에서 자동차로 한 시간 정도 거리에 있는 리딩이라는 작은 도시에서 나왔다. 나무 그늘이 드리워진 소박한 건물에 자리 잡고 있었던 유럽중규모기상예보센터는 전체적으로 UN 본부와 비슷하게 벽돌과 유리로 지은 현대식 건물로 각국에서 보내온 선물로 장식되어 있다. 센터가 세워진 것은 한창 유럽공동시장^{EEC} 논의가 활발하게 이뤄지던 때로 당시 대부분의 서유럽 국가들은 기상 예측을 위해 인재와 자원을 모으기로 결정한다. 유럽인들은 자신들의 기상 예측이 성공할 수 있었던 이유로 순환제로 근무하는(공무원이 아니었다) 젊은 연구진과 미국 연구소보다 앞선 모델인 크레이 슈퍼컴퓨터 덕분이라고 생각했다.

복잡한 계를 모델링하기 위해 컴퓨터를 사용한 것은 날씨 예측이 발단이었지만, 거기가 끝은 아니었다. 프로펠러 설계자의 관심거리인 소규모 유체 흐름에서부터 경제학자들의 관심거리인 거대한 금융 흐름에 이르기까지 모든 현상을 예측하고 싶어 하는 많은 자연과학자와 사회과학자들은 이러한 기법을 이용했다. 사실 1970~80년대만 해도 컴퓨터를 이용한 경제 예측과 세계 기후 예측은 아주 닮아 있었다. 이들 모델들은 복잡하고 다소 임의적인 방정식들을 뒤섞었는데, 이는 측정으로 얻어진 초기조건—기압이나 통화공급—을 바탕으로 미래를 시뮬레이션하는 것을 의미했다. 프로그래머들은 어쩔 수 없이 단순화한 수많은 가정들로 인해 결과가 너무 왜곡되지 않기를 바랐다. 만일 사하라 사막에 홍수가 난다든지 이자율이 3배가 된다든지 하는 결과가 생겨 이치에 명백하게 어긋난다면, 프로그래머들은 결과가 예상과 일치하도록 방정식을 수정할 것이다.

실제로 계량경제학 모델로는 미래에 어떤 일이 일어날지 전혀 예측할 수 없다는 것이 입증되었지만, 이런 사정을 잘 아는 사람들조차도 그 결과를 믿는 것처럼 행동했다. 경제성장이나 실업에 대한 예측은 마치 소수점 둘째 또는 셋째 자리까지 정확한 것처럼 발표되었다. 정부와 금융기관은 필요하기도 했지만 또 딱히 더 좋은 방법이 없었기 때문에 이런 예측에 비용을 들이고 그 결과에 따라 행동했다. '소비자 신뢰지수'와 같은 변수들은 '습도'와 달리 깔끔하게 측정할 수 없다는 것 그리고 정치와 패션의 흐름을 완벽하게 나타내는 미분방정식은 아직 개발되지 않았다는 사실쯤은 이들도 알고 있었다. 그러나 날씨 예보처럼 자료가 상당히 믿을 만하고 법칙이 순수하게 물리적인 경우에도 컴퓨터 모델링 과정 자체가 얼마나 취약한가를 아는 사람은 거의 없었다.

기상 업무가 기술이 아니라 과학이 될 수 있었던 것은 사실 컴퓨터 모델링 덕분이었다. 안 하는 것보다는 통계적으로 나은 날씨 예측으로 해마다 전 세계적으로 수십억 달러가 절약된다고 유럽센터는 평가했다. 그러나 세계 최고 수준의 예보라 해도 2~3일 후의 날씨에 대해서는 불확실했고 6~7일 후의 날씨에 대해서는 아예 무용지물이었다.

나비 효과 때문이었다. 국지성 날씨에 관한 한―세계의 날씨를 예측하는 사람들에게 국지성이라는 것은 폭풍우일 수도 있고 심한 눈보라일 수도 있다―어떠한 예측도 정확성이 급격히 떨어진다. 오차와 불확실성은 연속적인 난기류를 통해 계속 증폭되어 모래바람이나 스콜을 위성만이 포착할 수 있는 대륙만 한 크기의 회오리바람으로 발달시킬 수도 있다.

최신 기상 모델은 대략 60마일쯤 되는 간격의 격자망에서(현재 우리나라는 25킬로미터 격자망을 사용한다_옮긴이) 계측을 하는데, 그럼에도 초기에 입력되는 일부 데이터는 추정치를 쓴다. 왜냐하면 지상관측소와 위성이 모든 지역을 관측할 수 없기 때문이다.

이런 가정을 해보자. 지상에 30센티미터 간격으로, 또 지상에서 대기 끝까지 30센티미터 간격으로 계측기를 설치할 수 있다. 또한 모든 계측기가 기온, 기압, 습도 그리고 그 외 기상학자들이 원하는 자료를 매우 정확하게 측정한다. 정확히 정오에 모든 자료를 취합한 무한 성능을 가진 컴퓨터가 각 지점에서 12시 1분에 그리고 12시 2분, 12시 3분……에 어떤 변화가 일어날 것인가를 계산한다.

그렇다면 이 컴퓨터는 1개월 후 어느 날 뉴저지 주 프린스턴에 햇볕이 날지 아니면 비가 올지를 예측할 수 있을까? 불가능하다. 정오에 계측기 사이의 공간에는 평균값으로부터 미세한 편차가 생기지만 컴퓨터는 이 사실을 알 리 없다. 12시 1분이 되면 이 편차에 의해 30센티미터 떨어진 거리에서도 작은 오차가 생기게 될 것이다. 그 오차는 곧 3미터 규모로 확대되고 점차 범지구적인 규모가 될 것이다.

경험이 풍부한 기상학자들에게조차도 이러한 모든 현상은 직관에 반했다. 로렌츠의 오랜 친구 중에는 MIT의 기상학자였으며 나중에 국립해양대기청의 책임자가 된 로버트 화이트Robert White라는 사람이 있었다. 로렌츠가 나비 효과와 장기 예측에서 나비 효과가 의미하는 바를 설명하자 화이트는 폰 노이만과 비슷한 대답을 했다. "예측은 식은 죽 먹기야. 지금은 기상 통제의 시대라구." 인간의 능력으로 조금만 수정하면 대규모의 변화를 일으킬 수 있다고 생각한 것이다.

로렌츠의 생각은 달랐다. 물론 사람들이 날씨를 변화시킬 수는 있다. 말하자면 그냥 내버려두었을 때의 날씨와는 다른 날씨를 만들 수 있을 것이다. 하지만 이렇게 했을 경우, 그냥 내버려두었을 때 어떤 일이 일어났을지는 '전혀' 알지 못할 것이다. 이미 잘 섞인 카드를 또 섞으려 하는 것과 같다고나 할까. 물론 카드를 다시 섞어 운수를 바꿀 수는 있겠지만, 그게 좋은 것인지 나쁜 것인지는 모른다.

아르키메데스의 목욕탕 이야기로 거슬러 올라가는 발견사의 사례처럼 로렌츠의 발견은 우연이었다. 물론 로렌츠는 '유레카'라고 소리칠 인물은 결코 아니었다. 이런 뜻밖의 발견은 자신이 계속 탐구해왔던 것을 재확인하는 계기가 되었을 뿐이다. 그는 모든 유체의 흐름에서 나비 효과가 무엇을 의미하는가를 밝힘으로써 자신이 발견한 것의 결과를 탐색하기 시작했다.

만일 로렌츠가 예측 가능성을 순수한 무작위성으로 전환시키는 나비 효과를 발견하는 것에 그쳤다면, 그저 골치 아픈 문제를 하나 만들어낸 것에 지나지 않았을 것이다. 하지만 로렌츠는 자신의 날씨 모형 안에 들어 있는 무작위성 너머를 보았다. 정교한 기하학적 구조를 보았으며, 무작위성으로 가장한 질서를 보았던 것이다. 기상학자의 옷을 입고 있는 수학자였던 그는 이제 이중생활을 시작하게 된다. 순수하게 기상학적인 논문을 썼지만 또 다소 오해의 소지가 있는 날씨 얘기를 서론에 담은 순수수학 논문도 썼다. 결국 그런 서론도 완전히 사라졌다.

로렌츠는 정상 상태를 찾을 수 없는 계, 즉 거의 비슷하게 반복되기는 하지만 결코 똑같이 반복되지는 않는 계들을 수학적으로 연구하는 데 점점 더 몰두했다. 바로 날씨가 이와 같은 비주기적 계라는 사실은 누구나 알고 있었다. 거의 규칙적으로 증감하는 동물군집과 거의 주기적으로 찾아오는 전염병 등 자연에서 찾을 수 있는 이런 계의 사례는 무수히 많다. 만일 날씨가 과거와 정확하게 일치한다면, 모든 돌풍과 구름까지도 똑같다면, 그런 날씨는 이후에도 영원히 반복해서 나타날 것이며 예측 문제는 아주 쉬워질 것이다.

로렌츠는 날씨가 반복되지 않는 성질과 날씨를 예측하는 기상 예보가들의 무능력 사이에는 필시 연관이 있다고 보았다. 비주기성과 예측 불가능성 사이의 관계였다. 물론 자신이 탐구하고 있는 비주기성을 나타내는 간단한 방정식을 찾기란 쉽지 않았다. 처음에는 컴퓨터가 반복적 주기에 고정되는 경향이 있었다. 하지만 덜 복잡한 방정식을 여러 가지 시도하던 로렌츠는 결국 동쪽에서 서쪽으로 이동하면서 변화하는 열량을 넣은 방정식을 추가하면서 성공하게 된다. 이를테면 태양이 북미의 동해안을 따뜻하게 하는 방식과 대서양을 따뜻하게 하는 방식의 실질적인 차이에 상응하는 변화를 반영한 것이다. 반복은 사라졌다.

나비 효과는 우연이 아니라 필연이었다. 로렌츠는 추론했다. 만일 조그만 섭동perturbation이 계 전체로 퍼져 나가지 못하고 여전히 작은 상태로 남아 있다고 가정하자. 이때 날씨가 전에 거쳤던 상태에 우연히 가까워지면 그때의 패턴을 거의 그대로 반복할 것이다. 사실상 주기는 예측할 수 있겠지만, 결국 흥미는 없어질 것이다. 실제 지구의 날씨가 갖는 그 풍부한 레퍼토리, 경이로운 변화무쌍함은 나비 효과가 아니고서는 생길 수 없었다.

나비 효과는 전문용어로 '초기조건의 민감성'이라 부른다. 초기조건의 민감성이란 개념이 완전히 새로운 것은 아니다. 아래 전래민요를 보자.

못이 없어 편자를 잃었다네
편자가 없어 말을 잃었다네
말이 없어 기병을 잃었다네
기병이 없어 전투에 졌다네
전투에 져 왕국을 잃었다네!

인생과 마찬가지로 과학에서도 사건의 연쇄가 조그만 변화를 증폭시키는 임계점을 가지고 있음은 잘 알려져 있다. 하지만 카오스는 임계점이 모든 곳에 있다는 것을 의미했다. 곳곳에 임계점이 있는 것이다. 날씨와 같은 계에서 초기조건의 민감성은 소규모의 것이 대규모의 것과 서로 뒤엉켜 있기 때문에 불가피하게 발생하는 결과였다.

로렌츠의 동료들은 끊임없이 기계적으로 계산을 반복하는 12개의 방정식으로 이루어진 날씨 모델이, 비주기성과 초기조건의 민감성을 나타내고 있는 것에 놀랐다. 어떻게 그러한 풍부함과 예측 불가능성, 즉 카오스가 단순한 결정론적 계에서 생겨날 수 있을까?

로렌츠는 날씨 문제를 제쳐두고 이런 복잡한 형태를 만드는 훨씬 단순한 방식을 찾았다. 결국 그는 3개의 방정식만으로 이루어진 계에서 그것을 발견하게 된다. 비선형 방정식이었다. 말하자면 정비례하지 않는 관계를 표현한 방정식이었다. 선형적 관계는 그래프에서 직선으로 나타낼 수 있다. 선형적 관계는 생각하기도 쉽다. 다다익선이다. 선형 방정식은 풀 수 있기 때문에 교과서에 싣기도 좋다. 또한 선형계에는 중요한 미덕이 있다. 따로 분리할 수도 있고, 조각들을 합쳐서 다시 결합할 수도 있다.

비선형계는 일반적으로 풀 수 없고 서로 합칠 수도 없다. 유체계와 동역학계에서 비선형 항은 (명쾌하고 단순하게 이해하려면) 사람들이 제거하고 싶어 하는 그런 특질을 가지는 경향이 있다. 이를테면 마찰 항 같은 것이다. 마찰 항이 없다면, 단순 선형 방정식으로 하키의 퍽을 가속하는 데 필요한 에너지를 알 수 있다. 마찰을 고려하면 관계가 복잡해지는데, 퍽이 얼마나 빨리 움직이느냐에 따라 필요한 에너지가 달라지기 때문이다. 비선형이란 게임을 하는 행위 자체가 게임의 룰을 변화시킨다는 것을 의미한다. 우리는 마찰에 변함없는 중요성을 부여할 수 없는데, 그 중요성이란 게 속도에 좌우되기 때문이다. 거꾸로 속도는 마찰에 좌우된다. 이렇게 서로 얽힌 변화 가능성 때문에 비선형성을 계산하기가 어렵지만, 이는 또한 선형계에서는 결코 나타나지 않는 풍부한 운동 행태를 만들어낸다.

유체역학에서 모든 현상은 하나의 표준 방정식인 나비에-스토크스 방정식으로 요약된다. 방정식에는 유체의 속도, 압력, 밀도 및 점성이 포함되어 있으며, 놀라울 정도로 간단하지만 비선형적이다. 따라서 이 변수들의 관계가 가진 특성을 파악하는 것은 종종 불가능해진다. 나비에-스토크스 방정식 같은 비선형 방정식의 행태를 분석하는 것은 걸음을 내딛을 때마다 벽이 재배열되는 미로 속을 걷는 것과 같다.

폰 노이만의 말을 들어보자. "이 방정식의 특징은 (……) 관련된 모든 측면이 동시에 변화한다는 것이다. 다시 말해 차수^{order}와 계수^{degree}가 다 변한다. 따라서 수학적으로 매우 풀기 어려운 것은 당연하다." 만일 나비에-스토크스 방정식에 비선형성이라는 귀신이 없기만 하면, 이 세계는 카오스 과학이 필요 없는 다른 세상이 될 것이다.

로렌츠가 3개의 식으로 된 방정식을 만드는 데 영감을 준 것은 특정한 유체운동이었다. 뜨거운 기체나 액체가 상승하는 일명 대류라 불리는 운동이었다. 태양열을 받아 뜨거워진 공기는 대류에 의해 뒤섞인다. 뜨거운 포장도로와 라디에이터 위에는 대류하는 공기가 유령처럼 아른거린다. 로렌츠는 뜨거운 커피가 담긴 잔 속에서 일어나는 대류 현상에 대해 곧잘 이야기했다. 말마따나 커피 잔 속에서 일어나는 대류 현상은 우리가 그 행태를 예측하고 싶어 하는 수많은 유체동역학적 운동 중의 하나였다.

커피가 식는 속도를 우리는 어떻게 계산할 수 있을까? 커피가 미지근하다면 어떠한 유체동역학적 운동도 일어나지 않고 열이 흩어질 것이고, 커피는 주변 온도와 비슷해진다. 하지만 커피가 매우 뜨겁다면 대류에 따라 일어나는 굴림 운동에 의해 컵 바닥의 뜨거운 커피가 더 차가운 표면까지 상승한다. 컵 속에 크림을 약간 떨어뜨리면 커피의 대류를 분명하게 볼 수 있을 것이다. 소용돌이가 복잡할 수도 있다. 하지만 장기적으로 봤을 때 계가 어떻게 될지는 분명하다. 열이 소산되고 또 마찰로 인해 유체의 운동이 느려지기 때문에 운동은 필연적으로 멈추게 되어 있다.

과학자들이 모인 자리에서 로렌츠는 이렇게 말했다. "1분 후의 커피 온도를 예측하는 것은 어렵겠지만, 1시간 후의 온도를 예측하기는 하나도 어렵지 않습니다." 커피가 식어가는 과정을 담은 운동방정식은 계의 운명을 정확히 반영해야 한다. 방정식에는 열 손실 항이 포함되어야 한다. 온도는 실내 온도에 가까워져야 하고, 속도는 영에 가까워져야 한다.

로렌츠는 대류 방정식에서 핵심과 관계없는 모든 항을 제거하여 매우 단순한 형태로 만들었다. 원래 모델에서 거의 모든 항을 제거했지만 비선형 항만은 남겨두었다. 물리학자들이 보기에는 하나도 어렵지 않은 방정식이었다. 앞으로도 얼마간 이 방정식을 본 사람들은 과학자들이 그랬던 것처럼 이렇게 말할 것이다. "나도 이런 문제는 풀 수 있다."

로렌츠가 나지막이 말했다. "예, 맞습니다. 사람들은 곧잘 이 방정식을 풀 수 있다고 생각합니다. 방정식에는 몇 개의 비선형 항이 있습니다만, 사람들은 이걸 해결할 방법이 틀림없이 있다고 생각합니다. 하지만 그건 불가능합니다."

교과서에 나오는 가장 단순한 형태의 대류는 가열될 수 있는 매끄러운 바닥과 냉각될 수 있는 매끄러운 윗면이 있는 상자 안에 유체가 들어 있는 경우 발생한다. 뜨거운 밑바닥과 차가운 윗면 간의 온도 차가 흐름을 조절한다. 온도 차가 작으면 계는 정지 상태가 된다. 유체가 정지해 있더라도 열은 금속막대에서처럼 전도에 의해 윗면으로 이동한다. 나아가 계는 안정적이다. 어떤 무작위 운동이 발생하더라도, 이를테면 학생이 실험 기구를 톡톡 두드린다 하더라도 계는 원상회복되어 정상 상태로 돌아간다.

열을 가하면 새로운 운동 행태가 생겨난다. 밑바닥의 유체는 뜨거워지기 때문에 팽창하고, 팽창하면 밀도가 낮아진다. 밀도가 낮아지면 마찰력을 이겨낼 정도로 가벼워지기 때문에 표층으로 상승하게 된다. 잘 만들어진 상자에서는 원통형으로 굴림 운동을 하게 되는데, 뜨거운 유체는 한쪽으로

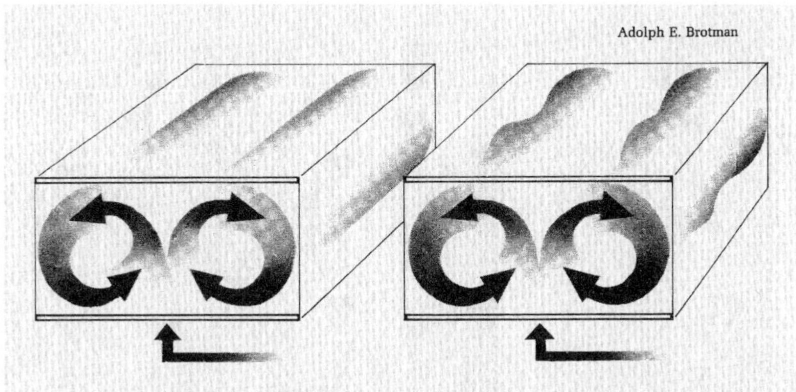

굴림 운동을 하는 유체 ••• 액체나 기체를 아래에서 가열하면 유체는 원통형 굴림 운동을 하는 경향이 있다(왼쪽). 한쪽에서 뜨거운 유체가 상승하고, 열을 잃으면 다른 쪽으로 하강한다. 대류 과정이 일어나는 것이다. 열을 더 가하면(오른쪽), 불안정성이 시작되고, 굴림 운동은 흔들림이 생겨 원통을 따라 앞뒤로 왔다 갔다 한다. 온도가 더 올라가면 흐름은 제멋대로 움직이며 난류가 된다.

상승하고 차가운 유체는 다른 쪽으로 돌아서 하강한다. 옆에서 보면, 운동은 지속적인 원을 그린다. 실험실 밖 자연에서도 대류 상자에서와 같은 예를 볼 수 있다. 이를테면 태양이 사막을 내리쬐면 위로는 구름, 아래로는 모래를 두고 대류하는 공기의 어렴풋한 형태가 만들어질 수 있다.

열을 더 가하면 운동 행태가 더 복잡해진다. 굴림 운동에 흔들림이 생기기 시작한다. 하지만 로렌츠가 뼈대만 남긴 방정식은 너무 단순해서 이와 같이 복잡한 양상을 재현할 수가 없다. 로렌츠 방정식은 실제세계의 대류 현상 중 하나의 특질—유원지의 회전관람차처럼 뜨거운 유체가 상승해서 돌아 내려오는 원운동—만을 뽑아낸 것이다. 방정식은 운동의 속도와 열

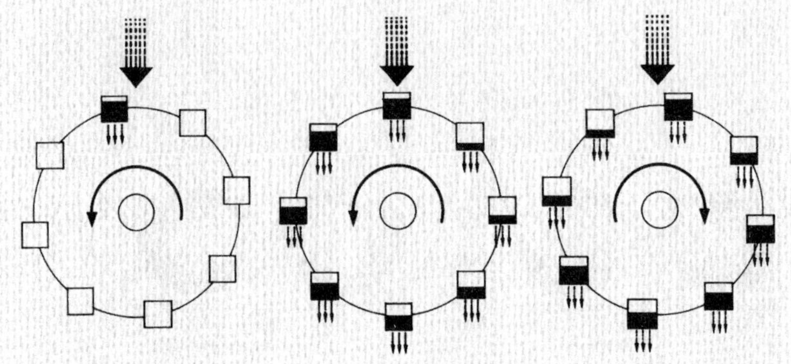

Adolph E. Brotman

로렌츠 수차 ••• 에드워드 로렌츠가 발견한 최초의 유명한 카오스 계는 수차라는 기계장치에 정확히 부합한다. 이 단순한 장치는 놀라울 정도로 복잡한 행태를 보이는 것으로 밝혀졌다.

수차의 회전과 대류 과정에 있는 유체의 회전은 몇 가지 성질을 공유한다. 수차는 원통을 자른 조각과 같다. 두 계는 모두 물 또는 열에 의해 끊임없이 움직이며, 둘 다 에너지를 쓴다. 유체는 열을 잃고, 물통은 물이 빠져나간다. 이 두 계의 장기적 행태는 동인이 되는 에너지가 얼마나 큰가에 달려 있다.

물은 위에서 일정한 속도로 쏟아진다. 만약 물의 흐름이 느리면 꼭대기에 있는 물통은 마찰을 이겨낼 수 있을 만큼 채워지지 않을 것이고, 따라서 수차는 움직이지 않을 것이다.(마찬가지로 유체에 열이 너무 낮아서 점성을 극복할 수 없다면, 유체는 움직이지 않을 것이다.)

물의 흐름이 빨라지면, 꼭대기에 있는 물통이 움직이기 시작한다(왼쪽). 수차는 일정한 속도로 회전을 계속할 수 있다(중앙).

하지만 물의 흐름이 더욱 빨라지면(오른쪽), 비선형 효과가 계에 나타나기 때문에 회전은 카오스적으로 될 수 있다. 물통이 흘러내리는 물 밑을 지날 때 얼마나 많은 물이 채워지는가는 회전 속도에 달려 있다. 수차가 빨리 회전하면 물이 채워질 시간이 거의 없을 것이다.(마찬가지로 유체의 대류 회전이 빠르면 열을 흡수할 시간이 거의 없다.) 또한 수차가 빠르게 회전하면 물통의 물이 다 비워지기 전에 다른 지점으로 이동해 갈 것이다. 결국 위로 움직이고 있는 무거운 물통은 회전 속도를 떨어뜨릴 것이다.

사실 로렌츠는 수차가 장기간에 걸쳐 여러 번 방향을 바꿀 수 있고, 속도도 일정하지 않으며, 결코 예측할 수 있는 패턴으로 반복되지도 않는다는 것을 발견했다.

전도를 참작해서 만들었다. 두 물리적 과정은 상호작용한다. 뜨거운 유체가 상승해서 차가운 유체와 접촉하면 열을 잃기 시작한다. 만약 원운동이 빨리 일어나면, 유체가 상층에 도달해서 다시 밑면으로 내려가기 시작할 때까지 여분의 열을 다 잃지 않으며, 실제로 다른 뜨거운 유체의 상승운동을 방해할 것이다.

비록 로렌츠의 계가 대류를 완전히 모델화하지는 못했지만, 실제계와 아주 유사한 것으로 판명되었다. 이를테면 (현대 발전기의 원조격인) 구식 발전기에서 전류는 자장 속에서 회전하는 원판 내에서 흐르는데, 로렌츠의 방정식은 이를 정확하게 설명한다. 어떤 때는 발전기가 스스로 역전하기도 한다. 때문에 로렌츠 방정식이 널리 알려지자, 이런 발전기의 운동 행태가 또 다른 특이한 역전 현상, 즉 지구자기장을 설명할 수 있을 것이라 생각한 과학자들도 있었다. 역사적으로 '지구발전기geodynamo'는 돌발적이고 설명할 수 없는 간격으로 수차례 역전했다고 알려져 있다. 이론가들은 이런 불규칙성을 두고 보통 운석의 충돌과 같은 계 외부의 원인 때문이라고 설명한다. 하지만 아마 지구발전기는 자신만의 카오스를 가지고 있을 것이다.

로렌츠의 방정식이 정확히 설명하는 또 다른 계는 일종의 수차로, 이것은 대류회전과 역학적으로 유사하다. 위쪽에서 물이 일정한 속도로 수차 가장자리에 걸려 있는 물통으로 떨어진다. 각 물통에는 작은 구멍이 있어 물이 일정한 속도로 빠져나간다. 물이 느리게 흐르면 꼭대기의 물통은 마찰력을 이길 정도의 무게가 될 만큼 채워지지 않을 것이다. 흐름이 더 빠르면 물통에 담긴 물의 무게에 의해 수차가 돌기 시작한다. 회전은 계속될 것이다. 한편 흐름이 너무 빨라서 물통의 물이 충분히 비워지지 않은 채로 바닥을 지나쳐서 반대쪽으로 오르기 시작하면 수차의 속도는 느려지다가 정지한 다음 방향이 역전될 것이다.

카오스를 모르는 물리학자라면 직관적으로 이런 단순한 동역학계는 장기적으로 볼 때 물의 흐름이 변하지 않는다면 정상 상태가 된다고 생각할 것이다. 수차가 끊임없이 회전하거나 아니면 변함없는 간격으로 처음에는 한쪽 방향으로 그다음엔 다른 방향으로 끊임없이 진동한다는 것이다. 하지만 로렌츠는 이와 다름을 알게 된다.

변수가 3개 있는 로렌츠 방정식은 이 계를 완벽하게 보여주고 있었다. 로렌츠는 컴퓨터로 세 변수의 변화 값을 프린트했다.

0-10-0, 4-12-0, 9-20-0, 16-36-2, 30-66-7, 54-115-24, 93-192-74.

세 변수의 값은 시간이 흐름에 따라 증가하다가 감소했다.

데이터로 그림을 그리기 위해 로렌츠는 세 변수를 각각 하나의 좌표축으로 한 3차원 공간에 계산 결과를 표시했다. 연속되는 숫자들은 연속되는 점들을 만들어내 경로를 형성하게 되는데, 이는 계의 행태를 보여주었다. 선들은 어느 한 지점에서 정지할 수 있는데, 이는 그 점에서 계가 정상 상태에 도달했음을 의미한다. 속도와 온도를 나타내는 변수가 더 이상 변화하지 않는 상태다. 반면 폐곡선이 그려질 수도 있는데, 이는 계가 주기적으로 반복되는 행태를 보이는 것을 의미한다.

로렌츠의 계는 어디에도 해당하지 않았다. 그 형태가 엄청나게 복잡했다. 점들은 종이 바깥으로 나가는 일 없이 공간적으로 특정 영역에 갇혀 있었으며 같은 모양을 반복해서 그리지 않았다. 마치 두 날개를 갖고 있는 나비처럼 3차원 공간좌표에서 이중나선 모양의 이상하고 특이한 모양을 그려냈다. 모양은 순수한 무질서를 나타내고 있었다. 어떤 점도, 그리고 점으로 된 어떤 패턴도 결코 반복되지 않았기 때문이다. 그럼에도 새로운 종류

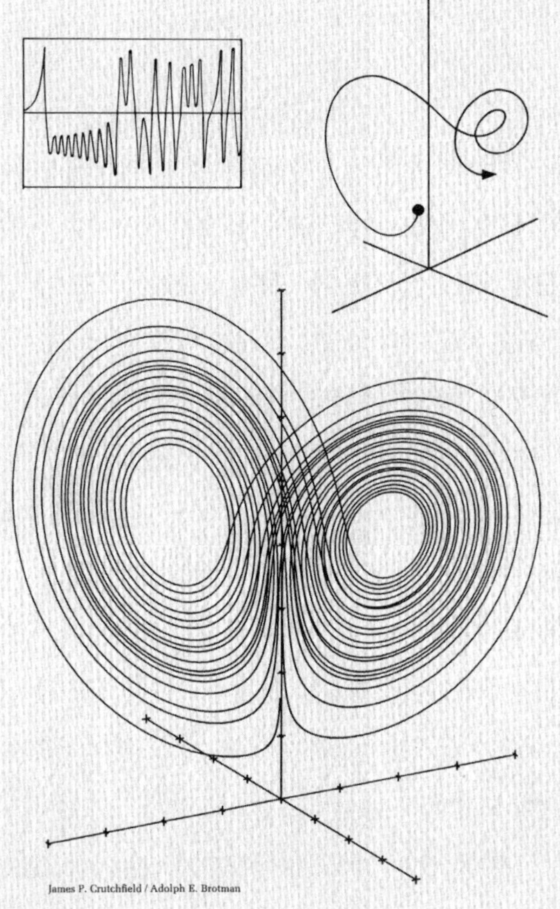

로렌츠 끌개 ••• 올빼미 얼굴 혹은 나비 날개를 닮은 이 마법 같은 그림은 초기 카오스 연구자들의 상징이었다. 이 끌개는 무질서한 데이터의 흐름 안에 숨겨진 정교한 구조를 보여준다. 전통적으로 어느 한 변수의 변화 값은 이른바 시계열로 나타낼 수 있다(위 왼쪽). 세 변수들 사이의 변화하는 관계를 보여주려면 다른 기법이 필요하다. 어느 한순간 세 개의 변수는 3차원 공간에서 한 점의 위치로 정해진다. 계가 변화함에 따라 이동하는 점은 계속 변하는 변수들을 나타낸다. 계는 결코 정확하게 그 자신을 반복하지 않기 때문에 곡선의 궤적은 교차하지 않는다. 대신 영원히 고리 모양을 그리며 빙빙 돈다. 끌개 위의 운동은 추상적이지만, 실제 계 운동의 특징을 고스란히 보여준다. 이를테면 끌개의 한쪽 날개에서 다른 쪽 날개로 가는 것은 수차 혹은 유체 대류의 회전 방향이 역전되는 것을 나타낸다.

의 질서를 보여주고 있었다.

몇 년 후 로렌츠 방정식을 담은 논문에 대해 이야기하던 물리학자들은 몹시 부러운 듯한 얼굴을 했다. "멋지고도 경이로운 논문이다." 당시 논문은 마치 영원한 비밀을 간직한 고대 문서인 양 회자되었다. 카오스를 다룬 수천 종의 문헌 가운데 「결정론적 비주기성 흐름Deterministic Nonperiodic Flow」만큼 자주 인용되는 것은 거의 없었다. 논문 말미에 실렸다가 이후 로렌츠 끌개로 불린 이 신비한 이중나선 모양만큼 단일 사물로 여러 해 동안 수많은 일러스트와 심지어 영화에까지 영감을 줬던 것은 없었다. 애초 로렌츠가 이 그림을 보여준 이유는 "이것은 복잡하다"는 말을 하기 위해서였다. 카오스의 풍부한 구조가 거기에 모두 나타나 있었던 것이다.

하지만 당시만 해도 이를 알아보는 사람은 드물었다. MIT 응용수학과 교수이자 동료의 연구를 감식할 만한 능력이 있었던 윌렘 말커스Willem Malkus에게 로렌츠가 끌개를 설명하자, 말커스는 웃더니 이렇게 말했다. "여보게, 우리는 알고 있네. 유체 대류는 결코 그런 방식으로 이루어지지 않는다는 사실을 아주 잘 '알고' 있네." 덧붙여 말커스는 복잡성은 분명히 사라질 것이고 계는 일정하고 규칙적인 운동을 할 것이라고 말했다.

"물론, 당시 우리는 완전히 잘못 알았습니다." 한 세대가 지난 후 말커스가 말했다. 끌개를 믿지 않는 사람들에게 보여주기 위해 지하 연구실에 로렌츠 수차 실물을 만들고 몇 년이 지난 다음이었다. "로렌츠는 물리학자인 우리들과는 완전히 다르게 생각했습니다. 자신이 직감한 행태를 보여주는 일반화된 혹은 추상화된 모형은 외부 세계의 몇몇 측면의 특성이었음을 생각했던 겁니다. 하지만 우리에게 이를 어떻게 말로 할 수 없었던 거지요. 한

참 후에야 우리는 로렌츠가 이런 생각을 가지고 있었다는 것을 알게 된 겁니다."

과학자 사회가 얼마나 엄격하게 구분되어 있는지, 과학이라는 전함의 칸막이가 얼마나 견고하게 밀폐되어 있는지 아는 일반인들은 드물다. 생물학자들은 수학 분야 문헌이 아니더라도 읽을거리가 많다. 이런 측면에서 분자생물학자는 집단생물학을 다룬 문헌이 아니더라도 읽을거리가 많다. 물리학자들은 기상학 잡지를 뒤적이기는커녕 자기 전공 분야 문헌을 읽기에도 시간이 빠듯하다. 로렌츠의 발견을 보고 몹시 흥분한 수학자들도 있었을 것이다. 10년이 채 지나지 않아 물리학자, 천문학자 그리고 생물학자들은 바로 로렌츠와 같은 것을 찾았고, 때로 독자적으로 재발견하기도 했다. 하지만 로렌츠는 기상학자였고, 이들 중 그 누구도『대기과학저널』제20권 130페이지에 있는 카오스를 찾아볼 생각은 하지 않았다.

제2장

혁명

|

당연히 모든 노력을 기울여야 한다,
통상적인 범위 바깥의
통계라 불리는 것에게.

스티븐 스펜더

|

과학사학자 토머스 쿤Thomas S. Khun은 『과학혁명의 구조』에서 1940년대에 두 명의 심리학자가 진행한 교란 실험을 소개한다. 피험자에게 한 번에 하나씩 카드를 잠깐 보여주고, 무슨 카드였는지를 알아맞히게 하는 실험이었다. 물론 속임수가 있었다. 이를테면 빨간색 스페이드 6이나 검은색 다이아몬드 퀸처럼 이상한 카드 몇 장을 섞어놓은 것이다.

카드를 빠른 속도로 보여주면 피험자는 술술 넘어갔다. 이보다 더 쉬울 순 없었다. 카드가 이상하다는 것을 전혀 눈치채지 못한 것이다. 빨간색 스페이드 6을 보여주면, "하트 6" 혹은 "스페이드 6"이라고 말했다. 속도를 느리게 해 좀 더 오랫동안 카드를 보여주자 피험자들은 망설이기 시작했다. 문제가 있다는 것은 알았으나 정확히 그게 뭔지는 확신하지 못했던 것이다. 한 피험자는 가장자리가 붉은 검은색 하트 같은 이상한 뭔가를 보았다고 말했다.

결국 속도를 훨씬 더 느리게 하자 대부분의 피험자는 문제가 뭔지를 알아차렸다. 잘못된 카드를 보면 곧 무엇이 잘못되었는지를 인식했던 것이다. 모든 피험자가 그랬던 것은 아니었다. 실제로 통증을 느낄 만큼 혼란스러워하는 피험자도 있었다. 한 피험자는 이렇게 말했다. "도대체 카드의 짝을 맞힐 수가 없었습니다. 당시에는 심지어 카드로 보이지도 않았다니까요. 지금도 색깔이 뭔지, 스페이드였는지 하트였는지도 모르겠어요. 스페이드가 어떻게 생긴 건지 확신이 서지 않아요. 맙소사!"

전문 과학자들 역시 자연현상을 짧은 시간에 불확실하게 보았을 때 이상한 점을 발견하면 고통과 혼란에 쉽게 빠진다. 이런 부조화가—과학자의 사고방식을 바꿀 때—가장 중요한 진전을 가능하게 한다. 쿤이 주장하듯, 그리고 카오스 이야기가 시사하듯.

1962년 쿤이 과학자들의 연구 방식과 과학혁명의 발생 방식을 다룬 책을 처음 출간하자 찬사만큼이나 반대도 들끓었으며, 논쟁이 꼬리에 꼬리를 물었다. 쿤은 지식이 증가하고 새로운 발견이 계속 덧붙여지면서 과학이 발전하는 것이고, 새로운 이론은 새로운 실험적 사실이 이를 필요로 할 때 출현한다는 전통적 견해를 비판하고 나섰다. 또 과학은 물음을 제기하고 그에 대한 답을 찾아가는 질서정연한 과정이라고 보는 견해에 반기를 들었다. 그리고 과학자들이 자신들의 분야에서 이미 잘 알려진 정통적 문제를 다루는 것과 혁명을 낳는 예외적이고 비정통적 연구가 서로 얼마나 다른 것인지 강조했다. 쿤은 일부러 과학자들이 결코 완벽한 합리주의자가 아님을 보여주고 있었던 것이다.

쿤은 정상과학이 대체로 마무리 작업으로 이루어져 있다고 본다. 실험가는 이전에 여러 차례 행해진 실험의 수정된 버전을 실험한다. 이론가는 이론이라는 벽에서, 여기에는 벽돌 한 장을 덧붙이고 저쪽에서는 처마를 손

본다. 그 외에는 거의 할 수 있는 게 없다. 모든 과학자들이 기본 가정에 의문을 제기하면서 처음부터 다시 시작해야만 한다면, 유용한 연구에 필요한 고도의 기술 수준까지 도달하는 데 어려움이 많을 것이다.

벤저민 프랭클린Benjamin Franklin이 살았던 시대에는 전기 현상을 이해하려는 몇몇 과학자들이 자신들만의 제1원리를 선택할 수 있었다. 사실 선택해야만 했다. 어떤 연구자는 전기를 물질이 발산하는 일종의 '전기소effluvium'라 생각하고, 인력引力 현상을 가장 중요한 전기 효과라고 보았다. 하지만 전기를 전도체에 의해 운반되는 유체라고 생각한 사람도 있었다. 이들 과학자들은 자기들끼리도 보통 사람에게 하듯이 쉬운 말을 썼다. 왜냐하면 이들은 아직 자신들이 연구하는 현상들에 대한 공통의 전문용어를 당연하게 받아들일 수 있는 단계까지 가지는 못했기 때문이다.

반면 20세기 유체역학의 경우 먼저 방대한 전문용어와 수학기법을 알지 못하면 그 분야에서 지식의 진보를 거의 기대할 수 없다. 바꿔 말하면, 전문용어와 수학기법을 알지 못한다는 것은 의도와는 상관없이 자신이 연구하는 과학의 토대에 대해 질문을 제기할 많은 자유를 포기하는 것이다.

쿤의 생각에서 핵심은 이렇다. 정상과학을 문제풀이로 본다는 점이다. 학생들이 교과서를 펼치면 맨 먼저 배우는 그런 종류의 문제 말이다. 이들 문제는 공인받을 수 있는 연구 업적 스타일을 규정한다. 대부분의 과학자들은 이런 문제를 연구함으로써 대학원을 무난히 다니고, 학위 논문도 쓰고 또한 학문적 경력의 중추인 학술 잡지에 발표할 논문도 작성하게 된다. 쿤은 말한다. "정상 조건에서 연구하는 과학자는 발명가가 아니라 수수께끼를 푸는 사람이다. 그리고 이들 수수께끼는 과학자가 현존하는 과학 전통에서 명시할 수 있고 또 풀 수 있다고 믿는 것들이다."

그리고 혁명이 있었다. 새로운 과학은 기존 과학이 막다른 길에 다다랐을 때 출현한다. 종종 혁명은 학제적 성격을 띠기도 하는데, 이 말은 전문 영역의 정상적 경계를 벗어난 사람들이 가장 중요한 발견을 하기도 한다는 뜻이다. 이들 이론가들이 집착하는 문제들은 정당한 탐구 대상으로 인정받지 못한다. 연구계획서가 기각당하거나 학술지로부터 논문 게재를 거절당한다. 이론가들 스스로도 자신들이 해답을 찾고서도 인정할 것인가 말 것인가를 확신하지 못한다. 그리고 자신들의 연구 경력에 미칠지도 모를 위험을 감수한다. 혼자서 연구하는 몇몇 자유사상가들은 자기들이 어디로 향하고 있는지 설명하지 못하며, 동료에게 자신들이 하고 있는 일을 말하는 것조차 꺼린다. 이러한 낭만적인 모습이 쿤의 도식 밑바탕에 깔려 있다. 그리고 이런 일은 카오스를 탐구하는 과정에서도 실제로 허다하게 일어났다.

초기에 카오스로 전향한 과학자들은 모두 연구를 그만두라는 말을 듣거나 공공연한 적대시를 겪었다. 대학원생들은 검증되지 않은 분야의 논문을 쓰면 경력에 막대한 지장이 있을 거라는 경고를 받았으며, 조언을 해줄 만한 지도교수들도 그쪽 관련 전문지식이 없었다. 카오스라는 새로운 수학을 접한 소립자물리학자가 자기 나름의 연구를 시작할 수도 있고, 정말 훌륭하다고, 훌륭하면서도 어렵다고 생각할 수는 있겠지만, 이에 대해 결코 동료들에게 얘기하지는 못할 거라고 느꼈다. 나이 든 교수들은 많은 동료들이 반감을 가지거나 오해할지 모를 연구 분야에 도박을 하면서 삶의 위기를 겪고 있다고 생각했다. 한편으로는 진정으로 새롭게 다가오는 지적 흥분도 있었다. 설사 외부인이라 할지라도 이에 동조한 사람들은 지적 흥분을 느낄 수 있었다. 프린스턴 고등연구소의 프리먼 다이슨^{Freeman Dyson}은 1970년대에 카오스가 '마치 전기충격처럼' 다가왔다고 말한다. 다른 이들도 자신들의 학문적 생애에서 처음으로 진정한 패러다임 변혁, 즉 사고방식의 전환을 목격하고 있다고 여겼다.

초기에 카오스를 인식했던 사람들은 자신들의 생각과 발견을 어떻게 발표 가능한 논문으로 쓸 것인지를 두고 많은 고민을 했다. 카오스 연구는 어느 학문 분야에도 속하지 않았다. 이를테면 물리학자들에겐 너무 추상적이었던 반면 수학자들에겐 너무 경험적이었다. 몇몇은 다른 사람에게 이 새로운 개념을 전달하는 것이 매우 어렵다는 것 그리고 전통 진영이 보여주는 거센 저항이야말로 새로운 과학이 얼마나 혁명적인지를 보여주는 증거라고 생각했다.

개념이 피상적이면 받아들여질 수 있다. 하지만 사람들에게 세상을 바라보는 관점을 개조하도록 하는 개념들은 적대감을 불러일으킨다. 조지아 공과대학교의 물리학과 교수인 조지프 포드 Joseph Ford 는 톨스토이를 인용하면서 시작한다. "대부분의 사람들은 (가장 복잡한 문제도 쉽게 해결할 수 있는 사람을 포함해) 가장 간단하고 분명한 진실조차 좀처럼 받아들이려 하지 않을 때가 있다. 이제까지 동료들에게 열심히 설명했고, 다른 사람들에게 자랑스럽게 가르쳤을 뿐 아니라 자신의 삶 속에 깊이 새겨 넣은 결론이 틀렸다는 것을 시인할 수밖에 없는 그런 진실인 경우 말이다."

수많은 주류 과학자들은 이제 막 떠오르는 과학을 그저 희미하게 인식하고 있었다. 몇몇 과학자들 특히 전통적 유체역학자들은 강한 반감을 보였다. 처음에 카오스 이론을 옹호하는 주장은 엉뚱하고 비과학적인 것처럼 들렸다. 게다가 카오스는 전통에서 벗어나고 어려워 보이는 수학에 의존했다.

카오스 전문가들이 늘어감에 따라 다소 일탈적인 이들 학자들에 대해 눈살을 찌푸리는 학과가 있었던 반면 더 많은 카오스 전문가를 모집하기 위해 광고를 낸 학과도 있었다. 카오스 논문을 싣지 않는다는 불문율을 정한 학술지가 있었던 반면 카오스만 전문적으로 취급하는 잡지도 나왔다. 카오스론자(이런 신조어가 쓰이고 있었다)들의 이름은 주요 학회의 회원과 주요 상 수상자들을 수록한 연간 인명록에 드문드문 등장하기 시작했다. 1980년대 중반이 되고 카오스가 학계에 확산되자 카오스 전문가들은 여기저기서 대학 행정에 영향력 있는 지위를 차지했다. 또한 '비선형 동역학'과 '복잡계'를 전문적으로 연구하는 센터와 연구소가 설립되었다.

카오스는 이론뿐만 아니라 방법이 되었으며, 신념의 규범뿐만 아니라 과학을 연구하는 방법이 되었다. 카오스는 컴퓨터를 사용하는 자신들만의 기법을 개발했는데, 엄청난 처리 속도를 가진 크레이나 사이버 같은 슈퍼컴퓨터보다는 서로 연결해 사용하기에 편리한 평범한 단말기를 선호했다. 카오스 연구자들에게는 수학이 실험과학이 되었다. 그들은 시험관과 현미경으로 가득 찬 실험실 대신 컴퓨터를 사용했다. 그래픽 이미지가 핵심이었다. 한 카오스 전문가는 이렇게 말했다. "그림 없이 연구한다는 것은 수학자에게 자기학대나 다름없습니다. 그림이 없이 어떻게 이 운동과 저 운동의 관계를 볼 수 있을까요? 직관을 어떻게 전개할 수 있을까요?" 몇몇은 자신들이 연구하고 있는 것이 혁명이라는 사실을 단호히 부정한 채 연구했고, 몇몇은 자신들이 목격한 변화를 설명하기 위해 쿤의 패러다임 전환이라는 용어를 일부러 사용했다.

초창기 카오스 논문들은 제1원리로 돌아가 논의를 시작한다는 점에서 벤저민 프랭클린 시대를 생각나게 한다. 쿤의 지적대로 기성 과학은 그때까지 집대성된 지식을 연구의 공통된 출발점으로 삼는 것을 당연하게 받아들인다. 식상한 말로 동료들을 따분하게 하지 않기 위해 과학자들은 늘 논문의 처음과 끝을 난해한 이야기로 채운다. 이와는 대조적으로 1970년대 말 이후에 나온 카오스 논문들은 머리말부터 마지막 결론까지 마치 복음을 전도하는 것처럼 이야기했다. 이들은 새로운 신조를 선언했으며, 때로 행동에 나설 것을 호소하면서 끝을 맺었다. 가령 이런 식이었다. "이런 결과는 우리를 흥분시키고 또 한편으로는 몹시 자극한다. 난류로의 전이에 관한 이론적 윤곽이 이제 막 잡히기 시작한 것이다." "카오스의 핵심은 수학적으로 접근할 수 있다." "이제 카오스는 아무도 부정할 수 없는 미래를 예감하고 있다. 하지만 미래를 받아들이기 위해서는 과거의 많은 부분을 부정해야만 한다."

새로운 희망, 새로운 스타일 그리고 가장 중요하게는 사물을 보는 새로운 방식이 출현한 것이다. 혁명은 서서히 오지 않는다. 자연에 대한 하나의 설명은 다른 설명으로 대체된다. 낡은 문제들을 새로운 시각에서 바라보게 되고, 또 처음으로 알게 된 문제들도 있다. 신제품을 생산하기 위해 산업 전반에 걸쳐 설비를 교체하는 것과 비슷한 일이 일어난다. 쿤의 말을 빌리면, "마치 전문가 집단이 갑자기 다른 행성으로 이동해 익숙했던 사물들이 달리 보이고, 그것들이 낯선 사물들과 결합된 것과 비슷하다."

새로운 과학의 실험용 쥐는 진자였다. 진자는 고전역학의 상징이자 구속된 운동의 전형이며, 시계 장치와 같은 규칙성의 표본이었다. 진자는 막대 끝에서 중력의 힘만으로 흔들린다. 그렇다면 진자만큼 난류의 불규칙성으로부터 거리가 먼 것이 또 있을까?

아르키메데스에게는 목욕탕이, 뉴턴에게는 사과가 있었듯, 전하는 이야기에 따르면 갈릴레오에게는 성당의 램프가 있었다. 램프는 앞뒤로 쉬지 않고 계속 왔다 갔다 흔들리면서 갈릴레오의 의식에 메시지를 던졌다. 진자운동의 예측 가능성을 이용해 시간을 측정한 크리스티안 하위헌스 Christian Huygens는 서구 문명을 돌아올 수 없는 길 위에 올려놓았다. 푸코 Jean Bernard Léon Foucault는 파리의 판테온에서 20층 높이의 긴 진자를 이용하여 지구의 자전을 증명했다. 벽시계와 손목시계는 (수정 진동자 시대가 되기 전에는) 모두 상당히 크거나 일정한 모양의 진자가 있었다. (그 점에 관해서는 수정의 진동도 별반 다르지 않다.)

마찰이 없는 우주 공간에서는 천체의 궤도로부터 주기운동이 발생하지만, 지구에서 규칙적 운동은 사실상 진자의 사촌쯤 되는 것에서 생긴다. 기초 전자회로를 나타내는 방정식은 흔들리는 진자를 기술하는 방정식과 정확히 일치한다. 진자의 진동이 수백만 배나 빠르기는 하지만 물리적 원리는 똑같다. 그럼에도 20세기 들어 고전역학은 순전히 학교 수업과 평범한 공학 과제물로 쓰일 뿐이다. 진자는 과학박물관에 전시되거나, 공항 선물가게에서 판매하는 플라스틱 재질의 '스페이스볼 space balls'에서나 볼 수 있다. 이제 진자로 골치를 썩이는 물리학 연구자는 그 누구도 없는 것이다.

그럼에도 진자는 여전히 놀라운 점을 가지고 있었다. 갈릴레오의 혁명에서 진자는 하나의 기준이었다. 아리스토텔레스는 지구를 향해 가려는 추가 줄에 매달려 있기 때문에 격렬하게 앞뒤로 왔다 갔다 한다고 보았다. 현대인이 보기에는 어리석기 짝이 없는 소리로 들린다. 운동, 관성 및 중력이라는 고전물리학 개념에 사로잡힌 사람들이 아리스토텔레스적 진자 해석의 배경을 이루는 나름대로 수미일관한 세계관의 진가를 이해하기란 쉽지 않다. 아리스토텔레스는 마치 사람의 성장이 일종의 변화인 것처럼, 물리적 운동 역시 양量이나 힘이 아니라 일종의 변화라고 생각했다. 공중에서 떨어지는 물체는 그저 자신의 가장 자연스런 상태, 즉 그냥 내버려두면 도달하게 되는 상태를 찾아간다. 당시 세계관에 의하면 아리스토텔레스의 의견은 사리에 맞다.

반면 갈릴레오는 진자에서 측정할 수 있는 규칙성을 보았다. 이를 설명하려면 운동하는 물체에 대한 혁명적 이해 방식이 필요했다. 갈릴레오가 고대 그리스인에 비해 더 좋은 데이터가 있었다는 게 딱히 장점은 아니었다. 오히려 그는 진자운동을 정확하게 측정하기 위해 친구를 몇 명 동원하여 24시간 동안 진동수를 셌다. 이른바 노동 집약적인 실험을 한 것이다. 갈릴레오가 진자에서 규칙성을 본 것은 이미 규칙성을 예측하는 이론이 있었기 때문이었다. 그는 아리스토텔레스가 몰랐던 것, 즉 움직이는 물체는 계속 움직이려 한다, 그리고 속도나 방향의 변화는 마찰력과 같은 외부 힘에 의해서만 설명될 수 있다는 것을 알고 있었다.

사실 너무 강력한 이론이 있었던 터라 갈릴레오는 존재하지도 '않는' 규칙성을 보았다고 할 수 있다. 그는 일정한 길이의 진자는 시간을 정확히 지킬 뿐만 아니라 진폭에 상관없이 주기가 똑같다고 주장했다. 진폭이 큰 진자는 더 긴 거리를 움직여야 하며 따라서 훨씬 더 빨리 움직인다. 바꿔 말하면 진자의 주기는 진폭과 무관하다. "친구 둘 중 하나는 진폭이 큰 진자를, 다른 하나는 진폭이 작은 진자를 맡아 각각 진동수를 세보면, 열 번이 아니라 백 번을 세도 한 번의 오차도(아니 그보다 더 작은 오차도) 없이 같은 수를 셀 것이다." 물론 갈릴레오는 실제 실험에 입각해 자신의 주장을 피력했지만, 주장을 뒷받침한 것은 자신의 이론이었다(아주 설득력 있는 이론으로 지금도 대부분의 고등학교 물리 과정에서 복음처럼 가르치고 있다). 그러나 그의 주장은 틀렸다. 갈릴레오가 본 규칙성은 단지 근삿값일 뿐이다. 추가 움직이면서 변화하는 각도 때문에 운동방정식에는 약간의 비선형성이 생긴다. 작은 진폭에서는 오차가 거의 존재하지 않지만 오차가 존재하기는 하며, 갈릴레오가 진행한 바 있는 대략적인 실험에서도 그 오차를 측정할 수 있다.

이렇듯 미미한 비선형적 요소들은 쉽게 무시되었다. 실험을 하는 사람들이라면 곧 자신들이 불완전한 세계에 살고 있음을 깨닫는다. 갈릴레오와 뉴턴 이후 수세기 동안 기본 원칙은 실험에서 규칙성을 찾는 것이었다. 실험 과학자들은 모두 상수常數 혹은 0이 되는 양들을 찾으려 했다. 그러나 이는 딱 떨어지는 그림이 되지 못하게 하는 어떤 사소한 교란 요소도 무시한다는 것을 의미했다. 어떤 화학자가 어느 날에는 2.001, 다음 날에는 2.003, 그다음 날에는 1.998이라는 상수비常數比 관계에 있는 두 물질을 찾아내고도 완벽한 2대1 비율을 설명할 이론을 찾지 않는다면 바보 취급을 받을 것이다.

갈릴레오 역시 깔끔한 결과를 얻기 위해 자신이 알고 있던 비선형적 요소, 즉 마찰과 공기저항을 무시해야만 했다. 공기저항은 귀찮기 짝이 없는 존재로 악명이 높았는데, 역학이라는 새로운 과학의 핵심에 도달하기 위해서는 반드시 제거해야만 했다. 깃털이 돌멩이만큼 빨리 낙하할까? 경험적으로 볼 때 누구나 아니라고 답한다. 피사의 사탑에서 공을 떨어트렸다는 신화 같은 이야기는 바로 경험의 무질서에서 규칙성을 뽑아낼 수 있는 이상적 과학 세계를 창조함으로써 직관을 '변화시켰다는' 이야기였다.

공기저항의 효과에서 주어진 질량에 미치는 중력의 효과를 분리해낸 것은 훌륭한 지적 성과였다. 그리하여 갈릴레오는 관성과 운동량의 본질에 접근할 수 있었다. 하지만 실제세계에서 진자는 결국 아리스토텔레스의 고풍스런 패러다임이 예상한 대로 움직인다. 진자는 정지한다.

패러다임 변환의 토대가 마련되고 있었다. 많은 사람들이 진자처럼 단순한 계를 교육하는 데 부족함이 있다고 믿는다는 사실을 물리학자들이 인정하기 시작했다. 20세기가 되어서야 마찰과 같은 소산적 과정들을 인식하게 되었으며, 학생들은 이를 방정식에 포함시키는 것을 배웠다. 또한 학생들은 비선형계는 보통 풀 수가 없으며(이 말은 맞다) 예외적인 경우이기 쉽다(이 말은 틀렸다)고 배웠다. 고전역학은 진자와 이중진자, 용수철과 구부린 막대기, 손가락으로 튕긴 현과 활로 켠 현 등 움직이는 물체의 모든 행태에 대해 기술했다. 유체계와 전기계에도 수학을 적용했다. 하지만 고전역학 시대를 살았던 그 어느 누구도 동역학계에 카오스가 숨어 있을 가능성에 대해 의심하지 않았다.

진자를 이해하지 못하는(그것도 20세기 초반에는 불가능했던 방식으로 이해하지 못하는) 물리학자는 난류나 복잡성을 진정으로 이해할 수 없다. 카오스 이론이 다양한 계에 대한 연구를 통합하기 시작하면서 진자역학은 레이저에서 초전도 조지프슨 접합에 이르는 첨단기술들을 포괄할 정도로 폭이 넓어졌다. 몇몇 화학반응은 심장박동과 마찬가지로 진자운동과 비슷한 행태를 보인다. 한 물리학자가 썼듯, 예상치 못하게 이런 문제들은 "생리학과 정신의학, 경제 예측, 나아가 사회의 진화 문제로" 확대되었다.

운동장의 그네를 생각해보자. 그네는 내려올 때는 속도가 빨라지고 올라갈 때는 느려지는데, 전체적으로는 마찰에 의해 조금씩 속도가 줄어든다. 그네가 시계 태엽장치와 같은 기계로부터 규칙적인 추진력을 받는다고 하자. 우리는 직관적으로 운동이 결국 움직이는 지점과 관계없이 매번 같은 높이까지 올라가는 규칙적인 왕복운동을 계속할 것이라고 생각한다. 물론 그럴 수도 있다. 하지만 이상하게 들릴지 모르지만, 처음에는 높고 다음에는 낮은 불규칙한 운동으로 바뀔 수도 있다. 결코 정상 상태에 도달하지 않을 수도 있고, 또 이전의 운동 행태를 똑같이 반복하지 않을 수도 있다.

이런 놀랍고 불규칙한 행태는 이 간단한 진동자를 드나드는 에너지의 흐름에 비선형적 뒤틀림이 있기 때문에 생긴다. 그네는 한편에서는 제동이 걸리고 다른 한편에서는 추진력을 받는다. 말하자면 마찰력에 의해 정지하려고 하기 때문에 그네의 진폭이 줄어들고, 주기적 추진력을 받기 때문에 진폭이 커진다. 설사 (한편으로는 제동이 걸리고 또 한편으로는 추진되는) 계가 평형 상태에 있다 하더라도, 이는 평형 상태가 아니며, 이 세계는 이런 계들로 가득하다. 날씨부터가 운동하는 공기와 물의 마찰 그리고 우주 공간으로의 열의 발산에 의해 제동이 걸리고 태양에너지의 끊임없는 유입에 의해 추진된다.

하지만 1960~70년대 물리학자와 수학자들이 진자를 다시 진지하게 연구하기 시작한 것은 예측 불가능성 때문이 아니었다. 예측 불가능성은 그저 이목을 끄는 역할을 했을 뿐이다. 카오스 동역학 연구자들은 단순한 계의 무질서한 운동 행태가 '창조' 과정으로 작용한다는 것을 발견한다. 무질서한 행태는 복잡성을 만들어냈다. 풍부하게 조직화된 패턴, 때로는 안정되고 때로는 불안정한, 때로는 유한하고 때로는 무한한, 하지만 언제나 살아 있는 생명체 같은 매력을 지닌 운동 행태를 만들어냈다. 바로 이 때문에 과학자들은 장난감(진자)을 가지고 놀았다.

'스페이스볼' 또는 '우주 그네'란 이름으로 팔리는 장난감은 T자 모양의 가로막대 양 끝에 공이 하나씩 달려 있고, 가로막대 밑에는 좀 더 무거운 제3의 공이 매달려 있다. 아래쪽 공은 위쪽 막대기가 제멋대로 회전하는 동안 앞뒤로 왔다 갔다 한다. 세 개의 공 안에는 자그마한 자석이 있고, 바닥에는 건전지로 작동하는 전자석이 있기 때문에 일단 움직이기 시작하면 계속해서 움직인다. 바닥에 있는 장치는 맨 아래에 있는 공이 지나가면 이를 감지해 작은 자기磁氣 반동을 준다. 장난감은 때로 일정한 리듬을 가지고 흔들리지만, 다른 때는 항상 변화하고 한없이 뜻밖으로 움직이는 카오스 상태에 있는 것처럼 보인다.

일반적인 다른 진자 장난감으로는 이른바 구형球形진자가 있다. 이 진자는 앞뒤뿐만 아니라 어떤 방향으로든 자유롭게 움직인다. 바닥 주변에는 몇 개의 작은 자석이 놓여 있다. 자석은 흔들리는 금속 진자를 끌어당기는데, 따라서 진자가 멈추면 자석 중 하나가 진자를 잡아당겨 붙게 만든다. 진자를 움직인 다음 어떤 자석에 붙을 것인지를 알아맞히는 놀이기구다. 3개의 자석이 삼각형 모양으로 배열되어 있기만 해도 진자의 운동을 예측할 수 없다. 진자는 A와 B 사이를 잠시 오가다가 B와 C로 옮겨가고 다음에는 C에 머무를 것 같다가도 A로 다시 가버린다.

과학자가 이 장난감의 움직임을 본떠 그래프를 그린 다음 체계적으로 조사한다고 가정하자. 출발점을 정해 그 지점에 추를 놓고 움직이게 한다. 추가 3개의 자석 중 어디에서 멈추는지에 따라 추의 출발점에 빨간색, 파란색, 녹색으로 색을 구분해 칠한다. 그래프는 어떻게 보일까? 익히 예상할 수 있는 것처럼 빨강이나 파랑, 혹은 녹색이 진하게 칠해진 지역이 있을 것이다. 여기는 추가 어느 자석에서 멈출지 확실히 알 수 있는 부분이다. 한편으로는 각각 색이 무한히 복잡하게 뒤엉킨 부분도 있을 것이다. 제아무리 가까이 들여다보고 그래프를 확대해도, 빨간색 점 주변에는 녹색 점과 파란색 점이 있을 것이다. 이 부분에서는 사실상 추의 방향을 예측할 수 없다.

전통적으로 역학자들은 계의 방정식을 밝혀내면 그 계를 이해할 수 있다고 믿었다. 계의 본질적인 특징을 파악하는 데 이보다 더 좋은 방법이 있을까? 운동장의 그네나 장난감의 방정식에는 진자의 각도(진폭)와 속도, 마찰력 그리고 구동력이 표시된다. 하지만 이들 방정식에는 다소 비선형적 요소가 있기 때문에, 역학자는 계의 미래에 대한 가장 쉽고 실질적인 질문에도 대답할 수 없다. 컴퓨터는 각 사이클을 재빠르게 계산하여 문제를 시뮬레이션해 답을 낼 수 있다. 하지만 시뮬레이션 자체에 문제가 있다. 말하자면 이 계는 초기조건에 민감하기 때문에 계산할 때마다 발생하는 미미한 오차가 급격하게 증폭된다. 오래지 않아 시그널signal은 사라지고 잡음noise만이 남는다.

이걸로 끝일까? 로렌츠는 예측 불가능성을 발견했지만, 패턴도 발견했다. 역시 무작위적 행태처럼 보이는 것 가운데서 구조를 발견한 과학자들도 있었다. 진자의 사례는 무시해도 좋을 만큼 단순했지만, 이를 눈여겨보았던 사람들은 거기서 흥미로운 메시지를 발견했다. 이들은 물리학이 어떤 의미에서는 진자운동의 기본적 메커니즘을 완벽하게 이해했지만, 장기간에 걸친 운동에까지 확대시킬 수는 없음을 깨달았다. 미시적인 것은 아주 명쾌하게 이해했지만, 거시적 운동 행태는 여전히 미스터리로 남아 있었던 것이다. 계를 국소적으로 이해하는 전통, 즉 메커니즘을 분리하고 그런 다음 다시 이를 결합시키는 전통이 깨지기 시작했다. 진자, 유체, 전자회로 그리고 레이저에 대해 기본 방정식을 이해하는 것은 더 이상 올바른 앎이 아닌 것 같았다.

1960년대를 지나면서 은하의 궤도를 연구하던 프랑스 천문학자와 전자회로를 모델링한 일본의 전기공학자 등 로렌츠와 비슷한 것을 발견한 과학자들이 나타났다. 하지만 총체적 운동 행태가 국소적 운동 행태와 어떻게 다른지를 이해하기 위한 최초의 정교하고 종합적인 시도는 수학자들 몫이었다. 이들 가운데 다차원 위상수학의 가장 난해한 문제를 풀어 명성을 날린 캘리포니아 대학교 버클리 캠퍼스의 수학교수 스티븐 스메일Stephen Smale이 있었다. 한번은 젊은 물리학자가 스메일과 한담을 나누다 그에게 무엇을 연구하느냐고 물었다. "진동자"라는 스메일의 답변에 그는 깜짝 놀랐다. 어처구니가 없었던 것이다. 진자, 스프링, 전자회로 따위의 진동자 문제는 물리학과 저학년 때 모두 떼는 문제 아닌가? 그런데 왜 위대한 수학자가 기초물리를 연구하고 있는 것일까? 몇 년이 지나서야 젊은 물리학자는 스메일이 비선형 진동자, 즉 카오스 진동자를 연구하고 있으며 물리학자들이 관찰할 필요가 없다고 배웠던 것을 관찰하고 있었음을 알게 된다.

스메일은 잘못된 추측을 했다. 스메일은 가장 엄밀한 수학 용어를 써가며 실질적으로 모든 동역학계는 대부분 그리 이상하지 않은 운동 행태로 귀착하는 경향이 있다고 주장했다. 하지만 곧 깨달았듯 문제는 그리 단순하지 않았다.

스메일은 문제를 해결하는 수학자였을 뿐만 아니라 다른 사람들이 해결하도록 문제를 제기하는 수학자였다. 역사에 대한 이해와 자연에 대한 직관으로, 이제껏 연구해보려고 하지도 않은 영역 전체에 이제는 수학자들이 시간을 바칠 필요가 있다고 조용히 주장했다. 훌륭한 사업가처럼 리스크를 분석하고 냉철히 전략을 세웠지만, 피리 부는 사나이 자질도 있었던 스메일 주위에는 사람들이 몰려들었다. 그렇다고 그의 명성이 수학 분야에 한정된 것도 아니었다. 베트남전쟁 초기에는 제리 루빈Jerry Rubin과 함께 '국제 항의의 날'을 조직했으며, 캘리포니아를 통과하는 군대 수송열차 저지 투쟁을 지원하기도 했다. 1966년 미국 하원 반미활동위원회가 스메일을 소환하려 할 무렵, 그는 국제수학자회의에 참석하기 위해 모스크바로 향하고 있었다. 거기서 스메일은 수학 분야의 최고 영예인 필즈 메달을 수상한다.

그해 여름 모스크바에서는 스메일 신화에서 잊을 수 없는 사건이 벌어졌다. 선동하는 수학자, 선동에 동요한 수학자 5000명이 모였다. 정치적 긴장이 고조되고 청원서가 난무했다. 학술회의가 끝날 무렵 스메일은 북베트남 기자들의 요청에 따라 모스크바 대학교의 넓은 층계에서 기자회견을 했다. 처음에 미국의 베트남전 개입을 비난하던 스메일은 주최자인 소련 측이 미소를 짓자, 소련의 헝가리 침공과 소련에 정치적 자유가 없음을 비난했다. 기자회견을 마친 스메일은 곧바로 소련 당국자들에 의해 차로 압송되어 심문을 받았다. 스메일이 캘리포니아로 돌아오자 국립과학재단NSF은 연구비 지원을 취소했다.

스메일이 필즈 메달을 받은 것은 20세기에 크게 발전하고 특히 1950년대에 황금기를 누린 수학 분야인 위상수학에서 이룬 유명한 연구 업적 때문이었다. 위상수학은 모양이 비틀리거나 늘려지거나 짜부라트려져 변형된 후에도 변하지 않고 남아 있는 성질을 연구한다. 모양이 사각형이건 원형이건 크건 작건 위상수학에서는 문제가 되지 않는데, 이런 속성은 잡아당겨 변형시킬 수 있기 때문이다. 위상수학자들은 모양이 연결되어 있는지, 구멍이 있는지, 매듭져 있는지를 묻는다. 또한 1, 2, 3차원의 유클리드 우주뿐만 아니라 시각화할 수 없는 다차원 공간에서도 면面을 상상한다. 위상수학은 고무판 기하학이라고 할 수 있는데, 양보다는 질에 관해 연구한다. 또한 위상수학은 직접 볼 수 없을 때 전체 구조에 대해 무엇을 말할 수 있는지를 묻는다. 스메일은 역사적이고, 위상수학의 난제 중 하나인 5차원과 그 이상의 공간에 관한 푸앵카레 추측을 풀어 위상수학 분야의 거인으로 우뚝

선다. 그럼에도 그는 1960년대 위상수학을 떠나 미개척 분야로 나아갔다. 동역학계를 연구하기 시작한 것이다.

위상수학과 동역학계라는 주제는 이 둘을 동전의 양면으로 본 앙리 푸앵카레^{Henri Poincaré}까지 거슬러 올라간다. 푸앵카레는 물질세계의 운동법칙에 기하학적 상상력을 끌어들인 20세기 전환기의 마지막 위대한 수학자였다. 아울러 카오스의 가능성을 이해한 최초의 수학자로 그가 쓴 저작들에는 로렌츠가 발견한 것만큼이나 강한 예측 불가능성을 암시하고 있다. 그러나 푸앵카레가 사망한 이후 위상수학은 번창했지만, 동역학계 연구는 위축되었다. 심지어 용어마저 폐기되고 만다. 이런 이유로 스메일이 명목상 돌아간 주제는 미분방정식이었다. 미분방정식은 계가 시간의 흐름에 따라 연속적으로 어떻게 변화하는지를 기술한다. 전통적으로 물리학자나 공학자들은 국소적으로, 다시 말해 한 번에 하나의 가능성만을 고려하던 사안이었다. 하지만 푸앵카레와 마찬가지로 스메일은 이를 총체적으로, 다시 말해 가능성의 전체 영역을 동시에 이해하려고 했다.

동역학계를 기술하는 방정식은(예를 들어 로렌츠 방정식은) 처음에 어떤 매개변수를 설정한다. 열대류^{熱對流}의 경우, 유체의 점성을 매개변수로 잡을 수 있다. 매개변수가 크게 변화하면 계는 크게 달라진다. 이를테면 정상 상태와 주기적 진동 상태 사이의 차이만큼이나 다른 행태를 낳는다. 그러나 물리학자는 매우 작은 변화는 수치만 조금 달라질 뿐 행태에 질적 변화를 일으키지 않는다고 가정한다.

위상수학과 동역학계를 연결함으로써 우리는 모양을 이용하여 어떤 계의 모든 운동 행태를 가시화할 수 있다. 단순한 계라면 모양은 일종의 곡면일 것이다. 복잡한 계에서는 다차원의 다양체^{多樣體}가 될 것이다. 면 위의 한 점은 특정 순간 계의 상태를 나타낸다. 시간에 따라 계가 진행하면 점이 움직여 면을 따라 궤도를 그린다. 면을 조금 구부리는 것은 계의 매개변수를 변화시키는 것이다. 즉 유체의 점성을 증가시키거나 진자를 더 세게 밀거나 하는 것을 말한다. 대략 형태가 동일하면, 대체로 같은 종류의 운동 행태를 보여준다. 만약 우리가 형태를 가시화할 수 있다면 그 계를 이해할 수 있다.

동역학계와 위상수학을 연구할 무렵만 해도 스메일은 대부분의 순수수학자들과 마찬가지로 그 두 가지를 현실세계에 적용하는 것을 노골적으로 경멸했다. 위상수학의 기원은 물리학에 가까웠으나, 수학자들은 물리학적 기원은 잊은 채 자신들의 구미에 맞게 형태를 연구했다. 순수수학자 중에서도 가장 순수한 연구를 한 스메일 역시 이런 풍조에 전적으로 동감했다. 하지만 20세기에 접어들 무렵 푸앵카레가 생각했던 것처럼, 스메일은 추상적이고 현학적으로 발전해온 위상수학이 이제 물리학에 뭔가 기여할 수 있을 것이라고 생각했다.

공교롭게도 스메일의 첫 번째 공헌 중 하나는 잘못된 추측에서 나왔다. 스메일은 물리학 용어를 써가며 자연법칙은 다음과 같은 것이라 주장했다. 계는 불규칙한 행태를 보일 수 있지만, 불규칙한 운동 행태는 '안정적'일 수 없다. '안정성'은 ('스메일이 말하는 안정성'은 수학자들이 말하는 것처럼) 필요불가결한 성질이었다. 계가 안정적인 경우 숫자를 조금 바꾼다고 해도 계의 운동에 변화가 생기지 않는다. 어떤 계라도 그 안에 안정적 행태와 불안정적 행태를 함께 가질 수 있다. 연필을 뾰족한 끝으로 세우는 것에 대한 방정식을 만든다면, 뾰족한 끝 위쪽에 무게중심을 두는 식으로 훌륭한 수학적 해답을 찾을 수 있을 것이다. 그렇다고 해서 연필을 뾰족한 끝으로 세울 수 있는 것은 아니다. 왜냐하면 수학적 해답이 불안정하기 때문이다. 매우 작은 섭동에도 계는 해결할 수 없게 된다. 반면에 사발 바닥에 있는 구슬은 사발이 조금 흔들리더라도 제자리로 돌아가기 때문에 바닥에 머문다. 물리학자들은 실제계에서는 아주 미세한 교란과 불확실성을 피할 수 없기 때문에, 실제로 규칙적으로 관찰할 수 있는 운동 행태들은 안정적이어야 한다고 추정했다. 우리는 결코 매개변수들을 정확하게 알 수 없다. 만약 누가 물리적으로 사실적이며 작은 섭동에도 흔들림이 없는 모델을 원한다면 그는 안정적 모델을 원하는 것이 틀림없다고 물리학자들은 생각할 것이다.

스메일이 아내와 함께 어린 두 아이를 데리고 잠시 리우데자네이루의 아파트에서 살고 있었던 1959년, 크리스마스가 막 지났을 무렵 그에게 좋지 않은 소식이 우편으로 도착했다. 스메일의 추측이란 모두 구조적으로 안정된 미분방정식들을 정의한 것이었다. 스메일은 어떤 카오스 계도 자신이 정의한 미분방정식의 한 계에 의해 원하는 만큼의 정밀도로 근사될 수 있다고 주장했다. 사실은 그렇지 않았다. 편지를 보낸 동료는 많은 계들이 스메일이 상상했던 대로 잘 움직이지 않는다는 사실을 알려왔고 오히려 반대되는 예, 즉 카오스와 안정이 공존하는 계를 설명했다. 이 계는 견고했다. 여느 자연계가 잡음에 의해 계속 교란받는 것처럼 그 계를 약간 교란해도 이상한 특성은 사라지지 않았다. 견고함과 이상함, 스메일은 의구심을 가지고 편지를 연구했지만, 차츰 이런 의구심은 사라졌다.

당시 겨우 공식적 정의가 이뤄지기 시작한 개념인 카오스와 불안정성은 전혀 같은 의미가 아니다. 카오스 계는 작은 섭동에 부딪혀도 그 특유한 불규칙성이 지속된다면 안정적일 수 있다. 비록 스메일은 몇 년이 지나서야 로렌츠에 대해 듣게 되었지만, 로렌츠 계는 하나의 예였다. 로렌츠가 발견했던 카오스는 그 모든 예측 불가능성에도 불구하고 사발 안에 놓인 구슬

만큼이나 안정적이었다. 우리는 이 계에 잡음을 가하고, 흔들고, 휘저어 운동 행태에 간섭할 수 있지만, 모든 것이 진정되고 마치 계곡에서 메아리가 사라지듯이 일시적 현상이 사라지면, 계는 전과 똑같은 특유의 불규칙성으로 돌아갈 것이다. 국소적으로는 예측 불가능하지만, 전체적으로는 안정적인 것이다. 실제 동역학계는 누구도 상상하지 못한 복잡한 규칙들에 의해 움직인다. 편지에 쓰인 사례는 한 세대도 전에 발견되었지만 거의 잊힌 단순한 계였다. 공교롭게도 진자의 변형된 형태였다. 말하자면 비선형적인데다 마치 그네를 탄 아이처럼 주기적으로 외력이 가해지는 진동하는 전자 회로였다.

그것은 20세기에 발트하사 반 데어 폴^{Balthasar van der Pol}이라는 덴마크의 전기공학자가 연구한 진공관이었다. 지금이야 물리학과 학생들은 진동자의 운동 행태를 오실로스코프의 화면에 그려진 선을 보며 연구하지만, 오실로스코프가 없었던 반 데어 폴은 전화 수화기에서 울리는 음조의 변화를 귀로 듣고 회로를 추적해야만 했다. 반 데어 폴은 입력되는 전류를 변화시킴에 따라 생기는 운동 행태의 변화에 규칙성이 있음을 발견하고 기뻐했다. 음조는 마치 계단을 오르는 것처럼 이 주파수에서 저 주파수로 건너뛰었다. 하지만 이상한 게 있었다. 음조 행태가 불규칙하게 들렸던 것이다. 그러나 그게 뭔지는 설명할 수 없었다. 물론 그는 걱정하지 않았다. 반 데어 폴은『네이처^{Nature}』에 이렇게 썼다. "주파수가 다음 단계의 낮은 데로 뛰기 전에 전화 수화기에서 종종 불규칙한 잡음이 들렸다. 하지만 이는 부차적인 현상이다." 그 역시 카오스를 접했지만 이를 이해할 언어가 없었던 수많은 과학자들 중 하나였던 것이다. 진공관을 만드는 사람에게는 주파수 고정이 중요한 문제였다. 하지만 복잡성의 본질을 이해하고자 하는 사람들에게는 높은 주파수와 낮은 주파수가 서로 끌어당기면서 내는 '불규칙한 잡음'이야말로 진정 흥미로운 운동 행태였다.

비록 추측이 틀리기는 했지만, 이런 잘못된 추측은 스메일이 동역학계의 완벽한 복잡성을 새롭게 이해하는 직접적 계기가 되었다. 몇몇 수학자들은 반 데어 폴 진동자의 가능성을 다시 보았으며, 스메일은 이들 연구를 새로운 차원으로 끌어올렸다. 스메일의 유일한 오실로스코프 화면은 자신의 마음이었다. 위상수학적 우주에 대한 수년간의 연구로 다듬어진 바로 그 마음 말이다. 스메일은 진동자에서 가능성의 모든 영역, 즉 물리학자들이 말하는 완전한 위상공간을 생각했다. 특정 순간 계의 상태는 위상공간에서 한 점으로 표시된다. 위치 혹은 속도에 대한 모든 정보는 점의 좌표에 포함되어 있다. 계가 어떤 식으로든 변하면 점은 위상공간의 다른 지점으로 움직인다. 계가 연속적으로 변하면 점은 궤적을 그린다.

진자와 같은 단순한 계의 위상공간은 직사각형일 것이다. 특정 순간 진자의 각도는 위상공간에서 동서의 위치를 결정하고, 진자의 속력은 남북의 위치를 결정할 것이다. 앞뒤로 규칙적으로 흔들리는 진자의 경우, 그 계가 계속 동일한 위치에서 움직인다면 위상공간에 나타나는 궤적은 일정한 고리 모양이 될 것이다.

스메일은 어떤 하나의 궤적 대신 (이를테면 추진력이 더해져) 계에 변화가 생길 때 전체 공간이 어떤 행태를 보이는가를 집중적으로 연구했다. 계의 물리학적 본질을 보는 것이 아니라 새로운 기하학적 본질을 보는 것으로 옮겨간 것이다. 방법은 위상공간에서 모양을 위상학적으로 변형시키는(이를테면 늘이고 짜부라트리는 것처럼 변형하는) 것이었다. 때로 이러한 변형은 분명히 물리학적 의미를 가지고 있었다. 소산dissipation, 즉 마찰에 의한 에너

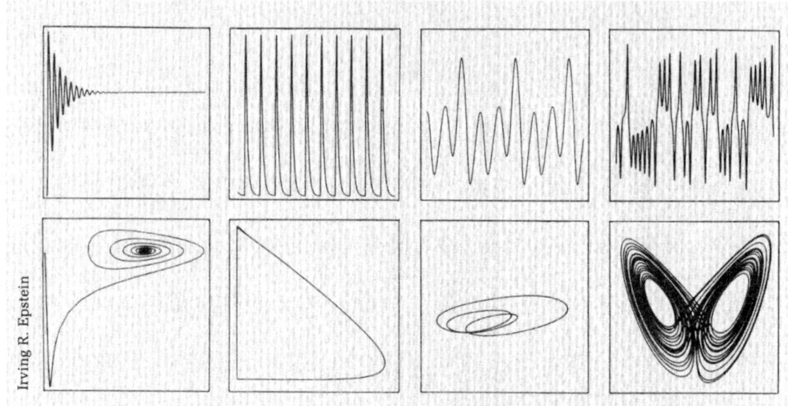

위상공간에 그리기 ··· 전통적인 시계열(위쪽 그림들)과 위상공간에서의 궤적(아래)
은 동일한 데이터를 사용해 계의 장기적 행태를 그림으로 나타내는 두 가지 방법
이다. 첫 번째 계(왼쪽)는 정상 상태―위상공간 내의 한 점―로 수렴한다. 두 번째
는 주기적으로 반복되면서 순환궤도를 그린다. 세 번째는 좀 더 복잡한 '주기 3'
의 왈츠 리듬으로 반복된다. 네 번째는 카오스이다.

지 손실은 위상공간에서 계의 형태가 바람 빠진 풍선처럼 찌그러드는 것
을 의미했다(마지막에는 계가 완전히 정지하는 한 점까지 오그라들 것이다). 스메
일은 반 데어 폴 진동자의 복잡성을 완전히 나타내기 위해서는 위상공간이
복잡하고 새로운 변형을 겪어야 한다는 점을 깨달았다. 그는 생각을 바꿔
전체 운동 행태를 가시화하는 새로운 모델을 만든다. 이렇게 만들어진 것이
바로(이후 수년 동안 카오스의 영속적인 이미지가 된) 편자라 알려진 구조였다.

스메일의 편자를 간단히 설명해보자. 우선 직사각형을 양옆에서 쥐어짜
철봉처럼 만든다. 한쪽 끝을 꺾어 다른 쪽 끝으로 구부린 다음 펴서 편자처
럼 C자 모양을 만든다. 그런 다음 편자가 직사각형 안에 들어 있다고 생각

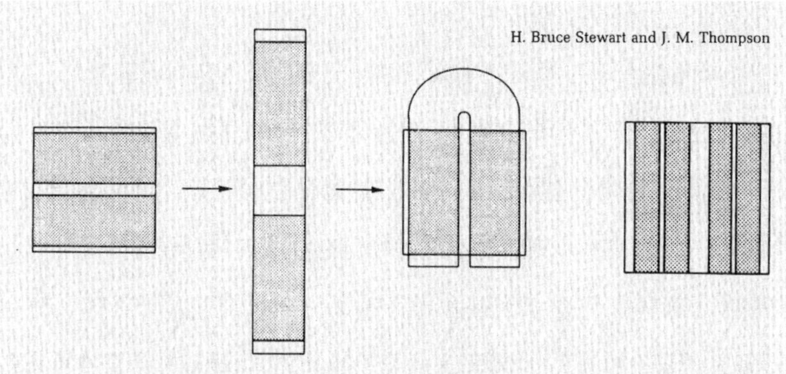

스메일의 편자 ··· 이러한 위상수학적 변형은 동역학계의 카오스적 성질을 이해하는 토대가 되었다. 원리는 간단하다. 공간을 한쪽 방향으로 잡아당기고 다른 방향으로 쥐어짠 다음 구부린다. 이 과정을 반복하면, 여러 겹으로 된 페이스트리 반죽을 해본 사람이라면 누구나 잘 아는 일종의 구조적 혼합이 만들어진다. 가까이 붙어 있던 한 쌍의 점은 결국 멀리 떨어지기 시작한다.

하고 다시 똑같이 쥐어짜고 구부리고 잡아 늘이는 변형을 되풀이한다.

이 과정은 마치 태피 사탕 기계가 태피가 아주 길고, 얇고, 복잡하게 잘 섞일 때까지 태피를 늘이고 구부리고 또 늘이기를 되풀이하는 과정과 비슷하다(태피 기계는 우리나라의 엿 만드는 기계와 비슷한 것으로 두 개의 회전하는 봉에 태피를 놓고 늘이고 뒤섞어 반죽한다_옮긴이). 스메일은 수학은 제쳐두고, 편자로 여러 가지 위상수학적 연구를 했다. 편자는 로렌츠가 몇 년 후 대기를 연구하면서 발견한 초기조건의 민감성을 깔끔하게 시각적으로 보여주었다. 원래 공간에 인접했던 두 점도 마지막에 어떻게 될지는 예측할 수 없다. 접고 늘이다 보면 두 점은 제멋대로 멀리 떨어질 것이다. 우연히 두 점이 인접하는 일이 일어난다 해도 나중에는 제멋대로 멀리 떨어진다.

원래 스메일은 모든 동역학계를 늘임과 압착으로 설명하려고 했다. 적어도 계의 안정성을 급격하게 무너뜨리는 접힘folding으로는 설명하고 싶지 않았던 것이다. 하지만 접힘은 불가피했다. 접힘은 동역학적 행태의 급격한 변화를 가능케 했다. 스메일의 편자는 수학자와 물리학자들에게 운동 가능성에 대한 새로운 직관을 심어준 많은 새로운 기하학적 모양의 효시가 된다. 너무 인공적이어서 실제로 응용하기가 어렵고, 물리학자들이 매력을 느끼기에는 여전히 너무 수학적이었다. 하지만 출발점으로서는 괜찮았다.

1960년대를 지나면서 스메일은 새로운 동역학계 연구에 자신과 관심을 같이하는 젊은 수학자들을 버클리 대학교에 규합했다. 이들의 연구가 순수과학 밖에서 이목을 끌게 된 것은 10년이 더 흘러서였고, 그때야 비로소 물리학자들은 스메일이 수학의 모든 분야를 현실세계로 되돌려놓았다는 것을 깨달았다. 그때가 황금시대였다고 그들은 말했다.

"패러다임 전환 중의 패러다임 전환이었습니다." 스메일의 동료이자 나중에 캘리포니아 대학교 산타크루스 캠퍼스 수학교수가 된 랠프 에이브러험Ralph Abraham은 이렇게 말했다.

제가 직업적으로 수학을 연구하기 시작한 1960년만 해도 (그리 오래된 일이 아닙니다) 물리학자들은 물론이고 가장 전위적인 수리물리학자들도 현대수학을 '통째로' 거부하고 있었습니다. 미분 가능한 동역학, 총체적 분석, 사상의 다양체, 미분기하학 등은 아인슈타인이 사용한 지 몇 년이 채 지나지 않아서 모두 배척되었지요. 수학자들과 물리학자들의 로맨스는 1930년대에 이혼으로 끝났습니다. 더 이상 서로 대화를 하지 않았고, 그저 서로를 소 닭 보듯 했습니다. 수리물리학자들은 자기들 제자가 수학자들에게 수학 과목을 듣는 것을 허락하지 않았습니다. '우리한테 수학을 배워라. 우리가 너희들이 알 필요가 있는 것을 가르치겠다. 수학자들은 모종의 무서운 오류에 빠져 있어 너희들의 사고력을 망칠 것이다.' 그때가 1960년이었습니다. 1968년이 되자 상황이 완전히 변했습니다.

결국 물리학자, 천문학자, 생물학자 모두 이런 흐름을 외면할 수 없었다.

거대한 폭풍처럼 움직이지도 줄어들지도 않는 광대한 소용돌이 모양의 타원체인 목성의 거대 반점은 우주의 신비로 치면 중급 정도이다. 1978년 보이저 2호가 우주에서 보내온 사진을 본 사람은 누구나 전에는 본 적이 없는 엄청난 규모로 일어나는 낯익은 난류 현상을 발견했다. "격렬하게 꿈틀거리는 눈썹 속의 고통스런 눈처럼 노호하는 붉은 반점"이라 쓴 존 업다이크John Updike의 말처럼 거대 반점은 태양계의 가장 장엄한 이정표 가운데 하나였다. 그런데 반점은 대체 뭘까? 로렌츠와 스메일을 비롯한 여타 과학자들이 자연의 흐름에 대한 새로운 이해 방식을 선보인 지 20년이 흐른 뒤, 목성의 딴 세상 같은 기후는 (카오스 과학과 더불어) 자연의 가능성에 대한 새로운 인식을 기다리는 많은 문제 가운데 하나라는 것이 밝혀졌다.

지난 3세기 동안 목성의 붉은 반점은 알면 알수록 모르는 것이 많아지는 그런 사례였다. 갈릴레오가 처음 망원경으로 목성을 관찰한 후 얼마 되지 않아 천문학자들은 반점을 발견했다. 로버트 후크Robert Hooke는 1600년경 반점을 보았다. 도나토 크레티Donato Creti는 바티칸 회랑에 목성의 거대 반점을 그렸다. 착색 처리 기법으로 그린 이 작품의 반점은 거의 설명할 게 없었다.

그러나 망원경이 발달하고 지식은 무지를 낳았다. 지난 1세기 동안 수많은 이론이 줄지어 나타났다. 예를 들어보자.

용암류 이론: 19세기 말 과학자들은 목성의 붉은 반점이 화산에서 흘러나온 용암으로 이루어진 타원형의 거대한 호수라고 상상했다. 혹은 얇은 지각地殼에 소행성이 부딪치면서 생긴 구멍에서 흘러나온 용암일지도 모른다고 생각했다.

새로운 달 이론: 이와는 대조적으로 한 독일 과학자는 반점이 목성 표면에 생성되고 있는 새로운 달이라고 주장했다.

달걀 이론: 새롭게 발견된 한 가지 골치 아픈 사실은 반점이 목성을 배경으로 약간씩 떠다니는 것처럼 보인다는 점이었다. 그리하여 1939년에 나온 이론은 반점이 달걀이 물에 떠다니듯 대기를 떠다니는 다소 단단한 물체라는 것이었다. 수소나 헬륨 거품이 떠다닌다는 이론을 포함하여 이 이론의 변종은 수십 년 동안 통용되었다.

가스기둥 이론: 새롭게 발견된 또 다른 사실은 반점이 떠다니기는 하지만 결코 멀리까지 떠다니지는 않는다는 점이었다. 따라서 1960년대 과학자들은 반점이 어쩌면 분화구에서 솟아오르는 가스기둥의 윗면일 것이라고 주장했다.

그때 보이저호가 등장했다. 대부분의 천문학자들은 좀 더 자세히 관측하기만 하면 신비는 깨질 것이라고 생각했고, 실제로 보이저호는 목성에 근접 비행하면서 엄청난 분량의 새로운 사진 자료를 보내왔지만, 결국은 이마저도 충분치 못했다. 1978년 우주선이 보내온 사진을 보니 강풍과 형형색색의 소용돌이였다. 장엄한 현장 사진을 본 천문학자들은 반점이 허리케인처럼 소용돌이치는 흐름의 계라고 생각했다. 또한 반점은 목성의 수평

띠를 이루는 동서풍 지대에 자리 잡고서 구름을 옆으로 밀쳐내고 있었다.

누가 봐도 '허리케인'이 최선의 설명이었지만, 몇 가지 걸리는 점이 있었다. 지구의 태풍은 습기가 빗물로 응축될 때 생기는 열에 의해 힘을 얻는다. 그러나 목성의 붉은 반점은 습기가 없었다. 또한 지구에서 발생하는 폭풍이 다 그렇듯이 태풍은 저기압성 회전, 즉 적도 북쪽에서는 시계 반대 방향으로, 적도 남쪽에서는 시계 방향으로 회전한다. 그런데 붉은 반점은 이와는 반대였다. 그리고 무엇보다도 태풍은 수일이 지나면 소멸했다.

한편 보이저호 사진을 연구하던 천문학자들은 목성이 사실상 전부가 움직이는 유체라는 사실을 알게 된다. 천문학자들이야 지구처럼 엷은 층의 대기에 싸여 있는 단단한 혹성을 찾는 데 길들여져 있었지만, 설사 목성에 단단한 핵이 어디든 있다 하더라도 표면에서 멀리 떨어진 곳에 있었다. 목성이 갑자기 거대한 유체역학 실험체처럼 보였다. 붉은 반점이 주위의 카오스에 방해받지 않고 안정되게 빙글빙글 돌고 있었던 것이다.

반점은 일종의 게슈탈트 테스트^{gestalt test}였다. 과학자들은 자신들의 직관이 허락하는 대로 반점을 보았다. 난류를 무작위적이고 요란스럽다고 생각하는 유체역학자들은 난류 한가운데에 있는 안정성이라는 섬을 이해할 길이 없었다. 보이저호는 지구에서 가장 강력한 망원경으로도 관측할 수 없는 작은 규모의 흐름을 보여줌으로써 미스터리를 배가시켰다. 소규모 흐름들은 급격하게 해체되었다. 소용돌이는 나타났다가 하루도 되지 않아 사라졌다. 그럼에도 붉은 반점은 아무렇지도 않았다. 무엇이 반점을 움직이게 할까? 또 무엇이 반점을 그 자리에 붙들어두는 것일까?

미국항공우주국은 미국 내에 있는 6개의 자료실에 사진을 보관한다. 그 중 하나가 코넬 대학교에 있다. 젊은 천문학자이자 응용수학자인 필립 마커스^{Philip Marcus}는 1980년대 초 코넬대 근처에 사무실이 있었다. 마커스는 보이저호가 보내온 사진을 보고 붉은 반점을 연구하는 영국과 미국의 과학자 6명 중 하나였다. 이들은 허리케인 이론을 탈피하여 좀 더 적절한 유사 현상을 찾아냈다. 서대서양을 돌고 있는 멕시코 만류였다. 굽이치며 갈라지는 멕시코 만류는 목성의 거대 반점을 미묘하게 연상시켰다. 만류가 만드는 잔파도는 서로 얽혀 고리 모양을 만들면서 주류에서 떨어져 나가 느리고 오래 계속되는 저기압성 회전과 반대의 소용돌이를 일으킨다. 다른 비슷한 사례로는 특이 기상 현상인 블로킹^{blocking}이 있다. 때로 고기압대가 보통의 동서 흐름과는 무관하게 수주 혹은 수개월 동안 천천히 돌면서 먼 바다에 자리 잡는 현상이다. 블로킹은 전체적인 일기예보 모형을 방해하지만, 또한 특이하게 장기간 동안 규칙적인 특징들을 만들어냄으로써 기상예보자들에게 약간의 희망을 주고 있었다.

마커스는 달에 착륙한 우주비행사들의 선명한 핫셀블라드(고화질 카메라 브랜드명_옮긴이) 사진과 목성의 난류 사진 등 미항공우주국 사진들을 오랜 시간 연구했다. 뉴턴의 법칙은 어디서나 통했기 때문에 마커스는 유체 방정식으로 컴퓨터 프로그램을 만들었다. 목성의 기상을 파악하는 것은 빛을 내지 않는 별과 마찬가지로 막대한 양의 농도 짙은 수소와 헬륨에 관한 법칙을 알아내는 것을 의미했다. 목성은 빠르게 회전하는데, 지구 시간으로 10시간에 한 번씩 자전한다. 자전으로 인하여 강력한 코리올리 힘(전향력), 즉 회전목마를 가로질러가는 사람을 옆으로 밀쳐 넘어지게 하는 힘이 생겨나며, 이 힘이 반점을 움직인다.

로렌츠가 아주 작은 지구 기상 모델(로렌츠 방정식)의 계산 결과를 두루마리 컴퓨터 용지에 대략적인 선으로 인쇄한 반면, 마커스는 선명한 색채 이미지를 조합하기 위해 훨씬 큰 컴퓨터를 이용했다. 먼저 등고선 도면을 만들었다. 겨우 상황을 파악할 수 있을 뿐이었다. 그런 다음 슬라이드를 만들고 이미지들을 모아 영상을 만들었다. 그러자 전혀 뜻밖의 일이 벌어졌다. 현란한 푸른색, 붉은색, 노란색을 띤 바둑판 모양의 회전하는 소용돌이는 NASA의 실물 사진에 나오는 거대 반점과 놀랄 만큼 비슷한 타원체 모양이 되어갔다. 마커스가 말했다. "정말 기쁘게도 작은 규모의 카오스적 흐름 가운데서 거대 규모의 반점이 보였습니다. 카오스적 흐름은 스펀지처럼 에너지를 흡수하고 있었습니다. 카오스라는 바다에 아주 작은 필라멘트 같은 구조가 있었습니다."

반점은 자기조직화하는 계다. 주변에 예측할 수 없는 혼란을 일으키는 것과 똑같은 비선형적 비틀림에 의해 만들어지고 규제된다. 안정된 카오스인 것이다.

마커스는 대학원생 시절 선형 방정식을 풀고, 선형적 해석에 맞춤해 설계한 실험을 하면서 표준 물리를 배웠다. 온실 속 삶이었다. 어쨌든 비선형 방정식은 설명이 불가능한 마당에 대학원을 다니면서 시간을 낭비할 이유가 뭐가 있겠는가? 공부 과정도 만족스러웠다. 일정한 틀 안에서 실험하면 선형적 근사치로도 충분했고, 예상된 해답도 나왔다. 하지만 때로 현실세계는 불가피하게 제멋대로 움직였고, 마커스는 수년 후 그게 카오스의 신호였음을 깨닫게 된다. 마커스가 실험을 중단하고 "야, 이 작은 보풀은 도대체 뭐지?"라고 말하면, 이런 답변이 돌아왔다. "실험상의 오차일 뿐이야. 너무 신경 쓰지 마."

그러나 대부분의 물리학자와 달리 마커스는 결국 결정론적 계는 단순한 주기적 행태 이상을 만들 수 있다는 로렌츠의 교훈을 깨닫는다. 그는 제멋대로 움직이는 무질서를 찾을 수 있게 되었고, 무질서 가운데 구조라는 섬이 나타날 수 있음을 알게 되었다. 이에 따라 거대 반점 문제는 복잡한 계가 난류와 결맞음을 동시에 일으키기 때문에 생기는 것으로 이해하게 된다. 마커스는 컴퓨터를 실험도구로 사용하는 독자적 전통을 확립하면서 부상하고 있는 새로운 학문 분야에서 일할 수 있었다. 그리고 기꺼이 자신을 새로운 종류의 과학자라고 생각했다. 다시 말해 천문학자, 유체역학자, 응용수학자 같은 것이 아니라 카오스 전문가라고 생각한 것이다.

생명체의
번성과
감소

수학적 발전의 결과는
합당한 생물학적 행태에 대한 직관과
끊임없이 비교 검토해야만 한다.
이런 검토에서 불일치가 드러나면
다음의 가능성을 확인해야 한다.
a. 잘못은 형식적인 수학적 발전에서 비롯됐다.
b. 최초 가정이 부정확했거나 너무 심하게 단순화되었다.
혹은 두 가지 다이다.
c. 생물학 분야에 관한 직관이 부정확하게 발전됐다.
d. 통찰력 있는 새로운 원리가 발견됐다.

하비 J. 골드, 『생물학적 계의 수학적 모델』

엄청난 식성을 가진 물고기와 맛있는 플랑크톤. 열대우림에는 이름 없는 파충류와 우거진 밀림을 날아다니는 새 그리고 입자가속기 속 전자처럼 바쁘게 돌아다니는 곤충으로 가득하다. 미국 북부 한랭지대의 들쥐와 레밍쥐는 자연의 살벌한 생존경쟁에도 불구하고 딱 4년 주기로 번성하고 감소한다. 생태학자들에게 자연계는 복잡한 실험실이자 상호작용하는 500만 종들의 도가니와 같은 곳이다. 아니 5000만 종? 사실은 생태학자도 모른다.

수학에 소질이 있는 20세기의 생물학자들은 실제 삶에서 소리와 색깔을 빼고 개체군을 단순한 동역학계로 다루는 생태학을 정립했다. 생태학자들은 생명체의 감소와 번성을 기술하기 위해 수리물리학의 기초적 방법을 사용했다. 먹이가 한정된 지역에서 단일종이 번성하는 것, 몇 개의 종이 서로 생존경쟁을 하는 것, 전염병이 숙주군宿主群 사이에 퍼지는 것, 이 모든 것을 (실험실 안에서는 분리할 수 없지만) 생물학 이론가의 머릿속에서는 확실히 분리할 수 있었다.

1970년대 카오스가 새로운 과학으로 출현하면서 생태학자들이 특별한 역할을 맡은 것은 필연이었다. 생태학자들은 수학적 모델을 이용하면서도, 항상 그 모델이 복잡한 현실세계의 빈약한 근사치에 불과하다는 것을 알고 있었다. 이런 한계를 잘 알고 있던 터라 이들은 수학자들이 흥미로운 특이성으로 여기고 있던 몇몇 아이디어의 중요성을 볼 수 있었다. 만약 규칙적인 방정식이 불규칙한 행태를 낳을 수 있다면, 생태학자들은 뭔가를 생각하게 될 것이다. 집단생물학에 나오는 방정식은 물리학자들이 우주의 한 단편을 연구할 때 사용하는 모델보다 쉽고 간단하다. 하지만 생명과학에서 연구하는 실제 현상은 물리학자의 실험실에서 볼 수 있는 어떤 현상보다도 복잡하다. 경제학자나 인구통계학자, 심리학자 그리고 도시계획자들 모델처럼 (이들 소프트사이언스가 시간에 따라 변화하는 계를 연구하면서 엄밀함을 부여하고자 할 때와 마찬가지로) 생물학자의 수학적 모델은 현실을 과장하여 묘사하는 경향이 있었다. 기준이 달랐던 것이다. 물리학자들에게 로렌츠 계 같은 방정식은 너무 간단해 거의 명백해 보였다. 하지만 생물학자들에게는 로렌츠 방정식조차 끔찍하리만큼 복잡했다. 3차원인 데다 연속적으로 변화하며, 분석하기도 힘들었다.

필요가 생물학자들을 다른 방식으로 연구하게 만들었다. 실제계를 수학적으로 설명하려면 다른 방향으로 진행해야 했다. 물리학자는 특정한 계를 볼 때(이를테면 스프링으로 연결된 두 개의 진자) 그 계에 대한 적당한 방정식을 선택함으로써 시작한다. 가급적이면 편람에서 방정식을 찾아보지만, 찾지 못할 경우에는 제1원리에서 올바른 방정식을 찾는다. 이로써 진자가 어떻게 운동하는지를 알고 또 스프링에 대해서도 안다. 그러고 나서 방정식을 해결할 수 있으면 해결한다.

반면 생물학자의 경우 특정한 동물의 개체군만 봐서는 결코 적당한 방정식을 추론할 수 없다. 올바른 방정식을 추론하려면 데이터를 모으고 유사한 결과를 산출해낸 방정식을 찾아야 한다. 만약 먹이가 한정된 연못에 물고기 1000마리를 넣으면 어떻게 될까? 연못에 하루에 물고기를 두 마리씩 먹어치우는 상어 50마리를 더 넣으면 어떻게 될까? 개체군 밀도에 따라 일정한 비율로 희생자를 죽이고 또 일정한 비율로 퍼지는 바이러스는 어떻게 될까? 과학자들은 이런 물음들을 이상화理想化했고, 따라서 명쾌한 공식을 적용할 수 있었다.

때로 이 공식이 잘 맞기도 했다. 집단생물학을 통해 포식자와 먹잇감의 상호작용, 한 나라의 인구밀도 변화가 질병 확산에 미치는 영향 등 생명의 역사에 대해 상당히 많이 알게 되었다. 수학적 모델에서 급증이 나타나거나, 평형 상태에 도달하거나, 혹은 멸종이 나타나면 생태학자들은 실제 자연에서도 똑같은 일이(개체수가 증가하고, 전염병에 의해 멸종하는 일이) 일어났다고 추측할 수 있다.

한 가지 유용한 단순화 방법은 연속적으로 미끄러지는 것이 아니라 눈금에서 눈금으로 성큼성큼 건너뛰는 시곗바늘처럼, 이산離散 시간 간격에 따라 세계를 모델화하는 것이었다. 미분방정식은 시간에 따라 연속적으로 부드럽게 변화하는 과정을 기술한다. 하지만 미분방정식은 계산하기가 어렵다. '차분방정식'과 같은 더 간단한 방정식이 이 상태에서 저 상태로 건너뛰는 과정에서는 유용할 수 있다. 다행히 많은 동물 개체군들은 1년을 주기로 비슷한 생활을 한다. 종종 1년 단위의 변화가 연속적인 변화보다 더 중요한 것이다. 이를테면 대부분의 곤충은 인간과는 달리 번식기가 1년에 한 번뿐이어서 곤충의 한 세대와 다음 세대는 겹치지 않는다. 이듬해 봄의 집시나방 수나 혹은 이듬해 겨울의 홍역 전염도를 추정하려면 올해의 수치만 알면 된다. 1년 단위의 모델을 가지고는 계의 복잡함에 대해 겨우 윤곽 정도만 알 수 있겠지만, 많은 경우 윤곽만으로도 과학자가 필요로 하는 모든 정보를 얻을 수 있다.

생태수학과 스티븐 스메일 수학의 관계는 십계명과 탈무드의 관계와 같다. 훌륭한 연구 규칙들로 그리 복잡하지도 않다. 매년 변화하는 개체수를 설명하기 위해 생물학자들은 고등학생들도 쉽게 이해할 수 있는 공식을 사용한다. 이듬해의 집시나방 수가 올해의 집시나방 수에 완전히 종속적이라 가정하자. 그러면 예컨대 올해 3만 1000마리였던 집시나방이 이듬해에는 3만 5000마리가 된다는 식의 구체적 전망을 모두 담은 표를 만들 수 있다. 혹은 올해 개체수와 이듬해 개체수 사이의 관계를 하나의 공식(함수)으로 나타낼 수도 있다. 이듬해 개체수(x)는 올해 개체수의 함수(F)다. 다시 말해, $x_{next} = F(x)$이다. 또 어떤 함수라도 전체 모양을 보여주는 그래프로 나타낼 수 있다.

이와 같은 단순한 모델에서 시간의 흐름에 따른 개체수 추정은 맨 처음의 개체수를 정한 다음 같은 함수를 반복하여 적용하면 된다. 세 번째 연도의 개체수를 추정하기 위해서는 두 번째 연도의 결과에 함수를 적용하면 되는 것이다. 전체 개체수의 변화 과정은 (각 연도의 결과가 이듬해의 입력치가 되는 피드백 고리) 함수를 반복하면 알 수 있다. 피드백이 마치 확성기 소리가 마이크를 통해 다시 확대되어 견딜 수 없을 정도의 큰 소리로 급격하게 증폭되는 것처럼 감당할 수 없을 수도 있다. 한편, 피드백은 일정 온도를 넘어서면 온도를 떨어뜨리고 일정 온도 아래로 떨어지면 온도를 높여주는 자동온도조절기처럼 안정적 상태가 될 수 있다.

수많은 함수 유형이 가능하다. 소박하게는 매년 일정 비율로 개체수가 증가하는 함수를 생각할 수 있다. 선형함수 $x_{next}=rx$가 될 것이다. 이는 대표적인 맬서스적 인구증가 도식으로 식량공급량과 도덕적 제어에 의해 인구증가가 제한되지 않는다. 여기서 매개변수 r은 개체수 증가 비율을 나타낸다. r을 1.1이라고 하고, 만약 어떤 해의 개체수를 10이라고 하면 다음해의 개체수는 11이 된다. 만약 2만을 입력하면 출력은 2만 2000이 된다. 개체수는 마치 복리 이자처럼 영원히 증가할 것이다.

생태학자들은 몇 세대 전부터 이런 함수가 통하지 않는다는 것을 깨달았다. 실제 연못에 사는 실제 물고기를 상상하는 생태학자는 굶주림, 생존경쟁과 같은 냉혹한 삶의 현실에 부합하는 함수를 찾아야 한다. 물고기가 증식하면 먹을 것이 바닥나기 시작한다. 물고기 개체수가 적으면 급격하게 개체수가 늘어날 것이고, 개체수가 많으면 점차 줄어들 것이다. 알풍뎅이 예를 들어보자. 매년 8월 1일 정원에 나가서 알풍뎅이의 숫자를 센다. 단순화하기 위해 풍뎅이를 잡아먹는 새와 풍뎅이가 걸리는 질병은 무시하고, 그저 식량공급이 한정되어 있다고만 생각하자. 풍뎅이가 몇 마리 안 됐을 때는 증식을 하겠지만, 개체수가 크게 늘어나면 정원을 온통 먹어치우고 나서 굶어 죽을 것이다.

억제되지 않고 증가하기만 하는 맬서스적 시나리오에서 선형적 성장함수는 영원히 상승한다. 좀 더 사실적인 시나리오를 위해서는 개체수가 많아졌을 때 증가를 억제하는 여분 항을 가진 방정식이 필요하다. 가장 자연스러운 함수는 개체수가 적을 때는 가파르게 증가하고, 중간 값일 때는 증가율이 0에 가까워지며, 개체수가 아주 많을 경우에는 감소하는 함수일 것이다. 이런 과정을 반복함으로써 생태학자들은 개체수가 장기적 변화 행태로 자리 잡는 것을 (아마도 어떤 정상 상태에 도달하는 것을) 볼 수 있다. 수학을 가지고 성공을 거둔 생태학자라면 이렇게 말할지도 모른다. "이게 방정식입니다. 이게 번식률을 나타내는 변수고, 자연 사망률을 나타내는 변수는 이렇습니다. 보시면 알겠지만 개체수는 평형 상태에 도달할 때까지 이런 속도로 증가할 겁니다."

어떻게 이런 함수를 구할 수 있을까? 여러 다양한 방정식이 있겠지만 가장 간단한 것은 아마 맬서스적 선형 방정식을 수정한 형태 $x_{next}=rx(1-x)$가 될 것이다. 여기서도 매개변수 r은 높게 혹은 낮게 정할 수 있는 번식률을 의미한다. 새로운 항인 $(1-x)$로 인해서 성장은 한도를 넘지 않는다. 왜냐하면 x값이 오르면 $(1-x)$ 값은 떨어지기 때문이다.■ 계산기를 가진 사람이라면 시작 값과 번식률을 임의로 선택하여 이듬해 개체수를 알아낼 수 있다.

1950년대까지 생태학자들 중에는 이 방정식을 변형한 로지스틱 방정식을 연구한 사람도 있었다. 오스트레일리아의 W. E. 리커^{W. E. Ricker}는 실제 어장에

<hr>

■ 고도로 추상화된 이 모델에서 '개체수'는 편의상 0과 1사이의 소수로 표시한다. 0은 멸종을 의미하고, 1은 연못 속에서 가능한 최대치를 의미한다.

처음에 매개변수 r을 임의로 선택하여 2.7이라 하고 최초의 개체수를 0.02로 하면 1−0.02=0.98이 된다. 이것을 0.02에 곱하면 0.0196이 되고, 이것을 다시 2.7에 곱하면 0.0529가 된다. 아주 적었던 최초의 개체수가 2배 이상으로 커진다. 새로운 개체수를 이용해 이런 과정을 반복하면, 0.1353을 얻을 수 있다. 간단한 프로그램을 수행할 수 있는 계산기를 사용하면, 이 반복과정은 그저 버튼 하나만 누르면 처리할 수 있다. 개체수는 다음에 0.3159가 되고 계속해서 0.5835, 0.6562……로 늘어나지만, 증가율은 점차 감소한다. 이제 기아(먹이 부족)가 생식보다 더 크게 작용함에 따라, 0.6092가 되고, 다시 0.6428, 0.6199, 0.6362, 0.6249로 차례차례 변한다. 개체수는 증가와 감소를 거듭하면서 일정한 숫자에 접근한다. 0.6328, 0.6273, 0.6312, 0.6285, 0.6304, 0.6291, 0.6300, 0.6294, 0.6299, 0.6295, 0.6297, 0.6296, 0.6297, 0.6296, 0.6296, 0.6296, 0.6296, 0.6296, 0.6296, 0.6296. 성공!

종이와 연필로 계산하던 시대와 수동식 계산기를 사용하던 시대에는 숫자 계산을 많이 할 수가 없었다.

이 방정식을 적용하기도 했다. 생태학자들은 방정식에서 매개변수 r을 중요한 요소로 생각한다. 원래 이 방정식을 가져온 물리계에서 매개변수 r은 열량이나 마찰량 그리고 이외 여러 가지 요인들의 크기를 나타내는 것이었다. 간단히 말해 비선형량이었다. 연못으로 볼 때 매개변수 r은 갑작스럽게 증가할 뿐 아니라 대폭 감소하기도 하는 개체수의 동향, 즉 물고기의 번식력에 해당한다('생물번성 능력'이라는 격조 높은 말이 있다).

문제는 이런 다양한 매개변수가 궁극적으로 변화하는 개체수의 운명에 어떤 영향을 미치는가이다. 확실한 대답은 낮은 매개변수는 이런 이상화된 개체수를 낮은 수준으로 이어지게 하고, 높은 매개변수는 높은 정상 상태로 이어질 것이라는 점이었다. 이런 결과는 많은 매개변수에 대해 옳은 것으로 판명이 났다(하지만 모든 경우에 그런 것은 아니다). 때로 리커처럼 훨씬 높은 값의 매개변수를 시도한 연구자들도 있었다. 이런 시도를 통해 이들은 분명 카오스를 보았을 것이다.

이상하게도 숫자들의 흐름이 변덕스러워지면 수동 계산기로 계산하는 연구자들로서는 정말 귀찮아진다. 물론 숫자들이 무한대로 증가하지는 않았지만, 그렇다고 일정한 수준으로 수렴되지도 않았다. 그럼에도 이들 초기의 생태학자들 중 어느 누구도 이렇게 끊임없이 변화하는 개체수를 계속 계산할 열의나 힘을 갖고 있지 않았다는 것은 분명했다. 어쨌든 생태학자들은 개체수가 증감을 계속하더라도 근본적 평형 상태 주변에서 진동할 것이라 추측했다. 평형 상태는 중요했기 때문에 생태학자들은 평형 상태가 없을 수도 있다는 생각은 꿈에도 하지 않았다.

로지스틱 방정식 또는 이보다 좀 더 복잡한 버전을 다룬 교재나 참고도서도 카오스적 행태가 일어날 수 있다는 점을 인정조차 하지 않았다. 메이

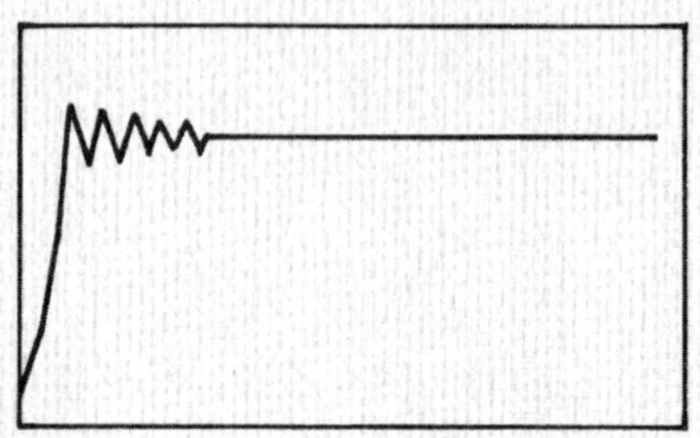

개체수는 증가하다 지나치게 늘어나면 다시 줄어들어 평형 상태에 도달한다.

너드 스미스J. Maynard Smith는 1968년 출간한 고전『생물학에서의 수학적 개념 Mathematical Ideas in Biology』에서 카오스가 가능하다는 게 일반적으로 어떤 의미인지를 설명했다. 개체수는 보통 거의 상수에 머물거나 평형점으로 추정되는 지점 주위에서 "상당히 규칙적인 주기성을 가지고" 변동을 거듭한다는 것이다. 물론 스미스는 실제 개체수가 결코 불규칙적 행태를 보일 수 없다고 생각할 만큼 단순하지는 않았다. 단지 불규칙적 행태가 자신이 만든 수학 방정식과는 상관없다고 가정했을 뿐이었다. 어쨌든 생물학자들은 이러한 모델과는 거리를 둬야 했다. 만약 모델이 모델을 만든 사람이 생각하는 실제 개체수의 행태와 어긋나면, 일부 누락된 특성들이(이를테면 개체군의 연령 분포, 지역적 혹은 지리학적 요소, 두 개의 성을 계산해야 하는 복잡한 문제 등) 이런 불일치를 항상 설명해줄 수 있다고 본 것이다.

가장 중요한 것은 불규칙한 숫자들이 연속해서 나오면 생태학자들은 항상 계산기가 고장 났거나 정확성이 부족해서일 것이라고 생각한다는 점이었다. 안정해安定解는 흥미로웠고, 질서는 그 자체로 보상이었다. 알맞은 방정식을 찾아내고 이를 계산하는 일은 무엇보다도 어려웠다. 실패하고, 안정성도 못 만들어내는 그런 연구를 하는 데 시간을 낭비하려는 사람은 아무도 없었다. 또한 제아무리 형편없는 생태학자라도 자신의 방정식이 실제 현상을 지나치게 단순화한 버전이라는 것을 모르지 않았다. 단순화한 목적은 규칙적인 모델을 얻자는 것이었다. 그런데 기껏 카오스나 보자고 이런 고생을 한다?

훗날 사람들은 제임스 요크James Yorke가 로렌츠를 발굴했으며, 카오스 과학이라는 이름도 붙였다고 말한다. 요크가 카오스라는 이름을 붙인 것은 사실이다.

요크는 자신을 철학자라 생각하길 좋아하는 수학자였다(직업상 이를 시인한다는 것은 위험하긴 했다). 명석한 데다 상냥했던 요크는 스메일을 존경했다. 요크는 스메일이 가늠하기 힘든 사람이라 생각했다는 점에서 다른 사람들과 같았지만, 왜 스메일이 가늠하기 힘든지 알았다는 점에선 다른 사람들과 달랐다. 겨우 스물두 살 때 메릴랜드 대학교의 학제간 연구기관(물리과학기술연구소라 불렀다)에 합류한 요크는 이후 연구소를 이끌었다.

요크는 현실적 문제에 자신의 생각을 펼쳐 세상에 유용하게 해야 한다고 생각하는 수학자였다. 한번은 임질을 억제하려면 정책을 바꾸어야 한다고 연방정부를 설득하기 위해 임질 전파 경로에 관한 보고서를 작성하기도 했다. 1970년대 석유파동 때는 석유 소비 억제를 위해 시행한 급유이부제가 급유를 기다리는 사람들 줄만 길게 할 뿐이라는 입바른(그러나 설득력은 떨어지는) 주장을 메릴랜드 주정부에 공식 증언했으나 받아들여지지 않았다. 반전시위가 있던 시절, 미국 연방정부가 집회에 모인 군중이 얼마 되지 않는 것처럼 보이기 위해 워싱턴 기념탑 주변을 정찰기로 촬영하여 집회의 절정기 때 사진이라고 공개하자, 요크는 기념탑의 그림자를 분석하여 그 사진이 실제로는 집회가 끝나고 30분 후에 찍은 것임을 증명해 보이기도 했다.

연구소에서 요크는 전통적인 분야를 벗어난 문제를 연구하는 보기 드문 자유를 누렸고, 다방면의 전문가들을 두루 만났다. 이들 전문가들 중에는 1972년, 로렌츠의 1963년도 논문「결정론적 비주기성 흐름」을 우연히 접한 유체역학자도 한 명 있었다. 로렌츠의 논문에 깊이 매료된 이 유체역학자는 논문을 원하는 사람이면 누구에게나 사본을 나눠주었다. 논문은 요크에게도 들어갔다.

로렌츠의 논문은 불시에 찾아든 일종의 마법과도 같았다. 먼저 수학적으로 충격적이었다. 원래 스메일이 가지고 있던 낙관적 분류체계를 깨는 카오스적 계였던 것이다. 그러나 수학만이 아니었다. 그것은 하나의 생생한 물리적 모델, 즉 운동하는 유체의 상像이었고, 요크는 곧 이것이 바로 물리학자들이 알아야 할 것임을 깨닫는다.

스메일은 앞서의 물리적 문제들에 수학을 끌어들이려 했지만, (요크가 잘 알고 있었듯) 수학적 언어는 소통하는 데 심각한 장애물로 남아 있었다. 학문세계에 수학자와 물리학자가 뒤섞일 만한 자리가 있었으면 좋았겠지만, 그런 자리도 없었다. 비록 스메일의 동역학계 연구가 이 둘 사이의 소원함을 해소하기는 했지만, 수학자들과 물리학자들은 여전히 서로 다른 언어로 말하고 있었다. 언젠가 물리학자 머리 겔만Murry Gell-Mann은 이렇게 말했다. "교수들은 수학자들에게는 훌륭한 물리학자처럼 보이고, 물리학자들에게는 훌륭한 수학자처럼 보이는 사람들을 잘 알고 있습니다. 당연한 얘기지만 교수들은 이런 사람들을 곁에 두고 싶지 않아 합니다." 두 분야의 기준은 서로 다르다. 수학자는 추론을 통해 정리를 증명하고, 물리학자들은 실험 장치를 이용하여 증명한다. 자기들의 세계를 구성하는 대상이 다르고, 사례 역시 다르다.

스메일에게는 다음과 같은 사례로도 충분했다. 0과 1 사이의 소수 중 하나를 취해서 2를 곱한다. 그런 뒤 소수점 위의 정수 부분은 버리고 나머지에 2를 곱하는 과정을 되풀이한다. 대부분의 수가 무리수인 데다 세세한 부분은 예측할 수 없기 때문에, 이런 과정은 그저 예측 불가능한 수열을 만들어낼 것이다. 이에 대해 물리학자는 너무 단순한 데다 너무 추상적이어서 아무짝에서 쓸모없는 진부한 수학적 특이성밖에 볼 게 없다고 할 것이다. 하지만 스메일은 이런 수학적 혼란이 많은 물리계의 본질 속에서 나타날 수 있다는 것을 직감했다.

물리학자들에게 적당한 사례란 미분방정식처럼 간단한 형식으로 쓸 수 있는 것이다. 비록 기상학 학술지에 묻혀 있긴 했지만, 로렌츠의 논문을 본 요크는 이야말로 물리학자들이 이해해야 할 사례임을 간파했다. 요크는 스메일에게 로렌츠의 논문을 (스메일이 다시 돌려줄 수 있도록 논문에 자신의 주소를 적어) 보냈다. 스메일은 자신이 한때 수학적으로 불가능하다고 여겼던 카오스를 이 기상학자가 '10년 전'에 발견했다는 사실을 알고 크게 놀랐다. 스메일은 「결정론적 비주기성 흐름」을 여러 부 복사했고, 이리하여 요크가 로렌츠를 발굴했다는 신화가 생겨난 것이다. 버클리에서 눈에 띄는 논문 사본에는 모두 요크의 주소가 찍혀 있었던 것이다.

요크는 물리학자들이 카오스를 보지 못하도록 교육받아왔다고 생각했다. 하지만 일상에서도 로렌츠가 말하는 초기조건의 민감성은 어디에나 숨어 있다. 아침에 30초 늦게 집을 나선 사람 머리 위로 화분이 떨어지는데 간발의 차로 비껴가고, 그런 다음 트럭에 치인다. 아니면 좀 덜 극적인 예로 30초 늦게 집을 나와 10분마다 한 대씩 오는 버스를 놓치거나 한 시간마다 오는 기차를 놓치는 경우를 생각할 수 있다. 야구는 불과 몇 센티미터로 승부를 다투는 게임기 때문에, 투수가 던지는 볼을 치는 타자들은 거의 똑같은 스윙을 해도 결과가 같지 않다는 것을 안다. 하지만 과학, 과학은 달랐다.

교육적 측면에서 말하면, 물리학과 수학 교육의 상당 부분은 칠판에 미분방정식을 쓰고 학생들에게 방정식을 푸는 방법을 가르치는 데 할애한다. 미분방정식은 실재를 하나의 연속체로 나타내는데, 장소에서 장소로, 시간에서 시간으로 연속해서 부드럽게 변하는 과정을 나타내지, 불연속적인 격자점이나 시간 단계를 나타내지 않는다. 과학도라면 다 알겠지만 미분방정식은 풀기 어렵다. 그러나 지난 270여 년 동안 과학자들은 미분방정식 해법에 관해 엄청난 지식체계를 구축했다. 미분방정식 해를 구하거나, 과학자가 말하듯 "닫힌 형식의 적분을 찾는" 다양한 방법을 담은 미분방정식 편람과 목록이 만들어졌다. 근대과학이 실제로 성취한 것들은 대부분 미적분에 대한 방대한 연구 덕분에 가능했다 해도 과언이 아니다. 뿐만 아니라 미분방정식은 자신을 둘러싼 변화무쌍한 세계를 모델화하려고 애쓰는 인간의 가장 천재적인 창조물 가운데 하나라고 말할 수 있다. 하지만 과학자들이 이런 자연관을 체득하고, 그 이론과 어려운 계산에 능숙해지기까지 한 가지 사실을 잊어버릴 공산이 컸다. 대부분의 미분방정식은 결코 풀 수 없다는 것 말이다. 요크의 말을 들어보자.

만약 미분방정식의 해를 적을 수 있다면, 필연적으로 그것은 카오스가 아닐 겁니다. 왜냐하면 미분방정식을 풀기 위해서는 각운동량角運動量과 같이 계속 보존되는 일정한 불변량을 찾아야 하기 때문입니다. 불변량을 충분히 찾아내면 미분방정식을 풀 수 있습니다. 하지만 이는 틀림없이 카오스의 가능성을 제거하는 길입니다.

교과서에는 풀 수 있는 계들이 실려 있다. 운동 행태도 얌전하다. 과학자들은 비선형계에 맞닥뜨릴 경우 선형적 근사치로 대치하거나 다른 변칙적 접근법을 찾아낸다. 교과서에는 비선형계가 보기 드물 뿐만 아니라 설령 나온다 하더라도 위와 같은 해법으로 설명되는 것만 있다. 초기조건의 민감성은 보여주지 않는 것이다. 실재하는 카오스와 함께 비선형계는 거의 가르치지도 배우지도 않는다. 우연히 카오스나 비선형계를 발견하면 일탈적인 것으로 무시해버리라고 배운다. 해를 구할 수 있고, 질서정연하며, 선형적인 계가 비정상적인 것이라고 생각하는 사람들은 몇 되지 않았다. 다시 말해 소수만이 자연의 본질이 얼마나 비선형적인지를 이해했던 것이다. 언젠가 엔리코 페르미Enrico Fermi는 이렇게 외쳤다. "자연의 모든 법칙을 선형적으로 표현할 수 있다는 말은 성서에도 나와 있지 않다." 수학자 스타니스와프 울람Stanislaw Ulam은 카오스 연구를 '비선형 과학'이라 부르는 것은 동물학을 '코끼리가 아닌 동물에 관한 연구'라 부르는 것과 같다고 비유했다. 요크는 이렇게 말했다.

가장 중요한 것은 바로 무질서가 존재한다는 것입니다. 물리학자나 수학자들은 규칙성을 발견하고 싶어 합니다. 사람들은 흔히들 무질서가 무슨 소용이 있느냐고 묻습니다만, 무질서를 제어하려면 무질서가 무엇인지 알아야만 합니다. 밸브 속의 찌꺼기에 대해 알지 못하는 자동차 수리공은 훌륭한 기술자가 아닙니다.

요크는 과학자든 비과학자든 간에 적당히 단련되지 않는다면 복잡성을 쉽게 오해할 수 있다고 믿었다. 투자가들은 왜 금값과 은값의 주기가 존재한다고 주장할까? 이유는 이들이 생각할 수 있는 가장 복잡한 (규칙적인) 행태가 바로 주기성이기 때문이다. 투자가들은 가격의 복잡한 패턴을 보면 다소 무작위적 잡음에 싸여 있는 어떤 주기성을 찾는다. 물리학이나 화학, 생물학에서 이뤄지는 과학 실험도 이와 다를 바 없다. 요크가 말한다. "지난날 사람들은 무수한 상황에서 카오스적 운동 행태를 목격했습니다. 사람들은 자신들이 진행한 물리 실험에서 불규칙적 행태가 보이면, 수정하려 하거나 포기했습니다. 결국 불규칙적 행태는 잡음이 있기 때문에 혹은 실험이 잘못되었기 때문이라고 말함으로써 해결하려 했던 것입니다."

로렌츠와 스메일의 연구에 물리학자들이 들어야 할 메시지가 있다고 판단한 요크는 가장 발행 부수가 많은 『월간미국수학』에 기고할 논문을 썼다. (수학자였던 요크는 자신의 생각을 물리학 잡지가 수용할 수 있는 형식으로 표현하기 힘들다는 것을 알고 있었다. 그가 물리학자들과 공동으로 논문을 집필하는 그럴싸한 수법을 터득한 것은 몇 년 뒤의 일이었다.) 요크의 논문은 훌륭하기도 했지만, 결국 가장 큰 영향을 미친 것은 "주기 3은 카오스를 내포한다^{Period Three Implies Chaos}"라는 불가사의하고도 얄궂은 제목이었다. 주변에서는 좀 더 진지한 제목을 붙이라고 했으나 요크는 그 제목을 고집했고, 이리하여 마침내 결정론적 무질서를 다루는 (확산 일로에 있는 분야 전체를 대표하는 말) 카오

스가 탄생하게 되었다. 요크는 또한 친구이자 생물학자인 로버트 메이에게
도 얘기를 했다.

　공교롭게도 메이는 뒷문으로 생물학에 발을 들여놓은 사람이었다. 뛰어
난 법정변호사의 아들이었던 메이는 고국 오스트레일리아 시드니에서 이
론물리학자로 시작해 하버드 대학교 응용수학과에서 박사 후 연구 과정을
밟았다. 1971년 1년 동안 프린스턴 대학교 고등연구소로 간 메이는 자신이
맡은 연구는 제쳐두고 생물학자들을 만나기 위해 프린스턴 대학교를 돌아
다녔다.

　지금도 생물학자들은 간단한 연산 이상의 수학을 쓰지 않는다. 수학을
좋아하거나 소질이 있는 사람들은 생명과학보다는 수학이나 물리학 쪽으
로 가는 경향이 있었지만, 메이는 예외였다. 처음에는 안정성과 복잡성이
라는 추상적 문제, 무엇이 경쟁자들의 공존을 가능케 하는지를 수학적으로
설명하는 데 관심이 있었다. 그러나 곧 가장 단순한 생태학적 문제, 즉 단일
개체군이 시간이 경과함에 따라 어떤 행태를 보이는가 하는 문제를 주로
연구하게 되었다. 필연적으로 단순할 수밖에 없는 이 모델은 별로 타협의
여지가 없어 보였다. 프린스턴 대학교의 교수가 될 때까지(메이는 이후 대학
연구처장이 되었다) 메이는 이미 수학적 해석과 원시적인 계산기를 이용해
로지스틱 방정식을 연구하는 데 많은 시간을 보내고 있었다.

　사실 시드니에 있을 때는 언젠가 복도 칠판에 대학원생에게 내는 숙제로
방정식을 써놓은 적이 있었다. "매개변수 r이 집적점 이상으로 커지면 무
슨 일이 일어날까?" 이때부터 메이에게 고난의 길이 시작된 것이다. 커졌
다 작아졌다 하는 개체수의 증가율이 임계점을 지나면 무슨 일이 일어날

까? 비선형 매개변수 값을 변화시키던 메이는 계의 특성이 극적으로 변화할 수 있다는 것을 발견한다. 매개변수가 커지면 비선형의 정도도 커졌다. 결과의 양뿐만 아니라 질도 변화시켰다. 평형 상태에 달한 최종 개체수뿐만 아니라 개체수가 평형 상태에 도달할 수 있는지의 여부에도 영향을 미쳤다.

매개변수가 작을 때 메이의 단순 모형은 정상 상태에 도달한다. 매개변수가 클 때 정상 상태는 깨지고 개체수는 두 개의 값 사이에서 진동한다. 매개변수가 매우 큰 값일 때 계는—'똑같은 계' 다—예측 불가능한 것처럼 보인다. 왜일까? 다른 종류의 운동 행태 사이에 있는 경계에서 정확하게 무슨 일이 일어난 것일까? 메이는 이해할 수 없었다(대학원생들도 마찬가지였다).

메이는 이처럼 가장 단순한 방정식의 행태를 파악하기 위해 집중적인 수치 실험을 했다. 방식은 스메일과 유사했다. 하나의 단순한 방정식을 '동시에', 말하자면 국소적이 아니라 총체적으로 이해하려고 시도한 것이다.

방정식은 스메일이 연구했던 어떤 것보다도 간단했다. 질서와 무질서가 생겨날 가능성을 오래전에 철저히 다루지 않았다는 사실이 믿겨지지 않았지만, 사실이 그랬다. 메이의 연구는 시작에 불과했다. 메이는 피드백 고리를 활성화한 다음 매개변수의 값을 수백 번씩이나 바꾸어가며 연속된 숫자들이 고정점으로 귀결되는지(과연 귀결되기는 하는지) 면밀히 조사했다. 마치 물고기의 '증가와 감소'를 마음대로 조정할 수 있는 자신만의 연못을 가진 것처럼 보였다. 또한 로지스틱 방정식, $x_{\text{next}} = rx(1-x)$를 가지고 가능한 한 느린 속도로 매개변수를 증가시켰다. 매개변수가 2.7의 값을 가지면 최종 개체수는 0.6296이 나왔다. 매개변수 값이 약간 증가하면 최종 개체수도 역시 약간 증가하게 되고, 그래프에서는 곡선이 좌측에서 우측으로 이동함에 따라 약간 위쪽으로 움직였다.

그러나 매개변수가 3을 넘자 갑자기 그래프 선이 두 개로 갈라졌다. 메이의 가상 물고기 개체수는 단일 값으로 귀결되지 않고, 해를 번갈아가며 두 지점 사이에서 진동했다. 낮은 숫자에서 출발하면 개체수가 증가하다 지속적으로 앞뒤로 왔다 갔다 할 때까지 변동을 거듭했다. 매개변수를 약간 더 올리면 진동은 다시 분열되고 4개의 각각 다른 값으로 귀착되는 일련의 숫자들을 만들어내 4년 주기로 반복되었다.[*] 이제 개체수는 규칙적으로 4년 주기로 오르내리게 된다. 주기는 처음에 1년에서 2년으로, 이제 다시 두 배가 되어 4년이 된다. 결과로 나온 주기적 행태는 또다시 안정적이었다. 개체수 시작 값은 서로 달랐지만 똑같이 4년 주기로 수렴되는 것이다.

로렌츠가 10년 전에 깨달았듯 이들 숫자들의 의미를 파악하고 눈의 피로를 더는 유일한 방법은 그래프를 만드는 것이다. 메이가 그린 대략적인 윤곽은 매개변수가 다를 때 그러한 계가 어떤 행태를 보이는지에 대한 모든 것을 요약하고 있다. 왼쪽에서 오른쪽으로 증가하는 가로축은 매개변수의 변화를 표시한 것이고, 세로축은 개체수를 나타냈다. 메이는 각각의 매개변수에 대해 계가 평형 상태에 도달한 후의 최종 결과를 점으로 표시했다.

■ 매개변수가 3.5이고 초기값이 0.4라고 하면, 다음과 같은 일련의 숫자가 나온다.
 0.4000, 0.8400, 0.4704, 0.8719,
 0.3908, 0.8332, 0.4862, 0.8743,
 0.3846, 0.8284, 0.4976, 0.8750,
 0.3829, 0.8270, 0.4976, 0.8750,
 0.3829, 0.8270, 0.5008, 0.8750,
 0.3828, 0.8269, 0.5009, 0.8750,
 0.3828, 0.8269, 0.5009, 0.8750,
 …

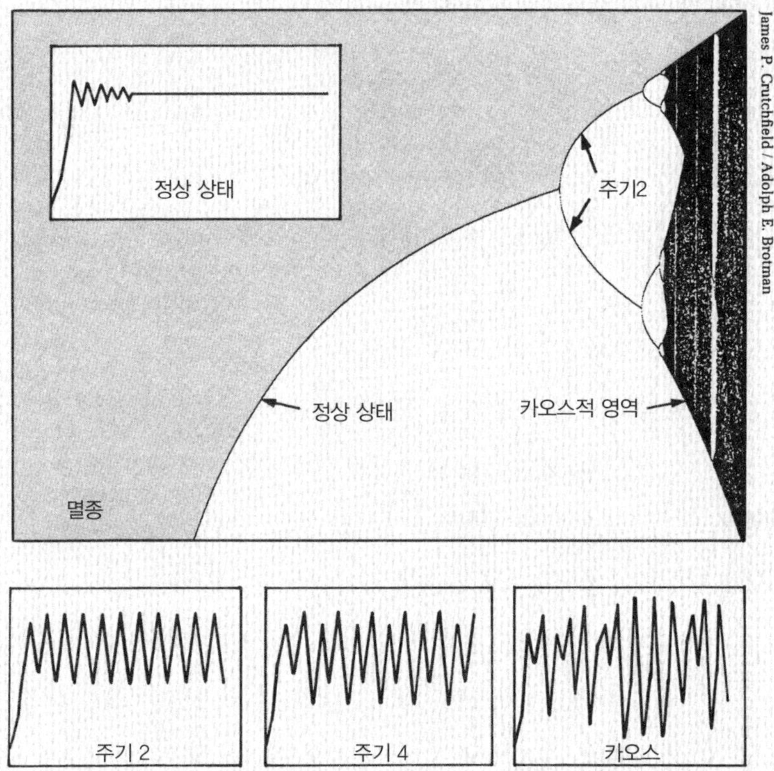

주기 배가와 카오스 ••• 번식력의 정도가 각기 다른 개체수의 행태를 표시하기 위해 로버트 메이를 비롯한 다른 과학자들은 개별적인 다이어그램을 사용하는 대신, 한 개의 그림 안에 모든 정보를 모은 '분기 다이어그램'을 사용했다.

이 다이어그램은 한 매개변수—이 경우에는 야생동물 개체수의 '번성과 감소'—의 변화가 간단한 계의 궁극적인 상태에 어떻게 영향을 미치는가를 보여준다. 매개변수 값은 왼쪽에서 오른쪽으로 나타나 있고, 각 값에 따른 최종 개체수는 수직축에 나타나 있다. 어떤 의미에서 매개변수 값을 증가시키는 것은 계를 더욱 격렬하게 움직이도록 하는 것, 즉 비선형성을 더욱 증가시키는 것을 의미한다.

매개변수 값이 작으면(그림 왼쪽 부분) 개체는 멸종한다. 매개변수 값이 증가하면(그림 중간 부분), 개체수 평형 상태 수준 역시 증가한다. 매개변수의 값을 더욱 증가시키면 평형 상태는 둘로 나눠지고(주기 2가 되고) 개체수는 두 가지 다른 수준 사이에서 진동하게 된다. 마치 대류하는 유체에서 열을 가하면 불안정성이 시작되는 것과 비슷하다. 이러한 갈라짐, 즉 분기는 점점 빨라진다. 그런 다음 계는 카오스적으로 되고(그림 오른쪽 부분), 개체수는 무한하게 다양한 값을 나타내게 된다.

왼쪽은 매개변수가 작기 때문에 각각의 최종 결과는 단지 하나의 점이 될 것이며, 따라서 그래프는 왼쪽에서 오른쪽으로 약간 상승하는 곡선이 된다. 매개변수가 첫 번째 임계점을 지났을 때 메이는 두 수준의 개체수로 분리해야 했기 때문에, 그래프를 옆으로 누운 Y자, 즉 건초용 갈퀴처럼 그렸다. 선이 나뉜 것은 개체수가 1년 주기에서 2년 주기로 된 것과 부합했다.

매개변수가 더욱 커지면, 점들의 수는 다시 두 배가 되고, 또 두 배가 되고, 또 두 배가 되었다. 메이는 깜짝 놀랐다. 이런 복잡한 행태에도 불구하고 감질나게 규칙적인 데가 있었기 때문이다. 메이는 이렇게 표현했다. "수학적인 풀밭에 있는 뱀." 두 배가 되는 자체가 분기^{bifurcation}이고, 각 분기는 반복되는 패턴이 한 단계 더 나뉘는 것을 의미했다. 안정되어 있던 개체수가 2년 주기로 진동했고, 2년 주기로 진동하던 개체수는 이제 세 번째와 네 번째 해에도 변화하여 주기 4로 바뀌었다.

이러한 분기는 갈수록 빨리 왔다. 4, 8, 16, 32…… 그러고는 갑자기 주기성이 사라졌다. 어떤 지점, 즉 '집적점'을 넘어서면 주기성은 결코 안정되지 않는 연속적인 변화의 상태인 카오스로 전환된다. 따라서 그래프의 모든 부분이 완전히 까맣게 된다. 이와 같은 가장 간단한 비선형 방정식에 의해 지배되는 동물 개체군을 지켜보면, 해마다의 변화가 마치 환경적 잡음에 의해 좌우되는 것처럼 완전히 무작위적이라고 생각하게 될 것이다. 하지만 이런 복잡성 속에서도 갑자기 안정된 주기가 되돌아온다. 매개변수가 증가함에 따라 계의 비선형성이 점점 더 격렬해질 때조차도, 일정한 주기(3이나 7 같은 홀수 주기)를 갖는 창^{window}이 갑자기 나타난다. 개체수 변동의 유형은 3년 혹은 7년의 주기로 되풀이된다. 그러고 나서 주기 배가 분기가 아주 빠른 속도로 시작되어, 3, 6, 12…… 혹은 7, 14, 28……의 주기를 빠르게 지나

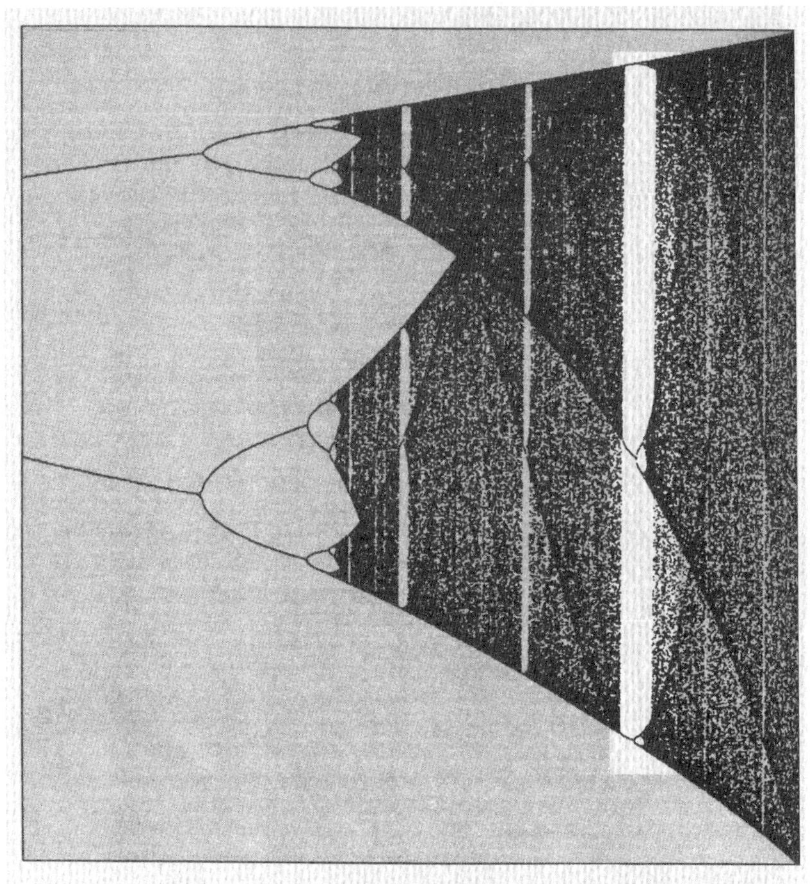

카오스 중에 나타나는 질서의 창 ⋯ 가장 간단한 방정식조차도 분기 다이어그램에서 카오스의 영역은 복잡한 구조를 갖는다는 것이 밝혀졌다. 이는 로버트 메이가 처음 추측했던 것보다 훨씬 더 질서정연하다. 먼저 분기는 2, 4, 8, 16⋯⋯의 주기를 만든다. 그리고 나서 어떤 규칙적 주기도 없는 카오스가 시작된다. 그러나 계가 더 움직이면 홀수 주기를 가진 창이 나타난다. 안정된 주기 3이 나타나고(확대된 부분의 오른쪽 위), 주기 배가가 다시 시작된다. 6, 12, 24⋯⋯ 그 구조는 무한히 깊다. 부분을 확대하면(예컨대 주기 3을 가진 구간의 중간 부분, 오른쪽 아래), 전체 다이어그램과 닮아 있다.

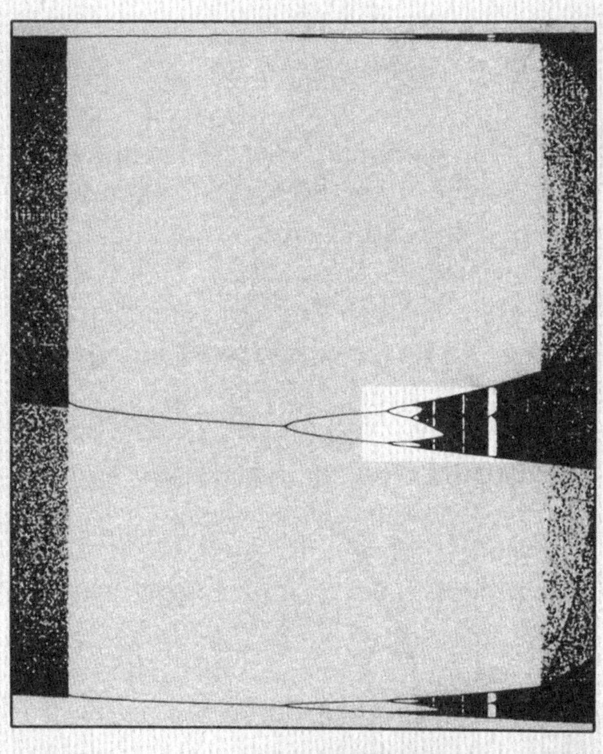

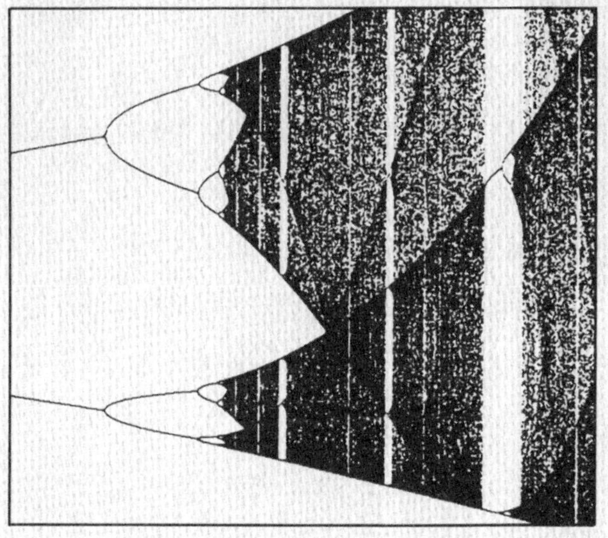

고 결국 다시 새로운 카오스 상태로 된다.

처음에는 메이도 전체적인 그림을 볼 수 없었다. 하지만 자신이 계산할 수 있었던 부분만 놓고 봐도 매우 색다른 모양이었다. 현실세계의 계에서는 한 번에 하나의 매개변수 값에 상응하는 수직 단면만을 볼 수 있다. 한 가지 행태만—정상 상태일 수도 있고, 7년 주기일 수도, 명백한 무작위 상태일 수도 있다—볼 수 있는 것이다. 같은 계인데도 매개변수가 조금만 변화해도 완전히 다른 종류의 패턴을 보일 수 있다는 점을 알 턱이 없는 것이다.

제임스 요크는 논문 「주기 3은 카오스를 내포한다」에서 수학적으로 엄밀하게 이 행태를 분석했다. 요크는 '어떤' 1차원적 계에서 주기 3의 규칙적 주기를 항상 보이면, 같은 계에서 또한 길이를 번갈아가며 진행되는 규칙적 주기와 함께 완전한 카오스적 사이클까지도 나타난다는 것을 증명했다. 이는 프리먼 다이슨 같은 물리학자에게 '전기 충격'처럼 다가왔다. 직관과는 너무 상반되었기 때문이다. 언제나 카오스를 만들지 않으며, 주기 3의 진동을 반복하는 계를 만드는 것은 쉬운 일이라고 흔히들 생각할 것이다. 그러나 요크는 이것이 불가능하다는 것을 보여주었다.

아주 깜짝 놀랄 만한 이야기였지만, 요크는 자신의 논문을 홍보하는 것이 수학적 내용보다도 중요하다고 믿었다. 어느 정도는 사실이었다. 몇 년후, 동베를린에서 열린 국제학술회의에 참석한 요크는 슈프레 강에 보트를 타러 가기도 하고, 관광도 하면서 시간을 보냈다. 갑자기 한 러시아인이 다가오더니 급하게 뭔가를 이야기하는 게 아닌가. 요크는 폴란드인 친구의 도움을 받아 그 러시아인이 자신과 똑같은 결과를 증명했음을 주장한다는 것을 알게 되었다. 러시아인은 자신의 논문을 보낼 것이라고만 말하고 자세한 이야기는 하지 않았다. 4개월 후 논문이 도착했다. A. N. 사르콥스키

A. N. Sarkovskii가 「1차원 연속 사상의 주기 공존」이라는 논문에서 사실상 요크 보다 이를 먼저 증명했던 것이다. 그러나 요크는 수학적 결과 이상의 것을 발견했다. 요크는 물리학자들에게 다음과 같은 말을 전했다. "카오스는 도처에 존재하고 안정적이며 구조적이다." 또한 그는 전통적으로 어려운 연속 미분방정식에 의해 모델화되는 복잡한 계도 단순한 불연속적 사상으로 이해할 수 있다는 것을 보여주었다.

관광 도중 우연히 만난 수학자들이 서로 손짓 몸짓으로 이야기를 나누는 장면은 소련의 과학과 서구 과학 사이에 지속적 교류가 없었다는 것을 상징적으로 보여준다. 한편으로는 언어 장벽 때문에, 또 한편으로는 소련 쪽으로의 여행 제한 때문에, 뛰어난 서구 과학자들이 소련에서 이미 나온 연구를 반복하는 경우가 종종 있었다. 미국과 유럽에서 카오스를 활발하게 연구하는 데 자극을 받은 소련도 카오스를 활발하게 연구하기 시작했다. 이에 대해 한편에서는 상당히 당혹스러워했는데, 이들 새로운 과학의 상당 부분이 모스크바에서는 그리 새로운 것이 아니었기 때문이다. 소련의 수학자들과 물리학자들에게는 카오스 연구의 강한 전통이 있었는데, 1950년대 A. N. 콜모고로프A. N. Kolmogorov 연구까지 거슬러 올라간다. 더구나 소련의 과학자들은 수학과 물리학이 서로 분화된 후에도 두 학문을 공동으로 연구하는 전통을 가지고 있었다.

따라서 소련 과학자들은 스메일을 쉽게 받아들일 수 있었다. 스메일의 편자는 1960년대에 소련 학계에 상당한 자극을 주었다. 명석한 수리물리학자인 야샤 시나이Yasha Sinai는 재빨리 유사한 계를 열역학적 용어로 해석했다. 또 로렌츠의 연구가 1970년대에 서구 물리학계에 알려진 것과 동시에 소련에도 알려졌다. 1975년에 요크와 메이가 동료들의 이목을 끌기 위해

안간힘을 쓸 무렵 시나이를 비롯한 다른 과학자들은 발 빠르게 고르키 시를 중심으로 영향력 있는 물리학 연구 집단을 만들었다. 최근 들어 서구의 몇몇 카오스 전문가들은 한발 앞서가기 위해 정기적으로 소련을 여행하지만, 대다수는 결국 서구식 카오스 연구로 만족하지 않으면 안 되었다.

서구에서 요크와 메이는 '주기 배가'에 굉장한 충격을 받고, 그 충격을 과학자 집단에 전달한 최초의 사람들이다. 이에 주목했던 몇몇 수학자들은 이런 현상을 기술적 문제로, 수치상의 특이성으로, 일종의 놀이처럼 취급했다. 그렇다고 주기 배가를 사소하게 생각한 것은 아니었지만, 단지 특별한 예외적 현상으로 간주했던 것이다.

생물학자들은 정교한 수학적 지식이 없고 무질서한 행태를 탐구할 만한 동기가 부족했기 때문에, 카오스로 변화하는 과정인 분기를 보지 못하고 넘어갔다. 수학자들은 분기를 알았지만 지나쳐버렸다. 두 분야에 모두 관심을 가졌던 메이는 자신이 놀랍고도 심오한 영역에 발을 들여놓았다는 것을 깨닫는다.

이처럼 가장 단순한 계라도 더 깊이 연구하려면 더 강력한 계산 능력이 필요했다. 성능이 뛰어난 컴퓨터가 있었던 뉴욕 대학교 쿠랑수리과학연구소의 프랭크 호펜스테트^{Frank Hoppensteadt}는 영화를 한 편 만든다.

이후 생물학적 문제에 깊은 관심을 갖게 된 수학자 호펜스테트는 자신의 컴퓨터 '컨트롤 데이터 6600'을 이용해 로지스틱 비선형 방정식을 수억 번이나 계산했다. 그는 1000여 개의 각각 다른 매개변수의 값과 그 결과를 컴퓨터 화면에서 영화로 찍었다. 분기가 나타났고, 그다음에는 카오스가 나타났다. 그러고는 카오스의 불안정성 속에서 작은 바늘 같은 질서가 나타났다. 잠깐 동안의 단편적인 주기적 행태였다. 자신의 영화를 보던 호펜스테트는 마치 현실과는 동떨어진 곳으로 날아가고 있는 듯한 기분이었다. 어느 순간에는 전혀 카오스처럼 보이지 않았다. 그러나 바로 다음 순간 예측 불가능한 혼란 상태가 되었다. 호펜스테트로서는 결코 잊을 수 없는 놀라운 느낌이었다.

메이는 호펜스테트의 영화를 보았다. 또한 유전학, 경제학, 그리고 유체역학 등과 같은 분야에서 유사 사례를 수집하기 시작했다. 카오스 전파자였던 메이는 순수수학자들에 비해 두 가지 이점을 가지고 있었다. 하나는 단순한 방정식들은 현실을 완벽하게 대변할 수 없다고 메이 자신이 생각했다는 점이다. 그는 방정식들이 은유에 불과함을 알았고, 따라서 이런 은유가 얼마나 폭넓게 적용될 수 있는지에 대해 궁금해했다. 다른 하나는 카오스의 발견이 직접적으로 자신의 전공 분야에서 굉장한 논쟁을 불러일으켰다는 점이었다.

어쨌든 집단생물학은 오랫동안 논쟁의 도화선이 되었다. 이를테면 생물학에서는 분자생물학자와 생태학자 간에 팽팽한 긴장이 존재했다. 분자생물학자들은 자신들이 '진짜 과학'을 하며, 명징하고, 어려운 문제들을 연구하는 반면, 생태학자들의 연구는 막연하다고 생각했다. 반면 생태학자들은 분자생물학의 기술적 업적은 잘 정의된 문제를 좀 더 정교하게 전개했을 뿐이라고 여겼다.

메이가 보았듯이, 1970년대 초반 생태학 분야에서 일어난 논쟁의 핵심은 개체수 변화의 성격과 연관이 있었다. 생태학자들은 대부분 자신의 개성에 따라 나뉘어 있었다. 어떤 사람들은 세계가 질서정연하다고 보았다. 예외는 있지만 개체수는 조절되며, 안정적이라는 것이다. 다른 사람들은 정

반대로 생각했다. 예외는 있지만 개체수는 불규칙하게 변동한다는 것이다. 이처럼 상반된 두 집단이 복잡한 생물학적 문제에 정밀한 수학을 적용하는 것을 놓고 둘로 나뉜 것은 우연이 아니었다. 개체수가 안정적이라고 믿는 사람들은 개체수가 어떤 결정론적 메커니즘에 의해 조절되는 것이 틀림없다고 주장했다. 개체수가 불규칙하다고 믿는 사람들은, 어떤 결정론적 시그널이 존재한다 할지라도 이를 압도하는 예측 불가능한 환경적 요인에 의해 개체수가 좌우되는 것이 틀림없다고 주장했다. 결정론적인 수학이 안정적 변화 행태를 만들어내든가 무작위적인 외부 잡음이 무작위적인 변화 행태를 만들어내든가 둘 중 하나였다.

이런 논쟁의 맥락에서 카오스는 놀랄 만한 메시지를 전해주었다. 말하자면 단순한 결정론적 모델이 무작위적 행태처럼 보이는 것을 만들어낼 수 있다는 것이었다. 실제로 변화 행태는 정교한 구조를 가지고 있었지만, 이런 행태의 어떤 부분도 잡음과 구분할 수 없는 것처럼 보였다. 이런 발견은 논쟁의 핵심을 꿰뚫은 것이었다.

단순 카오스 모델이라는 프리즘을 통해 생물학적 계를 보면 볼수록 메이는 생물학자들이 보통 갖는 직관과 상반되는 결과들을 계속 보게 된다. 이를테면 전염병학에서 전염병이 규칙적 혹은 불규칙적인 주기를 가진다는 사실은 잘 알려져 있다. 홍역과 소아마비, 풍진과 같은 것들은 모두 그 감염자 수가 늘었다 줄었다 한다. 이런 진동을 비선형 모델로 재현할 수 있다는 것을 깨달은 메이는 만약 이런 계가 어떤 갑작스런 자극을—이를테면 예방접종과 같은 섭동을—받을 때 어떤 일이 벌어질지 궁금했다. 나이브한 사람은 바라던 방향으로 순조롭게 변할 것이라 직감할 것이다. 하지만 실제로는 거대한 진동이 시작될 가능성이 많다. 비록 장기적인 추세가 확실

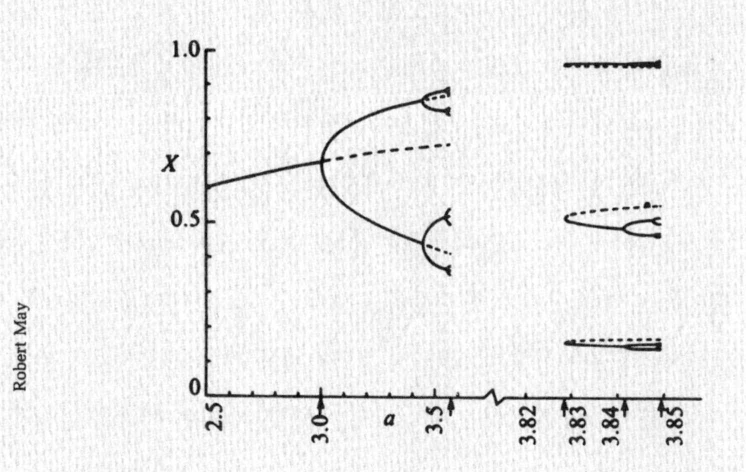

더욱 강력한 컴퓨터 계산으로 풍부한 구조를 드러내기 전 메이가 처음 보았던 분기 다이어그램의 윤곽

하게 아래로 향한다 할지라도 새로운 평형 상태로 가는 길에는 의외로 절정의 전염병 창궐로 인해 방해받을 수 있었다. 실제로 영국에서 벌인 풍진 퇴치 캠페인 관련 자료를 보면, 메이의 모델이 예측한 것과 똑같은 진동을 의사들이 보았음을 알 수 있다. 그러나 풍진이나 임질에 걸린 사람들이 단기간에 급격히 증가할 경우 보건 담당 관리들은 누구나 예방접종이 실패했다고 생각할 것이다.

몇 년이 지나지 않아 카오스 연구는 이론생물학에 엄청난 자극을 주면서, 생물학자와 물리학자를 학문적 동반자로 만들었다. 불과 몇 년 전만 해도 상상도 못할 일이었다. 생태학자들과 전염병학자들은 이전 과학자들이 너무 다루기 힘들어 폐기했던 오래된 자료들을 뒤졌다. 결정론적 카오스는 뉴욕 시에서 유행한 홍역 자료에서, 허드슨베이 사의 덫 사냥꾼들이 200년간 기록해온 캐나다 스라소니 수의 변동에서 발견되었다. 분자생물학자들은 단백질을 움직이는 계로 보기 시작했다. 생리학자들은 인체 기관을 정적인 구조가 아니라 규칙적 혹은 불규칙적으로 진동하는 복합체로 보았다.

메이는 과학 전반에 걸쳐 전문가들이 계의 복잡한 행태를 봐왔고 이에 대해 논쟁을 해왔음을 알게 된다. 각 분야의 전문가들은 자신들이 본 카오스가 자기 분야에만 해당하는 것이라고 생각했다. 이런 생각은 절망감을 불러왔다. 하지만 무작위적인 것처럼 보이는 것이 단순한 모델에서 나올 수 있다면? 동일한 단순 모델이 각기 다른 분야의 복잡성에 적용될 수 있다면? 메이는 자신이 이제 막 탐구하기 시작한 놀라운 구조가 생물학에 국한되는 것이 아님을 깨달았다. 그리고 자신이 그랬던 것처럼 얼마나 많은 타분야 과학자들이 놀랄 것인가 궁금했다. 메이는 자신이 결국 '구세주적' 논문이라고 생각했던 논문을 쓰기 시작했다. 논문은 1976년 『네이처』에 실렸다.

메이는 만약 모든 젊은 학생들에게 휴대용 계산기를 주고 로지스틱 방정식을 가지고 놀도록 한다면 이 세상은 좀 더 나아졌을 것이라고 주장했다. 메이가 『네이처』에 쓴 논문에서 자세하게 다룬 단순 계산법은 정규 과학교육을 받은 사람들이 갖고 있는 자연세계의 가능성에 대한 왜곡된 인식을 고칠 수도 있었다. 또한 시장의 경기 변동 순환에서부터 소문의 확산 과정에 이르기까지 이 모든 것에 대해 사람들이 생각하는 방식을 변화시킬 수 있었다.

메이는 카오스를 가르쳐야 한다고 주장했다. 정규 과학교육이 잘못된 인상을 심어주었다는 것을 인식할 시기가 왔다고 생각한 것이다. 푸리에 변환과 직교함수, 그리고 회귀분석 기법으로 아주 정교한 선형수학을 얻는다 할지라도, 선형수학에 기초한 정규교육은 과학자들에게 비선형 현상이 압도적인 세계를 오해하게 만들 것이 불가피하다고 주장했다. 메이는 이렇게 썼다.

"그렇게 잘못 계발된 수학적 직관 때문에 학생들은 가장 단순한 비선형계가 나타내는 기묘한 운동 행태에도 거부반응을 일으킨다."

"연구뿐만 아니라 정치나 경제 같은 일상적인 세계에서도 좀 더 많은 사람들이 간단한 비선형계가 필연적으로 단순한 동역학적 성질만을 갖는 것은 아님을 인식한다면 우리 모두는 더 나아질 것이다."

자연의 기하학

그럼에도 관계는 나타난다.
작은 관계는 모래사장에 드리운 구름의 그늘처럼,
언덕에 있는 구름 모양의 그늘처럼 퍼져나간다.

월리스 스티븐스,『카오스의 감정가』

수년 동안 브누아 망델브로의 머릿속은 '실재의 형상' 생각으로 가득했다. 1960년만 해도 희미하고 뚜렷하지 않은 두루뭉술한 생각이었다. 하지만 헨드릭 하우태커Hendrik Houthakker의 연구실 칠판에 있는 그림을 보는 순간 자신이 생각해왔던 것임을 단번에 알아볼 수 있었다.

IBM 사의 순수 연구 부서(왓슨연구소)에 있으면서 방해받지 않고 연구하던 수학 만물박사 망델브로는 경제학에도 손을 댔는데, 특히 경제에서 높고 낮은 소득의 분포 문제를 연구했다. 하버드대 경제학과 교수 하우태커의 강연 의뢰를 받고 하버드 캠퍼스 북쪽에 있는 장엄한 경제학부 건물인 리타우어 센터에 도착한 젊은 수학자 망델브로는 자신의 연구 결과가 이 노교수의 칠판에 그려져 있는 것을 보고 놀라움을 금치 못했다. 망델브로는 툴툴거리는 어조로 농담을 던졌다. "아니 어떻게 강연하기도 전에 제 도표가 칠판에 그려져 있는 거죠?" 하우태커가 망델브로의 말을 알아들을 리 만무했다. 8년 동안의 면화 가격을 나타낸 것으로 소득분포와는 하등 관련이 없기 때문이었다.

하우태커가 볼 때에도 도표에는 뭔가 이상한 점이 있었다. 일반적으로 경제학자들은 면화와 같은 생필품 가격은 두 개의 서로 다른 리듬(질서가 있는 리듬과 무작위적인 리듬)을 가지고 움직인다고 가정한다. 장기적으로 가격은 실질적인 힘, 즉 뉴잉글랜드 직물공업 경기나 국제무역 통로 개설 등에 의해 안정적으로 변동하며, 단기적으로는 다소 무작위적으로 변동할 수도 있다. 그러나 하우태커의 자료는 예상과 일치하지 않았다. 급격한 변화가 너무 많았던 것이다. 물론 대부분의 가격변동은 작은 규모였지만, 큰 변동에 대한 작은 변동의 비율은 예상만큼 크지 않았다. 분포가 제대로 빠르게 떨어지지 않았다. 꼬리가 길었던 것이다.

변동을 그림으로 나타내는 표준모형은 예나 지금이나 종형곡선이다. 종의 꼭지가 있는 중앙 부분인 평균값 주위에 대부분의 자료가 모이고, 양옆에 있는 극단값은 빠르게 떨어진다. 내과의사들이 진단을 할 때 제일 먼저 청진기를 사용하는 것과 같이 통계학자들은 종형곡선을 사용한다. 이른바 가우스 분포, 간단히 말해서 정규분포는 표준을 나타낸다. 정규분포는 무작위성의 성질을 말해주는데, 이를테면 어떤 수치가 변동할 때 평균값 근처에 머물려는 경향이 있으며, 평균값 주위에 상당히 매끄럽게 분산된다는 것이다. 그러나 경제라는 황야에서 길을 찾는 수단으로 이 표준적 개념은 몇 가지 만족스럽지 못한 점이 있었다. 노벨상 수상자인 와실리 레온티에프^{Wassily Leontief}는 이렇게 썼다. "경험 연구 분야에서 그렇게 방대하고 정교한 통계 도구를 사용했는데도 결과가 이렇게 신통치 않은 건 경제학밖에 없다."

아무리 해도 하우태커는 면화의 가격변동을 종형곡선에 맞출 수 없었다.

종형곡선

하지만 이 자료들은 놀랍게도 전혀 다른 장소에서 망델브로가 윤곽을 보게 된 그림을 만들었다. 대부분의 수학자들과는 달리 망델브로는 패턴과 모양에 대한 직관에 의거해 문제를 해결하려 했다. 분석보다는 자신의 머릿속에 그려지는 영상을 믿은 것이다. 그리고 (별개의 행태를 보이는) 다른 법칙들이 무작위적이고, 확률적인 현상을 지배할 수 있다는 생각을 이미 가지고 있었다. 망델브로는 뉴욕 웨스트체스터 카운티 북단 구릉지에 있는 요크타운 하이츠의 거대한 IBM 연구소로 돌아오면서 하우태커의 면화 자료를 컴퓨터 카드 상자에 넣어 가지고 왔다. 그러고는 워싱턴에 있는 농무성에 1900년 이후 자료를 보내달라고 요청했다.

다른 분야의 과학자들과 마찬가지로 경제학자들 역시 컴퓨터 시대로 들어서고 있었고, 이전에는 상상할 수 없는 규모로 정보를 수집, 분류하고 처리하는 능력을 가지게 되었다. 하지만 모든 정보가 유용한 것은 아니었으며, 그렇게 모은 정보도 쓸 수 있는 형식으로 바꿔야만 했다. 천공 카드에 데이터를 입력해야 하는 키펀치의 시대가 막 시작되었던 것이다. 자연과학 분야에 종사하는 연구자들은 보다 수월하게 수천 혹은 수백만 건의 자료를 모을 수 있었다. 경제학자들도 생물학자들처럼 제 마음대로 움직이는 존재들이 사는 세계를 다룬다. 사실 경제학자들이야말로 가장 포착하기 어려운 피조물을 연구했다.

하지만 적어도 경제학자들이 다루는 대상은 부단히 통계 숫자를 만들어낸다. 망델브로가 보기에 면화 가격은 이상적인 자료였다. 기록은 완벽했고, 1세기 또는 그 이상을 거슬러 올라갈 정도로 오랜 기간에 걸친 것이었다. 면화는 중앙집중적 시장을 가진, 따라서 기록 보관이 중앙집중적인 매매의 소우주였다. 20세기를 들어설 무렵 남부에서 생산된 모든 면화는 뉴욕거래소를 거쳐서 뉴잉글랜드 주로 흘러 들어갔고, 따라서 리버풀의 가격은 당연히 뉴욕 시세와 관련이 있었다.

경제학자들이 상품 가격이나 주식 시세를 분석하는 일을 거의 진행해본 적이 없었다고는 해도 이것이 가격이 어떻게 변동하는지에 대한 기본적 관점이 없었다는 것을 의미하지는 않는다. 오히려 경제학자들은 몇 가지 신념을 공유하고 있었다. 그중 하나는 규모가 작고 일시적인 변동은 보통 규모가 크고 장기적인 변동과 무관하다는 것이다. 빠른 진동은 무작위적으로 일어난다. 예컨대 하루 동안의 매매 과정 중에 일어나는 소규모 상승과 하락은 예측이 불가능하고 중요하지 않은 잡음에 불과하다. 그러나 장기 변동은 성격이 전혀 다르다. 수개월, 수년 또는 수십 년에 걸친 가격변동은 전쟁이나 경기 침체 같은 강한 거시경제학적 힘들이나, 이론적으로 이해할 수 있는 힘들에 의해 결정된다. 한편으로는 단기 변동의 잡음이, 다른 한편으로는 장기 변동의 시그널signal이 있는 것이다.

하지만 공교롭게도 망델브로가 생각하고 있던 실재의 형상에는 이런 이분법이 끼어들 틈이 없었다. 아주 작은 변화들이 거대한 변화와 분리되는 것이 아니라 함께 묶여 있었던 것이다. 망델브로는 어떤 규모에 한정된 패턴들이 아니라 모든 규모에 걸친 패턴들을 찾고 있었다. 마음속에 품고 있는 형상을 어떻게 그릴 것인가는 분명하지 않았지만, 어떤 종류의 대칭성이 존재해야만 한다는 것만은 알고 있었다. 물론 좌우 또는 상하 대칭이 아니라 대규모와 소규모 간의 대칭이었다.

사실, IBM의 컴퓨터를 통해 면화 가격 자료를 면밀히 분석한 망델브로는 자신이 찾고 있던 놀라운 결과를 발견하게 된다. 정규분포라는 관점에서 보면 변이를 초래한 숫자들이 규모라는 관점에서는 대칭성을 보였다. 개개의 가격변동은 무작위적이고 예측 불가능했다. 그러나 연속적인 변동은 규모와 무관했다. 말하자면 매일의 가격변동과 매달의 가격변동을 나타내는 곡선이 완벽하게 일치했던 것이다. 망델브로의 방법대로 분석한 결과에 의하면, 놀랍게도 두 차례의 세계대전과 한 차례의 대공황이 있었던 격동의 60년 동안 변동의 정도는 변함이 없었다.

매우 무질서한 자료 안에 예기치 않은 질서가 있었다. 망델브로는 자신이 조사하고 있던 임의적 숫자들이 왜 어떤 법칙성을 가져야 하는가를 자문했다. 왜 그 법칙이 개인 소득과 면화 가격에 똑같이 적용될까?

사실 망델브로는 경제학자들과 소통하는 능력도 경제학적 지식도 부족하기 짝이 없었다. 연구 결과를 논문으로 발표할 때는 먼저 제자 중 한 사람이 망델브로의 자료를 경제학자의 말로 다시 옮겼고, 이 제자가 해설 논문을 썼다. 망델브로의 관심사는 다른 데로 옮겨 갔지만, 마음속에서 점점 커져갔던 규모의 현상에 대한 탐구 의지도 함께 갔다. 규모의 현상은 마치 살아 있는 특질처럼 보였다.

수년 후 어떤 강연에 앞서 "하버드대에서 경제학을, 예일대에서 공학을 그리고 아인슈타인 약학대학에서는 생리학을 가르쳤다"고 소개되자 망델브로는 자랑스레 이렇게 말했다. "제가 지나온 경력을 들을 때마다 제가 정말 존재하는지 의심스럽습니다. 과거 경력들에서 공통점이라고는 하나도 없습니다." 사실 IBM 근무 초기부터 망델브로는 여러 분야 중 어디에도 정착하지 않았다. 항상 아웃사이더였으며, 수학 중에서도 인기 없는 분야의 문제를 비정통적 방법으로 접근하거나, 아무도 거들떠보지 않는 분야를 연구하고, 논문을 발표하기 위해 가장 원대한 아이디어는 숨겼다. 당시 요크타운 하이츠에 있는 고용주의 신임 덕분에 직장 생활을 유지하고 있었던 그는 경제학과 같은 분야에 뛰어들어 재미있는 아이디어를 남기긴 했지만, 체계적 연구는 해보지 못한 채 물러서고 말았다.

그럼에도 카오스의 역사에서 망델브로는 족적을 남겼다. 1960년 그의 마음속에 싹을 틔우기 시작한 실재의 형상은 특이한 것에서 벗어나 본격적인 기하학으로 발전한다. 로렌츠, 스메일, 요크 그리고 메이와 같은 사람들의 연구를 확장하고 있던 물리학자들에게 이 골치 아픈 수학자는 관심 밖 인물이었다. 그러나 그의 기법과 용어는 새로운 과학에서 없어서는 안 될 부분이었다.

남다른 식견과 명성과 타이틀 목록을 가진 말년의 망델브로를 알고 있는 사람이라면 쉽게 수긍하지 못하겠지만, 브누아 망델브로를 가장 잘 설명해 주는 말은 '피난민'이다. 망델브로는 1924년 바르샤바의 유태계 리투아니아인 가정에서 태어났다. 아버지는 의류도매업자였고 어머니는 치과의사였다. 지정학적 현실을 우려한 가족들은 1936년 망델브로의 삼촌이자 수학자 숄렘 망델브로^{Szolem Mandelbrojt}가 살고 있던 파리로 이주한다. 그러나 전쟁이 발발하고 다시 나치의 목전에 놓이게 된 가족들은 옷가방 몇 개만 든 채 파리를 떠나 남쪽으로 난 도로를 꽉 메운 피난민 대열에 합류했고, 마침내 툴레에 도착한다.

잠시 공구제작사 옆에서 도제살이를 했던 망델브로는 헌칠한 키와 교육적 배경 때문에 위험할 정도로 사람들의 눈에 띄었다. 당시는 잊을 수 없는 광경과 두려움으로 가득한 시기였지만, 이후 그는 이런 개인적 역경에 대해서는 거의 언급하지 않았고 대신 툴레와 다른 지역에서 알게 된 학교 교사들에 대해 많이 회상했다. 이들 중에는 전쟁 때문에 갈 곳이 없는 뛰어난 학자들도 있었다. 망델브로는 학교 교육을 제대로 받은 적이 없었다. 자신도 알파벳은 물론이고 심지어 구구단도 5단 이상 배운 적이 없다고 주장했다. 그럼에도 재능만은 천부적이었다.

파리가 해방되자, 망델브로는 (거의 준비를 하지 않고도) 한 달에 걸쳐 진행된 에콜 노르말(국립 고등사범학교)과 에콜 폴리테크니크(공립 공업대학) 입학 구술·필기시험에 응시해서 합격한다. 개중에는 옛날 유산으로 남은 데생 시험이 형식적으로 치러졌는데, 망델브로는 밀로의 비너스를 그리면서 자신의 잠재된 능력을 재발견하게 된다. 대수학과 적분 문제가 나온 수학 시험에서는 기하학적 직관을 발휘하여 학습 부족을 간신히 메울 수 있었다. 해석에 관한 문제는 거의 대부분 마음속에서 어떤 모양으로 생각할 수 있었다. 즉 어떤 모양이 주어지면 이를 변환하고 대칭성을 변화시켜 더욱 조화를 이루도록 하는 방법을 찾을 수 있었다. 이런 변환은 종종 유사한 문제의 해답으로 직접 이어졌다. 기하학을 적용할 수 없었던 물리학과 화학에서 낮은 점수를 받았지만, 수학에서는 정통적인 방법으로는 결코 해답을 얻을 수 없었을 문제들을 형태의 조작으로 해결했다.

에콜 노르말과 에콜 폴리테크니크는 미국에서는 찾아볼 수 없는 엘리트 학교였다. 두 학교에서는 프랑스 내 교원과 공무원을 양성하기 위해 학년당 300명 미만의 학생을 교육시켰다. 망델브로는 둘 중에서 더 작고 더 명성이 높은 에콜 노르말에서 공부를 시작했으나, 며칠 후 에콜 폴리테크니크로 옮겼다. 부르바키Bourbaki를 피해 피난을 갔던 것이다.

아마 부르바키는 권위주의적 교육기관과 일반적으로 인정되는 학습 규칙을 좋아하는 프랑스가 아니고는 어디에서도 생겨나지 못했을 것이다. 부르바키는 제1차 세계대전의 상처가 아직 아물지 않았을 무렵 프랑스 수학을 재건할 방도를 모색하던 숄렘 망델브로와 몇몇 무사태평한 젊은 수학자들이 창립한 클럽에서 비롯되었다. 전쟁으로 인한 극심한 인구변동으로 대학교수와 학생들 간의 연령차가 생겼고 학문의 연속성은 단절되었는데, 이 뛰어난 젊은이들은 수학 연구를 위한 새로운 기초를 세우기 시작했다. '부르바키'라는 이름은 멤버들이 농담을 하다가 19세기의 그리스계 프랑스 장군의 이름이 무척 이색적이고 그 발음도 재미있어서 따온 것이다. 부르바키는 익살스럽게 태어났지만 그 익살스러움은 곧 사라졌다.

회원들은 비밀리에 모임을 가졌다. 사실 회원들의 이름도 전부 알려진 것은 아니다. 회원 수는 고정되어 있었다. 나이가 50이 되면 회원 자격을 상실하고, 남아 있는 회원들이 새 회원을 뽑았다. 가장 뛰어나고 명석한 수학자들이었던 이들의 영향력은 곧 전 유럽에 퍼져나갔다.

부르바키가 시작된 것은 어느 정도 푸앵카레에 대한 반작용 때문이었다. 19세기 후반의 거목이었던 푸앵카레는 엄밀함에 대해서는 별로 신경을 쓰지 않는 엄청난 다작의 사상가이자 저술가였다. 푸앵카레는 자주 이렇게 말했다. "이것이 틀림없이 옳은데, 내가 왜 증명을 해야 하는가." 부르바키는 푸앵카레가 수학에 대해 불확실한 기초를 남겼다고 생각했고, 이에 따라 수학을 바로잡을 요량으로 (점점 더 광적으로) 수많은 논문을 쓰기 시작했다. 논리적 분석이 중심이었다. 수학자는 견고한 제1원리에서부터 시작해야 하고 나머지는 모두 그로부터 연역되어야 한다는 것이었다. 이 집단은 과학들 중에서 수학이 으뜸이라 강조했고, 또한 다른 과학과 분리되어야 한다고 주장했다. 수학은 수학이었다. 말하자면 수학은 실제 물리 현상에 대한 응용 측면에서 평가될 수 없었다. 무엇보다도 부르바키는 그림을 사용하지 않았다. 수학자는 자신이 이용하는 가시적 도구에 의해 언제든 현혹될 수 있다고 생각한 것이다. 따라서 기하학은 신뢰할 수 없었다. 수학은 순수하고 형식을 중요시해야 하며 엄밀해야 했다.

이러한 경향이 프랑스에만 있었던 것은 아니었다. 미국에서도 예술가와 작가들이 대중적 취향에서 멀어지고 있던 것과 마찬가지로, 수학자들도 물리학의 요구에서 멀어지고 있었다. 어떤 수비주의적數秘主義的 감수성이 만연했다. 수학자들의 연구 주제는 자기만족적이었고, 방법은 형식적 공리론적 방법이었다. 한 수학자는 자신의 연구가 이 세상이나 과학에 대해 아무것도 설명할 수 없다고 말하는 것에 자부심을 느꼈다. 이런 태도가 많은 도움이 되었기 때문에 수학자들은 이를 소중하게 여겼다. 스티븐 스메일은 심지어 자신이 수학과 자연과학을 재결합하기 위해 노력하는 동안에도 '수학은 그 자체로서 독립적인 것이어야 한다'고 굳게 믿었다. 자기충족성과 함께 명료함이 생겨났다. 또한 명료함은 공리적 방법의 엄밀함과 연결되었다. 모든 진지한 수학자들은 엄밀함이 수학 분야를 규정하는 힘, 즉 그것이 없으면 모든 것이 붕괴되는 철골이라고 생각했다. 엄밀함이야말로 수학자들이 수세기에 걸쳐 전해 내려온 사상의 흐름을 받아들이도록 확실히 보증해준 것이었다.

그렇기는 하지만, 엄밀함은 20세기 수학에서 의도하지 않았던 결과를 초래했다. 수학은 특별한 진화 과정을 통해 발전한다. 연구자는 문제를 발견하면 우선 어떤 방식으로 연구할 것인가를 결정하는 것에서부터 시작한다. 이런 결정은 종종 수학적으로 실현 가능한 방법을 선택할 것인가 아니면 자연 이해의 입장에서 흥미로운 방법을 선택할 것인가 하는 문제를 포함하기도 한다. 수학자에게 선택은 분명하다. 우선은 자연과 어떤 분명한 연관도 지으려 하지 않을 것이다. 결국 그 수학자의 제자도 같은 선택 상황에 맞닥뜨리면 똑같은 결정을 한다.

프랑스만큼 이런 가치를 엄격하게 체계화한 곳도 없었다. 부르바키는 그곳 프랑스에서 창시자들이 상상도 하지 못했을 정도로 성공을 거두었다. 이들의 가르침, 스타일 그리고 표기법은 엄격한 규범이 되었다. 또한 뛰어난 학생들을 모두 장악하고, 수학상을 연거푸 석권함으로써 감히 넘볼 수 없는 정당성을 확립했다. 에콜 노르말에서 부르바키의 영향력은 절대적이었고, 망델브로는 이를 견딜 수 없었다. 결국 망델브로는 부르바키 때문에 노르말을 그만두었고, 10년 뒤에는 같은 이유로 프랑스를 떠나 미국으로 이주했다. 10년이 채 지나지 않아 부르바키의 엄정한 추상성은 컴퓨터의 등장으로 타격을 입고 영향력을 잃기 시작했다. 컴퓨터는 시각을 이용하는 새로운 수학을 창출할 힘을 가지고 있었던 것이다. 그러나 부르바키의 형식주의를 받아들일 수 없었고, 또 자신의 기하학적 직관을 버리지 않으려 했던 망델브로에게는 때늦은 감이 있었다.

언제나 자신의 신화를 창조하고 있다고 믿었던 망델브로는 『후즈후Who's who』(각 분야에서 세계적으로 유명한 사람들의 이름과 업적을 기록한 책으로 2년마다 개정판이 나온다_옮긴이)의 자기 항목에서 다음과 같은 말을 덧붙였다. "만일 과학이 (스포츠처럼) 무엇보다 경쟁을 우선시하고, 좁게 정의된 전문 분야로 완전히 후퇴함으로써 경쟁의 규칙을 명확하게 한다면 과학은 몰락하고 말 것이다. 기성 학문 분야의 지적 번영을 위해서는 스스로 유목민을 선택하는 소수의 학자가 필수적이다." 자신을 필요에 의한 개척자라고 불렀던 이 자발적 유목민은 프랑스를 떠날 때 학교에서도 나와 IBM 왓슨연구소를 피난처로 삼는다. 무명에서 저명한 인사가 되기까지 30여 년을 보냈지만 망델브로의 연구는 (여러 분야에서 연구를 진행했지만) 수많은 학문 분야에서 한 번도 호의적인 평가를 받아보지 못했다. 심지어 수학자들마저도, 노골적으로 적의를 보이지는 않았지만 망델브로가 뭘 했든 간에 수학자는 아니라고 말했다.

망델브로가 자신의 길을 찾아가는 데는 오랜 시간이 걸렸는데, 그가 과학사에서 이미 잊힌 주변 분야에 대해 너무 많이 알고 있었던 것도 큰 이유 중 하나였다. 망델브로는 수리언어학에도 뛰어들어 단어의 분포법칙을 설명했다. (그는 상징주의를 연구하게 된 것에 대해 해명하면서, 파리 지하철에서 심심할 때 보려고 어떤 순수수학자의 쓰레기통에서 주운 서평을 읽고 그 문제에 관심을 갖게 되었다고 주장했다.) 또 게임이론도 연구했는데, 경제학을 오가며 진행했다. 크고 작은 도시들의 분포에 나타나는 축척의 규칙성에 대해 쓰기도 했다. 하지만 망델브로의 연구를 한데 묶어주는 전체적인 틀은 완성되지 않은 상태로 남아 있다.

IBM 근무 초기, 말하자면 상품 가격 연구를 시작한 지 얼마 지나지 않아 망델브로는 우연히 직장의 후원자가 큰 관심을 가지고 있던 현실적인 문제에 부딪히게 된다. 기술자들은 컴퓨터에서 컴퓨터로 정보를 전달하는 데 사용하는 전화회선에서 발생하는 잡음 문제로 고심하고 있었다. 전류는 이산된 패킷으로 정보를 운반하며, 기술자들은 전류를 강하게 할수록 잡음이 줄어들지만, 일부 자연발생적 잡음은 결코 제거할 수 없다는 것을 알고 있었다. 때로 잡음은 신호의 일부를 지워버려 오류를 일으키기도 했다.

비록 전송 잡음은 특성상 무작위적이긴 하지만, 집단적으로 발생한다는 것도 익히 알려져 있었다. 오류 없는 통신 시간 뒤에 오류 있는 통신이 이어졌던 것이다. 기술자들과 이야기를 나누던 망델브로는 오류에 대해 전해 내려온 이야기가 있다는 것을 알게 된다(일반적인 사고방식과는 전혀 다른 것이었기 때문에 매뉴얼에 쓰인 적이 없었던 것이다). 집단적 오류를 자세히 들여다볼수록 오류의 패턴은 더 복잡해 보인다는 것이었다. 망델브로는 관찰된 패턴을 정확하게 예측하는 오류 분포 기술법을 제시했다. 하지만 매우 특이했다. 우선 '평균' 오류율, 즉 시간당, 분당 또는 초당 오류의 평균치를 계산할 수 없었다. 망델브로 식대로 하면 오류의 평균치는 무한히 성글어졌다.

망델브로의 분석은 깨끗한 전송기期와 오류기期를 점점 더 세분하는 것이었다. 하루를 시간으로 나눈다고 가정하자. 1시간은 아무 오류 없이 전송할 수 있다. 다음 1시간은 오류를 포함할 수 있다. 그다음 1시간은 오류 없이 전송할 수 있다.

하지만 오류가 포함된 시간을 조금 더 잘게 20분 단위로 나눈다고 하자. 그러면 오류가 전혀 없는 시간이 있는 반면 오류버스트(오류가 연속하여 복수 비트로 발생하는 것으로, 단발적 오류가 아니라 어느 시간 동안 계속해서 오류가 일어나는 것_옮긴이)가 발생하는 시간이 있을 것이다. 사실 망델브로는 직관과는 반대로 오류가 연속적으로 발생하는 시간은 없을 것이라고 주장했다. 오류가 발생하는 시간 내에는 (제아무리 짧은 시간이라 하더라도) 완전히 오류가 없는 전송 시간이 항상 존재한다는 것이었다. 나아가 망델브로는 오류 버스트와 깨끗한 전송 간에는 일정한 기하학적 관계가 있다는 것을 발견했다. 간격이 1시간이든, 1초이든 간에 오류 없는 시간과 오류가 발생하는 시간의 비율은 일정했다. (한번은 골치 아프게도 한 묶음의 자료들이 망델브로의 생각과 모순되는 것처럼 보였는데, 이는 기술자들이 유의미하지 않다고 가정하고 가장 극단적 사례를 기록하기 않았기 때문인 것으로 밝혀졌다.)

기술자들에게는 망델브로의 말을 이해할 만한 이론적 틀이 없었지만, 수학자들은 이해하고 있는 것이었다. 사실 망델브로는 19세기 수학자 게오르크 칸토어Georg Cantor의 이름을 딴 칸토어 집합이라 불리는 추상적인 구조를 재현하고 있었다. 칸토어 집합을 만들기 위해서는 0에서 1까지 표시된 선분으로 시작한다. 이 선분을 3등분한 것 중에서 가운데 부분을 제거한다. 그러면 2개의 선분이 남는데, 이들 각각의 선분을 다시 3등분한 것 중 가운데 부분을 제거한다(9분의 1에서 9분의 2까지 그리고 9분의 7에서 9분의 8까지). 남은 4개의 선분을 다시 3등분한 것 가운데 중앙 부분을 제거한다. 이런 과정을 무한히 계속한다. 무엇이 남을까? 무한히 많지만 무한히 드문 이상한 점들의 '먼지'가 무리지어 배열된다. 망델브로는 전송 오류를 시간 속에서 배열되는 칸토어 집합으로 생각했던 것이다.

이런 고도의 추상적 묘사는 오류를 제어하기 위한 다양한 전략들을 놓고 선택해야 하는 과학자들에게는 실질적 중요성이 있었다. 특히 잡음을 더 많이 제거하기 위해 신호 강도를 높이기보다는 신호는 적당히 고정시키고 오류가 생길 수밖에 없다는 것을 인정한 다음 오류를 포착하고 수정하기

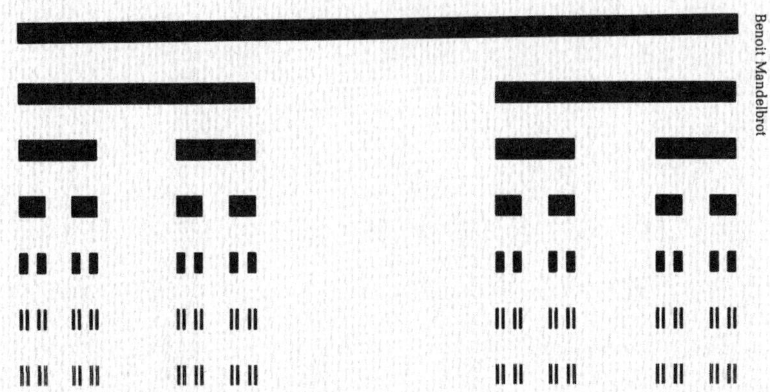

칸토어 먼지 ••• 먼저 하나의 선에서 시작한다. 중간에 있는 3분의 1을 제거한다. 그러고 나서 남아 있는 두 도막의 중간 3분의 1을 제거한다. 이런 과정을 반복한다. 칸토어 집합은 남아 있는 먼지 같은 점들이다. 점들은 무수히 많지만 전체 길이는 0이다.

이러한 구성의 역설적인 특성은 19세기 수학자들을 혼란에 빠뜨렸으나, 망델브로는 칸토어 집합을 전송선에서 발생하는 오류 발생 모델로 보았다. 기술자들은 오류 없는 전송기가 오류버스트 시기와 혼재되어 있는 것을 발견했다. 조금 더 자세히 살펴보면, 오류버스트 내에도 오류가 없는 시기가 존재했다. 프랙탈 시간의 한 예였다. 시간에서 초에 이르는 모든 시간 규모에서 깨끗한 전송과 오류의 관계는 일정하다는 것을 망델브로는 발견했다. 그는 이러한 먼지들이 간헐성을 모델화하는 데 반드시 필요하다고 주장했다.

위해 중복redundancy 전략을 써야 한다는 것을 의미했다. 망델브로는 IBM의 기술자들이 잡음의 원인에 대해 갖고 있던 사고방식까지 변화시켰다. 오류버스트가 발생하면 기술자들은 드라이버를 조일 사람을 찾았다. 하지만 망델브로의 축척 패턴은 잡음을 특정 부분에서 일어나는 현상이라 여겨서는 절대 설명할 수 없다는 것을 보여주었다.

망델브로는 다른 자료로 관심을 돌렸다. 전 세계 강에서 뽑아낸 자료였다. 이집트인들은 1000년에 걸쳐 나일 강 수위를 기록했다. 이런 기록은 일시적인 관심사 이상의 문제였다. 나일 강은 수위 변동 폭이 유난히 컸는데, 엄청나게 범람하는 해가 있고 수위가 낮아지는 해도 있었다. 망델브로는 수위 변동을 두 종류로 나눠 노아 효과와 요셉 효과로 불렀다(경제학에도 같은 효과가 있다).

노아 효과는 불연속성을 의미한다. 어떤 양이 변화할 때 거의 제멋대로 빨리 변화할 수 있다. 경제학자들은 전통적으로 가격이 매끄럽게 변화한다고 생각했다. 경우에 따라 빠르거나 느릴 수는 있지만 한 지점에서 다른 지점으로 갈 때까지 중간에 있는 단계를 모두 통과한다는 의미에서 매끄럽다는 것이다. 경제학에 적용되는 수학이 대개 그렇듯 매끄러운 운동이라는 이미지는 물리학에서 빌려온 것이다. 하지만 이는 틀렸다. 가격은 순간적으로 점프할 수도 있다. 마치 뉴스 한 건이 텔레타이프를 통해 순식간에 수천 명 중개인들의 마음을 바꿀 수 있는 것처럼 말이다. 망델브로는 주식이 60달러에서 10달러로 떨어지는 마당에 50달러에 팔 수 있는 적절한 시점이 있을 것이라 가정한다면, 주식시장 전략은 실패할 수밖에 없다고 주장했다.

요셉 효과는 지속성을 의미한다. '이집트 전역에 걸쳐 7년 동안 큰 풍년이 들었다. 이후 7년 동안 기근이 뒤따랐다'는 성경 속 설화가 주기성을 의미한 것이라면, 이는 물론 지나치게 단순화한 것이다. 그러나 홍수와 가뭄은 지속된다. 근본적인 무작위성에도 불구하고, 가뭄이 오래 지속된 곳은 더 오랫동안 가뭄이 지속될 가능성도 있는 것이다. 더욱이 나일 강 수위를 수학적으로 분석한 것을 보면 지속성은 수십 년뿐만 아니라 수백 년에 걸쳐서도 적용되었다. 노아 효과와 요셉 효과는 서로 다른 방향으로 작용한다. 다시 말해 자연에는 추세가 실재하지만, 이런 경향성은 나타나는 것만큼이나 빠르게 사라진다.

불연속성, 잡음 버스트, 칸토어의 먼지와 같은 현상들은 지난 2000년 동안 기하학에서 아무런 위치도 차지하지 못했다. 고전 기하학에서 다루는 모양은 선, 평면, 원과 구, 삼각형과 원뿔이었는데, 이는 현실을 고도로 추상화한 것으로 플라톤적 조화의 철학에 강한 영감을 주었다. 유클리드는 이들을 가지고 2000년간 지속되어왔고, 아직도 대부분의 사람들이 배우고 있는 기하학을 만들었다. 예술가들은 도형들에서 이상적인 미를 발견했고, 천동설을 주장하던 천문학자들은 이를 통해 우주론을 정립했다. 하지만 복잡성을 이해하기에는 이 도형들이 추상화가 잘못되었음이 드러났다.

구름은 구球가 아니다. 망델브로가 좋아했던 말이다. 산은 원뿔이 아니고, 번개는 직선으로 내리치지 않는다. 새로운 기하학이 반영하는 우주는 둥근 것이 아니라 울퉁불퉁한 것, 매끄러운 것이 아니라 꺼칠꺼칠한 것이다. 구멍이 많고, 움푹 파이고, 잘리고, 꼬이고, 서로 엉켜 있는 것의 기하학이다. 자연의 복잡성을 이해하기 위해서는 복잡성이 그저 무작위적이거나 우발적인 것만은 아니라는 의심을 가질 필요가 있었다. 이를테면 번개의 경로에서 흥미로운 특성은 방향이 아니라 지그재그의 분포라는 믿음이 필요한 것이다. 망델브로는 이 세계에서 이러한 기이한 모양들이 의미를 갖는다는 주장을 제시했다. 파인 자국과 뒤엉켜 있는 모양은 유클리드 기하학의 전형적인 모양이 일그러진 흠집 이상의 의미를 가진다. 이런 모양이 종종 사물의 본질에 이르는 열쇠가 되는 것이다.

이를테면 해안선의 본질은 뭘까? 망델브로는 자신의 사고방식의 전환점이 된 한 논문에서 이렇게 물었다. "영국 해안선의 길이는 얼마인가?"

망델브로는 영국의 과학자 루이스 리처드슨Lewis F. Richardson이 쓴 무명의 유작 논문에서 해안선 문제를 우연히 발견하게 된다. 리처드슨은 나중에 카오스의 일부가 된 엄청나게 많은 주제를 연구한 사람이었다. 그는 1920년대에 수치 일기예보에 대한 논문을 썼고, 케이프 코드 운하에서 하얀 파스닙(배추 뿌리처럼 생긴 채소_옮긴이) 주머니를 던져놓고 유체의 난류에 대해 연구했다. 1926년에 쓴 논문에서는 이렇게 질문하기도 했다. "바람이 속도를 가지고 있을까?"(그는 "언뜻 보기에 어리석은 질문처럼 보이지만 알고 보면 그렇지 않다"고 썼다.) 또한 해안선과 구불구불한 국경선에 의문을 갖고 있던 리처드슨은 스페인과 포르투갈 그리고 벨기에와 네덜란드의 백과사전들을 검토하게 되고, 결국 국경선 길이에 20퍼센트의 차이가 있다는 것을 발견하게 된다.

이런 물음에 대한 망델브로의 해석을 들으면 실망스럽게도 너무나 명백한 해석이라는 느낌이 들거나 완전히 틀린 해석이라는 느낌이 들 것이다. 망델브로에 따르면 대부분의 사람들은 둘 중 하나로 대답했다. "모르겠다. 내 분야가 아니다." 혹은 "모르겠다. 백과사전을 찾아보겠다."

망델브로는 사실 해안선은 모두 (어떤 의미에서) 무한히 길다고 주장했다. 달리 말해 자의 길이에 따라 답이 다르다는 것이다. 길이를 재는 그럴듯한 방법을 생각해보자. 측량사가 디바이더를 1미터 길이로 벌려서 해안선을 따라 이동하며 길이를 잰다. 최종 수치는 실제 길이의 근사치에 불과하다. 디바이더는 1미터보다 짧은 굴곡을 무시할 것이기 때문이다. 다음에는 디바이더를 더 짧은 길이, 예컨대 30센티미터로 맞추고 같은 과정을 되풀이한다. 이렇게 하면 길이는 다소 길어지는데, 이는 디바이더가 더 세부적인 것까지 거리를 재기 때문이다. 이전에 1미터짜리 디바이더로 한 번에 재던

거리를 30센티미터짜리 디바이더로는 세 번 이상 재는 것이다. 이렇게 새로 나온 수치를 적은 다음, 다시 디바이더를 10센티미터로 맞춘 후 같은 과정을 반복한다. 가상의 디바이더를 갖고 하는 이런 마음속 실험은 대상을 다른 거리에서 다른 척도로 관찰하는 것의 결과를 수량화하는 하나의 방법이다. 인공위성에서 영국 해안선의 길이를 측정하는 사람은 만과 해변을 따라 걸어가는 관찰자보다는 더 짧게 생각할 것이고, 다시 후자는 자갈 틈을 뚫고 지나가는 달팽이보다는 더 짧게 생각할 것이다.

상식적으로 생각할 때, 이들 측정치가 점점 더 큰 값을 가진다 하더라도 결국 어떤 특정한 값, 즉 해안선의 실제 거리에 접근할 것이다. 다시 말해 측정치는 하나의 값에 수렴할 것이다. 그리고 사실 해안선이 원과 같은 유클리드적 모양이라면, 점점 더 잘게 나눈 직선거리를 더하는 이 방법에는 수렴치가 있을 것이다. 하지만 망델브로는 측정 단위가 작아짐에 따라 해안선의 길이는 한없이 늘어나며, 만과 반도에는 그보다 더 작은 만과 반도를 포함한다는 것을 알게 된다. 이런 과정은 최소한 원자 규모로 내려가야 모두 끝날 것이다. 아마도.

길이, 깊이, 두께 같은 유클리드적 측정법으로는 불규칙한 모양의 본질을 포착할 수 없기 때문에, 망델브로는 다른 개념, 즉 차원이라는 개념을 끌어들인다. 차원은 비과학자보다는 과학자들에게 훨씬 풍부한 의미를 가진 하나의 성질이다. 우리가 3차원 세계에 살고 있다는 것은 하나의 점을 표시하기 위해 세 개의 숫자가, 이를테면 경도, 위도, 고도가 필요하다는 것을 의미한다. 3차원은 서로 직각을 이루는 세 방향을 가정한다. 이것 역시 유클리드 기하학의 유산인데, 유클리드 기하학에서 공간은 3차원이고, 평면

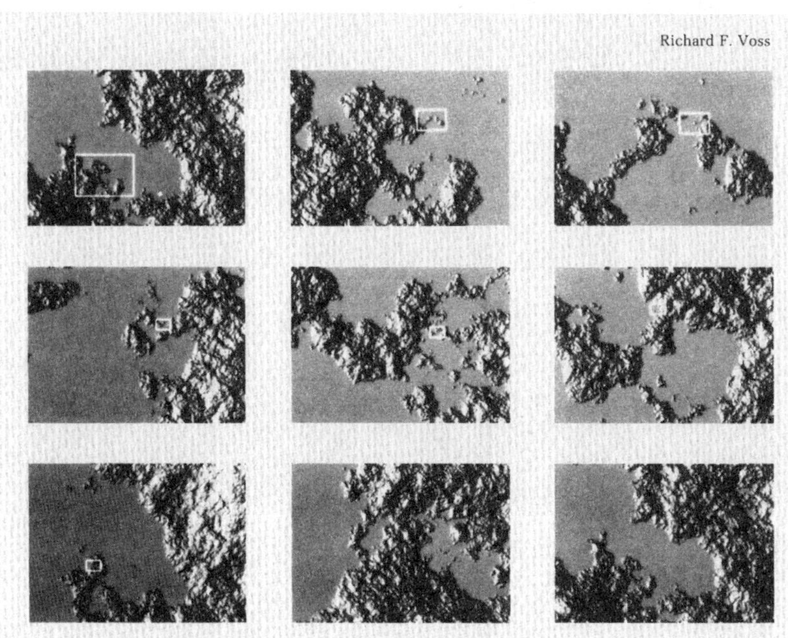

프랙탈 해안 ••• 컴퓨터로 그린 해안선. 세부적인 것들은 무작위적이지만, 프랙탈 차원은 일정하다. 따라서 울퉁불퉁함 또는 불규칙성의 정도는 영상이 얼마나 확대되는가와 상관없이 동일하게 보인다.

은 2차원, 선은 1차원, 그리고 점은 0차원이다.

유클리드가 1차원 또는 2차원 물체를 생각할 수 있도록 해준 추상화 과정은 우리가 일상생활에서 쓰는 물건에도 쉽게 적용된다. 도로 지도는 실제적인 목적에 비춰볼 때 전형적으로 2차원, 즉 평면이다. 지도는 2차원을 이용해서 정확하게 2차원적 정보를 전달한다. 물론 실제로 지도는 다른 모든 것과 마찬가지로 3차원이지만, 두께가 너무 얇기 때문에(그리고 목적과는 무관하기 때문에) 무시할 수 있다. 설사 지도를 접는다 하더라도 여전히 2차원이다. 같은 식으로, 실은 1차원이고 입자는 0차원이다.

그렇다면 꼬인 실뭉치는 몇 차원일까? 망델브로는 관점에 따라 다르다고 말한다. 아주 먼 거리에서 보면 실뭉치는 0차원인 점에 불과하다. 가까이서 보면, 실뭉치는 구를 채우고 있는 3차원으로 보인다. 더 가까이에서 보면 꼬인 실이 보이는데 (1차원이 분명히 3차원 공간 속에 뒤엉켜 있긴 하지만) 이 실은 사실상 1차원이 된다. 여기서 알 수 있듯 하나의 점이라도 차원을 명시하는 데는 많은 숫자들이 필요하다. 멀리에서 보면 숫자가 필요 없다. 점이 전부인 것이다. 가까이에서 보면, 3개의 숫자가 필요하다. 더 가까이 가면 1개의 숫자면 된다. 다시 말해 실에서 위치가 어디든 간에(실을 펼쳐놓든 공 속에 엉켜놓든 상관없이) 숫자 하나면 되는 것이다.

미시적 관점에서 보면 실은 3차원의 원주가 되고, 원주는 1차원의 섬유로 분해되며, 섬유는 0차원의 점으로 분해된다. 망델브로는 수학자답지 않게 상대성에 호소했다. "수치 결과가 대상과 관찰자 사이의 관계에 달려 있다는 생각은 금세기의 물리학 정신에 내재되어 있으며, 더 정확하게 말하면 전형적인 예이기도 하다."

이런 철학적 이야기는 제쳐두고, 어떤 물체의 실제 차원은 일상적인 3차원과 다르다는 것이 드러나고 있다. 망델브로 주장의 약점은 '멀리서' 그리고 '조금 더 가까이에서'라는 모호한 개념에 의존하고 있다는 것이다. 중간은 어떤가? 실뭉치가 3차원에서 1차원 물체로 변화하는 명확한 경계가 없다는 것은 분명하다. 그러나 이런 차원 전환의 불분명한 성질은 약점이 아니라 오히려 차원 문제에 대한 새로운 생각을 싹틔웠다.

망델브로는 0, 1, 2, 3……이라는 차원을 넘어 불가능할 것 같아 보이는 차원, 즉 소수小數 차원까지 나아갔다. 개념상의 곡예였다. 수학자가 아닌 사람들은 불신의 자발적 유예가 필요했다. 하지만 이런 생각은 엄청나게 강력하다는 것이 입증되고 있다.

소수 차원은 본디 명확히 정의할 수 없는 성질, 즉 어떤 물체의 거칠기, 깨짐, 불규칙성의 정도를 측정하는 방법이다. 이를테면 꼬불꼬불한 해안선은 '길이' 측면에서는 측정 불가능하지만, 그럼에도 거칠기 정도에서는 어떤 특성을 가지고 있다. 망델브로는 모양을 구성하는 어떤 기법이나 자료가 주어질 경우 실제 물체의 소수 차원을 계산하는 방법을 자세히 보여주었다. 아울러 자신의 기하학을 통해 지금까지 연구해온 자연계의 불규칙한 형태에 대해 다음과 같은 주장을 했다. 불규칙성의 정도는 축척에 관계없이 일정하다는 것이었다. 이 주장은 놀라울 정도로 자주 사실임이 입증되고 있다. 계속 반복해서, 이 세계는 지속적인 불규칙성을 보여준다.

1975년 어느 겨울 오후, 물리학에서도 비슷한 흐름이 대두하고 있다는 사실을 안 망델브로는 자신의 첫 주요 연구 내용을 책으로 펴낼 준비를 하면서, 자신이 생각한 모양과 차원과 기하학에 이름을 붙일 필요가 있다고 생각한다. 마침 학교를 마치고 돌아와 있던 아들의 라틴어 사전을 뒤적거리던 망델브로는 우연히 부서지다는 뜻의 동사 '프랑게레frangere' 에서 파생한 형용사 '프락투스fractus' 를 발견하게 된다. 영어 어원의—프랙처fracture와 프랙션fraction—어감도 괜찮은 듯했다. 망델브로는 (명사이자 형용사이며, 영어이자 불어인) 단어 '프랙탈fractal' 을 만들어냈다.

프랙탈은 마음속에서 무한을 보는 방법이다.

한 변의 길이가 1피트인(1피트는 30.48센티미터로, 인치로 환산하면 12인치이

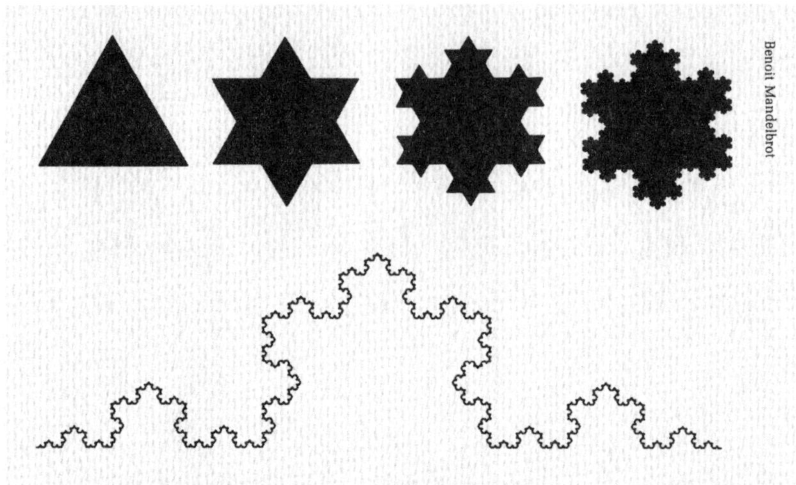

코흐 눈송이 ••• 망델브로 식으로 표현하면 '거칠지만 강력한 해안선 모델'이다. 코흐 곡선을 만들려면 각 변의 길이가 1인 삼각형에서 시작하면 된다. 각 변의 중앙에 한 변의 길이가 3분의 1인 새 삼각형을 붙인다. 이런 과정을 반복한다. 경계의 길이는 $3 \times \frac{4}{3} \times \frac{4}{3}$……으로 무한대다. 하지만 면적은 원래 삼각형의 외접원 면적보다 작다. 따라서 무한히 긴 선이 유한한 면적을 둘러싸게 된다.

다_옮긴이) 삼각형을 생각해보자. 이제 특별하고 명확하며 쉽게 반복할 수 있는 규칙들에 따라 변형시킨다. 각 변을 삼등분하여 중앙의 3분의 1에 모양은 동일하나 크기는 3분의 1인 새로운 삼각형을 붙인다. 이렇게 하면 다윗의 별이 된다. 세 개의 1피트짜리 변 대신 12개의 4인치짜리 변이 생겨난다. 뾰족한 점은 3개에서 6개로 늘어난다.

12개의 각 변에서 중앙의 3분의 1에 더 작은 삼각형을 붙이는 변형을 계속 되풀이한다. 그러면 윤곽은 마치 칸토어 집합이 점점 더 희미해지는 것과 마찬가지로 점점 더 세밀하게 된다. 완벽한 모양의 눈송이와 유사하다. 이것은 1904년 이를 최초로 묘사한 스웨덴 수학자 헬게 폰 코흐^{Helge von Koch}의 이름을 따 코흐 곡선—직선이든 곡선이든 상관없이 연결되어 있는 선—이라 부른다.

생각해보면 코흐 곡선은 몇 가지 흥미로운 특징이 있음이 분명하다. 하나는 코흐 곡선은 결코 교차하지 않으면서 계속 이어지는 고리라는 것이다. 왜냐하면 각각의 변에 있는 새로운 삼각형은 언제나 서로 부딪히지 않을 정도로 작기 때문이다. 변형에 변형을 거듭하면 곡선 내부에 작은 면적이 더해지지만, 전체 면적은 유한하며 실제로 원래 삼각형보다 별로 커지지 않는다. 원래의 삼각형에 외접원을 그리면 코흐 곡선은 결코 그 밖으로 나가지 않는다.

하지만 곡선 자체는 무한한 우주의 끝을 향해 뻗어가는 유클리드의 직선처럼 무한히 길다. 첫 번째 변형에 의해 1피트 길이의 변 1개가 4인치 길이의 변 4개로 바뀌는 것처럼, 변형을 한 번 할 때마다 총 길이는 3분의 1씩 늘어난다. 유한한 공간 내에 있는 무한한 길이라는 이 역설적인 결과는 이 문제에 대해 생각했던 많은 20세기 초 수학자들을 혼란에 빠뜨렸다. 코흐 곡선은 기괴하고, 모양에 대한 모든 합리적인 직관을 무시하는 것이었으며, (말할 것도 없이) 자연계에서 볼 수 있는 어떤 것과도 전혀 닮지 않은 것이었다.

상황이 이런 만큼 이들의 연구는 당시에는 거의 파급력이 없었다. 하지만 이들만큼이나 삐딱한 수학자들 몇몇은 코흐 곡선의 기묘한 성질을 부분적으로 갖고 있는 다른 모양을 생각해냈다. 페아노 곡선, 시어핀스키 카펫과 시어핀스키 개스킷이 그것이다. 카펫은 정사각형에서 시작하는데, 정사각형의 각 변을 3등분하여 9개의 정사각형으로 분할하고 가운데 사각형을 제거한다. 나머지 8개의 사각형 중간에 사각형 구멍을 만드는 과정을 반복한다. 개스킷은 만드는 방법은 같지만 정사각형 대신 정삼각형으로 한다. 개스킷은 어떤 임의의 점이라도 분기점이 되기 때문에 상상하기 어려운 속성을 가지고 있다. 하지만 훌륭한 3차원 유사체인 에펠탑을 생각하면 상상하기 어려운 것도 아니다. 에펠탑은 들보와 도리 받침대와 도리가 가지를 쳐 점점 더 가느다란 격자 모양으로, 즉 아주 세부적인 것들이 희미한 네트워크를 이루고 있다. 물론 에펠은 자신의 계획을 무한대까지 끌고 갈 수는 없었지만, 구조의 강도는 유지하면서도 무게를 줄이는 절묘한 공학적 측면을 이해하고 있었다.

무한히 계속되는 복잡성을 머릿속에 완전히 그리는 것은 불가능하다. 그러나 형태를 기하학적으로 사고할 수 있는 사람은 이와 같이 점점 더 작은 축척으로 구조를 반복함으로써 하나의 전체적인 세계를 열 수 있다. 이런 모양을 탐구하면서 정신의 손가락을 이들 가능성의 말랑말랑한 가장자리로 밀어 넣는 것은 일종의 놀이로, 망델브로는 다른 사람이 이전에 발견하지 못했거나 이해하지 못했던 변형을 발견할 때면 어린애처럼 기뻐했다. 그리고 모양에 이름이 없으면 이름을 붙였다. 로프와 시트, 스펀지와 거품, 응고된 우유와 개스킷 등.

소수 차원은 올바른 축척임이 증명되었다. 어떤 의미에서 불규칙성의 정도는 공간을 채우고 있는 물체의 효율성에 상응한다. 단순한 (유클리드적인) 1차원 선은 공간을 전혀 채우지 못한다. 그러나 유한한 면적에 무한한 길이를 가지고 있는 코흐 곡선은 공간을 채운다. 선보다 차원이 높지만 평면보다는 차원이 낮다. 다시 말해 1차원 이상이지만 2차원적 형태보다는 낮다. 망델브로는 20세기 초반 수학자들이 만들었으나 거의 잊힌 기법을 이용해

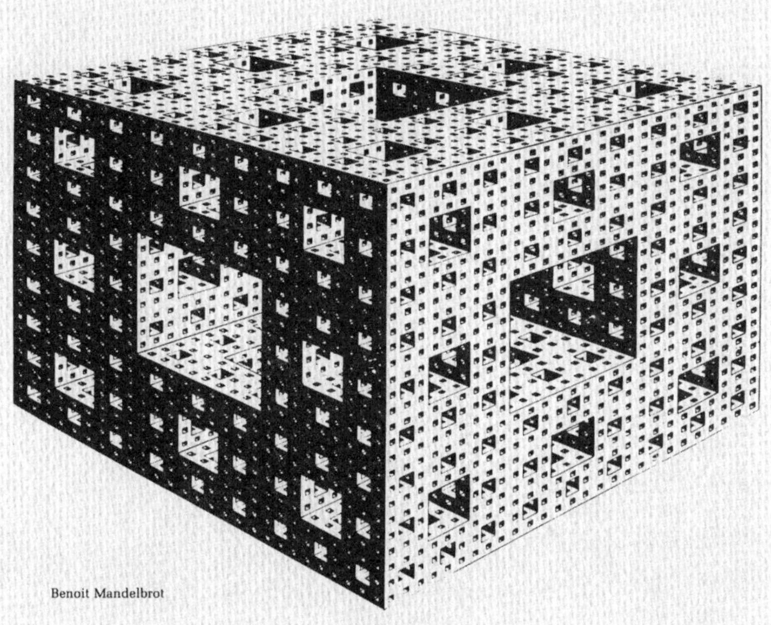

Benoit Mandelbrot

구멍 뚫어 프랙탈 만들기 ••• 20세기 초 몇몇 수학자들은 무한히 많은 부분을 더하거나 빼는 기법으로 만들어진 괴상하게 생긴 물체를 생각해냈다. 그중 하나가 시어핀스키 카펫(위)인데, 이것은 정사각형을 9등분하여 중앙의 정사각형을 버리는 과정을 계속 반복함으로써 만들어진다. 이와 유사한 3차원 물체로 멩거 스펀지(아래)가 있다. 입체감이 있는 격자로 표면적은 무한하지만 부피는 0이다.

소수 차원을 정확하게 계산해낸다. 무한하게 3분의 4배 늘어나는 코흐 곡선은 1.2618차원이었다.

이런 연구를 하던 망델브로는 같은 모양을 연구했던 몇몇 다른 수학자들에 비해 크게 두 가지 측면에서 유리했다. 하나는 IBM에 근무하면서 컴퓨터를 마음대로 이용할 수 있다는 점이었다. 빠른 속도로 일하는 백치인 컴퓨터에 딱 맞는 업무가 있었던 것이다. 대기 중에 있는 수백만 개의 인접 요소들(이웃점)에 대해 동일한 몇 가지 계산을 수행해야 하는 기상학자처럼, 망델브로 역시 쉽게 프로그램된 (간단하게 컴퓨터로 실행할 수 있는) 변형을 반복하고 또 반복해야 했다. 물론 뛰어난 독창성이 있다면야 마음속으로 변형을 생각할 수 있겠지만, 컴퓨터는 이를 그림으로 그릴 수 있고, 때로 예상 밖의 결과를 보여주기도 한다. 20세기 초 수학자들은 곧 (현미경이 없던 초창기 원생물학자들이 부딪혔던 장벽과 같은) 어려운 계산이라는 장벽에 부딪혔다. 한없이 미세한 우주를 들여다보는 데는 아무리 상상력이 풍부해도 한계가 있었다.

망델브로의 말을 들어보자.

손과 연필과 자로 할 건 다해봤기 때문에 그림이 수학에서 아무 역할도 하지 못했던 긴 공백기가 100년이 되었습니다. 새로운 것도 없었고 더는 중요하게 생각하지도 않았습니다. 아직 컴퓨터는 등장하기 전이었습니다.

제가 이 놀이를 시작할 때만 해도 직관이라고는 전혀 없었습니다. 맨땅에서 직관을 만들어야만 했습니다. 손과 연필 그리고 자와 같은 통상적인 도구에 길들여진 직관으로는 이들 모양이 꽤 기괴하고 비정상적으로 보였을 겁니다. 낡은 직관은 오해를 불러일으켰습니다. 첫 번째 그림들은 제게도 참으로 놀라웠습니다. 이후에는 전에 봤던 그림들이라 그런지 몇몇 그림들을 알아볼 수 있었습니다.

직관은 그저 주어지는 게 아닙니다. 저는 처음에 불합리하다고 거부했던 명백한 모양들을 받아들일 수 있도록 저의 직관을 훈련했습니다. 다른 사람들도 모두 저처럼 할 수 있습니다.

망델브로가 면화 가격, 전송 잡음 그리고 하천 홍수 문제를 연구하면서 머릿속에 실재의 형상을 그리기 시작했다는 것도 유리한 점이었다. 이제 형상이 점차 뚜렷해지기 시작했다. 자연계의 불규칙한 패턴에 관한 연구와 무한히 복잡한 모양에 대한 연구는 지적인 교차점이 있었다. 다시 말해 자기유사성이라는 성질이었다. 무엇보다도 프랙탈은 자기유사성을 의미했다.

자기유사성은 모든 축척을 관통하는 대칭성이다. 자기유사성은 회귀, 즉 패턴 안의 패턴을 의미한다. 망델브로의 가격변동표와 하천 수위 변동표는 자기유사성을 보여주는데, 왜냐하면 축척이 아무리 작아지더라도 도표는 세밀한 모습을 보여줄 뿐 아니라 그 복잡성의 정도도 일정하기 때문이다. 코흐 곡선과 같은 기괴한 모양도 자기유사성을 보인다. 코흐 곡선은 크게 확대하더라도 정확하게 같은 모양을 볼 수 있기 때문이다. 자기유사성은 코흐 곡선을 만드는 기법에도 내재해 있다. 동일한 변형을 점점 더 작은 규모로 반복하는 것이다. 또한 자기유사성은 쉽게 인식할 수 있는 성질이며, 자기유사성이라는 이미지는 문화 안에서 어디서나 발견된다. 두 개의 거울 사이에 서 있는 사람이 무한히 반사되는 것, 또는 물고기가 작은 물고기를 잡아먹는 먹이사슬 그림. 망델브로는 곧잘 조너선 스위프트Jonathan Swift의 말을 인용했다. "그리하여, 박물학자들이 벼룩을 보니/그 벼룩보다 더 작은 벼룩이 붙어서 뜯어 먹고 있다/그리고 이 벼룩에는 더 작은 벼룩이 붙어서 뜯어 먹으니/그렇게 한없이 계속된다."

미국 북동부에서 지진을 연구하기에 최적인 장소는 뉴욕 주 남부의 라몽도헤르티 지구물리관측소로, 연구소는 허드슨 강 바로 서쪽 숲 속에 멋없는 건물 몇 채로 이루어져 있다. 또한 연구소는 컬럼비아 대학교 교수로 지구의 형태와 구조를 전문적으로 연구하는 크리스토퍼 숄츠^{Christopher Scholz}가 처음으로 프랙탈에 대해 생각하기 시작한 곳이었다.

수학자들과 이론물리학자들이 망델브로의 연구를 거들떠보지도 않았던 반면, 숄츠는 프랙탈 기하학의 도구를 받아들일 준비가 되어 있던 실용주의적인 현장 과학자였다. 숄츠가 브누아 망델브로라는 이름을 우연히 접한 때는 1960년대였다. 당시 망델브로는 경제 문제를 연구하고 있었고, MIT 대학원생이었던 숄츠는 지진에 관한 까다로운 문제에 엄청난 시간을 쏟고 있었다. 지난 20년 동안 크고 작은 지진의 분포가 어떤 특정한 수학적 패턴, 말하자면 자유시장 경제에서 개인소득 분포를 지배하는 것처럼 보이는 축척 패턴과 동일한 패턴을 따른다는 사실은 잘 알려져 있었다. 이런 분포는 지진의 횟수와 규모를 측정하는 곳이라면 어디서나 관찰되었다. 지진이 매우 불규칙하고 예측 불가능하다는 점을 생각할 때 이렇듯 규칙성을 설명할 수 있는 물리적 과정을 찾는 일은 가치가 있었다. 어쨌든 숄츠의 생각은 그러했다. 하지만 대부분의 지진학자들은 이 사실을 언급하는 것에 만족하고 넘어갔다.

망델브로라는 이름을 떠올린 숄츠는 1978년 삽화가 풍부하고 박학다식함이 넘쳐나며 방정식이 많은 『프랙탈: 형태, 우연성, 그리고 차원^{Fractals:}

Form, Chance and Dimension』이라는 책을 구입한다. 책은 마치 우주에 대해 망델브로 자신이 알고 있거나 의심하는 모든 것을 모조리 집대성해놓은 것처럼 보였다. 몇 년 지나지 않아 이 책과 개정증보판인『자연의 프랙탈 기하학The Fractal Geometry of Nature』은 다른 어떤 고등수학책보다 많이 팔렸다. 문체는 짜증날 정도로 난해했지만 기지가 넘치고 문학적이며 모호하기도 했다. 망델브로는 자신의 책을 '선언서 및 사례집'이라고 불렀다.

다른 분야의 몇몇 과학자들, 특히 자연의 물질적인 부분을 연구하는 과학자들처럼 숄츠 역시 몇 년 동안 이 책을 어떻게 취급해야 할지 고심했다. 명료함과는 한참 거리가 먼 책이기 때문이었다. 숄츠가 말한 대로『프랙탈』은 "입문서가 아니라 놀라움을 안겨주는" 책이었다. 하지만 공교롭게도 숄츠는 물질의 표면에 대해 많은 관심이 있었고, 표면은 책 곳곳에서 다루는 주제였다. 숄츠의 머릿속은 온통 망델브로의 개념을 어떻게 활용할 수 있을지에 대한 생각으로 가득했다. 그는 프랙탈을 이용하여 자신이 연구하고 있는 과학세계의 여러 부분을 묘사하고 분류하고 측정할 방법을 찾기 시작했다.

비록 몇 년이 지나서야 프랙탈 관련 학술회의와 세미나가 활발해지기 시작했지만, 숄츠는 곧 자신이 혼자가 아님을 깨닫는다. 프랙탈 기하학의 통합적 개념은 자신이 관찰한 것이 기이하다고 생각하는 과학자들과 자신의 관찰 내용을 이해할 체계적 방법이 없던 과학자들을 한데 모으는 역할을 했다. 프랙탈 기하학의 통찰은 사물들이 뒤섞이고, 분기하고, 부서지는 방식을 연구하던 과학자들에 도움을 주었다. 프랙탈은 현미경으로 봤을 때 울퉁불퉁한 금속 표면, 함유含油 암석의 작은 구멍과 홈, 지진대의 절단된 지형 등 갖가지 물질을 관찰하는 방법이었던 것이다.

숄츠가 지적했듯 지표면, 즉 잔잔한 바다와 만나 해안선을 이루는 지표면을 설명하는 것은 지구물리학자들의 소관이다. 단단한 지면 상층에는 다른 종류의 표면, 즉 균열된 표면이 있다. 지구 표면의 구조에서 단층과 단구는 두드러지기 때문에 지표를 설명하는 데 핵심이 되며, 전체적으로 지표의 구성물질 자체보다 더 중요하다. 단구는 지표와 3차원적으로 교차해 숄츠가 즉흥적으로 '스키조스피어 schizo-sphere(갈라진 구)'라 불렀던 것을 만든다. 스키조스피어는 물과 기름 그리고 천연가스와 같은 유체의 흐름을 조절한다. 지진의 형태도 조절한다. 이처럼 표면을 이해하는 것이 가장 중요하지만, 숄츠는 자기 일이 진퇴양난에 빠져 있다고 믿었다. 사실 이를 파악할 틀이 없었던 것이다.

누구나 그렇듯 지구물리학자들 역시 지표면을 어떤 모양으로 보았다. 표면은 평탄할 수도 있고 특정한 모양을 가질 수도 있다. 이를테면 폴크스바겐 비틀 자동차의 윤곽을 보고 표면을 곡선으로 그릴 수 있다. 이 곡선은 우리에게 익숙한 유클리드적 방법으로 측정될 수 있다. 방정식을 적용할 수도 있다. 그러나 이는 마치 붉은색 필터로 우주를 보는 것처럼 좁은 스펙트럼 띠를 통해 표면을 보는 것에 불과하다고 숄츠는 말한다. 말하자면 특정한 빛의 파장에서 발생하는 것은 볼 수 있을지 몰라도 적외선이나 전파와 일치하는 스펙트럼의 광범위한 활동은 물론 다른 색들의 파장에서 일어나는 모든 것을 놓친다고 숄츠는 본 것이다. 여기서 스펙트럼은 축척에 해당된다. 유클리드 기하학의 관점으로 폴크스바겐 표면을 보는 것은 10미터 혹은 100미터 떨어진 거리에 있는 관찰자의 축척만으로 보는 것이다. 관찰자가 1킬로미터 또는 100킬로미터 떨어져 있다면 어떨까? 또 1밀리미터 혹은 1미크론만큼 떨어져 있다면 어떨까?

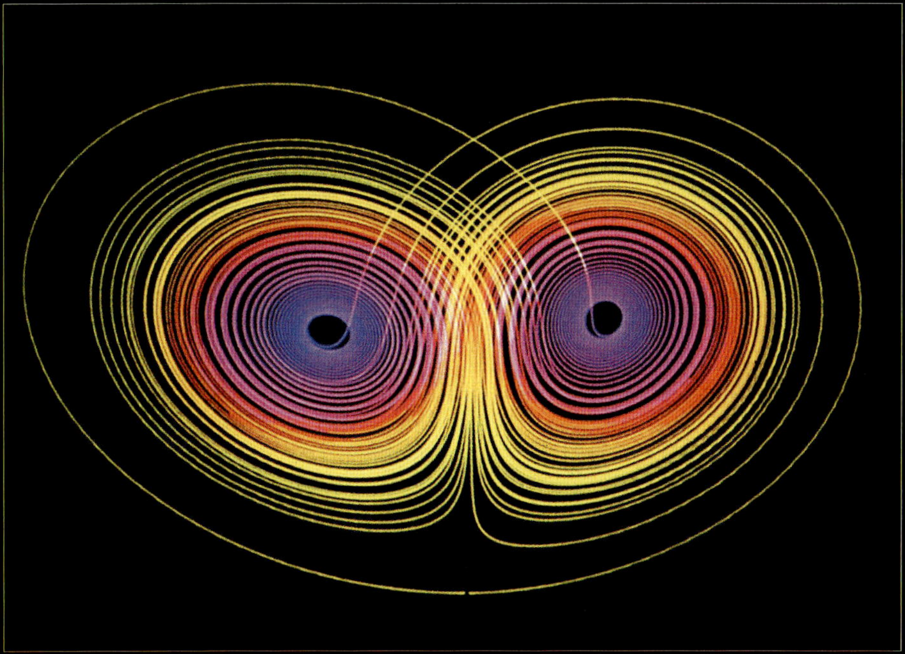

로렌츠 끌개

코흐 곡선

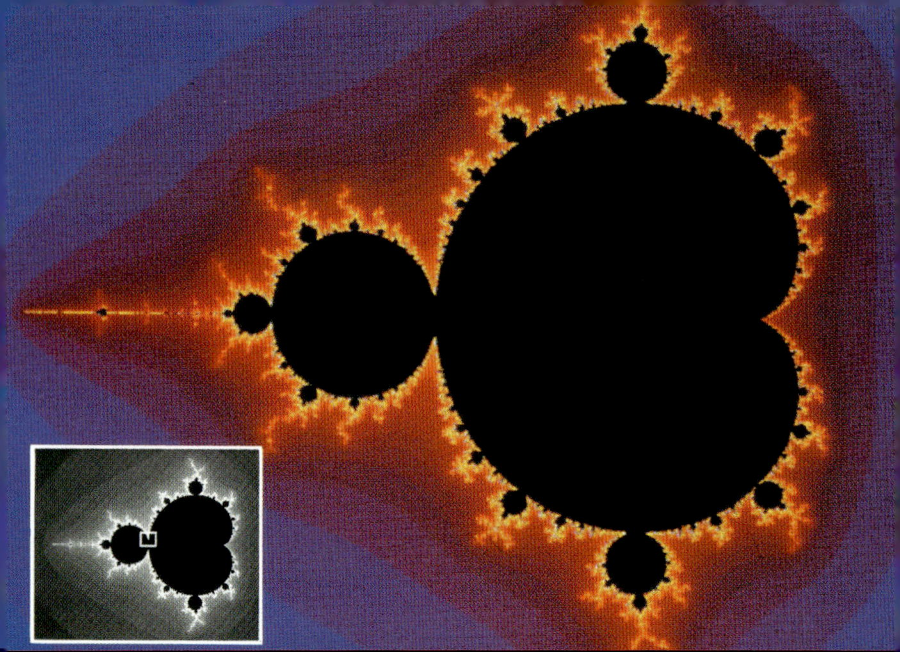

망델브로 집합 ∘∘∘ 축척이 점점 더 미세해질수록 집합의 복잡성은 증가하는 것을 보여주는데, 해마의 꼬리와 섬 부자들은 전체 진합과 닮았다. 마지막 사진은 각 방향에서 약 100만 배 확대한 것이다.

뉴턴법의 복잡한 경계 ··• 4개의 검은 구멍 안에 있는 네 점들의 끌어당기는 힘은 복잡한 프랙탈 경계인 (각각 다른 색깔을 가진) '유인 영역'을 만든다. 이 이미지는 방정식을(이 경우 방정식은 $X^4-1=0$이다) 뉴턴법으로 풀 때 서로 다른 출발점에서 4개의 가능한 해답 중 어느 하나로 이어지는 길을 나타낸다.

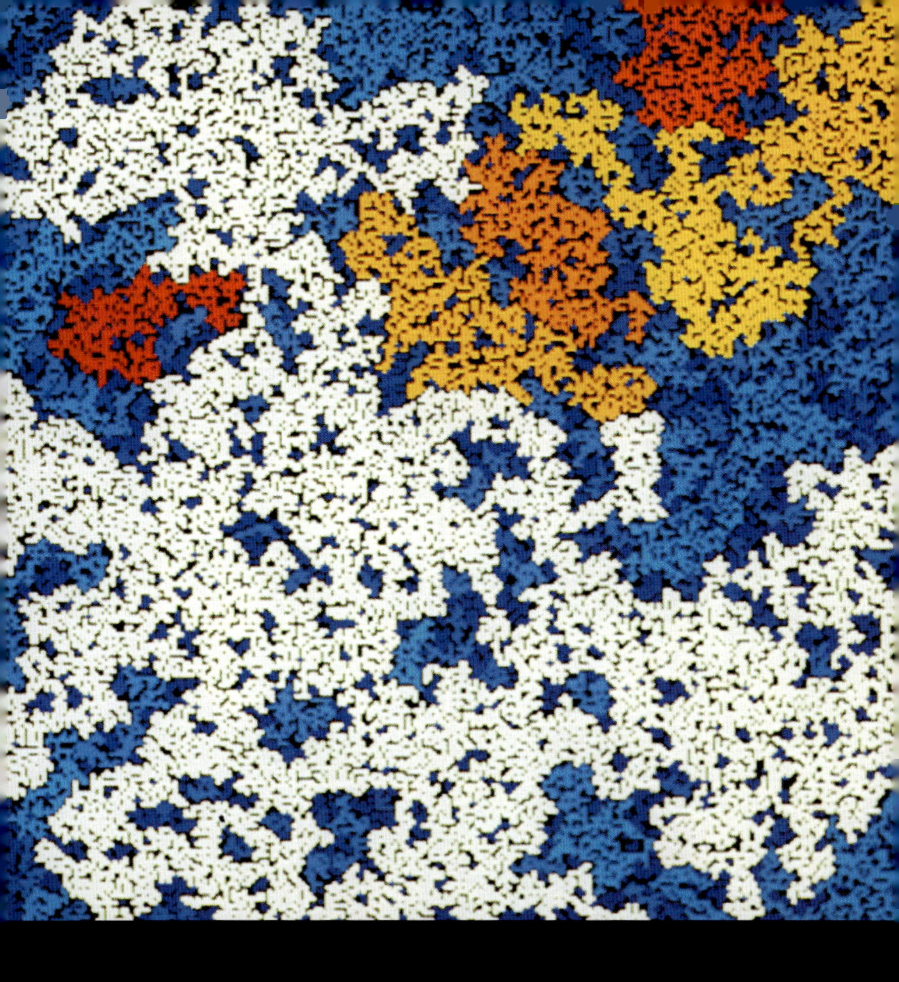

프랙탈 송이 컴퓨터에 의해 생성된 입자들의 무작위적인 무더기가 '침투 네트워크'를 형성하는 모습으로 프랙탈 기하학에서 영감을 받은 수많은 시각 모델 중 하나다. 응용물리학자들은 이런 모델이 중합체 형성이나 균열된 암석 사이로 석유가 퍼져나가는 것과 같은 다양한 실세계 과정과 닮았다는 것을 발견했다. 침투 네트워크에서 각각 색깔은 서로 연결되어 있는 그룹을 나타낸다.

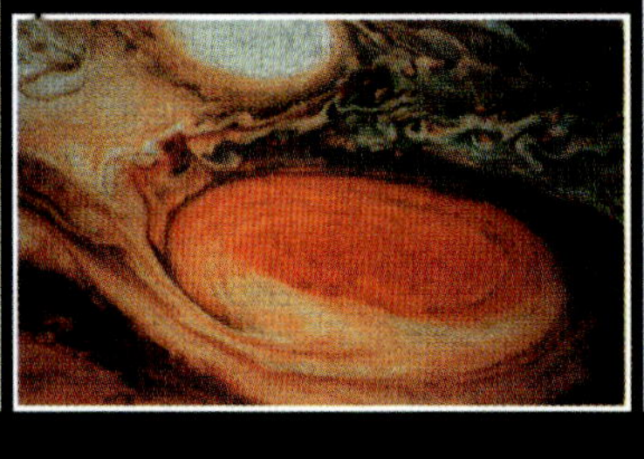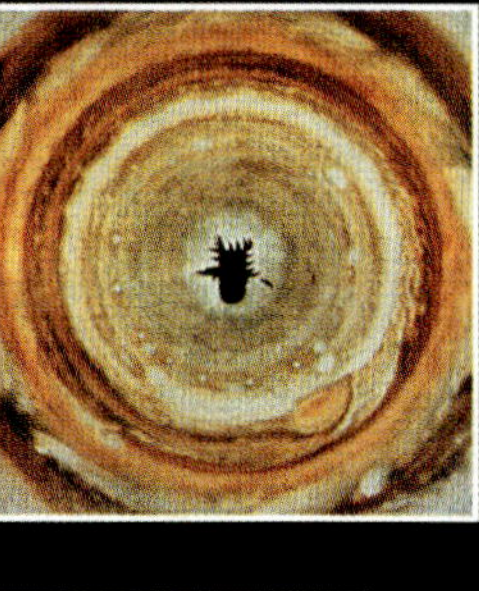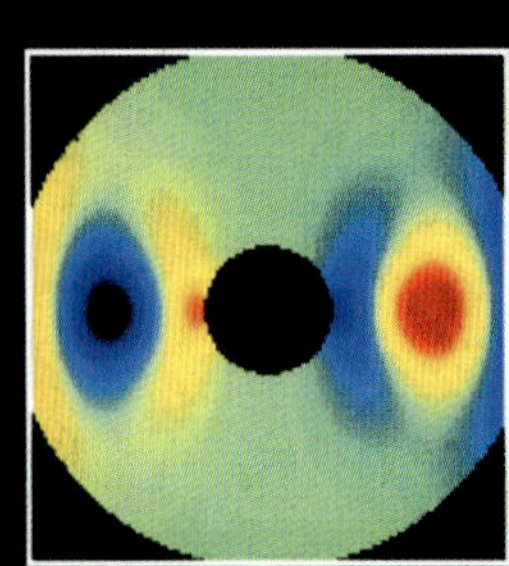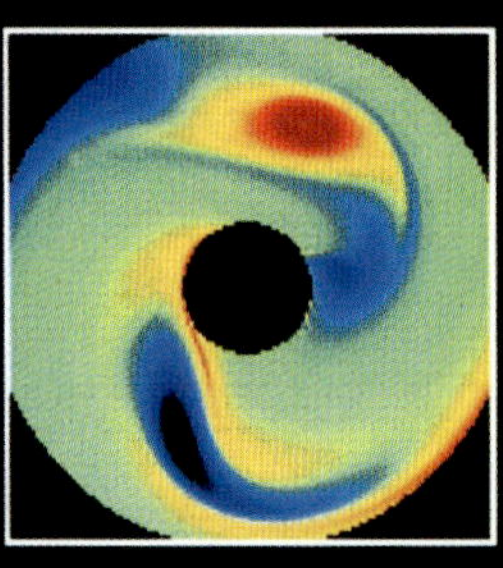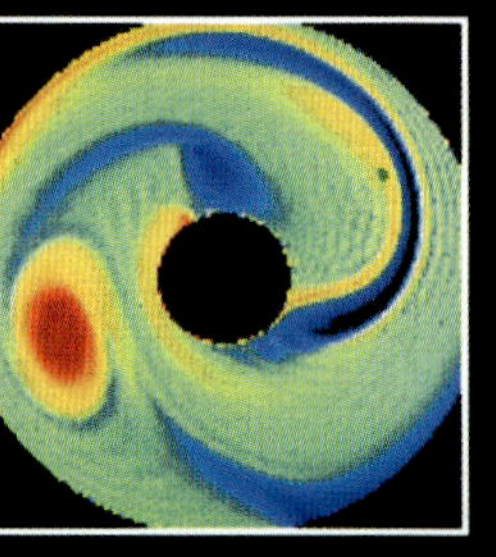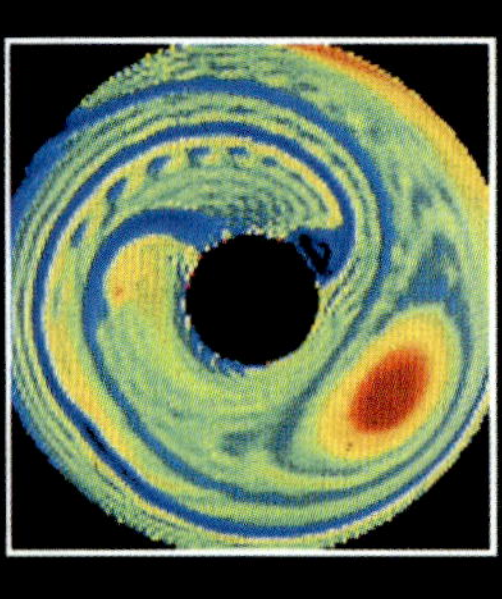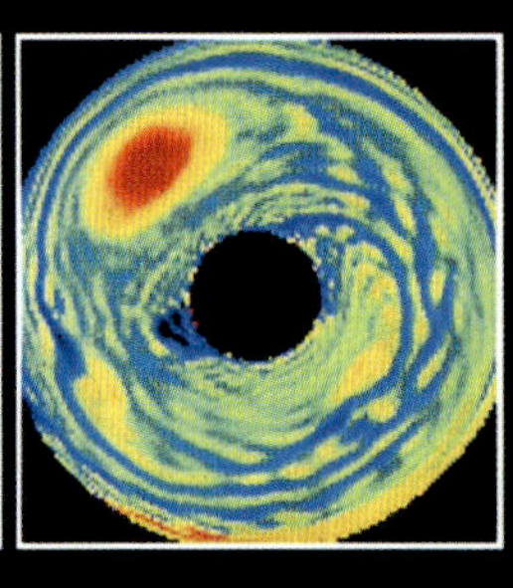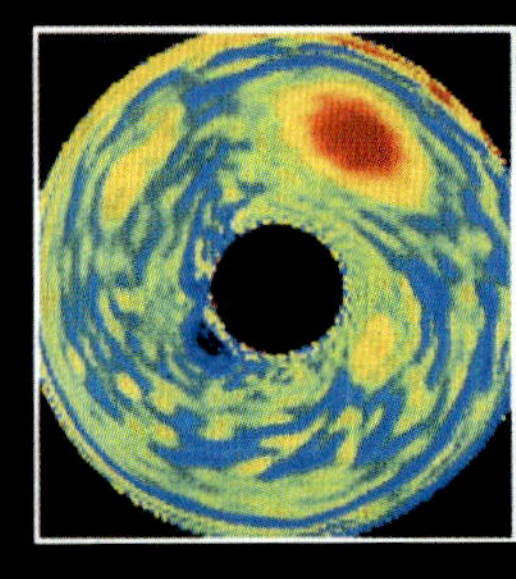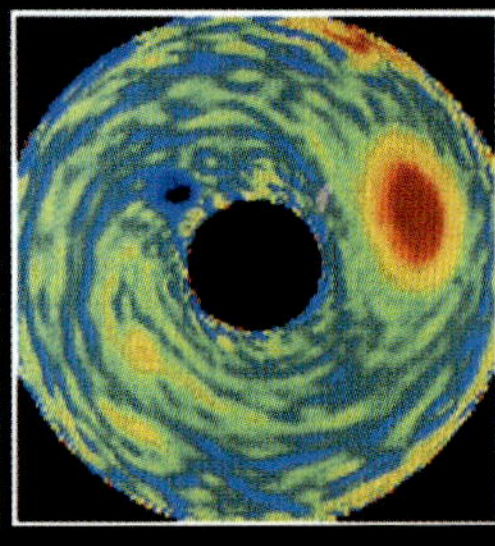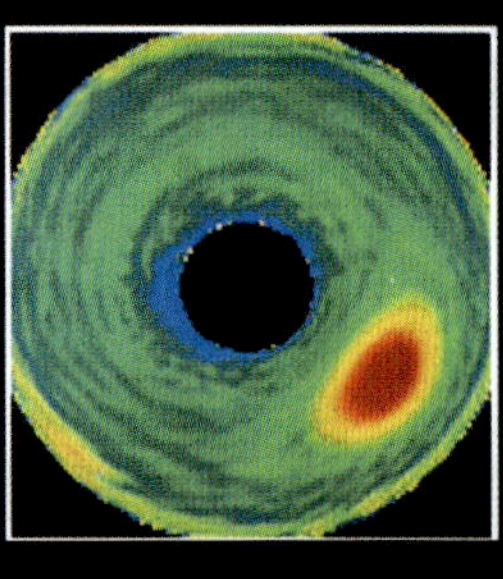

거대한 붉은 반점: 실제와 재현된 것　　탐사위성 보이저는 목성의 표면이 동서로 흐르는 수평띠가 있는 소용돌이치는 난류유체라는 것을 밝혀냈다. 거대한 붉은 반점은 목성의 적도 상공이나 남극에서 내려다보면 볼 수 있다. 필립 마커스가 재현한 컴퓨터 그래픽은 남극에서 본 것이다. 색은 유체의 특정 부분의 회전 방향을 보여준다. 시계 반대방향으로 회전하는 것은 붉은색이고, 시계방향으로 회전하는 부분은 파란색이다. 초기 형태와는 상관없이 파란 덩어리는 잘게 쪼개지는 반면 붉은 덩어리는 주위의 혼란스러움 속에서도 안정되고 응집력이 있는 1개의 점으로 합쳐지는 경향이 있다.

지상 100킬로미터 상공에서 지표면을 그린다고 상상해보자. 선은 나무, 작은 언덕, 건물, 그리고 주차장 어딘가에 있는 폴크스바겐 위로 오르내릴 것이다. 이런 축척으로 보면, 폴크스바겐의 표면은 다른 수많은 혹 중 하나, 하나의 무작위성일 뿐이다.

이번에는 확대경과 현미경으로 점점 더 가까이서 폴크스바겐을 관찰한 다고 상상해보자. 먼저 둥그스름한 범퍼와 후드의 윤곽이 드러나는 위치에 서 보면 표면은 매끈해 보인다. 하지만 현미경으로 보면 철판 표면은 명백 히 무작위적인 방식으로 흩어져 있는 혹들 투성이임이 드러난다. 카오스적 으로 보이는 것이다.

숄츠는 프랙탈 기하학이 특정 지표면의 울퉁불퉁한 정도를 표현하는 매 우 효과적 방법이라는 것을 알게 된다. 금속학자들 역시 여러 종류의 철판 표면에서 같은 사실을 알아냈다. 이를테면 금속 표면의 프랙탈 차원을 보 면 금속의 강도를 알 수 있다. 또한 지표의 프랙탈 차원을 보면 지구의 중요 한 성질에 대한 단서를 파악할 수 있다. 숄츠는 대표적인 지질 형태인 산등 성이의 낙석 경사에 대해 생각했다. 멀리서 보면 낙석 경사는 유클리드적 모양, 즉 2차원이다. 하지만 낙석 경사에 다가갈수록 지질학자는 낙석 경사 위가 아니라 그 안을 걷게 된다. 자동차만 한 크기의 바위들로 이루어져 있 는 낙석 경사의 차원은 실제로 대략 2.7차원이다. 왜냐하면 암석 표면이 스 펀지 표면처럼 3차원 공간을 거의 다 채우기 때문이다.

프랙탈 차원은 서로 접촉하고 있는 표면의 특성과 관련된 문제들에 직접 적용할 수 있다는 것이 밝혀졌다. 이를테면 타이어와 콘크리트의 접촉면이 있다. 기계 결합부의 접촉면과 전기 접점도 마찬가지다. 표면 간의 접촉은 관련 자재와는 전혀 무관한 별개의 특성을 가지고 있다. 표면들의 특성은 울퉁불퉁한 것들의 프랙탈 성질에 좌우된다. 표면에 관한 프랙탈 기하학의 단순하지만 강력한 결론은 접촉하고 있는 표면들이 완전하게 다 붙어 있지는 않다는 것이다. 여러 가지 크기의 혹들이 서로 붙는 것을 방해한다. 심지어 엄청난 압력을 받고 있는 암석 안에서도 매우 작은 축척에서 보면, 분명 유체가 흐를 수 있는 틈새가 있다. 숄츠는 이를 험프티-덤프티(영국의 전래동요에 나오는 인형으로, 담에서 떨어져 깨진 다음에는 원상회복이 안 되는 것으로 묘사되고 있다_옮긴이) 효과라고 이름 붙였다. 이런 이유로 두 조각 난 찻잔은 (어느 정도 큰 축척에서 보면 잘 맞을 것 같지만) 결코 다시 붙일 수 없다. 더 작은 축척에서 보면 불규칙한 혹들 때문에 서로 일치하지 않는 것이다.

숄츠는 자기 분야에 프랙탈 기법을 받아들인 몇 안 되는 사람들 중 하나였다. 동료들 중에는 이들 소수집단을 괴짜 취급 하는 사람들도 있었다. 숄츠는 논문 제목에 '프랙탈'이라는 단어를 넣었을 때, 훌륭하게도 최신 흐름을 받아들이는 사람 혹은 별로 훌륭하지 못하게 시류에 편승하는 사람으로 여겨진다고 느꼈다. 게다가 논문을 쓸 때는 소수의 프랙탈 찬양론자를 대상으로 할 것인가 아니면 기본 개념에 대해 알고 싶어 하는 많은 지구물리학자들을 대상으로 할 것인가 하는 어려운 문제에 봉착했다. 그럼에도 숄츠는 여전히 프랙탈 기하학이 없어서는 안 된다고 생각했다. 숄츠의 말을 들어보자.

프랙탈 기하학은 지구의 변화무쌍한 차원을 포착할 수 있는 유일한 모델입니다. 이를 통해 우리는 설명하고 예측할 수 있는 수학적이고 기하학적인 도구를 갖습니다. 일단 어려운 고비를 넘어 새로운 패러다임을 이해하게 되면, 새로운 방식으로 사물을 측정하고 생각할 수 있습니다. 새로운 시각을 갖게 되는 겁니다. 이것은 낡은 시각과는 전혀 다릅니다. 훨씬 폭이 넓습니다.

'얼마나 큰가?' '얼마나 오랫동안 지속되는가?' 이는 과학자들이 어떤 사물에 대해 가질 수 있는 가장 기본적인 물음이다. 이런 물음은 사람들이 세계를 개념화하는 기본 방식이기 때문에 어떤 편향을 내포하고 있는지 파악하기 어렵다. 과학자들은 축척에 따라 달라지는 특성인 크기와 지속 시간을, 의미를 가진 특성, 즉 대상을 설명하거나 분류하는 데 도움이 되는 특성이라고 생각한다. 생물학자가 인간에 대해 설명하거나 물리학자가 쿼크를 설명할 때, '얼마나 큰가', '얼마나 오래 지속되는가'라고 묻는 것은 사실 적절하다. 전체 신체 구조로 볼 때, 동물은 특정한 축척과 매우 밀접하게 연결되어 있다. 만약 사람이 모든 비율은 같지만 크기가 두 배가 된다고 하면, 뼈가 무게를 지탱하지 못하고 부러질 것이다. 축척이 그만큼 중요한 것이다.

지진의 행태를 설명하는 물리학은 축척과는 거의 관계가 없다. 큰 지진은 작은 지진이 규모만 확대된 것이다. 지진과 동물이 구별되는 지점이다. 예를 들어, 10인치 크기의 동물은 1인치 크기의 동물과 전혀 다른 구조를 가져야만 하며, 100인치 크기의 동물은 뼈가 늘어난 무게를 견딜 수 있도록 구조가 달라야 한다. 반면 구름은 지진처럼 축척과는 무관한 현상이다. 구름의 특유한 불규칙성은(프랙탈 차원으로 표현할 수 있다) 다른 축척으로 관찰하더라도 전혀 변하지 않는다. 이런 이유로 비행기 탑승객들은 구름이 얼마나 멀리 떨어져 있는지를 알 수 없다. 명암 차 같은 단서가 없으면 20피트 떨어진 구름과 200피트 떨어진 구름을 구별하지 못할 수도 있는 것이다. 실제로 위성사진을 분석해보면, 구름을 수백 마일 떨어진 거리에서 관찰하더라도 프랙탈 차원은 일정하다.

사물이 얼마나 큰가와 얼마나 오래 지속되는가 하는 측면에서 생각하는 습관을 바꾸는 것은 어렵다. 하지만 프랙탈 기하학은 자연의 몇몇 요소에 대해 고유의 축척을 찾으려고 하는 것이 오히려 이해를 방해한다고 주장한다. 허리케인을 보자. 정의상 허리케인은 일정한 크기의 폭풍이다. 그런데 그 정의라는 것은 사람들이 자연에 갖다 붙인 것이다. 실제로 대기과학자들은 대기 중에서 일어나는 격랑은 도시의 도로에서 일어나는 돌풍에서부터 우주에서나 관찰할 수 있는 대규모의 열대성 저기압까지 하나의 연속체를 형성한다고 생각한다. 범주는 오해를 일으킨다. 연속체의 끝은 중앙과 질적으로 동일하다.

유체 방정식은 많은 경우 차원이 없는데, 이는 방정식이 축척과 무관하게 적용된다는 것을 의미한다. 규모를 줄인 비행기 날개와 배의 프로펠러는 풍동風洞과 실험실 내의 수조에서 시험할 수 있다. 그리고 어느 정도 한계는 있지만 작은 폭풍은 큰 폭풍처럼 움직인다.

대동맥으로부터 실핏줄에 이르는 혈관은 다른 종류의 연속체다. 혈관은 아주 좁아져서 혈구들이 한 줄로 미끄러져 들어가야 할 정도가 될 때까지 갈라지고 또 갈라진다. 가지처럼 퍼져나가는 혈관의 속성은 프랙탈적이다. 혈관의 구조는 20세기에 들어설 무렵 망델브로의 선배 수학자들이 생각했던 기이한 가상의 물체들(코흐 곡선과 같은 것_옮긴이) 중 하나와 닮았다. 생리학적 필요에 의해 혈관은 차원의 마술을 부려야 한다. 마치 작은 면적에 무한하게 긴 선을 밀어 넣는 코흐 곡선처럼 순환계는 방대한 면적을 제한된 부피에 밀어 넣어야 한다. 신체의 자원이라는 측면에서 보면 공간은 귀하고 피는 중요하기 때문이다. 자연이 만든 프랙탈 구조는 매우 효율적이어서, 대부분의 세포조직에서 혈관으로부터 셋 혹은 네 세포 이상 떨어져 있는 세포가 없다. 그럼에도 혈관과 피는 공간을 거의 차지하지 않는데, 기껏해야 신체의 5퍼센트도 채 되지 않는다. 이것을 (망델브로가 말했듯) 베니스의 상인 증후군이라 한다. 피를 흘리지 않고는 1파운드의 살을 떼어내기는커녕 1밀리그램의 살도 떼어낼 수 없는 것이다.

이러한 정교한 구조는—실제로는 동맥과 정맥이라는 두 그루의 나무가 서로 얽혀 있다—결코 예외적인 것은 아니다. 신체는 이런 복잡성으로 가득 차 있다. 소화관 조직은 주름 속에 또 주름이 있다. 폐 역시 최대 가능 면적을 최소 공간에 채워 넣어야 한다. 동물이 산소를 흡수하는 능력은 폐의 표면적과 거의 비례한다. 평균적인 인간의 폐는 테니스장보다 더 넓다. 더구나 폐의 미로와 같은 기관氣管은 동맥과 정맥에 효율적으로 결합되어야 한다.

의대생들이라면 폐가 엄청난 표면적을 담아내도록 설계되었음을 안다. 그러나 해부학자들은 한 번에 하나의 축척만을(이를테면 가지를 쳐나가는 기관지 끝에 있는 미세한 주머니인 수백만 개의 꽈리만을) 보도록 훈련받는다. 해부학 용어는 여러 축척에 '걸쳐 있는' 통일성을 모호하게 하는 경향이 있다. 반면에 프랙탈 접근법은 전체 구조를 포괄한다. 전체 구조를 만들고, 거대한 규모에서 작은 규모까지 일관된 행태를 보이는 가지치기 측면에서 살피는 것이다. 해부학자들은 혈관을 대동맥, 소동맥, 대정맥, 소정맥 등 크기에 따른 범주로 분류함으로써 혈관계를 연구한다. 이런 범주는 유용하기도 하지만, 오해를 일으키기도 한다. 다음과 같은 교과서적 접근은 때로 진실과는 거리가 있어 보인다. "대동맥에서 소동맥으로 점차 변하는 과정에서 중간 영역을 구분하기란 어렵다. 중간 크기의 동맥 중에 대동맥의 벽을 가진 것이 있는 반면, 대동맥들 중에 중간 크기 동맥의 벽을 가진 것이 있다. 전이 지역은 (……) 종종 혼합 형태의 동맥으로 지칭한다.”

즉각적이지는 않았지만, 망델브로가 생리학적 의견을 발표하고 10년이 지나자 몇몇 이론생물학자들이 신체의 모든 구조를 통괄하는 프랙탈 조직을 발견하기 시작했다. 기관지의 분지分枝에 대한 표준 ‘지수함수적’ 설명은 완전히 틀렸음이 증명되었고, 프랙탈적 설명이 자료에 부합한다는 것이 판명되었다. 비뇨기도, 간장에 있는 담즙관도 프랙탈적임이 증명되었다. 전류의 고동을 심장의 수축성 근육에 전달하는 특수한 섬유조직망 역시 마찬가지이다. 심장 전문가에게 히스–퍼킨즈(푸르키녜) 망으로 알려진 마지막 구조는 특히 중요한 연구 방향을 제시한다. 수많은 연구를 통해 심장의 건강함 여부는 전적으로 피를 내뿜는 좌심실과 우심실 근육세포의 타이밍 조절에 달려 있다는 것이 밝혀졌다. 카오스에 관심이 많은 몇몇 심장학자들은 심장박동의 진동수 스펙트럼이 지진과 경제 현상처럼 프랙탈 법칙을 따른다는 것을 밝혀냈고, 박동 타이밍을 이해하는 한 가지 방법은 히스–퍼킨즈 망의 프랙탈 조직, 즉 규모가 점점 작아져도 자기유사성을 가지면서 가지를 쳐가는 프랙탈 조직에 있다고 주장했다.

자연은 어떻게 그렇게 복잡한 구조를 만들어냈을까? 망델브로는 이런 복잡한 문제는 전통 유클리드 기하학의 맥락에서만 나온다고 생각했다. 프랙탈에서는 몇 가지 정보만 있으면 분지 구조를 단순 명쾌하게 설명할 수 있다. 코흐, 페아노 그리고 시어핀스키가 고안한 모양을 만드는 단순한 변형과 유사한 것이 생물 유전자의 암호 속에도 있을 것이다. 분명 DNA에는 수많은 기관지와 세기관지, 그리고 꽈리나 나무(나무 모양의 인체기관을 비유적으로 표현한 말이다_옮긴이)가 들어가는 특정한 공간 구조가 명시되어 있지 않지만, 분기와 성장의 반복 과정을 명시할 수는 있다. 이런 반복 과정은 자연의 목적과도 들어맞는다. 듀퐁 사와 미 육군이 마침내 거위털을 합성하기 시작한 것은 천연털의 놀라운 공기 함유 능력이 털의 주요 단백질인 케라틴의 프랙탈한 마디와 분지에서 생긴다는 것을 알았기 때문이다. 망델브로는 폐와 기관이라는 나무에서 햇빛을 받아들이고 바람에 견디며 프랙탈한 가지와 잎을 갖고 있는 실제 나무로 관심을 돌렸다. 아울러 이론생물학자들은 프랙탈 축척이 형태 형성에서 흔히 볼 수 있는 정도가 아니라 보편적이라고 생각하기 시작했다. 또한 어떻게 이런 패턴이 암호화되고 진행되는지를 이해하는 것이 생물학의 주요 과제가 되었다고 주장했다.

저는 과학의 쓰레기통 속에서 그러한 현상들을 찾기 시작했습니다. 왜냐하면 제가 관찰하고 있는 것이 예외적인 것이 아니라 아마도 매우 널리 퍼져 있는 것이 아닐까 하는 의문이 들었기 때문이었습니다. 강의도 들어보고 철지난 학술지도 뒤져보았지만, 대개, 아니 전혀 소득이 없었습니다. 때로 흥미로운 일도 있었는데, 이는 어떤 의미에서 이론가적 접근이 아니라 박물학자적 접근에서 나왔습니다. 이런 저의 도박은 성공했습니다.

자연과 수학사에 대한 평생 동안의 생각을 담은 책을 펴낸 망델브로는 분에 넘치는 학술적 성공을 거두게 된다. 컬러 슬라이드 상자를 든 백발이 듬성듬성한 망델브로는 과학 순회강연의 고정 강사가 되었다. 여러 차례 수상도 하고 전문가로서의 명예도 얻었으며, 대중들에게 그 어떤 수학자보다도 이름을 날리게 되었다. 이렇게 된 데에는 프랙탈 그림의 미적 호소력이 어느 정도 영향을 미쳤다. 한편 마이크로컴퓨터를 가지고 있는 수많은 호사가들이 스스로 망델브로의 세계를 탐구할 수 있었기 때문이기도 했다.

물론 어느 정도는 주제넘게 나서는 망델브로의 성향도 한몫했다.

망델브로는 하버드 대학교의 과학사학자 버나드 코언I. Bernard Cohen이 편집한 짧은 인명록에 수록된다. 수년에 걸쳐 발견의 연대기를 정리하던 코언은 자신의 연구가 '혁명'이라고 주장하는 과학자들을 찾아다녔다. 통틀어 16명이었다. 전기에 대해 급진적인 (그러나 틀린) 생각을 가지고 있었던 벤저민 프랭클린과 동시대인인 스코틀랜드 사람 로버트 심머, 그리고 오늘날 단지 프랑스혁명을 피비린내 나게 만든 원흉으로만 알려진 장 폴 마라, 그리고 폰 리비히, 해밀턴, 찰스 다윈도 물론 포함된다. 버쵸, 칸토어, 아인슈타인, 민코프스키, 폰 라우에, 대륙이동설의 알프레드 베게너, 콤프턴, 주스트, DNA 구조의 제임스 왓슨, 그리고 브누아 망델브로.

하지만 순수수학자들에게 망델브로는 여전히 과학계의 정치 싸움에나 신경을 쓰는 아웃사이더였다. 한창 성공 가도를 달릴 때 일부 동료들은 망델브로가 과학사에 이름을 남기는 데 너무 집착한다고 비난했다. 망델브로가 자신의 이름을 출전에 명기하는 문제를 가지고 자기들을 괴롭혔다는 것이었다. 망델브로는 학문적 이단아로 살아오는 동안 과학적 성과뿐만 아니라 그것을 선전하는 전략도 중요함을 분명 깨달았을 것이다. 종종 프랙탈 기하학에서 나온 개념을 쓴 논문이 보이면 망델브로는 필자에게 전화를 걸거나 편지를 써서 참고문헌에 자기 이름이나 저서가 빠졌다고 불평했다.

추종자들은 망델브로가 연구를 인정받기까지 겪은 난관을 생각하면 그런 일에 집착하는 것도 납득이 간다고 생각했다. 어떤 사람은 이렇게 말했다. "물론 과대망상적인 데다 자의식이 아주 강하지만 훌륭한 업적을 남겼으므로 대부분의 사람들이 그의 소행을 눈감아주었다." 이렇게 말하는 사람도 있었다. "동료 수학자들과 갈등을 많이 겪었기 때문에 그저 살아남기 위해서라도 자신의 자부심을 북돋우는 수밖에 없었다. 그에게 자부심이 없었다면, 자신의 견해가 옳다는 확신이 없었다면, 결코 성공할 수 없었을 것이다."

과학계에서는 피차 공로를 인정하고 인정받는 문제에 지나치게 집착하게 될 수도 있다. 망델브로는 이 두 가지 모두에 해당했다. 책을 보면 일인칭 주어로 가득했다. 이를테면 이런 식이다. "나는 주장한다 (……) 나는 생각했으며 발전시켰다 (……) 그리고 보완했다 (……) 나는 확인했다 (……) 나는 보여준다 (……) 나는 새로운 용어를 만들었다 (……) 새롭게 개척한 영역을 둘러보며 나는 자주 이정표에 이름을 붙일 권리를 행사했다."

많은 과학자들이 이런 문체를 알아볼 리 만무했다. 뿐만 아니라 망델브로가 다른 사람들과 똑같이 엄청나게 많은 선행연구자들을(이들 중에는 완전히 무명인 사람도 있었다) 인용하는 것을 보고 마음을 누그러뜨리는 사람도 없었다(비판자들이 지적했듯 이들 선행연구자들은 모두 고인이 된 사람들이었다). 비판자들은 망델브로가 중심적인 위치를 확고히 차지하기 위해, 높은 곳에 앉아 한 분야로부터 다른 분야로 축복을 주는 교황처럼 행세하는 것이라고 생각했다. 이들은 망델브로를 고깝게 보았다. 과학자들은 프랙탈이라는 단어를 사용하지 않을 수는 없었지만, 망델브로라는 이름을 피하고 싶을 때는 소수 차원을 하우스도르프–베시코비치 차원이라고 불렀다. 특히 수학자들은 망델브로가 여러 분야를 넘나들면서 주장과 추측만 하지 이를 증명하는 실제 연구는 하지 않고 다른 사람에게 떠넘기는 태도에 반감을 보였다.

정당한 문제제기였다. 만약 어떤 과학자가 어떤 사태가 사실일 것이라 발표하고 다른 과학자가 이를 엄밀하게 증명한다면, 누가 과학의 진보에 더 기여한 것일까? 추측을 발견이라고 말할 수 있을까? 아니면 그것은 단지 연고권을 주장하기 위해 말뚝을 박아놓는 행위에 지나지 않는 것일까? 수학자들은 항상 이런 문제에 부딪혔으며, 컴퓨터가 새로운 용도로 쓰이기 시작하면서 논쟁은 더욱 가열되었다. 컴퓨터를 가지고 실험하는 사람들은 점점 정리를 증명—보통 수학 논문에 나오는 그러한 증명—하지 않고도 발견을 할 수 있다는 관례에 따라 연구를 수행하는 실험 과학자처럼 되어 갔다.

망델브로의 책은 다루는 범위가 넓고 수학사의 상세한 내용들로 가득 차 있다. 망델브로는 카오스가 나오는 곳이면 어디나 자신이 최초였다고 주장했고 어느 정도는 근거가 있었다. 대부분의 독자들이 참고문헌이 모호하거나 심지어는 쓸모없음을 안다고 해도 그리 큰 문제는 아니었다. 독자들은 지진학에서 생리학에 이르기까지 망델브로가 실제로는 전혀 연구하지 않았던 분야의 발전 방향에 대해 내놓은 뛰어난 직관을 인정해야만 했다. 이상한 기분이 들기도 하고 때로는 화가 나는 일이었다. 옹호자들조차도 화를 내며 소리치곤 했다. "망델브로가 사람들이 생각하기 전에 모든 것을 생각한 것은 아니라고!"

문제 될 건 없었다. 천재의 얼굴이 반드시 아인슈타인처럼 성자 같을 필요는 없는 것이다. 그럼에도 망델브로는 수십 년 동안 자신의 연구로 게임을 해야만 했다고 믿고 있었다. 자신의 독창적 생각을 표현할 때 남들에게 반감을 주지 않도록 신경을 써야만 했고, 논문을 발표하기 위해 허무맹랑해 보이는 서문을 삭제하지 않으면 안 되었다. 1975년 프랑스에서 출판된 첫 번째 판본을 쓸 때는 책에는 깜짝 놀랄 것이 하나도 없는 것처럼 하도록 압박을 받고 있다고 느꼈다. 때문에 최신판에서 망델브로는 명백하게 '선언서 및 사례집'이라고 쓴 것이다. 그는 과학계의 정치(적 역학관계)에 대응하고 있었다.

나중에 후회했지만 어떤 의미에서 정치적 역학관계는 제 스타일에 영향을 미쳤습니다. 저는 이렇게 말하고 있었습니다. '……는 당연하다, ……는 흥미로운 의견이다.' 사실 지금 생각해보면 결코 당연하지도 않았고, 흥미로운 의견이란 것도 매우 오랫동안 탐구하고 증거를 찾기 위해 연구하고 자기비판한 결과였습니다. 하지만 이런 것들이 받아들여지도록 하기 위해서 냉철하고 사려 깊은 문체로 표현해야만 한다고 생각했던 겁니다. 제가 전통에서 벗어난 급진적인 생각을 밝히는 것이라고 말한다면 독자들이 더 이상 흥미를 가지지 않을 것이기 때문이었습니다.
나중에 저는 사람들이 '……을 관찰하는 것은 당연하다'라고 말하는 것을 듣게 되었는데, 이는 제가 바란 것이 아니었습니다.

망델브로는 애석하게도 자신의 접근법에 대해 여러 분야의 과학자들이 익히 예상했던 절차대로 반응했다고 회상했다.
첫 번째 단계는 항상 같았다. 당신은 누구이며, 어찌하여 우리 분야에 관심을 보이는가? 두 번째 단계에서는 이렇게 물었다. 그게 우리가 해온 일과 어떤 관련이 있는가? 우리가 알고 있는 것에 기초하여 설명해보라. 세 번째 단계는 이렇다. 당신은 그것이 표준 수학이라고 확신하는가? (그렇다.) 그런데 왜 우리가 그것은 모르는가? (표준적이긴 하지만 거의 빛을 못 봤기 때문이다.)
이런 점에서 수학은 물리학이나 다른 응용과학과는 다르다. 물리학 분야

중에는 일단 한물가거나 쓸모없어지면 영원히 퇴물이 되는 경향이 있다. 물론 역사적으로 호기심을 끌기도 하고, 또 어쩌면 현대과학자들에게 영감을 줄 수도 있겠지만, 죽은 물리학은 대개 그럴 만한 이유가 있었다. 반면 수학은 수많은 통로와 샛길이 있어 어느 시기에는 아무런 역할도 하지 못하다가 또 어느 시기에는 학문의 중심 영역이 될 수도 있다. 따라서 하나의 순수 사유가 앞으로 어떻게 응용될지는 결코 예측할 수 없다. 수학자들이 예술가처럼 우아함과 미를 추구하는 심미적 측면에서 연구를 평가하는 것은 바로 이 때문이다. 또한 이는 옛것을 뒤적거리던 망델브로가 먼지를 뒤집어쓰고 있는 것들 속에서 우연히 수많은 훌륭한 수학적 발견을 할 수 있었던 이유이기도 했다.

마지막으로 네 번째 단계는 다음과 같다. 이들 수학 분야에 있는 사람들은 당신의 연구에 대해 어떻게 생각하는가? (그들은 무관심하다. 왜냐하면 수학에 보탬이 되지 않기 때문이다. 사실 수학자들은 자신들의 관념이 자연을 재현한다는 사실에 놀란다.)

마침내 '프랙탈'이라는 단어는 (눈송이 곡선에서부터 불연속적인 은하계 먼지의 모양에 이르기까지) 불규칙하고 조각나 있으며 들쭉날쭉하고 부서져 있는 모양을 묘사하고 계산하며 생각하는 방법을 나타내는 말이 된다. 프랙탈 곡선은 이들 모양의 엄청난 복잡함 사이에 숨겨진 조직화 구조를 암시한다. 고등학교 학생들도 프랙탈을 쉽게 이해할 수 있다. 유클리드의 기본 원리들처럼 기초적이다. 때문에 프랙탈 그림을 그리는 간단한 컴퓨터 프로그램이 퍼스널 컴퓨터 애호가들 사이에 널리 퍼지게 되었다.

망델브로를 가장 열렬하게 받아들인 사람들은 석유, 암석, 또는 금속을 연구하는 응용과학자들, 특히 기업체 연구소에서 일하는 응용과학자들이었다. 1980년대 중반 엑손의 거대 연구시설에서는 수많은 과학자들이 프랙탈 문제를 연구했고, GE에서 프랙탈은 중합체^{polymer} 연구의 근간이 되었다. 물론 비밀리에 수행되었지만 원자로의 안전성 연구에서도 근본 원칙이 되었다. 프랙탈은 할리우드에서 가장 기발하게 응용되었는데, 영화에서 지구와 외계의 풍경을 놀랄 만큼 사실적으로 재현하는 특수효과에 응용되었다.

1970년대 초 로버트 메이와 제임스 요크 같은 사람들이 규칙적 운동 행태와 카오스적 운동 행태 사이의 복잡한 경계와 함께 발견한 패턴은 오직 큰 축척과 작은 축척의 관계에 의해서만 설명될 수 있는 뜻밖의 규칙성을 가지고 있었다. 비선형 동역학의 단서를 제공하는 구조는 프랙탈임이 증명된 것이다. 아울러 당장의 실질적 측면에서 프랙탈 기하학은 물리학자, 화학자, 지진학자, 금속학자, 확률이론가 그리고 생리학자들이 이용하는 연구 수단이 되었다. 이 연구자들은 망델브로의 새로운 기하학이 자연 그 자체라는 것을 확신했고 다른 사람들을 설득하려고 노력했다.

그들은 정통 수학과 물리학에 부정할 수 없는 영향을 끼쳤으나, 망델브로는 이들 사회에서 전폭적인 존경을 받지 못했다. 물론 망델브로를 인정하지 않을 수는 없었다. 한 수학자는 어느 날 밤 악몽에 시달리다가 잠을 깼다고 친구들에게 얘기했다. 이 수학자는 꿈속에서 죽었는데, 갑자기 신의 목소리를 들었다고 한다. "망델브로에게는 정말 뭔가가 '있었다.'"

자기유사성 개념은 우리 문화 안에 있는 오래된 감수성을 일깨운다. 서구 사상에는 자기유사성 개념을 존중하는 오랜 기풍이 있었다. 라이프니츠$^{Gottfried\ Wilhelm\ Leibniz}$는 한 개의 물방울에 생명으로 가득 찬 우주 전체가 들어 있고, 다시 그 우주 속에는 물방울들이 들어 있고 또 그 물방울에는 새로운 우주가 들어 있다고 생각했다. 블레이크$^{William\ Blake}$는 "한 알의 모래에서 세계를 본다"고 표현했는데, 종종 과학자들은 그러한 것을 발견하기도 했다. 정자를 처음 발견했을 때는 정자 각각에 호문쿨루스 즉, 작지만 완전한 형상을 갖춘 인간이 있다고 생각했다.

하지만 과학적 원리로서 자기유사성은 나름의 이유 때문에 힘을 잃게 된다. 사실에 부합하지 않았던 것이다. 정자는 단순히 크기가 작은 인간이 아닐 뿐만 아니라—그보다는 훨씬 흥미로운 것이다—개체발생 과정은 단순한 확대와는 비교할 수 없을 정도로 흥미롭다. 조직화하는 원칙으로서의 자기유사성이라고 하는 초창기 개념은 축척에 대한 인간의 경험이 제한되었던 데서 나온 것이다. 매우 크고 매우 작은 것, 매우 빠르고 매우 느린 것을 생각할 때 이미 알고 있는 것의 연장선상에서 상상하는 것 외에 달리 방법이 있을까?

망원경과 현미경이 발명되어 인간의 시야가 확대되면서 신화는 서서히 사라졌다. 첫 번째 발견은 축척이 변할 때마다 새로운 현상과 새로운 종류의 행태가 생겨난다는 깨달음이었다. 현대 소립자물리학자들에게도 이 과정은 결코 끝나지 않았다. 에너지와 속도가 향상된 새 입자가속기가 나올 때마다 과학자의 시야는 더 작은 입자 그리고 더 짧은 시간 축척으로 확대되고 있으며, 이런 확대로 말미암아 새로운 정보를 알게 되는 것처럼 보인다.

언뜻 보기에 새로운 축척에 있는 일관성 개념은 정보를 적게 주는 것처럼 보인다. 이는 어느 정도 과학 안에 있는 환원주의적 경향 때문이다. 과학자들은 사물을 쪼갠 다음 한 번에 하나씩 검토한다. 원자보다 작은 소립자들의 상호작용을 조사하고 싶을 때에는 두세 개의 소립자를 함께 다룬다. 이것만 해도 아주 복잡하다. 그럼에도 자기유사성은 훨씬 높은 차원의 복잡성에서 힘을 발휘하기 시작한다. 전체를 보는 것은 두말할 나위도 없다.

비록 망델브로가 축척을 기하학에서 가장 포괄적으로 사용하긴 했지만, 1960~70년대 과학에서 축척 개념의 복원은 수많은 곳에서 동시에 발생한 것처럼 느껴졌던 지적 흐름이었다. 자기유사성은 에드워드 로렌츠의 연구에 이미 함축되어 있었다. 로렌츠는 자신의 방정식계가 만든 사상寫象의 미세한 구조를 보고 자기유사성을 직관적으로 이해한다. 물론 미세한 구조를 감지하긴 했지만, 1963년 당시의 컴퓨터로는 볼 수 없었다. 한편 축척은 망델브로의 연구보다 더 직접적으로, 카오스 분야로 이어지는 물리학 운동의 일부가 되었다. 심지어 동떨어진 분야의 과학자들도 진화생물학처럼 축척의 위계를 이용하는 이론에 의거하여 생각하기 시작했다. 진화생물학에서 말하는 완전한 이론이란 유전자에서 생물 개체, 종, 과科의 발전 패턴을 모두 한꺼번에 인식하는 것이었다.

역설적이긴 하지만 축척 현상에 대한 이해는 아마도 (일찍이 존재했던 순진한 자기유사성 개념을 없애버렸던) 인간 시야의 확대에서 나왔음에 틀림없다. 20세기 후반이 되면서 더 이상 나눌 수 없을 정도로 작은 것이나 상상할 수 없을 정도로 커다란 것들의 이미지를 전에는 결코 생각할 수 없었던 방법으로 누구나 접할 수 있게 되었다. 은하수나 원자를 사진으로 보는 문화였다. 이제 아무도 현미경이나 망원경 축척에서 우주가 어떤 모습일지를 놓고 라이프니츠처럼 상상력에 의존할 필요가 없었다. 현미경과 망원경 덕분에 이들 영상들을 일상적으로 접할 수 있게 된 것이다. 우리가 경험하는 것들 중에서 유사한 것들을 찾아내려는 열정이 있었기 때문에 큰 것과 작은 것을 비교하는 새로운 방식이 불가피했다. 이들 중에는 생산적인 것도 있었다.

프랙탈 기하학에 끌렸던 과학자들은 자신들의 새로운 수학적 미학과 20세기 후반 예술 분야에서 일었던 변화 사이에 정서적 공통점이 있음을 느꼈다. 이들은 자신들이 일반 문화에서 어떤 내적 정열을 끌어내고 있다고 느꼈다. 망델브로는 수학 이외의 분야에서 유클리드적 감수성이 완벽하게 구현된 본보기는 바우하우스 건축이라고 보았다. 요제프 알베르스Josef Albers의 색조 사각형에 가장 잘 나타나 있는 미술 스타일이라고 했어도 괜찮았을 것이다. 군더더기가 없고 규칙적이며 직선적이고 단순하며 기하학적이다. '기하학적'이란 단어는 수천 년 동안 의미했던 것을 뜻한다. 건물이 기하학적이라는 말은 직선과 원 그리고 단지 몇 개의 숫자로 설명할 수 있는 단순한 모양으로 구성되어 있다는 말이다. 기하학적 건축과 미술은 잠깐 유행하다 사라졌다. 건축가들은 한때 크게 유행했던 뉴욕의 시그램 빌딩 같은 투박한 마천루를 더 이상 지으려 하지 않았다. 망델브로와 그의 추종자들에게 이유는 명백했다. 단순한 모양은 인간미가 없었다. 또한 자연이 자신을 구성하는 방식이나 인간이 세계를 지각하는 방식과도 공명하지 못했다.

초전도 현상을 전공한 후 비선형과학을 연구한 독일 물리학자 게르트 아일렌베르거Gert Eilenberger는 이렇게 말했다.

겨울 저녁하늘에 드리운 폭풍에 꺾이고 잎도 다 떨어진 한 그루 나무의 실루엣은 아름답게 보이는데, 건축가들이 심혈을 기울였다고 하는 다목적 대학 건물들에선 아름다움이 느껴지지 않는 이유는 뭘까? 다소 사변적이긴 하지만, 동역학계에 대한 새로운 통찰에 그 답이 있지 않을까 한다. 우리는 자연물들, 이를테면 구름이나 나무, 산맥 혹은 눈송이들에서 나타나는 질서와 무질서의 조화로운 배열에서 아름다움을 느낀다. 이 모든 자연물의 모양은 동역학적 과정이 물질적 형태로 구체화된 것이며, 이들 자연물은 전형적으로 질서와 무질서의 특별한 조합을 형성하고 있다.

기하학적 모양은 하나의 '축척'을, 즉 특유의 크기를 갖는다. 망델브로는 사람들에게 만족을 주는 예술은 모든 크기에서 중요한 요소를 포함하고 있다는 의미에서 축척이 없다고 보았다. 망델브로는 시그램 빌딩 대신 조각품과 통취가 있고 모퉁이 돌과 문설주가 있으며 소용돌이무늬로 장식된 보자르Beaux Arts풍 건축물을 제안한다. 파리 오페라극장 같은 전형적인 보자르풍 건축물에는 축척이 없다. 왜냐하면 모든 축척을 가지고 있기 때문이다. 떨어진 거리와 상관없이 관찰자는 시선을 끄는 세부적인 것을 발견한다. 건물에 가까이 다가가면 구성이 변화하고 새로운 요소들이 나타난다.

조화가 잘 이루어진 어떤 건축물의 구조를 감상하는 것과 야생의 자연을 찬미하는 것은 전혀 별개의 문제이다. 미학적 가치 측면에서 프랙탈 기하학이라는 새로운 수학에는 정통과학 그리고 길들여지지 않고 문명화되지 않은 야생의 자연에 대한 독특한 현대적 감성이 조화를 이루고 있었다. 한때 열대우림과 사막과 미개간지와 불모지들은 인간이 정복하려고 분투했던 모든 것을 대표했다. 식물들을 보면서 미적 만족감을 느끼고 싶을 때면 사람들은 정원으로 갔다. 18세기 영국을 다룬 책에서 존 파울즈John Fowles는 이렇게 썼다. "당시는 통제되지 않거나 원시적인 자연에 대한 연민이 없던 시대였다. 그것은 공격적인 황폐함이었으며, 에덴동산에서의 영원한 추방을 상기시키는 추한 것이었다. (……) 심지어 자연과학도 (……) 본질적으로 야생 자연에 적대적이어서 자연을 그저 길들여야 하고, 분류해야 하고, 이용해야 하고, 개발해야 할 것으로만 보았다." 20세기 말이 되자 이런 문화는 변했고, 지금은 이와 함께 과학도 변했다.

　이리하여 과학은 결국 칸토어 집합과 코흐 곡선과 같이 지금까지 묻혀 있었고 상상 속에서나 나올 법한 것들을 이용할 수 있게 되었다. 처음에 이런 모양들은 20세기 초 뉴턴 이래 과학의 지배적 주제였던 수학과 자연과학의 결합이 파경을 맞는 과정에서 증거물로 사용되었다. 칸토어와 코흐 같은 수학자들은 자신의 독창성에 기쁨을 느꼈고, 자신들이 자연보다 한 수 위라고 생각했다. 그러나 실제로는 자연의 창조성이 한 수 위였던 것이다. 물리학의 주류도 역시 일상생활의 경험세계로부터 멀어져갔다. 나중에 스티븐 스메일이 수학자들을 동역학계 연구로 끌어모은 후에야 한 물리학자가 다음과 같이 말할 수 있게 되었다. "우리 물리학자들은 70년 전 수학과 천문학을 수학자들과 천문학자들에 떠넘기고 떠날 때보다 훨씬 나은 상태로 이들 학문을 우리에게 되돌려준 그들에게 감사해야 한다."

　스메일과 망델브로가 있긴 했지만, 카오스라는 새로운 과학을 만든 사람은 결국 물리학자들이었다. 망델브로가 제공한 것은 필수적인 용어와 자연의 놀라운 그림을 담은 목록이었다. 망델브로가 스스로 인정했듯 자신의 프로그램은 '설명'이 아니라 '묘사'였다. 망델브로는 해안, 하천 지류망, 나무껍질, 은하계 등 자연의 요소들을 프랙탈 차원과 함께 제시했고, 과학자들은 이를 이용해 예측을 할 수 있었다. 그러나 물리학자들은 더 많은 것을 알고 싶어 했다. 이유를 알고 싶었던 것이다. 자연 속에는 언젠가 밝혀지기를 기다리고 있는 형상들(볼 수는 없지만, 운동의 구조 안에 내재해 있는 모양들)이 있었다.

이상한
끌개

|

큰 소용돌이는 자신의 속도를 줄이는
작은 소용돌이를 가지고 있다.
그리고 작은 소용돌이는 더 작은 소용돌이를 가지고 있다.
이는 점성에 이르기까지 계속된다.
루이스 F. 리처드슨

|

　난류는 유서 깊은 문제였다. 위대한 물리학자들은 모두 (공식적이든 비공식적이든) 난류 문제를 생각했다. 매끄러운 흐름이 나선형 흐름과 소용돌이로 바뀐다. 제멋대로인 패턴은 유체와 고체 사이의 경계를 허문다. 큰 규모의 운동에서 에너지가 급격하게 빠져나와 작은 규모의 운동으로 흩어진다. 왜 이런 일이 일어날까? 난류에 대한 뛰어난 통찰은 수학자들로부터 나왔다. 대부분의 물리학자들에게 난류 문제는 너무 위험 부담이 커 거기에 시간을 허비할 수 없었다. 난류는 거의 알 수 없는 문제처럼 보였다. 죽음을 앞둔 양자물리학자 베르너 하이젠베르크가 신에게 물어보고 싶은 두 가지가 있다고 말한 이야기가 있다. 왜 상대성과 난류인가? 하이젠베르크는 "신은 아마 첫 번째 문제에는 해답을 갖고 있을 것이라 생각한다"고 말했다.

　이론물리학은 난류 현상에 대해 일종의 냉담함을 보여왔다. 이는 사실 과학이 땅 위에 선을 하나 그어놓고 그 너머로 갈 수 없다고 선언한 셈이었다. 선 안쪽, 즉 유체가 질서정연하게 움직이는 영역에는 연구할 문제가 많이 있었다. 다행스럽게도, 매끄럽게 흐르는 유체는 (각자 독립적으로 운동할 수 있는) 거의 무한한 수의 독립된 분자들을 가진 것처럼 움직이지 않는다. 대신 가까이에서 출발한 유체의 일부는 마구에 매인 말처럼 가까이에 머무르는 경향이 있다. 흐름이 잔잔하다면 기술자들은 바로 적용할 수 있는 기법을 이용해 흐름을 계산할 수 있을 것이다. 기술자들은 액체와 기체의 운동을 이해하는 것이 물리학의 첨단 문제였던 19세기에 만들어진 지식 체계를 이용한다.

하지만 현대가 되자 이런 문제는 더 이상 첨단 문제가 아니었다. 훌륭한 이론물리학자들에게 유체역학은 죽어서 천당에 가더라도 도저히 접근할 수 없을 한 가지 문제를 제외하고는 이제 아무런 수수께끼도 남아 있지 않는 것처럼 보였다. 유체역학의 실용적인 면은 밝혀질 대로 밝혀져 기술자에게나 맡기면 되었다. 물리학자들은 유체역학이 더 이상 물리학 분야가 아니라고까지 말하기도 했다. 단순한 공학이라는 것이다. 젊고 유능한 물리학자들이라면 유체역학보다 더 좋은 유망한 분야가 많이 있었다. 유체역학자들은 대개 공대에 있었다. 난류에서는 실용적 이해나 관심이 언제나 중요한 위치를 차지했고, 이 실용적 관심이라는 것도 대개 난류를 없애는 문제에 치우쳐 있기 때문이었다.

몇몇 응용 분야에서는 이를테면, 효율적인 연소를 위해 빠른 혼합이 필요한 제트엔진과 같은 경우 난류는 가치가 있었다. 하지만 대부분의 경우 난류는 재난을 의미할 뿐이었다. 비행기 날개 위의 난류는 이륙을 방해하고, 오일파이프 속의 난류는 오일의 흐름을 마비시키는 항력抗力이었다. 정부와 기업은 비행기, 터빈엔진, 프로펠러, 잠수정 그리고 그 외 유체 안에서 움직이는 모양을 설계하는 데 엄청난 돈을 투자하고 있다. 연구자들은 심장판막과 혈관 내의 혈액 흐름을 놓고 고민해야 했다. 폭발의 형태와 전개 과정도 마찬가지였다. 소용돌이와 불꽃과 충격파도 문제였다. 제2차 세계 대전 당시 원자폭탄 계획은 이론적으로 보면 핵물리학에 속했지만, 실제로 핵물리학은 프로젝트가 실행되기 전에 거의 해결되었으며, 로스앨러모스에 모였던 과학자들의 관심을 사로잡은 것은 유체역학 문제였다.

그렇다면 난류란 무엇일까? 난류는 모든 축척에서 뒤죽박죽 나타나는 무질서이며, 큰 소용돌이 속의 작은 소용돌이이다. 난류는 불안정하고 에너지를 소모시키고 항력을 생성시킨다는 점에서 매우 소산적이다. 또한 무작위적으로 변하는 운동이다. 그렇다면 '어떻게' 매끄러운 흐름에서 난류로 바뀌는 것일까? 완전히 매끄러운(마찰력이 없는 경우를 말한다_옮긴이) 관에 완벽하게 균질한 물이 진동으로부터 완전히 차단된 상태에서 잔잔히 흐른다고 가정하자. 어떻게 이런 흐름이 '무작위적인' 뭔가를 만들어낼 수 있단 말인가?

모든 법칙들이 통하지 않는 것처럼 보인다. 흐름이 매끄럽거나 층류層流인 경우, 작은 교란이 생기더라도 곧 사라진다. 하지만 일단 난류가 시작되면 교란은 폭발적으로 커진다. 이러한 시작은—이러한 전이는—과학에서 중대한 미스터리였다. 시냇가 바위 바로 뒤에서는 물의 흐름이 소용돌이가 되어 커지다가 쪼개지고 빙빙 돌면서 하류로 흘러간다. 재떨이에 놓인 담배에서 나오는 연기는 순조롭게 피어오르면서 가속되다가 임계속도를 지나면 여러 갈래로 쪼개져 거친 소용돌이가 된다.

물론 난류의 시작은 실험실에서 관찰하고 측정할 수 있다. 풍동에서 새로운 날개나 프로펠러를 실험연구하면서 실험할 수 있다. 하지만 여전히 난류의 속성은 이해하기 어렵다. 전통적으로 난류에 대해 얻은 지식은 항상 특수한 것이었지 보편적이지는 않았다. 보잉707 날개를 연구하면서 시행착오 끝에 얻은 연구 결과는 F16 전투기 날개의 시행착오적 연구에 아무런 도움도 되지 않았던 것이다. 제아무리 슈퍼컴퓨터라도 불규칙적 유체운동 문제에서는 맥을 못 췄다.

한번 유체를 흔들어보자. 유체는 점성이 있어 끈적끈적하기 때문에 에너지가 유체에서 빠져나온다. 흔들기를 멈추면, 유체는 자연히 정지 상태가 된다. 유체를 흔드는 것은 낮은 주파수나 큰 파장으로 에너지를 가하는 것으로, 첫 번째로 보게 되는 것은 큰 파장이 작은 파장으로 분해되는 것이다. 유체에는 소용돌이가 생기고, 그 소용돌이 안에 더 작은 소용돌이가 생기며, 각각은 유체 에너지를 소멸시키면서 독특한 리듬을 만든다. 1930년대에 A. N. 콜모고로프는 이러한 소용돌이가 어떻게 움직이는지를 다소나마 느끼게 해주는 수학적 설명을 했다. 콜모고로프는 결국 (소용돌이가 아주 작아져서 상대적으로 점성이 더 중요해지는) 한계에 도달할 때까지 점점 더 작은 규모로 떨어지는 전체적인 에너지 폭포를 상상했다.

설명을 명확하게 하기 위해 콜모고로프는 이러한 소용돌이가 유체 전체를 채우고 있는 것으로, 즉 유체가 균질한 것으로 상정했다. 하지만 이런 균질성의 가정은 사실이 아닌 것으로 판명되었고, 심지어 이미 40년 전에 푸앵카레는 강물의 거친 표면을 관찰하면서 소용돌이가 항상 순조로운 흐름과 섞여 있다는 것을 알았다. 소용돌이는 국소적이다. 에너지는 실제로 공간의 일정 부분에서만 소멸된다. 각각의 규모에서 난류 소용돌이를 자세히 관찰하면, 잔잔한 부분이 새롭게 눈에 들어온다. 따라서 균질성의 가정은 간헐성의 가정으로 대체된다. 다소 이상화시켜서 볼 때 간헐적 상태는 극명한 프랙탈을 보여주는데, 큰 규모에서 작은 규모로 축소되는 가운데 거친 부분과 매끄러운 부분이 뒤섞여 있기 때문이다. 하지만 이러한 설명 역시 현실에는 다소 못 미쳤다.

난류가 시작될 때 무슨 일이 일어나는가 하는 문제는 앞의 설명과 밀접한 관계가 있기는 하지만 명백히 다른 문제였다. 유체는 매끄러운 흐름에서 난류로 변하는 경계선을 어떻게 넘어가는가? 난류가 완전히 전개되기 전에 어떤 중간 단계를 거칠까? 이런 물음에 대해 설명할 수 있는 조금은 강력한 이론이 있다. 러시아의 위대한 과학자 레프 란다우^{Lev D. Landau}가 내놓은 정통 패러다임이다. 란다우가 유체역학에 관해 쓴 교과서는 아직도 권위를 인정받고 있다. 란다우의 모형은 서로 경쟁하는 리듬들이 집적된 것이다. 란다우는 어떤 계에 에너지가 더해지면 새로운 진동수가 하나씩 생기는데, 이 새로운 진동수는 이전의 진동수와 조화되지 않는다고 추측했다. 마치 바이올린을 켤 때 활에 힘을 가하면 제2, 제3, 제4의 불협화음이 생겨 마침내 알 수 없고 듣기 싫은 소리가 나는 것과 같다.

액체든 기체든 간에 개별적 조각들이 모인 집합이고, 이 조각들은 너무 많아 무한하다고 해도 무방하다. 아울러 각각의 조각이 독립적으로 움직인다면, 유체는 무한히 많은 가능성, 즉 전문용어로 무한히 많은 '자유도^{自由度}'를 갖게 될 것이며, 이를 나타내는 운동방정식은 무한히 많은 변수를 가져야만 할 것이다. 하지만 각각의 입자는 독립적으로 움직이지 않고—입자의 운동은 이웃하는 입자의 운동에 크게 영향을 받는다—매끄러운 흐름에서는 자유도가 거의 없을 수 있다. 요컨대 잠재적으로는 복잡한 운동이 아직은 상호 연관된 운동을 하고 있는 것이다. 이웃하고 있는 입자들은 계속 이웃에 머무르거나 혹은 매끄럽게 선형적으로 떨어져 나가서 풍동실험 그림에서의 매끈한 유선을 그려낸다. 이를테면 담배연기 속의 입자들은 처음 얼마 동안 마치 하나인 것처럼 피어오르는 것이다.

그러고는 혼란이, 즉 불가사의한 거친 운동이 나타난다. 이러한 운동에는 진동, 비뚤어진 정맥류skewed varicose, 교차 굴림cross-roll, 매듭knot, 지그재그 등이 있다. 란다우에 따르면 이러한 불안정한 새로운 운동은 단지 하나의 리듬에 또 다른 것이 쌓여서 중첩된 속도와 크기를 갖는 리듬을 생성시킨다. 난류에 관한 이런 정통 의견은 개념적으로 봤을 때 사실과 부합하는 것 같았다. 그리고 이 이론이 수학적으로 쓸모가 없다 할지라도—실제로 그렇다—어쩔 수 없었다. 란다우 패러다임은 체면은 지키면서 난류 문제에서 손을 떼는 방법이었던 것이다.

물이 희미하게 부드러운 소리를 내면서 파이프 속이나 실린더를 흐른다고 생각해보자. 마음속에서 압력을 높인다. 왔다 갔다 하는 리듬이 시작된다. 마치 파동처럼 리듬이 파이프 벽을 천천히 두드린다. 다시 압력을 높이면 어디선가 첫 번째 것과는 공명되지 않는 두 번째 진동이 생긴다. 두 리듬은 서로 중첩되거나 경쟁하거나 길항한다. 이것은 곧바로 서로 간섭하면서 아주 복잡한 운동인, 사방의 벽에 세게 부딪치는 파동이 되어버리기 때문에 거의 추적할 수가 없다. 이제 다시 압력을 높여보자. 세 번째 진동이 생긴다. 마찬가지로 네 번째, 다섯 번째, 여섯 번째 진동이 생기고 그것은 모두 공명되지 않는다. 흐름은 극도로 복잡해진다. 아마도 이것이 난류일 것이다. 물리학자들은 이러한 설명을 받아들였지만, 에너지의 증가가 언제 새로운 진동을 만드는지, 혹은 도대체 새로운 진동이 무엇인지를 예측하는 방법에 대해 아는 사람은 없었다. 사실 누구도 난류 발생에 관한 란다우의 이론을 시험해보지 않았기 때문에, 불가사의하게 발생하는 이 진동을 실험을 통해 관찰한 사람은 아무도 없었다.

이론물리학자들은 머릿속에서 실험을 한다. 반면 실험물리학자들은 손도 사용해야만 한다. 이론물리학자들이 생각하는 사람이라면 실험물리학자들은 장인匠人이다. 이론물리학자에게는 협력자가 필요 없다. 하지만 실험물리학자는 대학원생도 모아야 하고, 테크니션도 구슬려야 하며, 실험실 조수의 기분도 맞춰줘야 한다. 이론물리학자는 소음이나 진동이나 먼지가 없는 깨끗한 곳에서 작업을 한다. 실험물리학자는 조각가가 진흙을 가지고 이것저것 만들면서 진흙과 친해지듯이 물질과 친숙해져야 한다. 이론물리학자는 순진한 로미오가 자기 이상형 줄리엣을 상상하듯이 마음대로 자신의 반려자를 만들어낼 수 있다. 하지만 실험물리학자의 애인들은 땀도 흘리고 불평도 늘어놓고 때로는 콧방귀도 뀐다.

이론물리학자와 실험물리학자는 서로를 필요로 한다. 하지만 과학자라면 모두 이론과 실험을 병행했던 고대 이후로 이론물리학자와 실험물리학자의 관계는 불공평했다. 뛰어난 실험물리학자들은 여전히 이론물리학자의 자질을 어느 정도 가지고 있지만, 그 반대는 그렇지 못하다. 그럼에도 명성은 결국 이론물리학자들에게 돌아간다. 특히 고에너지 물리학에서 실험가들은 값비싸고 복잡한 설비를 다루는 고도로 전문화된 기술자가 된 반면 영광은 이론물리학자들에게 돌아가고 있다.

제2차 세계대전 이후 수십 년 동안 물리학은 곧 소립자를 연구하는 학문이라 여겨졌는데, 이때 가장 널리 알려진 실험은 입자가속기로 한 것들이었다. 스핀, 대칭성, 색, 맛깔 같은 추상적 개념들이 사람들을 매혹시켰다. 과학에 깊은 관심을 갖고 있는 대부분의 일반인과 적지 않은 과학자들에게 소립자 연구는 곧 물리학이었다. 하지만 더 짧은 시간 축척에서 더 작은 입자를 연구한다는 것은 더 높은 에너지가 필요하다는 것을 의미했다. 좋은 실험에 필요한 설비가 해마다 증가했고, 소립자물리학에서는 실험의 성격 자체가 변했다. 소립자물리학 분야에는 사람들이 몰려들었고, 대규모 실험을 위해서는 팀을 만드는 것이 유리했다. 소립자물리학 논문은 『피지컬 리뷰 레터스Physical Review Letters』에서도 특히 눈에 두드러지는 경우가 많았다. 일반적으로 저자들의 이름만으로도 논문의 거의 4분의 1을 채울 수 있었다.

하지만 실험물리학자들 중에는 혼자 혹은 둘이 연구하는 것을 좋아하는 사람들도 있었다. 이들은 쉽게 구할 수 있는 물질들을 가지고 연구했다. 유체역학 같은 분야는 지위를 잃어간 반면, 고체물리학은 점점 지위를 구축해 마침내는 좀 더 포괄적인 명칭인 '응집물질물리학', 즉 물질의 물리학이라는 명칭을 얻을 정도까지 영역이 확장되었다. 응집물질물리학에서는 설비가 더 간단했다. 이론물리학자와 실험물리학자 사이의 간격은 더 좁혀졌다. 이론물리학자는 건방진 태도를, 실험물리학자는 방어적 태도를 조금씩은 바꾸었다.

물론 시각은 서로 달랐다. 이론물리학자들은 그들답게 이런 질문들을 해서 실험가들의 강의를 방해하곤 했다. 데이터가 더 많으면 더 설득력이 있지 않겠는가? 그래프가 좀 어수선하지 않은가? 숫자들의 크기를 좀 더 크게 하거나 작게 할 수는 없는가?

그리고 해리 스위니Harry Swinney가 대략 165센티미터쯤 되는 몸을 꼿꼿이 세우고, 루이지애나 사람의 타고난 매력과 뉴욕 생활에서 밴 성급함이 뒤섞인 말투로 "맞습니다"라고 되받는 것 또한 전적으로 그다운 일이었다. "잡음이 없는 무한한 양의 데이터가 있다면요." 그리고 나서 칠판 쪽으로 조용히 돌아서서는 다음과 같이 덧붙였다. "물론 실제로는 잡음이 있는 제한된 데이터를 얻을 뿐입니다."

실제 물질을 가지고 실험을 하고 있던 스위니가 방향을 튼 것은 존스홉
킨스 대학교 대학원생일 때였다. 소립자물리학의 흥분은 손에 잡힐 듯했
다. 의욕 넘치는 머리 겔만이 한 단 한 번의 강연은 스위니를 완전히 사로잡
았다. 그러나 다른 대학원생들은 모두 컴퓨터 프로그램을 작성하거나 방전
상자를 납땜하고 있었다. 스위니가 상전이를—고체에서 액체로, 비자성 물
질에서 자성 물질로, 전도체에서 초전도체로 변화하는 현상을—연구하기 시
작한 이 원로 물리학자와 이야기를 나눈 것은 바로 그때였다. 얼마 후 스위
니는 그리 크지는 않지만 혼자 사용하는 빈 방을 하나 차지하게 된다. 그는
실험 기구 목록을 펼쳐놓고 주문을 시작했다. 곧 탁자와 레이저, 냉각설비,
그리고 몇 개의 측정기계를 들여놓았다. 이렇게 꾸린 설비로 이산화탄소가
증기에서 액체로 바뀌는 임계점 주변에서 열을 얼마나 잘 전달하는가를 측
정하는 기구를 설계했다. 대부분의 사람들은 열전도율이 조금 변화할 것이
라고 생각했다. 하지만 스위니는 열전도율이 1000배나 변화된다는 사실을
알아냈다. 짜릿한 사건이었다. 이제까지 아무도 알지 못했던 사실을 조그
만 방에서 혼자 발견한 것이다. 한편 스위니는 임계점 가까이에 있는 증기
(모든 증기)에서 나오는 신비한 빛을 보게 된다. 빛은 산란시키면 단백석과
같은 백색광을 내기 때문에 '단백광^opalescence'이라고 불렸다.

대부분의 카오스 그 자체와 마찬가지로 상전이도 미시적 세부사항을 관
찰해서는 예측하기 어려운 일종의 거시적 변화 행태를 포함하고 있다. 고
체를 가열하면 에너지가 더해지면서 고체 분자들이 진동한다. 분자들은 서
로 결합하려는 힘에 맞서 바깥쪽으로 밀고 나감으로써 물질을 팽창시킨다.
열을 더 가하면 더 많이 팽창한다. 하지만 어떤 온도와 압력에서 변화는 급
격하고 불연속적으로 된다. 줄을 잡아 늘이면 어느 순간 끊어지는 것과 마

찬가지다. 결정체의 형태는 해체되고 분자들은 서로 자유로워진다. 이들은 고체의 어떤 측면으로부터도 추론될 수 없는 유체법칙을 따른다. 평균 원자에너지는 거의 그대로이지만—이제는 액체이거나 자성 물질 혹은 초전도체인—물질은 새로운 영역에 들어선다.

뉴저지에 있는 AT&T의 벨연구소에서 일하는 귄터 알러스^{Günter Ahlers}는 이른바 액체헬륨이 초유체^{super fluid}로 전이하는 현상을 연구했다. 액체헬륨은 온도가 떨어짐에 따라 점성 혹은 마찰력이 거의 없는 정도의 이상한 유체가 되었다. 초전도성을 연구하는 사람들도 있었다. 스위니는 물질이 액체에서 기체로 또는 그 반대로 변화되는 임계점을 연구했다. 스위니, 알러스, 피에르 베르제, 제리 골룹, 마르치오 지글리오를 비롯하여 상전이를 탐구하는 미국, 프랑스, 이탈리아의 실험물리학자들은 1970년대 중반부터 새로운 문제를 찾고 있었다. 우체부가 자기 구역의 뒷골목과 현관 입구 계단을 샅샅이 익히듯이, 이들은 물질의 기본 상태가 변화될 때 나타나는 독특한 현상을 연구했다. 또한 물질이 평형 상태에 달하기 직전의 순간을 탐구했다.

상전이 연구는 유추를 징검다리 삼아 앞으로 나아갔다. 비자성-자성 상전이는 액체-기체 상전이와 '유사'하다는 것이 밝혀졌고, 유체-초유체 상전이는 전도체-초전도체 상전이와 '유사'하다는 것이 증명되었다. 하나의 실험을 설명하는 수학은 다른 많은 실험에도 적용되었다. 1970년대가 되자 상전이 문제는 거의 해결되었다. 문제는 상전이 이론이 어디까지 확장될 수 있는가 하는 것이었다. 이 세계에서 상전이로 밝혀질 수 있는 변화로는 뭐가 있을까?

유체의 흐름에 상전이 기법을 적용하는 것은 완전히 독창적인 생각도 아니었고 완전히 명료한 것도 아니었다. 독창적이지 않은 이유는 유체역학의 위대한 개척자들인 레이놀즈와 레일리 그리고 이들의 추종자들이 이미 20세기 초 잘 통제된 유체 실험은 운동 성질을 변화시킨다는 것을—수학 용어로는 분기—관찰했기 때문이다. 예를 들어 유체가 들어 있는 작은 상자의 밑바닥을 가열하면 유체는 갑작스럽게 운동하기 시작한다. 물리학자들은 이러한 분기의 물리적 성격이 결국 상전이에 해당하는 물질의 변화와 유사하다고 가정하고 싶어 했다.

한편 유체 흐름에 상전이 기법을 적용하는 것이 명료하지 않았던 이유는 실제의 상전이와는 달리 이러한 유체 분기에는 물질 자체의 변화가 전혀 없기 때문이었다. 대신 이들은 새로운 요소, 즉 운동이라는 요소를 덧붙였다. 정지한 액체가 흐르는 유체가 된 것이다. 그런데 이러한 변화를 다룬 수학이 왜 증기의 액화를 나타내는 수학과 같은 것일까?

1973년 스위니는 뉴욕 시립대학교에서 강의하고 있었고, 진지하고 앳되어 보이는 하버드 출신의 제리 골룹Jerry Gollub은 헤이버포드에서 강의하고 있었다. 헤이버포드 대학교는 필라델피아 근처에 있는 약간은 목가적인 인문대학으로 물리학자가 지내기에 썩 좋아 보이지는 않았다. 그곳엔 실험실 연구를 돕고 또 한편으로는 사제 관계에서 매우 중요한 제자의 역할을 맡아줄 대학원생들이 없었다. 그럼에도 골룹은 학부생들을 가르치는 일을 좋아했으며, 이 대학의 물리학과를 양질의 실험연구로 유명한 연구센터로 만들어나가기 시작했다. 그해 안식년을 맞은 골룹은 스위니와 공동연구를 하기 위해 뉴욕으로 갔다.

상전이와 유체의 불안정성이 유사하다는 생각을 가지고 있던 두 사람은 두 개의 수직 실린더 사이에 든 유체의 운동을 다룬 고전적 실험을 한다. 실린더 내부에 있는 다른 실린더가 회전하면서 유체를 끌고 다닌다. 따라서 이 실험은 바닷가에서 물의 분출이나 배가 지나간 다음에 생기는 항적과는 달리 공간 안에서 가능한 유체의 운동에 제한된다. 회전하는 실린더는 테일러–쿠에트 흐름을 만든다. 편의상 바깥쪽 실린더는 고정시키고 안쪽 실린더를 회전시키는 것이 일반적이다. 회전이 시작되고 속도를 높이면 첫 번째 불안정 상태가 나타난다. 액체는 자동차 정비공장에 쌓아놓은 튜브와 비슷한 우아한 모양을 만든다. 도넛 모양의 고리가 실린더 주위에 나타나고, 겹겹이 쌓인다. 유체 안에 있는 입자는 동에서 서로 돌 뿐 아니라 도넛 모양 주위에서 아래위 안팎으로 빙글빙글 돈다. 이 현상은 이미 1923년 테일러가 실험을 통해 현상을 관찰하고 측정한 바 있는 현상이었다.

쿠에트 흐름을 연구하기 위해 스위니와 골룹은 탁상용 장비를 만들었다. 테니스공 담는 통처럼 생긴 바깥쪽 유리 실린더는 높이 1피트에 직경이 2인치였다. 강철로 된 안쪽 실린더를 유리 실린더 안으로 가지런히 집어넣은 다음, 두 실린더 사이는 8분의 1인치만큼 간격을 두어 물을 담았다.

"봉랍과 노끈의 작업." 수개월 후 예기치 않게 몰려든 저명한 방문객들 중 한 사람이었던 프리먼 다이슨은 이렇게 말했다. "이 비좁은 실험실에서 두 신사가 사실상 돈 한 푼 안 들이고 너무나 멋진 실험을 했다. 난류에 관한 훌륭한 정량적 연구의 효시다."

이 둘은 자신들의 연구가 어느 수준의 인정을 받으면 그만이라고 생각했다. 스위니와 골룹은 난류 발생에 관한 란다우의 생각을 확인하려 했던 것이다. 실험물리학자들로서는 의심할 이유가 없는 실험이었다. 그도 그럴 것이 유체역학자들은 란다우의 모형을 믿었다. 물리학자였던 스위니와 골

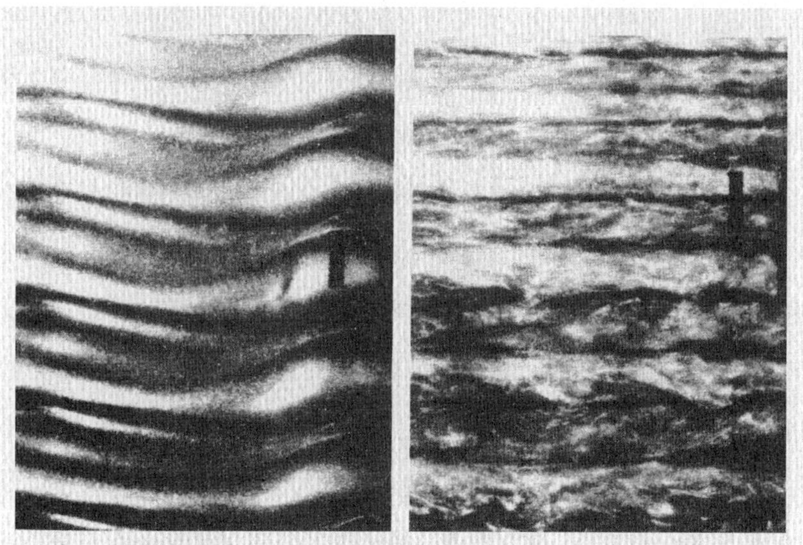

회전하는 실린더 사이의 흐름 ··· 두 개의 실린더 사이에 있는 물의 흐름에서 스위니와 골룹은 난류의 시작을 관찰할 수 있었다. 회전율이 증가할수록 흐름의 구조는 복잡해진다. 처음에 물은 도넛이 차곡차곡 쌓인 것과 같은 특유의 패턴을 보여준다. 다음에는 도넛들에 주름이 생기기 시작한다. 두 물리학자는 각각의 새로운 불안정 상태가 나타날 때마다 물의 속도 변화를 측정하기 위해 레이저를 사용했다.

룹 역시 란다우의 모형이 상전이의 일반적 모형에 들어맞았기 때문에, 그리고 란다우가 상전이 현상은 (특정한 물질들 사이의 차이를 압도하는 규칙성과 함께) 보편적 법칙에 따를 것이라는 자신의 통찰에 근거해 상전이 연구에 가장 유용한 초기 틀을 제공했기 때문에 란다우의 모형을 좋아했다. 이산화탄소의 액체-증기 임계점을 연구한 스위니는 자신의 연구 결과가 제논(원소 주기율표상에서 5주기 18족의 비활성 기체_옮긴이)의 액체-증기 임계점에도 들어맞을 것이라는 란다우의 확신을 갖고 있었다. 그리고 이런 확신은 들어맞았다. 그렇다면 운동하는 유체 내에서 상충하는 리듬이 계속 축적된 것이 난류라는 것을 증명하지 못할 이유가 뭐가 있겠는가?

스위니와 골룹은 더없이 세심한 환경에서 수년 동안 상전이를 연구하면서 닦은 능숙한 실험기법이라는 무기를 가지고 운동하는 유체의 혼란스러움과 싸울 준비를 했다. 여느 유체역학자들은 상상도 못하는 실험 스타일과 측정 장치였다. 그들은 회전하는 흐름을 관찰하기 위해 레이저광을 사용했다. 물속을 통과하는 레이저 빔은 편향이나 분산을 만드는데, 이는 레이저 도플러 간섭법이라 불리는 기술로 측정할 수 있었다. 아울러 끊임없이 쏟아지는 데이터는 1975년 당시 탁상용 실험 장치로는 아주 드물었던 컴퓨터에 의해 저장되고 처리됐다.

란다우는 유체 흐름이 증가함에 따라 새로운 진동이 한 번에 하나씩 나타날 것이라고 말했다. 스위니는 회상했다. "우리는 그렇게 읽었고, 그럼 좋다, 이런 진동수가 들어오는 전이점을 봐야겠다고 생각했습니다. 관찰을 해보니 확실히 매우 분명한 전이점이 있었습니다. 우리는 실린더의 회전 속도를 올렸다 내렸다 하면서 전이점의 앞뒤를 살펴봤습니다. 정말 분명했습니다."

자신들의 연구 결과를 발표할 무렵, 스위니와 골룹은 과학에서의 사회적 경계, 즉 물리학과 유체역학 영역 사이의 문제에 부딪히게 된다. 물리학과 유체역학 사이의 경계에는 확실한 특징이 있었다. 특히 국립과학재단 내 어느 부서가 연구비를 지원할 것인가 하는 문제를 결정했다. 테일러-쿠에트 실험은 1980년대에 다시 물리학이 됐지만, 1973년만 해도 보통 유체역학에 속했고, 유체역학에 익숙한 사람들에게 작은 시립대학 실험실이 처음으로 내놓은 수치들은 너무 명확해 의심스러울 정도였다. 유체역학자들은 믿으려 하지 않았다. 유체역학자들은 상전이 물리학에서 행해지고 있는 정확한 실험에 익숙하지 않았다. 나아가 유체역학의 관점에서 볼 때 실험 목적마저도 이해하기 어려웠다. 스위니와 골룹은 국립과학재단에 다음 연구비를 신청하지만 거절당한다. 심사위원들 중에는 이들의 연구 결과를 믿지 않는 사람도 있었고, 또 새로운 것이 없다고 말하는 사람들도 있었다.

그러나 실험은 쉬지 않고 계속되었다. 스위니가 말한다. "매우 분명한 전이가 있었습니다. 정말 대단했습니다. 우리는 그다음 것을 찾기 위해 실험을 계속했습니다."

거기서 란다우의 예상은 붕괴되었다. 실험이 이론을 확인하는 데 실패한 것이다. 다음 전이에서 흐름은 구별할 수 있는 주기라고는 전혀 없는 혼돈 상태로 갑작스레 바뀌었다. 새로운 진동은 물론 복잡성의 점진적 증가도 없었다. "우리가 발견한 것은, 그것이 카오스적으로 된다는 것이었다." 몇 개월 후 호리호리하고 몹시 매력적인 벨기에 사람이 실험실의 문을 두드렸다.

다비드 뤼엘^{David Ruelle}은 종종 두 부류의 물리학자, 즉 라디오를 분해하면서 자란 사람들—지금과 같은 라디오가 나오기 이전에 전선이나 오렌지색의 빛을 발하는 진공관을 보고 전자의 흐름을 생각했던 부류—과 화학 실험 기구를 갖고 놀며 자란 사람들이 있다고 말했다. 뤼엘은 화학 실험 용품을 가지고 놀며 자란 사람이었는데, 사실 요즘 미국인들 기준으로 보면 화학 실험 용품이라기보다는 폭발성이 있고 유독한 화학물질이었다. 뤼엘은 고향인 북벨기에의 마을 약제사들로부터 화학물질을 쉽게 구해서 이를 혼합하고, 흔들고, 가열하고, 결정화하고, 때로는 스스로 폭발시키며 자랐다. 1935년 겐트에서 체육교사이자 언어학 교수의 아들로 태어난 뤼엘은 비록 과학이라는 추상적 영역에 종사했지만, 항상 버섯류라든가 초석, 유황, 목탄들 속에 경이로움을 감추고 있는 자연의 위험스러운 측면을 좋아했다.

그럼에도 뤼엘이 카오스 연구에 지속적인 공헌을 한 분야는 수리물리학이었다. 1979년 뤼엘은 파리 교외에 있는 (프린스턴의 고등연구소를 본떠 만든) 고등자연과학연구소IHES에 합류한다. 이미 그에겐 평생 습관이 된 버릇이 있었다. 주기적으로 가족과 연구소를 떠나 배낭 하나만 매고, 광활한 아이슬란드의 황야나 멕시코의 시골마을을 수주일 동안 혼자서 여행하는 것이었다. 개미 한 마리 보지 못할 때도 많았다. 우연히 사람을 만나 환대를 받으면—아마 기름이나 육류, 채소도 없이 옥수수떡 요리만 대접받았을 것이다—뤼엘은 2000년 전에 존재했던 세계를 보고 있는 것 같은 느낌이 들었다. 연구소로 돌아와 연구를 다시 시작할 때면 얼굴은 더 수척해지고 둥근 이마와 날카로운 뺨 위의 피부는 더 팽팽해 있었다. 뤼엘은 편자형 사상寫像과 동역학계에 카오스가 생길 가능성을 다룬 스티븐 스메일의 강연을 들었다. 또한 유체의 난류와 고전적 란다우 모형에 대해서도 생각했다. 뤼엘은 두 견해가 서로 관련이 있으면서도, 모순된다고 생각했다.

뤼엘은 유체의 흐름을 연구한 적이 없었다. 하지만 유체 연구에 실패한 수많은 선배 연구자들이 좌절하지 않았듯, 그 역시 이 때문에 의욕을 꺾지는 않았다. 뤼엘이 말한다. "항상 비전문가가 새로운 것을 발견합니다. 난류에 관해서는 아직 깊이 있고 타당한 이론이 없습니다. 난류에 대해 던질 수 있는 물음은 모두 일반적인 특성에 대한 것들이라 비전문가들도 접근할 수 있습니다."

난류를 왜 분석할 수 없는지를 이해하는 것은 쉽다. 유체 운동방정식은 비선형 편미분방정식으로 특별한 경우를 제외하고는 풀리지 않는다. 그러나 뤼엘은 스메일의 말에 따라 공간을, 말굽처럼 팽창·수축되고 또 접을 수도 있는 유연성 있는 물질로 간주하여, 란다우 모형의 추상적 대안을 연구했다. 뤼엘은 연구소에서 객원 연구원으로 있던 네덜란드 수학자 플로리스 타켄스Floris Takens와 함께 논문을 쓴 다음 1971년 발표한다. 형식은 분명히 수학—물리학자들, 주의하시오!—이었는데, 단락마다 정의, 명제, 증명이라는 표제로 시작하여 필연적인 주장으로 이어졌다.

"명제[5.2]. $X\mu$가 한 힐베르트Hilbert 공간 H 위의 C^k벡터장의 한 매개변수의 족族이라 하자."

그럼에도 논문 제목은 실제세계와의 관계를 주장했다. 「난류의 본질에 관하여」란 제목은 란다우의 유명한 「난류의 문제에 관하여」를 염두에 둔 것이었다. 뤼엘과 타켄스는 분명 수학을 넘어선 것을 주장하고 있었다. 난류의 발생에 대한 전통적 견해에 대안을 제시하려 했던 것이다. 이들은 진동이 쌓이는 것이 아니라, 다시 말해 독립적 운동이 무한히 겹쳐지는 것이 아니라 단지 3개의 독립적 운동만으로도 난류의 복잡성을 완전하게 만들어낼 수 있다고 주장했다. 수학적으로 봤을 때, 이들 논리의 몇몇 부분은 모호하거나, 틀렸거나, 빌려왔거나, 혹은 이 세 가지 모두에 해당하는 것으로 밝혀졌다(이에 대해서는 15년이 지난 후에도 여전히 의견이 분분하다).

그럼에도 통찰력, 논평, 주석, 그리고 논문 속에 들어 있는 물리학적 개념은 논문의 생명력을 길게 했다. 무엇보다도 필자들이 '이상한 끌개strange attractor'라고 부른 이미지는 매혹적이었다. 뤼엘이 나중에 느꼈지만, 이 용어는 정신분석학적으로 '암시적'이었다. 카오스 연구에서 이 용어가 차지하는 비중이 너무나 컸기 때문에 뤼엘과 타켄스는 겉으로는 체면을 차렸지만 뒤에서는 용어 선택의 영광을 차지하기 위해 옥신각신했다. 사실 두 사람 다 경위가 어땠는지 잘 기억하지 못했지만, 키가 크고 혈색이 좋으며 성미가 급한 북유럽 사람인 타켄스는 "신에게 이 빌어먹을 우주를 정말로 창조했느냐고 물어봤는가? (……) 아무것도 기억나지 않는다. (……) 내가 만들어 놓고도 기억하지 못하는 경우가 자주 있다"고 말했을 것이며, 논문의 주요 필자인 뤼엘은 부드럽게 "타켄스는 고등과학연구소에 우연히 와 있었다. 사람마다 연구하는 스타일은 천차만별이다. 개중에는 명성을 독점하기 위해 혼자서 논문을 쓰는 사람도 있다"고 말했을 것이다.

이상한 끌개는 현대과학의 가장 위대한 발명품 중 하나인 위상공간에 존재한다. 위상공간은 기계적이든 유동적이든 간에 움직이는 물체의 계로부터 본질적인 모든 정보를 추상화하여 숫자를 그림으로 바꾸어, 계의 모든 가능성에 대해 융통성 있는 로드 맵을 만든다. 물리학자들은 이미 2개의 간단한 '끌개'(정상 상태에 이르는 운동과 끊임없이 자신을 되풀이하는 운동을 나타내는 고정점과 극한 순환)를 다루어왔다.

특정 순간의 동역학계에 대한 모든 정보는 위상공간에서 하나의 점으로 나타난다. 그 점이 그 순간의 동역학계인 것이다. 그러나 다음 순간 계는 (매우 미묘하게) 변할 것이고 그러면 점도 움직인다. 따라서 시간에 따라 변화하는 계의 역사는 위상공간 내에서 궤도를 그리며 움직이는 점으로 나타낼 수 있다.

어떻게 복잡한 계의 모든 정보를 하나의 점에 나타낼 수 있을까? 계에 2개의 변수만 있다면, 답은 간단하다. 고등학교 때 배운 데카르트 기하학대로 수평선 위에 변수 하나 그리고 수직선 위에 변수 하나를 설정하면 된다. 만약 계가 마찰 없이 흔들리는 추라면, 변수 하나는 위치를, 다른 변수는 속도를 나타내며, 이를 표시하는 점은 끊임없이 변하면서 영원히 일정한 궤도의 고리를 반복해서 그릴 것이다. 계가 같고 에너지 수준이 더 높으면—더 빨리 더 멀리 흔들리면—위상공간에 처음과 비슷한, 그러나 더 큰 고리를 그릴 것이다.

좀 더 현실적으로 생각해 마찰을 고려하면 그림이 달라진다. 마찰력이 작용하는 진자의 운명을 알기 위해 운동방정식이 필요한 것은 아니다. 모든 궤도는 결국 동일한 장소, 즉 위치 제로, 속력 제로인 위상공간의 원점에서 끝나게 마련이다. 중심의 고정점이 궤도를 '유인'하는 것이다. 영원히 고리를 그리는 대신 궤도는 안쪽을 향해 나선형으로 감겨든다. 마찰은 계의 에너지를 소산시키는데, 에너지 소산은 위상공간에서 에너지가 높은 바깥에서 에너지가 낮은 안쪽으로, 즉 중심으로 끌려들어가는 것으로 표시된다. 가장 간단한 끌개는 고무판에 박혀 있는 아주 작은 자석과 같다고 할 수 있다.

상태를 공간에서의 점으로 생각하면 변화를 관찰하기 쉽다는 이점이 있다. 변수가 위 혹은 아래로 연속적으로 변하는 계는 움직이는 점이 되는데, 이는 방 안을 날아다니는 파리에 비유할 수 있다. 변수들이 어떤 조건을 결코 만족시킬 수 없다면, 과학자들은 그와 관련된 영역을 경계 밖이라고 (쉽게) 생각할 수 있다. 파리는 그쪽으로 절대 갈 수 없다. 계가 동일한 상태를 반복하는 주기운동을 한다면, 파리는 고리 안에서 움직인다. 위상공간에서 동일한 점을 반복적으로 지나가는 것이다. 물리계의 위상공간 그림은 본디 볼 수 없는 운동 패턴들을 보여준다. 마치 적외선 사진이 우리가 지각할 수 있는 영역 너머에 존재하는 패턴이나 세부 구조들을 보여주는 것처럼 말이

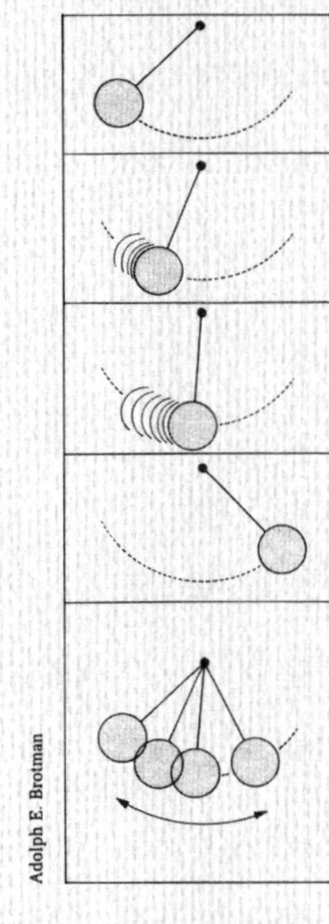

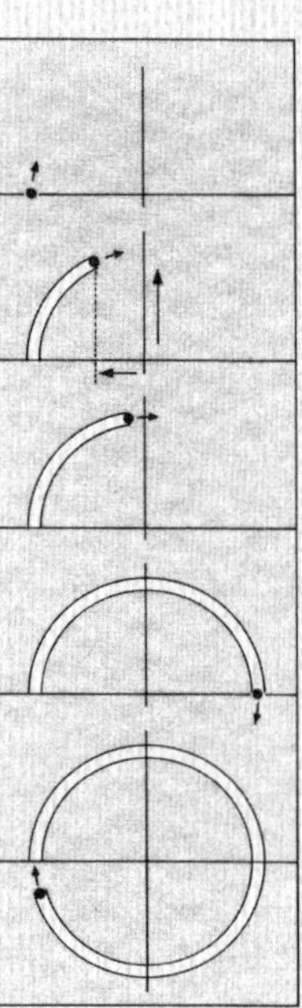

••• 진자가 흔들리기 시작하는 동안 속도는 0이다. 위치는 음수로, 중앙에서 왼쪽으로 떨어진 곳이다.

••• 2개의 숫자로 2차원 위상공간에서 하나의 점을 명시한다.

••• 속도는 진자의 위치가 0을 지나는 동안 최대에 이른다.

••• 속도는 다시 0으로 떨어지고, 그런 다음 왼쪽으로 향하는 운동을 나타내기 위해 음수가 된다.

진자를 보는 또 다른 방법 ••• 위상공간 내의 한 점(오른쪽)은 어느 한 순간의 동역학계(왼쪽) 상태에 대한 모든 정보를 담고 있다. 단진자에서는 속도와 위치를 표시하는 2개의 숫자만 알면 된다.

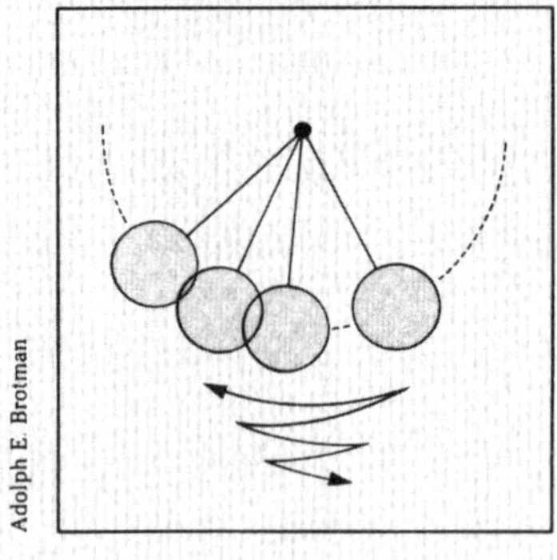

궤적을 그리는 점들을 통해 동역학계의 지속적인 장기적 행태를 가시화할 수 있다. 반복되는 고리는 규칙적인 간격으로 영원히 자신을 반복하는 계를 나타낸다.

만약 진자시계에서처럼 반복되는 행태가 안정적이라면, 자그만 섭동이 있어도 계는 제 궤도로 돌아간다. 위상공간에서 궤도 가까이 있는 궤적은 궤도 쪽으로 끌려 들어간다. 이 궤도가 바로 끌개이다.

다. 과학자는 위상공간 그림을 보면서 상상력을 이용해 원래의 계로 환원시켜 생각해볼 수 있다. 고리는 계의 주기성을, 꼬임은 변화를, 또 빈 공간은 물리적으로 불가능한 상태를 의미한다.

심지어 2차원에서도 위상공간 그림은 놀라운 것을 많이 함축하고 있으며, 이들 중 일부는 방정식을 다양한 색깔을 가진 움직이는 궤도로 변환시킴으로써 탁상용 컴퓨터로도 쉽게 나타낼 수 있다. 몇몇 물리학자들은 동료에게 보여주기 위해 영화와 비디오테이프를 만들기 시작했고, 캘리포니아대 수학자 몇 명은 녹색, 청색, 붉은색으로 그린 카툰을 삽입한 책들을 출간했다. 몇몇 동료들은 이 책을 두고 '카오스 만화'라고 조금은 악의 섞인 농담을 하기도 했다.

하지만 2차원으로는 물리학자들이 연구해야만 하는 계를 망라하지 못했

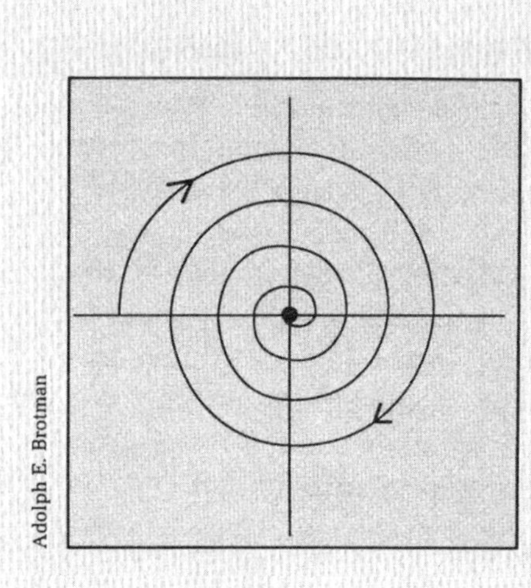

끌개는 위상공간에서 하나의 점일 수도 있다. 마찰에 의해 계속해서 에너지를 잃는 진자의 경우 모든 궤적은 정상상태, 즉 전혀 운동을 하지 않는 지점을 향해 안쪽으로 감겨 들어간다.

다. 물리학자들은 2개보다는 많은 변수를 보여줘야만 했는데, 이는 차원이 크다는 것을 의미했다. 독립적으로 움직일 수 있는 동역학계의 모든 요소는 또 하나의 변수, 또 하나의 자유도다. 모든 자유도는 (단일한 점이 특유한 계의 상태를 보여주는 정보를 충분히 담으려면) 위상공간 안에서 각자의 차원이 필요하다. 로버트 메이가 연구한 간단한 방정식은 1차원이었다. 즉 온도나 개체수를 나타내는 수 하나면 충분했고, 이 숫자는 1차원 선상에서 점의 위치를 결정했다. 로렌츠의 단순한 유체대류계는 3차원이었는데, 유체가 3차원 운동을 해서가 아니라, 언제 어느 때나 유체의 상태를 나타내기 위해선 독립된 3개의 숫자가 필요해서였다.

제아무리 명민한 위상수학자라도 4차, 5차, 또는 그 이상의 차원 공간을 시각적으로 상상하기는 어렵다. 더구나 복잡한 계는 독립변수가 많다. 따라서 수학자들은 무한대의 자유도를 가진 계들을—자연은 스스로 아무런 구애됨이 없음을 소용돌이치는 폭포나 예측 불가능한 두뇌에 드러낸다—나타내려면 무한대 차원의 위상공간이 필요하다는 사실을 인정해야만 했다. 누가 그런 것을 다룰 수 있단 말인가? 그것은 위험하고 통제할 수 없는 히드라였고, 란다우가 생각한 난류의 이미지였다. 무한한 양태, 무한한 자유도, 무한한 차원들.

물리학자들이 현실적으로 명료함이 떨어지는 모델을 싫어하는 데는 그럴 만한 이유가 있다. 유체의 운동을 나타내는 비선형 방정식을 사용하면, 제아무리 세계 최고속의 슈퍼컴퓨터라도 수초 동안 1세제곱센티미터 안에서 이뤄지는 난류의 흐름을 정확하게 추적할 수 없다. 물론 책임은 란다우가 아니라 분명 자연에 있기는 하지만, 그래도 란다우의 모형은 이치에 맞지 않았다. 이에 대해 아는 게 없는 물리학자는 어떤 원리가 아직 발견되지 않았을 뿐이라 생각할 수도 있을 것이다. 위대한 양자물리학자 리처드 파인만은 이렇게 말했다.

오늘날 우리가 이해하고 있는 법칙에 따르면, 아무리 공간이 작고, 아무리 시간이 짧아도 거기서 무슨 일이 벌어지는지 파악하기 위해서는 컴퓨터가 무한한 논리연산을 해야 한다는 사실을 생각하면 항상 골치가 아프다. 그렇게 작은 공간에서 어떻게 그 모든 일이 일어날 수 있을까? 아주 작은 시공의 영역에서 무슨 일이 일어날지를 알기 위하여 무한대의 논리연산이 필요한 것은 무슨 이유에서일까?

카오스를 연구하기 시작한 수많은 사람들과 마찬가지로 다비드 뤼엘 역시 난류 흐름 속에서—스스로 얽힌 유선流線, 나선형 소용돌이, 눈앞에 나타났다 사라지는 소용돌이와 같이—눈으로 볼 수 있는 패턴들은 아직 발견되지 않은 법칙으로 설명되는 패턴을 나타내야 한다고 추측했다. 난류 흐름에서 에너지의 소산은 위상공간의 수축으로 이어져야만 한다고, 말하자면 끌개를 향해 당겨져야만 한다고 생각한 것이다. 끌개는 고정점이 아님이 분명한 게, 흐름이 결코 멈추지 않을 것이기 때문이다. 에너지는 빠져나가기도 하지만 계 안으로 유입되기도 한다.

다른 종류의 끌개가 될 수 있을까? 정설에 따르면, 다른 끌개는 하나밖에 없다. 주기적 끌개 혹은 극한 순환 말이다. 이것은 주위의 다른 모든 궤도를 끌어당기는 궤도이다. 진자가 마찰로 에너지를 잃는 한편, 또 스프링 장치에서 에너지를 얻는다면—진자는 감속되는 만큼 가속된다면—안정 궤도는 위상공간에서 닫힌 고리가 될 것이다. 마치 할아버지의 괘종시계 추가 규칙적으로 흔들리며 운동하는 것처럼. 진자는 어디에서 운동을 시작하든 결국은 하나의 궤도에 정착할 것이다. 아니면 어떻게 될까? 어떤 초기조건, 이를테면 에너지가 최저인 상태라면 진자는 계속해서 정지 상태로 갈 것이다. 따라서 계는 실제로 두 개의 끝개를 갖고 있는데, 하나는 닫힌 고리이고, 다른 하나는 고정점이다. 마치 인접한 두 개의 강이 각각 물이 흘러들어 오는 유역流域을 갖듯 각각의 끝개는 자신의 '유역'을 갖는다.

짧은 시간이라면 위상공간 내의 어느 점이라도 동역학계의 가능한 행태를 나타낼 수 있다. 하지만 시간이 길어지면 동역학계의 가능한 형태는 오직 끝개 자신밖에 없다. 다른 종류의 운동은 순간적이다. 정의상 끝개들은 안정성이라는 중요한 성질을 갖는다. 운동하는 부분이 현실세계의 잡음에 떠밀리고 부딪히는 실제계에서 운동은 끝개로 돌아가는 경향이 있다. 충돌이 한번 일어나면 궤도가 일시적으로 밀려나기도 하지만, 이렇게 생긴 순간 운동은 결국에는 사라진다. 고양이가 시계추를 쳤다고 해서 추시계가 62초가 1분인 시계로 변하는 것은 아니다. 유체 안의 난류는 다른 질서의 행태로, 다른 리듬을 제외한 어떤 단일 리듬을 결코 만들지 않는다. 난류의 유명한 특징은 가능한 사이클의 모든 영역이 한꺼번에 나타난다는 것이다. 난류는 백색소음 또는 공전空電소음과 같다. 이것이 간단한 결정론적 방정식계에서 생길 수 있을까?

뤼엘과 타켄스는 적절한 성질을 가진 뭔가 다른 종류의 끝개가 있지 않을까 궁금했다. 첫 번째는 안정성. 안정성은 잡음투성이 세계에서 동역학계의 최종 상태를 나타낸다. 두 번째는 저차원. 단지 몇 개의 자유도를 갖는 사각형(자유도 2)이나 입방체(자유도 3) 같은 위상공간에서의 궤도. 세 번째는 비주기적. 결코 자신을 반복하지 않고, 괘종시계처럼 일정한 리듬을 갖지도 않는다. 기하학적으로 이런 질문은 수수께끼였다. 도대체 어떤 궤도가 절대 스스로를 반복하지도 않고, 또 절대로 교차하지도 않으면서(계가 한번 과거의 어떤 상태로 되돌아가면, 즉 궤도가 교차하면, 그 이후에는 똑같은 과정을 되풀이하는 주기운동이 되기 때문이다) 한정된 공간 내에 그려질 수 있단 말인가. '모든' 리듬을 만들려면 궤도는 한정된 면적 안에 있는 무한하게 긴 선이어야만 한다. 다시 말해, 프랙탈이어야만(프랙탈이라는 말은 아직 생겨나지 않았다) 한다.

뤼엘과 타켄스는 수학적으로 추론해보면 그런 것이 반드시 존재한다고 주장했다. 물론 이들은 그런 것을 본 적도 그린 적도 없었다. 하지만 그런 주장만으로도 충분했다. 나중에 바르샤바에서 열린 '국제수학자대회' 본회의 연설에서 뤼엘은 모든 것을 아는 사람처럼 여유 있는 모습으로 이렇게 말했다. "우리의 견해에 대해 과학자들의 반응은 냉랭했습니다. 특히 많은 물리학자들은 연속스펙트럼이 단지 몇 개의 자유도와 연관되었을 것이라는 생각을 이단시했습니다." 그러나 1971년 발표된 논문의 중요성을 인식하고, 그 함의를 연구하기 시작한 사람 역시 물리학자들이었다.

사실 이미 1971년에 나온 과학 논문에는 선 하나로 그려진 기상천외한 괴물 같은 그림이(뤼엘과 타켄스는 이를 되살리려 했다) 실려 있었다. 에드워드 로렌츠는 1963년에 발표한 결정론적 카오스에 관한 논문에 그 그림을 실었다. 오른쪽에는 단 2개의 곡선이 있었고(하나의 곡선 안에 또 하나의 곡선이 있었다) 왼쪽에는 5개의 곡선이 있는 그림이었다. 겨우 7개의 고리를 그리기 위해 로렌츠는 컴퓨터로 500번의 연속 계산을 해야 했다. 위상공간에서 이

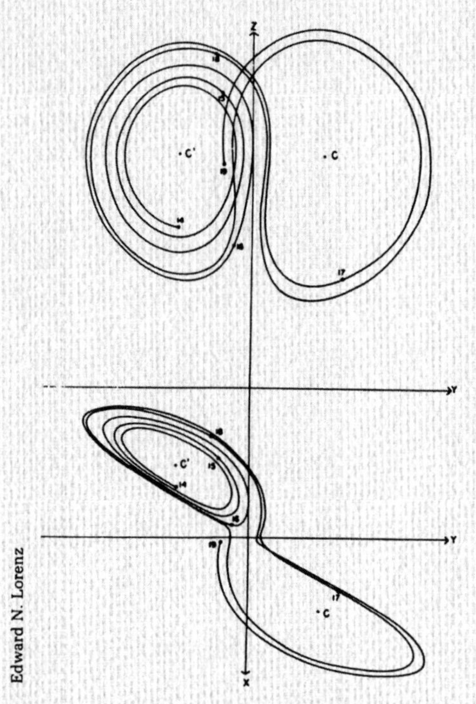

최초의 이상한 끌개 ••• 1963년 에드워드 로렌츠는 자신이 만든 간단한 방정식 계에 나타나는 끌개에서 처음 몇 개의 선밖에 계산할 수 없었다. 하지만 로렌츠는 두 나선형 날개가 교차하는 부분은 눈에 보이지 않는 미세한 규모의 특이한 구조를 가져야 한다는 것을 알 수 있었다.

궤도를 따라 움직이는 한 점은 로렌츠가 대류를 설명하기 위해 3개의 방정식으로 모델링한 유체의 느리고 카오스적인 변화를 나타낸다. 계가 3개의 독립변수를 갖기 때문에 이 끌개는 3차원 위상공간에 나타난다. 비록 로렌츠의 그림은 계의 단편적인 면만을 그린 것이었지만, 로렌츠는 자기가 그린 것 이상을 볼 수 있었다. 무한히 교묘하게 짜인 나비 날개 한 쌍과도 같은 일종의 이중나선이었다. 계의 온도가 상승해 주위의 유체를 한쪽 방향으로 밀고 가면, 궤도는 오른쪽에 머무른다. 굴림 운동이 멈추고 반대 방향으로 움직이면 궤도는 반대쪽 날개로 건너간다.

끌개는 안정적이었고, 저차원이었으며, 비주기적이었다. 결코 스스로 교차하지도 않았다. 만약 교차한다면, 다시 말해 이미 지났던 점을 다시 지나간다면 그때부터 운동은 주기적 고리 안에서 자신을 되풀이할 것이기 때문이다. 그런 일은 결코 일어나지 않았다. 그것이 끌개의 뛰어난 점이었다. 고리와 나선들은 무한히 깊었고, 만나지도 교차하지도 않았다. 게다가 상자에 갇힌 채 유한한 공간 내에 있었다. 어떻게 이런 일이 가능할까? 어떻게 무한히 많은 길이 유한한 공간 안에 있을 수 있을까?

망델브로의 프랙탈 그림이 과학 시장에 넘쳐나기 전에는 어떻게 이런 모양이 그려지는지 세부적으로 상상하기 어려웠고, 로렌츠 역시 "누가 봐도 모순"이라 인정했다. 그는 이렇게 썼다. "각자 나선형 궤도를 포함하고 있는 두 면의 결합을 두 궤도가 합쳐지지 않은 채로 조화시키기는 어렵다." 하지만 로렌츠는 너무 섬세해서 자신의 컴퓨터에는 나타나지 않았던 해결책을 보게 된다. 나선형이 합쳐진 것 같은 곳에서 두 면은 얇은 층들이 켜켜이 쌓인 것처럼 층을 형성하면서 나뉘어져야만 한다는 것을 깨달은 것이다. "우리는 각 면이 실제로는 한 쌍의 면임을 보았다. 따라서 이것들이 합쳐진 것 같은 곳은 실제로는 4개의 면이 있는 것이다. 또 한 번 회전하기 위해 이 과정을 계속하면 실제로 8개의 면이 생긴다. 결국 우리는 각각이 하나의 면 혹은 두 면이 합쳐져 있는 다른 하나의 면과 아주 가까운 무한 복합체가 있다고 결론을 내렸다." 1963년 기상학자들이 로렌츠의 추론을 거들떠보지도 않은 것, 또 10년 후 뤼엘이 마침내 로렌츠의 연구를 알아냈을 때 흥분과 경이를 느꼈다는 것은 지극히 당연했다. 몇 년 후 뤼엘은 로렌츠를 찾아가지만 서로 공통된 과학 영역에 대해 많은 이야기를 나누지 못한 채 약간의 실망감을 안고 돌아온다. 낯가림이 있었던 로렌츠는 친해질 기회를 갖기 위해 부부 동반으로 미술관 구경을 갔던 것이다.

뤼엘과 타켄스가 내놓은 단서를 추적하려는 노력에는 두 가지가 있었다. 하나는 이상한 끌개를 시각화하려는 이론적 노력이었다. 로렌츠 끌개가 전형적인 것인가? 다른 종류의 모양이 가능할까? 또 하나는 이상한 끌개를 자연의 카오스에 적용할 수 있다는 극히 비수학적인 신념의 비약을 입증하거나 반박하기 위한 일련의 실험이었다.

일본의 우에다 요시스케上田晥亮는 기계스프링 운동을 모방한—하지만 훨씬 빠른—전기회로 연구를 통해 지극히 아름다운 이상한 끌개들을 발견했다. (이에 대한 일본 과학계의 반응은 뤼엘이 경험했던 냉담함의 동양판이었다. "당신이 발견한 것은 거의 주기적 진동에 지나지 않는다. 제멋대로 정상 상태 개념을 만들지 말라.")

화학과 이론생물학을 연구하다 카오스로 넘어온 비개업 의학박사 오토 뢰슬러Otto Rössler는 독특한 능력으로 우선 이상한 끌개를 철학적 대상으로 파악한 이후 수학적으로 연구했다. 뢰슬러의 이름은 주름이 있는 리본 모양의 간단한 끌개에 붙어 다녔는데, 이 끌개는 그리기가 쉬워 많이 연구되었다. 그러나 뢰슬러는 더 높은 차원의 끌개를 시각화했다. 뢰슬러는 이 끌개를 "소시지 안의 소시지 안의 소시지 안의 소시지를 꺼내 접어서 쥐어짜고 다시 되돌려놓은 것"에 비유했다.

사실 공간을 접고 쥐어짜는 것은 이상한 끌개를 그리는 비결이며, 아마도 이들을 생기게 하는 실제계 동역학의 열쇠이기도 하다. 뢰슬러는 이런 모양들에는 자연계에 있는 자기조직화의 원리가 담겨 있다고 느꼈다. 그는 비행장에 있는 풍향계용 바람자루 같은 것을 상상했다. 뢰슬러는 이렇게 말했다. "한쪽 끝에 구멍이 열려 있는 호스가 있으면, 바람이 들어갈 것입니다. 그러면 바람이 갇힙니다. 에너지는 중세의 악마처럼 의지에 반해서 무엇인가 생산적 활동을 할 것입니다. 자연이 자신의 의지에 반하는 어떤 일을 하고, 자기 얽힘^{self-entanglement}을 통해 아름다움을 낳는 것이 자기조직화의 원리입니다."

이상한 끌개를 그리는 것은 간단한 일이 아니었다. 일반적으로 궤도는 3차원 혹은 그 이상의 차원에서 자신들의 복잡한 경로를 감으면서, 외부에서는 보이지 않는 내적 구조를 갖는 난해하고 어지러운 궤적을 공간에 창조해낸다. 이런 실타래 같은 3차원의 궤적을 평면 그림으로 나타내기 위해 과학자들은 처음에 끌개가 표면 위에 드리우는 그림자를 나타내는 정사영법을 사용했다. 하지만 이상한 끌개의 정사영은 덩어리로 나타나 세부적인 것을 알아볼 수 없었다. 좀 더 알아보기 쉬운 것이 '되돌이 사상^{return map}' 혹은 '푸앵카레 사상'으로, 실제로 병리학자가 현미경 슬라이드를 만들기 위해 조직 일부분을 얇게 잘라내는 것처럼, 뒤얽혀 있는 끌개의 중심부에서 한 단면을 떼어내 2차원 단면도로 옮기는 것이다.

푸앵카레 사상은 끌개에서 차원 하나를 없애버리고 연속적인 선을 점의 집합으로 나타낸다. 과학자들은 끌개를 푸앵카레 사상으로 한 차원 줄이더라도 본질적 운동은 대부분 보존할 수 있다고 암묵적으로 가정한다. 이를테면 컴퓨터 화면에서 궤도가 위아래로, 좌우로, 앞뒤로 날아다니는 이상한 끌개를 상상할 수 있다. 궤도가 화면을 지날 때마다 교차점에 밝은 점을 남기고, 점들은 무작위적인 얼룩을 만들거나 아니면 어떤 형태를 만든다.

　이런 과정은 계의 상태를 연속적으로 관찰하는 것이 아니라 일정한 시간 간격으로 표본을 뽑아 조사하는 것과 같다. 언제 표본을 뽑을 것인가? 다시 말해 '어느 부분'에서 이상한 끌개의 단면을 잘라낼 것인가 하는 문제는 어느 정도 연구자의 재량에 달려 있다. 그러나 가장 풍부한 정보를 얻을 수 있는 시간 간격은 동역학계의 물리적 특징에 상응하여 결정될 것이다. 이를테면 추가 가장 낮은 점을 지날 때마다 추의 속력에 대한 표본을 뽑을 수 있다. 아니면 일정한 간격으로 터지는 가상의 플래시에 따라 순간순간의 상태를 포착하는 규칙적 시간 간격을 선택할 수도 있다. 어느 방법을 쓰든 간에 이렇게 만든 그림들은 로렌츠가 상상한 프랙탈 구조를 나타내기 시작했다.

　가장 간단해서 가장 명쾌한 이상한 끌개는 난류나 유체역학과는 거리가 먼 사람에게서 나왔다. 바로 프랑스 남부 해안에 있는 니스관측소의 천문학자 미셸 에농^{Michel Hénon}이었다. 물론 어떤 면에서 동역학계는 천문학에서 출발했고, 행성의 주기운동을 보고 뉴턴은 위대한 업적을 남겼으며, 라플라스는 영감을 얻었다. 하지만 천체역학은 중요한 측면에서 지구상에 있는 대부분의 계와 차이가 있었다. 마찰에 의해 에너지를 잃는 계는 소산적이다. 하지만 천체계는 그렇지 않다. 보존적이거나 다른 말로 해밀턴계^{Hamiltonian}이다. 사실 극미한 축척에서 생각하면, 빛으로 에너지를 발산하고 궤도운동을 하는 별들이 있는 천체계조차도 조류의 마찰로 인해 운동량을 잃는 등 일종의 항력을 받는다. 그러나 사실상 천문학자의 계산에서는 소산을 무시할 수 있다. 소산이 없으면 위상공간은 무한한 프랙탈 층을 만드는 데 필요한 접힘이나 수축을 하지 않을 것이다. 이상한 끌개는 결코 발생할 수 없다. 그렇다면 카오스는 가능할까?

많은 천문학자들이 동역학계에 눈길 한 번 주지 않고도 오랫동안 행복하게 연구 생활을 했지만, 에농은 달랐다. 1931년 파리에서 태어난 에농은 로렌츠보다 몇 살 어렸지만 그 못지않게 수학의 매력에 푹 빠져 있던 과학자였다. 에농은 물리학적 상황과 연관시킬 수 있는 작고 구체적인 문제를 좋아했다. 그는 이렇게 말했다. "요새 사람들이 하는 수학 같은 것은 아니었습니다."

컴퓨터 크기가 마니아들도 소유할 수 있는 시대가 되자 에농 역시 히스키트Heathkit를 하나 장만해 집에서 갖고 놀았다. 물론 훨씬 이전에는 동역학에서 특히나 골치 아픈 문제인 구상성단 문제와 씨름하고 있던 에농이었다. 구상성단은 밤하늘에서 가장 오래되고 숨 막히게 아름다운 물체로서, 때로는 한 장소에 100만 개 이상의 별들이 몰려 있다. 구상성단에는 놀랄 만큼 별들이 빽빽하다. 어떻게 별들이 함께 모여 있을 수 있는지, 시간이 흐르면서 어떻게 진화하는지의 문제는 20세기 내내 천문학자들을 괴롭혔다.

동역학적으로 말하면, 구상성단은 거대한 다체문제many-body problem다. 두 물체에 관한 문제(이체문제)는 간단하다. 뉴턴이 완전히 해결한 문제였다. 각 물체, 이를테면 지구와 달은 계의 질량중심 주위를 완벽한 타원을 그리며 돌고 있다. 그런데 중력을 가진 단 하나의 물체만 더 집어넣어도 상황은 완전히 달라진다. 삼체문제는 어렵다. 어려워도 보통 어려운 것이 아니다. 푸앵카레가 발견했듯 이는 거의 해결이 불가능하다. 얼마간은 궤도를 산술적으로 계산할 수 있고, 또 성능 좋은 컴퓨터라면, 불확실성이 화면을 덮어버리기 전까지는 상당 시간 궤도를 추적할 수 있다. 그러나 이 방정식들은 해석적 방법으로 풀 수 없다. 이는 세 물체 계가 장기적으로 어떻게 되는지의 문제는 절대로 해결할 수 없다는 것을 의미한다. 태양계는 안정적일까? 단기적으로 봤을 때는 안정적인 것 같아 보인다. 하지만 심지어 지금도 어떤 행성의 궤도가 점점 중심을 이탈하여 마침내는 태양계를 완전히 벗어나는 일이 결코 일어날 수 없다고는 아무도 장담할 수 없다.

구상성단과 같은 계를 직접 다체문제로 다루기에는 너무나 복잡하다. 그러나 어떤 타협점을 찾으면 연구할 수 있다. 이를테면 각각의 별이 어떤 특정한 중심重心을 갖는 평균 중력장을 통과해 날아다닌다고 합리적으로 생각할 수 있다. 그러나 간혹 2개의 별이 아주 가깝게 접근했을 경우 그 둘의 상호작용은 평균 중력장과는 분리해 다뤄야 한다. 한편 천문학자들은 구상성단이 일반적으로 안정적이지 않다는 것을 인식했다. 이중성二重星 계는 그 안에서 별들이 견고하고 작은 궤도 안에서 짝을 이루도록 하는데, 또 다른 별이 이중성에 접근하게 되면 세 별 중 하나는 튕겨 나간다. 이런 상호작용에서 가끔 별이 충분한 에너지를 얻어 탈출 속도에 이르면 성단을 영원히 떠나버린다. 그러면 성단은 근소하게나마 수축된다.

1960년 파리에서 박사학위 논문을 쓰기 위해 이 문제와 씨름하던 에농은 조금은 임의적인 추정을 한다. 말하자면 성단의 규모가 변하더라도 여전히 자기유사성을 유지할 것이라고 생각한 것이다. 계산을 하던 에농은 놀라운 결과를 얻게 된다. 성단의 핵은 운동에너지가 증가함에 따라 밀도가 무한대로 되면서 붕괴한다는 것이었다. 이는 상상하기도 어려웠을 뿐만 아니라 지금까지 이를 뒷받침하는 관찰 결과도 없었다. 그러나 에농의 이론은 차츰 자리를 잡기 시작했다(이후 '중력열역학적 붕괴 이론'이라는 이름이 붙는다).

탄력을 받은 에농은 오래된 문제를 수학적 방법으로 해결하려 노력하는

한편, 설령 예상 밖의 결과가 나오더라도 끝까지 추적해보려고 마음먹는
다. 이제 그는 훨씬 쉬운 천체역학 문제를 연구하기 시작했다. 1962년 프린
스턴 대학교를 방문하게 되면서 에농은 처음으로 MIT의 로렌츠가 기상학
을 연구하면서 썼던 수준의 컴퓨터를 이용할 수 있었다. 에농은 은하수의
중심 주위를 도는 별들의 궤도를 모델링하기 시작했다. 은하계의 중심이
하나의 점이 아니라 3차원의 두터운 원반이라는 한 가지 사실만 제외하면,
은하계의 궤도는 태양 주위를 운행하는 행성의 궤도처럼 취급할 수 있다.

　에농은 미분방정식에 한 가지 절충안을 만든다. 에농은 말한다. "좀 더 많
은 실험의 자유를 얻으려면, 우리는 잠시 문제의 천문학 기원에 대해서는
잊어야 합니다." 당시 직접 말하진 않았지만 여기서 '실험의 자유'란 어떤
의미에서 그 문제를 원시적 컴퓨터로 다룰 자유란 뜻이었다. 에농의 컴퓨
터는 기억 용량이 25년이 지난 오늘날의(1987년을 말한다_옮긴이) PC에 들어
가는 칩 1개의 1000분의 1에도 미치지 못했고, 속도 역시 느렸다. 그러나 카
오스 현상을 다루는 후세 실험가들처럼 에농은 엄청난 단순화가 오히려 낫
다는 것을 깨달았다. 계에서 본질적인 것들만 추출함으로써, 다른 계뿐 아
니라 훨씬 더 중요한 계에도 적용할 수 있음을 발견한 것이다. 몇 년 후에도
은하궤도 자체의 문제는 여전히 이론적 유희 수준이었지만, 이러한 계의
동역학은 고에너지 가속기 안의 소립자 궤도에 관심이 있는 사람들과 핵융
합을 달성하기 위해 자기磁氣 플라즈마를 일정한 공간에 가두는 데 관심이
있는 사람들에 의해 많은 연구비를 지원받으면서 집중적으로 연구되었다.

　약 2억 년이라는 시간 척도로 보면 은하계 별들의 궤도는 완전한 타원이
아니라 3차원 성격을 띤다. 3차원 궤도는 위상공간에서 만들어지는 상상적
인 구조물일 때만큼이나 실제 궤도일 때도 시각화하기가 어렵다. 이런 이

유로 에농은 푸앵카레 사상과 비견될 만한 기법을 사용한다. 에농은 은하의 한쪽에 평평한 종이를 똑바로 세워서, 마치 경주마들이 결승선을 가로지르듯 모든 궤도가 종이를 스쳐 지나가는 것을 생각했다. 그러고는 궤도가 평면을 지나치는 곳은 점으로 표시하고, 궤도에서 궤도로 점의 이동을 추적했다.

에농은 이 점들을 직접 손으로 그려야 했다. 그러나 이후 이 기법을 쓴 많은 과학자들은 황혼녘에 멀리서 가로등이 하나하나 점등되듯, 컴퓨터 화면에 점들이 나타나는 것을 지켜보기만 하면 됐다. 전형적 궤도는 종이 왼쪽 하단부의 점에서 시작한다. 한 바퀴 돌면 점은 오른쪽으로 몇 센티미터 떨어진 곳에 나타난다. 그다음에는 두 번째 점보다 우상향에 나타나는 식으로 계속된다. 처음엔 어떤 패턴도 보이지 않지만, 10~20개의 점을 찍은 후엔 계란 모양의 곡선이 나타난다. 연속되는 점들은 실제로 곡선 위에 나타나지만, 점들이 똑같은 장소로 되돌아오지는 않기 때문에 점을 수백에서 수천 개 그려보면 곡선은 확실히 윤곽이 잡힌다.

궤도는 결코 정확히 반복되지 않기 때문에 완전히 규칙적인 것은 아니지만, 분명히 예측 가능하며 카오스와는 거리가 멀다. 점은 곡선 안쪽이나 밖에는 결코 나타나지 않는다. 완전한 3차원 그림으로 변환하면 궤도는 도넛 모양이나 원환체 모양을 띤다. 이 원환체의 절단면이 에농의 사상寫像이다. 여기까지는 그저 선배들이 당연시했던 것을, 즉 궤도는 주기적이라는 사실을 분명히 보여주는 것일 뿐이었다. 1910~30년까지 코펜하겐 관측소에서 천문학자들이 이런 궤도를 수백 개나 관측하고 계산해냈다. 하지만 이들은 주기적이라고 증명된 궤도에만 관심을 가졌다. 에농이 말했다. "저 역시 당시 사람들처럼 궤도는 모두 이처럼 규칙적이어야 한다고 믿었습니다." 그

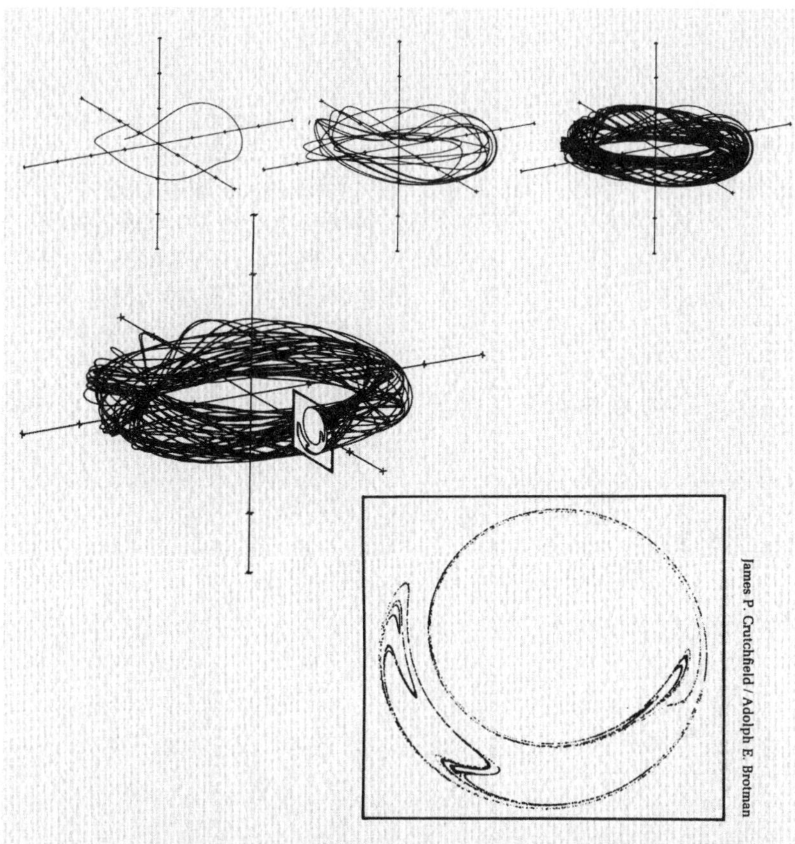

끌개의 구조가 드러나다 ••• 위쪽에 있는 이상한 끌개—첫 번째 것은 궤도가 하나고, 다음은 10개, 그다음은 100개다—는 일정한 간격으로 에너지를 받으면서 완전한 원을 그리며 회전하는 진자, 즉 회전자의 카오스적 행태를 보여준다. 천 번째 궤도(중간 그림)가 그려졌을 때, 끌개는 도저히 알아볼 수 없게 뒤엉킨 다발이 됐다. 다발 안의 구조를 보기 위해 컴퓨터로 끌개의 단면을 잘라, 이른바 푸앵카레 단면을 만들 수 있다. 이 기법은 3차원의 그림을 2차원으로 축소시킨다. 궤적이 평면을 통과할 때마다 점으로 표시되고, 점차 정밀한 패턴이 나타난다. 위 그림에는 8000개 이상의 점이 있으며, 각 점은 끌개 주위의 완전한 궤도를 의미한다. 사실 이 계는 일정한 간격으로 '표본화한' 것이다. 이리하여 하나의 정보는 잃었지만, 다른 하나는 분명하게 드러났다.

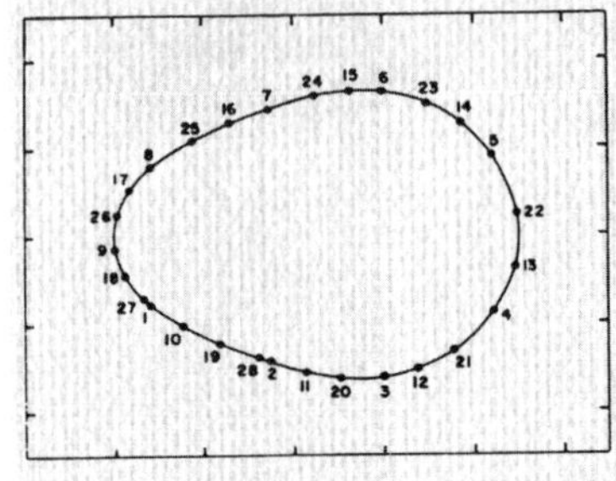

은하계 중심 주위의 궤도 ••• 은하계 별들의 궤적을 이해하기 위해서 미셸 에농은 궤도가 평면과 교차되는 점들을 계산했다. 이렇게 나온 패턴은 계의 전체 에너지에 달려 있었다. 안정 궤도에서 점은 계속해서 연결된 곡선을 만들었다(왼쪽 그림 2개). 하지만 다른 에너지 수준에서는 안정된 상태와 흩어진 점들로 표현되는 카오스가 복잡하게 뒤섞여 있다(아래쪽 그림 2개).

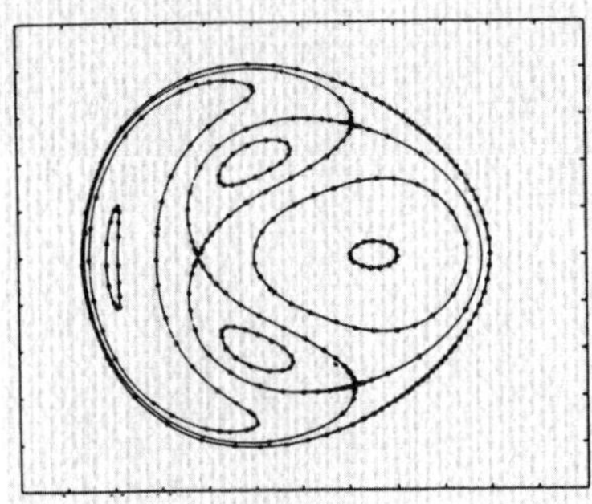

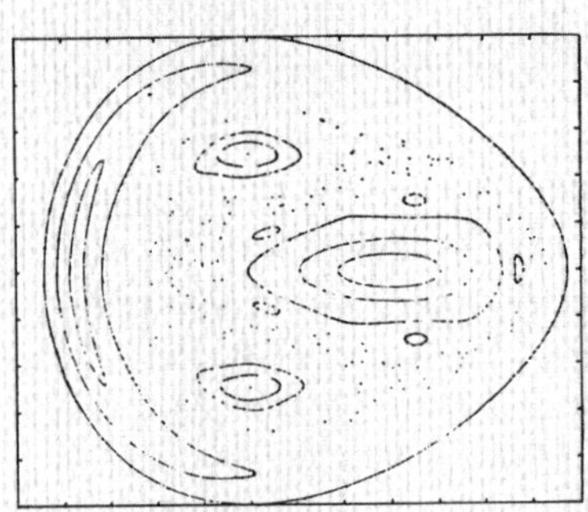

Michel Hénon

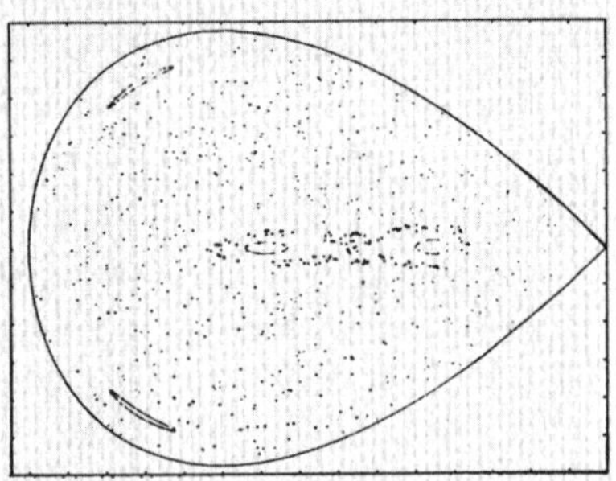

러나 그는 프린스턴 대학교 대학원생이던 칼 하일리스^{Carl Heiles}와 함께 추상적 계에서 에너지 수준을 꾸준히 증가시키면서 다른 궤도들을 계속 계산했다. 이들은 곧 뭔가 완전히 새로운 것을 보게 된다.

처음 계란형 곡선은 더 복잡하게 꼬여 숫자 8처럼 되더니 서로 떨어져 나가 고리로 나눠졌다. 여전히, 모든 궤도는 고리 위를 지났다. 그런데 더 높은 에너지 수준에서 갑자기 다른 변화가 일어났다. 에농과 하일리스는 이렇게 썼다. "놀라운 일이 벌어졌다." 몇몇 궤도가 너무 불안정해졌고 이에 따라 점들이 종이 위에 무작위적으로 흩어졌다. 여전히 곡선을 그리는 부분도 있었지만, 점들이 곡선에서 어긋나는 부분들이 있었던 것이다. 그림은 점점 극적으로 되었다. 완벽한 무질서의 증거들이 남아 있는 분명한 질서와 함께 뒤섞이면서 이 두 천문학자가 '섬'과 '열도列島' 같다고 생각한 모양을 만들었다. 다른 두 대의 컴퓨터와 두 가지 다른 적분법을 이용하여 계산해보았지만 결과는 같았다. 탐구와 사유가 이어졌다. 오직 수치 실험에 기초하여 그림의 심층 구조에 대해 추측할 따름이었다. 이들은 그림을 확대하면 점점 더 작은 규모의 섬들이 나타날 것이고, 아마 무한히 계속될 것이라 생각했다. 수학적 증명이 필요했다. "그러나 문제에 대한 수학적 접근은 쉬워 보이지 않았다."

에농은 다른 문제로 옮겨 갔지만, 14년 후 마침내 다비드 뤼엘과 에드워드 로렌츠의 이상한 끌개에 대해 알게 된다. 1976년 지중해변의 유서 깊은 도로 그랑드 코르니슈에 자리 잡은 니스관측소에 근무하던 에농은 마침 그곳을 방문한 한 물리학자에게서 로렌츠 끌개 얘기를 듣는다. 그 물리학자는 로렌츠 끌개의 미세한 '미시 구조'를 밝히기 위해 다른 기법을 시도해보았지만 썩 성공적이진 못했다. 에농은 소산계가 자기 분야는 아니었지만 ("대체로 천문학자들은 난삽한 소산계를 두려워한다. 소산계는 깔끔하지가 않다") 나름대로 생각이 있었다.

다시 한 번 에농은 소산계의 물리적 기원에 관한 모든 참고문헌들에 구애받지 않고, 자신이 탐구하고자 하는 기하학적인 본질에만 집중하기로 했다. 로렌츠를 비롯한 다른 사람들이 미분방정식—시공간에서 연속적으로 변하는 흐름—에 집착해 있을 때, 에농은 시간을 이산離散적으로 다루는 차분방정식으로 방향을 전환했다. 그는 페이스트리를 만드는 제빵사가 밀가루 반죽을 굴렸다, 접었다, 굴렸다 하면서 마침내는 얇은 층이 켜켜이 쌓인 구조를 만드는 것처럼 위상공간을 계속해서 접었다, 늘렸다 하는 것이 열쇠라고 믿었다.

에농은 종이 위에 평평한 타원형을 그렸다. 이를 잡아 늘이기 위해 그는 타원형 위의 모든 점을 중앙이 위쪽으로 잡아당겨진 아치 모양 위의 새로운 점으로 옮기는 간단한 수치함수를 선택했다. 전체 타원이 하나하나 아치 모양 위에 '사상되는' 것이었다. 그러고는 두 번째 사상을 선택했다. 이번엔 아치형 안으로 오므라들게 하여 더 좁게 만드는 수축이었다. 세 번째 사상은 수축된 아치 모양을 옆으로 돌려 처음에 그렸던 타원에 맞춰 깔끔하게 정리한다. 이 3개의 사상은 계산의 편의를 위해 단일한 함수로 합칠 수 있다.

에농은 스메일의 편자 개념을 염두에 두고 있었다. 숫자만 보면 전체 과정은 너무 간단해서 계산기로 쉽게 추적할 수 있었다. 모든 점은 수평선과 수직선상에서 위치를 갖기 위해 x좌표와 y좌표를 갖는다. 새로운 x를 찾으려면, 이전 y를 취해서 1을 더하고 이전 x의 제곱한 값에 1.4배를 곱해서 빼면 된다. 새로운 y값을 구하기 위해서는 이전 x에다 0.3배 해준다. 따라서 식은 $x_{new}=y+1-1.4x^2$와 $y_{new}=0.3x$ 이다. 에농은 다소 무작위적으로 출발점을 잡은 다음 계산을 하고 이렇게 나온 새로운 점을 하나하나 손으로 그리는 방식으로 수천 개가 될 때까지 그렸다. 그런 다음 실제 컴퓨터 IBM 7040을 사용해서 재빨리 500만 개를 그렸다. PC와 그래픽 화면만 있으면 누구나 쉽게 할 수 있는 일이었다.

처음에 점들은 화면을 무작위적으로 뛰어다니는 것처럼 보였다. 마치 화면을 불규칙하게 누비며 다니는 3차원 끌개의 푸앵카레 단면과 같았다. 그러나 곧 바나나 같은 형태의 곡선을 가진 모양이 나타나기 시작했다. 프로그램을 계속 돌리자 더 상세해졌다. 어떤 부분들은 두께를 지닌 듯했지만, 이후 이 두터운 부분은 2개의 분리된 선으로 바뀌었고, 2개의 선은 다시 한 쌍은 서로 인접하고 다른 한 쌍은 떨어져 있는 4개의 선으로 되었다. 좀 더 확대하자, 4개의 선은 또다시 2개의 선으로 구성되어 있었다. 이런 식으로 무한히 계속되었다. 로렌츠 끌개처럼 에농의 끌개는 마치 하나 속에 또 하나가 들어 있는 러시아 인형(마트로시카)의 끝없는 연속과도 같은 무한 회귀를 보여줬다.

선 안에 또 선이 들어 있는 축소된 세부구조는 점차 크게 확대되는 그림의 최종 형태 안에서 볼 수 있다. 하지만 이상한 끌개의 진정한 효과는 시간이 흘러가면서 모양이, 하나씩 윤곽을 드러낼 때 더 잘 이해할 수 있다. 이는 마치 안개 속에서 유령이 출몰하는 것처럼 나타난다. 새로운 점들이 화면에 너무 무작위적으로 흩어져 나타나기 때문에, (교묘하고 정교한 구조는 고사하고) 거기에 어떤 구조가 있다고 믿기 힘들어 보인다. 연달아 있는 두 점은 마치 난류 흐름 안에서 처음에 가까이 있던 두 점처럼, 아무렇게나 떨어져 있다. 어떤 점의 위치를 안다 하더라도 다음 점이 어디에 나타날지는 추측할 수 없다. 물론 점은 끌개 위 어딘가에 나타난다.

점들이 너무 무작위적으로 흩어져 나타나고 패턴 또한 너무 절묘해서, 그 모양이 끌개라는 걸 떠올리기도 쉽지 않았다. 단지 동역학계의 어떤 궤도만이 아니었다. 다른 궤도들이 모두 그것을 향해 수렴하는 그런 궤도였다. 초기조건의 선택이 문제가 되지 않는 것은 바로 그 때문이었다. 출발점이 끌개 주변 어딘가에 있는 한, 그다음 점들은 재빨리 끌개로 수렴할 것이다.

다비드 뤼엘이 골룹과 스위니가 있는 뉴욕 시립대학교 연구실을 찾아왔을 무렵인 1974년 이 세 명의 물리학자는 이론과 실험 사이의 연결고리가 빈약하다는 사실을 알게 된다. 수학의 한 부분으로, 철학적으론 대담하지만 기술적으로는 불확실했다. 난류 유체 실린더는 보기에는 대단치 않았지만 분명 옛날 이론과 어울리지 않았다. 오후 내내 이야기를 나눈 스위니와 골룹은 부부 동반으로 아디론닥 산맥에 있는 골룹의 산장으로 휴가를 떠났다. 그들은 이상한 끌개를 본 적도 없었고, 난류가 시작될 때 실제로 무슨 일이 일어나는지를 측정한 적도 없었다. 하지만 이들은 란다우가 틀렸고 뤼엘이 맞을 거라고 생각했다.

컴퓨터 실험으로 밝혀진 이 세계의 한 요소로서 이상한 끌개는 처음에는 단순한 가능성으로 시작했지만, 이제 20세기의 많은 위대한 상상력이 가보지 못한 영역에 새로운 이정표를 세우게 되었다. 컴퓨터가 보여주는 이상한 끌개를 보게 된 과학자들은 곧 이것이 난류 흐름이라는 음악에서, 하늘에 떠 있는 구름에서 언젠가 어디선가 본 듯한 얼굴인 것처럼 여겼다. 자연은 '구속적이었다.' 어떤 공통된 근본 테마를 가진 패턴에 무질서가 드러나는 것처럼 보였다.

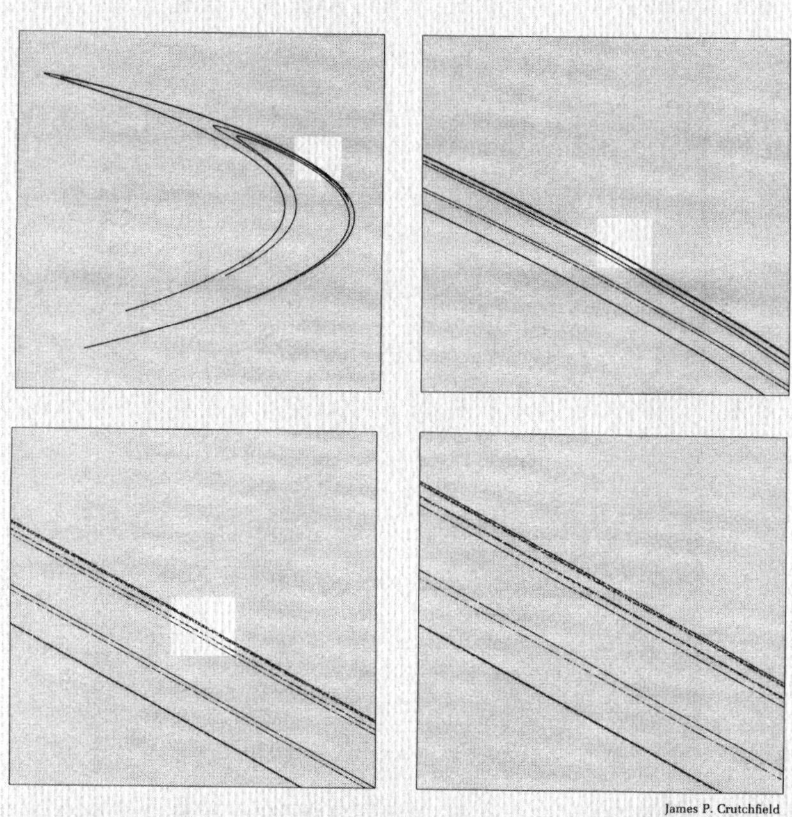

James P. Crutchfield

에농의 끌개 ••• 늘이기와 접힘을 간단하게 결합해 끌개(계산하기는 쉽지만 여전히 수학자들은 잘 이해하지 못하는)를 만들 수 있다. 수천, 수백만의 점이 나타남에 따라 더욱더 상세하게 세부적인 사항이 드러난다. 단일한 선으로 보이던 선을 확대해 보면 쌍이라는 것이, 또 쌍의 쌍이라는 것이 드러난다. 그러나 연속적으로 나타나는 두 점이 가까이 있을지 혹은 멀리 떨어져 나타날지는 예측할 수 없다.

이후 이상한 끌개에 대한 인식은 수치 실험을 하는 사람들이 실행할 수 있는 명확한 프로그램을 제공함으로써 카오스 혁명에 기름을 부었다. 이들은 자연이 무작위적 행태를 보이는 곳이라면 어디에서나 이상한 끌개를 찾아나섰다. 많은 사람들이 지구의 날씨는 이상한 끌개 형태를 보인다고 주장했다. 수많은 주식시장 자료를 모아 자유자재로 조정할 수 있는 컴퓨터 렌즈를 통해 무작위성 속에서 이상한 끌개를 찾기 시작하는 사람들도 있었다.

1970년대 중반에만 해도 이런 발견은 미래에나 가능한 일이었다. 누구도 실험에서 실질적으로 이상한 끌개를 본 적이 없었고, 또 어떻게 찾아야 할지도 명확하지 않았다. 이론상 이상한 끌개는 카오스의 근본적인 새로운 속성에 수학적 중요성을 부여할 수 있었다. 하나는 초기조건의 민감성이다. 다른 하나는 '혼합'이다. 이를테면 제트엔진 설계자가 관심을 가지는 연료와 산소의 효율적인 혼합과 같은 의미의 혼합이다. 하지만 이런 속성을 어떻게 측정할 것인가, 어떻게 그것들을 수치로 표시할 것인가 하는 것은 아무도 몰랐다. 이상한 끌개는 프랙탈처럼 보였고, 진정한 차원은 소수라는 것을 의미했지만, 그 누구도 차원을 어떻게 측정하는지 혹은 이런 측정법을 공학 문제에 어떻게 적용할지 몰랐던 것이다.

무엇보다 중요한 것은 이상한 끌개가 비선형계의 가장 심오한 문제에 관해 뭔가를 말해줄 수 있을지 아무도 몰랐다는 것이다. 쉽게 계산되고 분류되는 선형계와 달리 비선형계는 본질적으로는 여전히 분류가 불가능해 보였다. 모두가 천차만별이었던 것이다. 과학자들로서는 공통된 성질을 가지고 있을 것이라 의구심을 가질 수도 있었겠지만, 막상 측정하고 계산하려 하면 비선형 계들은 자신들만의 세계를 가지고 있었다. 하나를 이해한다고 해서 다음 것을 이해하는 데 도움이 되는 것은 아니었다. 로렌츠 끌개가 본디 패턴이 없는 것처럼 보이는 계의 안정성과 숨겨진 구조를 보여준다고 하자. 그런데 이런 특이한 이중나선 구조가 어떻게 관련 계를 탐구하는 데 도움이 된단 말인가? 아무도 몰랐다.

우선은 흥분과 열정이 순수과학을 압도했다. 이상한 끌개의 모양을 본 과학자들은 잠시나마 과학적 대화의 규칙을 잊어버렸다. 뤼엘은 이런 상황을 설명하기 위해 이렇게 말했다. "나는 이상한 끌개의 미학적 매력에 관해 말한 적이 없다. 하지만 이 곡선의 계와 이 점들의 구름은 때로 불꽃놀이나 은하수를, 또 때로는 기이하게 번식하는 식물을 암시한다. 탐구해야 할 형상과 발견해야 할 조화의 영역이 바로 거기에 있다."

보편성

이런 선을 반복해서 그으면 금金이 생긴다.
땅 위에 이렇게 원을 그리면
회오리바람과 태풍과 천둥과 번개가 일어난다.
크리스토퍼 말로,『파우스투스 박사』

폭포에서 수십 미터 떨어진 상류에 잔잔하게 흐르는 시냇물은 낙하를 예감하고 있는 것처럼 보인다. 물이 빨라지고 마구 흔들린다. 시냇물은 거칠게 고동치는 정맥처럼 튀기 시작한다. 개울가에 미첼 파이겐바움이 서 있다. 코르덴 양복과 스포츠코트를 입은 채 땀을 약간 흘리면서 담배를 빠끔빠끔 피우고 있다. 함께 온 친구들은 상류에 있는 조용한 저수지로 올라가 버렸고 지금은 혼자다. 갑자기 파이겐바움은 테니스 경기를 관전하며 열광하는 관중처럼 갑자기 머리를 좌우로 흔들기 시작했다. "우리는 거품 조각이나 다른 어떤 것을 주목해서 볼 수 있다. 만약 머리를 빨리 움직인다면, 표면의 전체 구조를 불현듯 파악할 수 있고, 이를 피부에 와닿게 느낄 수 있다." 그는 담배연기를 깊숙이 빨아들였다. "하지만 수학적 소양이 있는 사람이 표면을 바라보거나, 모락모락 피어오르는 담배연기를 바라보거나, 아니면 폭풍우가 일고 있는 해안의 벼랑에 서 있다면, 그는 자신이 진정 아무 것도 모르고 있다는 사실을 알게 될 것이다."

'카오스 속의 질서.' 과학에서 가장 오래된 상투어였다. 자연에는 숨겨진 통일성과 공통의 근본적인 형태가 있다는 생각은 나름대로 호소력이 있었으나, 사이비 과학자와 괴짜들에게 영감을 준 안타까운 역사가 있었다. 서른 번째 생일을 1년 앞둔 1974년 로스앨러모스 국립연구소에 온 파이겐바움은 물리학자들이 카오스 속의 질서라는 개념으로 어떤 이론을 만들고자 한다면, 그 개념을 수치로 표시할 수 있는 실질적인 틀이 필요하다는 것을 깨달았다. 하지만 어디서부터 시작해야 할지 막막했다.

파이겐바움을 채용한 피터 카루서^{Peter Carruthers}는 이론 분과를 담당하기 위해 1973년 코넬 대학교에서 온 물리학자로 조용하고 온화한 외모와는 달리 예리한 학자였다. 카루서는 부임하자마자 고참 과학자 6명을 해고하고는—로스앨러모스는 대학에서와는 달리 연구원의 종신고용제를 채택하고 있지 않았다—자신이 직접 젊고 우수한 과학자들을 뽑았다. 과학 연구의 관리자로서 야심만만했던 카루서는 훌륭한 과학이 항상 계획에 의해서 개발되는 것만은 아니라고 생각했다.

만약 연구소나 워싱턴에 어떤 위원회를 설치하고는 '난류는 우리 앞길을 가로막고 있는 문제고, 우리는 이 문제를 해결해야 하며, 만약 이를 해결하지 못하면 많은 분야에서 진보를 이룩할 기회를 놓친다'고 말한다고 합시다. 그러면 당연히 팀을 꾸릴 수 있을 것입니다. 대형 컴퓨터도 장만할 것이고, 거대 프로그램도 진행할 것입니다. 하지만 결코 뭔가 성과를 거두진 못할 것입니다. 하지만 우리로 말할 것 같으면 조용히 앉아 있는 이 똑똑한 젊은이가 있습니다. 사람들과 이야기를 나누기는 하지만 거의 대부분 자기 혼자 연구를 합니다.

그들은 난류에 대해 이야기를 나누었지만, 시간이 지나면서 카루서조차 파이겐바움이 무엇을 하고 있는지 확신하지 못했다.

저는 파이겐바움이 난류 문제는 그만두고 다른 문제를 찾았다고 생각했습니다. 하지만 그 다른 문제가 '같은' 문제였다는 것은 몰랐습니다. 수많은 분야의 과학자들이 매달려 있는, 그러니까 계의 비선형 운동 행태를 연구하고 있는 것 같았습니다. 당시는 이 문제를 해결하려면 소립자물리학을 알아야 하고, 양자장이론도 알아야 하며, 또한 양자장 이론에서 재규격화군이라 알려진 구조가 있음을 알아야 한다고 아무도 생각하지 못했습니다. 아무도 확률 과정의 일반 이론과 프랙탈 구조를 이해해야 한다는 것을 몰랐던 것입니다.
미첼은 이런 것들에 대해 알고 있었습니다. 적절한 때에 적절한 일을 했고, 그것도 매우 잘해냈습니다. 한쪽에 치우침 없이, 전체 문제를 깨끗이 해결했습니다.

파이겐바움은 자신이 비선형 문제라는 난해한 문제를 해결하는 데 실패했다는 확신을 안고 로스앨러모스로 갔다. 비록 물리학자로서 업적이 거의 전무했지만, 지적 배경만은 남달랐던 파이겐바움은 가장 풀기 어려운 수학적 분석에 대한 날카로운 실무 지식, 즉 대부분의 과학자들을 한계까지 몰고 가는 새로운 계산 기법을 터득하고 있었다. 아울러 19세기 낭만주의에서 나온 얼핏 보기엔 비과학적인 사상도 완전히 떨쳐버리지는 않았다. 파이겐바움은 새로운 과학을 하고 싶어 했다. 일단 그는 실제 복잡성 해석에 대한 생각은 제쳐두고, 자신이 찾을 수 있었던 가장 간단한 비선형 방정식부터 연구하기 시작했다.

네 살배기 미첼 파이겐바움은 전쟁이 끝난 직후 브루클린 플랫부시 구역의 부모 집에 있던 실버톤 라디오를 통해 처음으로 우주의 신비를 접하게 된다. 그는 정체 모를 곳에서 흘러나오는 음악에 대한 생각으로 현기증이 났다. 그래도 축음기는 이해하고 있다고 느꼈다. 할머니가 78회전 레코드반盤을 사용할 수 있도록 특별히 허락했던 것이다.

아버지는 화학자로 뉴욕 항만관리국에서 일하다 나중에는 클레이롤 사에서 근무했다. 어머니는 시립학교 교사였다. 파이겐바움은 처음엔 브루클린에서 고소득 직종으로 알려진 전기기술자가 되려고 결심하지만 관심이 많았던 라디오 관련 지식을 더 쉽게 배울 수 있는 곳이 물리학이라 생각하고는 물리학을 공부한다. 파이겐바움은 뉴욕 외곽에서 자라 명문 공립고등학교(새무얼 J. 틸든 고등학교였다)와 시립대학교를 거쳐 아주 성공적인 경력을 쌓아가는 과학자 세대 중 한 사람이었다.

브루클린에서 잘 자란다는 것은 어떤 면에서 자신의 정신세계와 주변 사람들 세계 사이의 평탄치 않은 길을 잘 헤쳐 나가는 것을 의미했다. 어렸을 적 매우 사교적이었던 파이겐바움은 이런 사교성이 아이들로부터 얻어맞지 않는 비결이라고 생각했다. 하지만 뭔가를 아는 나이가 되자 불현듯 깨닫게 된다. 파이겐바움은 점점 친구들과 멀어졌다. 일상적 대화도 더 이상 흥미롭지 않았다. 대학 졸업을 앞두고 불현듯 청년기를 잃어버렸다는 생각이 든 그는 다시 사람들과 교제하기 위해 의식적으로 노력했다. 파이겐바움은 친구들이 면도나 음식에 대해 잡담하는 것을 들으면서 카페에 조용히 앉아 있곤 했다. 그러면서 차츰 사람들과 이야기를 나누는 기술을 다시 배웠다.

1964년 대학교를 졸업한 파이겐바움은 MIT 대학원에 들어갔고, 1970년 소립자물리학으로 박사학위를 취득한다. 그러고는 코넬 대학교와 버지니아 공과대학에서 아무런 성과 없이 4년을 보낸다. 여기서 '아무 성과 없다'는 말은 쉽게 다룰 수 있는 문제들을 가지고 연구 논문을 쉬지 않고 발표하는 일을 말하는데, 이런 논문 발표는 대학의 젊은 과학자에겐 필수적이었다. 박사 후 연구 과정에서는 논문을 써야만 했다. 이따금 지도교수는 파이겐바움에게 어떤 문제에 대해 어떻게 됐느냐고 물어보았다. 그러면 그는 이렇게 대답했다. "아, 그 문제라면 이해하고 있습니다."

로스앨러모스에 새로 부임한 카루서는 과학자로서도 매우 뛰어났지만, 인재를 알아보는 눈에 대해서 만큼은 남다른 자부심이 있었다. 카루서가 원한 인재는 뛰어난 지능을 가진 사람이 아니라 마법의 마개로부터 흘러나오는 것 같은 창조성을 가진 사람이었다. 카루서는 항상 케니스 윌슨Kenneth Wilson 같은 사람을 떠올렸다. 말투가 상냥한 또 다른 코넬대 물리학자였던 윌슨은 이렇다 할 업적이 거의 없었다. 하지만 윌슨과 오랫동안 이야기해 본 사람이라면 누구나 윌슨이 물리학에 정통하다는 사실을 인정했다. 때문에 윌슨의 종신재직권 문제를 놓고 진지하게 토론이 벌어지기도 했다. 다수의 물리학자들이 윌슨의 잠재력 쪽에 손을 들어주었다. 그러자 윌슨은 마치 봇물 터진 것처럼 논문을 쏟아냈다. 1982년 윌슨에게 노벨상을 안겨준 논문을 포함하여, 많은 논문들이 윌슨의 책상 서랍에서 나와 세상에 모습을 드러냈다.

윌슨이 레오 카다노프Leo Kadanoff 그리고 마이클 피셔Michael Fisher와 함께 카오스 이론의 중요한 선구자였다는 사실 자체가 윌슨의 (물리학에 대한) 위대한 공헌이었다. 각자가 따로 연구하고 있던 이들은 상전이가 발생할 때 어떤 일이 일어나는지를 각자 다른 방식으로 생각하고 있었다. 이들은 물질이 어떤 상태에서 다른 상태로—액체로부터 기체로, 혹은 자기를 띠지 않은 상태에서 자기를 띤 상태로—변화하는 지점 근처에서 어떤 행태를 보이는지 연구하고 있었다. 존재의 두 영역 사이에 있는 단일 경계인 상전이는 수학적으로 매우 비선형적 경향을 보인다. 어떤 하나의 상相 내에서 물질의 매끄럽고 예측 가능한 행태는 전이를 이해하는 데 거의 도움이 되지 않는다. 난로 위에 놓은 물주전자는 으레 그렇듯 끓는점에 도달할 때까지 뜨거워진다. 하지만 끓는점에 도달하면 온도 변화가 멈춰지고, 액체와 기체 사이의 분자 계면界面에서 매우 흥미로운 일이 벌어진다.

1960년대에 카다노프가 고찰했듯 상전이는 지적 수수께끼를 제기했다. 자기를 띠고 있는 금속 덩어리를 생각해보자. 금속이 질서 상태가 되려면 어떤 결정을 내려야 한다. 자석은 한 방향 혹은 다른 방향으로 갈 수 있다. 방향은 선택하기 나름이다. 그러나 금속의 작은 부분들은 반드시 같은 방향을 선택해야만 한다. 어째서 그럴까?

어찌 됐듯 선택 과정에서 금속 원자들은 서로 정보를 교환해야만 한다. 카다노프의 통찰력은 정보 교환이 축척 개념을 통해 가장 간단하게 설명될 수 있다는 데 있었다. 사실 그는 금속을 상자들로 나누는 것을 상상했다. 각 상자는 바로 이웃한 상자와 정보를 교환한다. 정보 교환은 어떤 원자가 이웃한 원자와 정보를 교환하는 방식으로 설명하면 된다. 따라서 축척 개념이 유용한 것이다. 다시 말해, 금속을 이해하는 최선의 방법은 금속을 크기가 모두 다른 상자들로 이루어진 프랙탈 모델로 설명하는 것이다.

축척이라는 개념을 강력한 과학적 방법으로 확립하기 위해서는 많은 수학적 분석과 실제계에 대한 경험이 필요했다. 카다노프는 자신이 상당히 힘든 작업을 해냈고, 말할 수 없이 아름답고 자기충족적인 세계를 창조해냈다고 생각했다. 아름다움은 어느 정도 보편성에서 나온다. 카다노프의 개념은 임계 현상에 관한 가장 놀라운 사실, 즉 겉으로는 아무 관련이 없어 보이는 변화들—액체의 비등, 금속의 자기화 등—이 모두 동일한 법칙을 따르고 있다는 것을 이해하는 데 중추적 역할을 했다.

당시 재규격화군 이론이라는 항목 아래 모든 이론을 통합하는 작업을 하던 월슨은 실제계에 매우 유용한 계산 방식을 제공했다. 1940년대에 양자론의 일부로 물리학에 등장한 재규격화군 이론 덕분에 전자와 광자의 상호작용을 계산할 수 있게 되었다. 이런 계산을 하면서 카다노프와 월슨이 고심했던 한 가지 문제는 몇몇 항목이 무한량으로 취급되어야 한다는 것이었다. 귀찮고 짜증나는 일이었다. 그런데 리처드 파인만, 줄리언 슈윙거^{Julian Schwinger}, 프리먼 다이슨 등이 고안한 방법으로 계를 재규격화함으로써 무한량이 배제되었다.

월슨은 그보다 훨씬 뒤인 1960년대에야 비로소 재규격화군 이론의 성공을 위한 기초를 다졌다. 월슨 역시 카다노프처럼 축척의 원리에 대해 생각했다. 소립자의 질량과 같은 양들은 마치 일상적으로 보는 어떤 사물의 질량이 변하지 않는 것처럼 항상 변하지 않는 것으로 여겨졌다. 재규격화군 이론은 질량과 같은 양이 결코 고정되어 있지 않다고 여김으로써 지름길을 만드는 데 성공한다. 이러한 양들은 축척에(이들이 관찰되는 위치에) 따라 커지기도 하고 작아지기도 하는 것처럼 보였다. 언뜻 보면 불합리하다. 하지만 이런 생각은 망델브로가 기하학적 모양들과 영국 해안선에서 깨달았던 것과 아주 비슷했다. 이들의 길이는 축척과 무관하게 측정할 수 있는 것이 아니다. 관찰자의 위치에 따라, 즉 가까운 곳인가 아니면 먼 곳인가 또는 해변에서 관찰하느냐 위성에서 관찰하느냐에 따라 측정치가 달라지는 상대성이 있었던 것이다. 물론 망델브로가 알고 있었듯, 축척에 따른 편차가 임의적인 것은 아니었다. 말하자면 편차는 법칙을 따랐다. 질량이나 길이의 표준 치수가 가변적이라고 하는 것은 다른 종류의 양이 일정하다는 것을 의미했다. 프랙탈의 경우에는 소수 차원이 이러한 일정한 양이었다. 다시 말해 계산될 수 있고 또 계산을 하기 위한 도구로도 사용될 수 있는 상수常數인 것이다. 질량이 축척에 따라 변한다는 사실을 인정하는 것은, 수학자들이 모든 축척을 관통하는 유사성을 인정할 수 있다는 것을 의미했다.

난해하기 짝이 없었던 계산에서 윌슨의 재규격화군 이론은 문제를 다른 방법으로 해결하는 길을 마련했다. 그때까지 고도의 비선형 문제들에 접근하는 유일한 방식은 섭동 이론이었다. 계산을 하기 위해 우선 비선형 문제가 계산 가능한 선형 문제와 상당히 근접하다고 가정한다. 그런 다음 선형 문제를 풀고 나머지 부분은 파인만 도표를 이용해 진행하는 복잡한 방식이었다. 정확성을 필요로 하면 할수록 이 골치 아픈 도표를 더 많이 만들어 계산해야 한다. 운이 좋다면 계산이 문제의 답으로 수렴한다. 하지만 대부분의 경우 수렴이 나타날 만하다가도 사라져버리곤 했다. 1960년대의 모든 젊은 소립자물리학자들처럼 파이겐바움 역시 끊임없이 파인만 도표를 활용했지만, 결국 섭동 이론이 지루하고 모호하며 별 쓸모가 없다고 확신하고는 윌슨의 새로운 재규격화군 이론 쪽으로 가게 된다. 그리고 자기유사성을 인정하면서, 복잡성을 한 번에 한 단계씩 파악할 수 있는 길이 열리게 되었다.

사실 재규격화군 이론이 문외한도 알 수 있을 정도로 간단한 것은 결코 아니었다. 단순히 자기유사성을 포착하기 위해 정확한 계산을 할 때도 상당한 기교가 필요했다. 그럼에도 재규격화군 이론은 잘 맞아떨어졌고, 이에 따라 파이겐바움을 비롯해 다른 물리학자들이 이 방법으로 난해한 난류 문제를 해결하기 위해 노력하게 된다. 결국 자기유사성은 난류, 겹쳐 일어나는 동요, 겹쳐 나타나는 소용돌이의 신호처럼 보였다. 그렇다면 난류는—질서 정연한 계를 카오스 상태로 변하게 하는 불가사의한 순간은—어떻게 해서 발생하는가? 재규격화군 이론이 이 전이를 설명할 무언가를 가졌다는 어떤 증거도 없었다. 예를 들면 그 전이가 축척의 법칙을 따른다는 어떤 증거도 없었다.

MIT 대학원생이었을 무렵 파이겐바움은 수년간 기억에서 사라지지 않을 경험을 하게 된다. 당시 그는 친구들과 함께 보스턴에 있는 링컨 저수지 근처를 걷고 있었다. 파이겐바움은 마음속에서 우러나오는 느낌과 생각에 스스로를 내맡기면서 네다섯 시간씩 걸어 다니는 습관이 있었다. 그날은 친구들과 떨어져 혼자 걷게 되었다. 몇몇 소풍 나온 사람들을 지나쳐 가면서 가끔 뒤를 흘끗 돌아보던 파이겐바움은 사람들의 목소리를 들었고, 이들이 손을 흔들고 음식에 손을 뻗는 모습을 보았다. 갑자기 파이겐바움은 그 광경이 어떤 문턱을 넘어 불가해성의 영역으로 건너가는 것을 느꼈다. 사람들 모습이 너무 작아 알아볼 수 없었다. 이 사건은 일관성이 없고, 임의적이며, 무작위적인 것처럼 보였다. 파이겐바움에게 들렸던 희미한 소리는 의미를 잃어버렸다.

'끊임없는 운동과 이해할 수 없는 인생의 혼잡함.' 파이겐바움은 구스타프 말러Gustav Mahler가 자신의 제2교향곡 3악장에서 나타내려고 애쓴 감정을 묘사한 말을 떠올렸다. "어두운 밤 음악도 들리지 않는 저 먼 곳에서 보이는 휘황찬란한 연회장에서 춤추는 사람들 모습처럼 (……) 인생은 아무 의미 없어 보일 수도 있다." 낭만적 기분에 한껏 젖어든 파이겐바움은 말러의 음악을 듣고 괴테의 소설을 읽었다. 그가 가장 심취한 작품이 (세계에 대한 가장 열정적인 생각과 가장 지적인 생각이 잘 어우러진) 괴테의 『파우스트』였던 것은 지극히 당연했다. 낭만적 기질이 없었다면 저수지에서 느낀 혼란스러움과 같은 감정을 대수롭지 않게 여겼을 것이다. 어쨌든 왜 현상들은 아주 멀리서 보았을 때 의미를 잃어버리는 것일까? 물리 법칙은 축소되는 현상들에 대해서는 시시한 설명만을 할 뿐이다. 가만히 생각해보면 축소와 의미 상실의 관계는 그리 명백한 것이 아니다. 물질이 작아지면 또한 이해할 수 없게 되는 것은 왜 그런 것일까?

파이겐바움은 아주 진지하게 자신이 경험했던 바를 이론물리학적으로 해석하기 위해 매달리면서, 뇌의 지각 시스템은 무엇인지에 대해 생각했다. 우리는 사람들의 행동을 보고 이에 대해 추론한다. 우리 감각이 이용할 수 있는 방대한 양의 정보가 주어진다면, 우리의 이해 기관은 이를 어떻게 분류할까? 뇌에 세상의 사물들이 직접 복사된 자신만의 사본이 없다는 것은 (아주) 분명하다. 인식한 이미지들을 비교 대조할 수 있는 형상들과 관념들이 있는 도서관 같은 것도 없다. 정보는 형태를 바꾸기 쉬운 방식으로 저장된다. 때문에 기이한 병렬이나 상상력의 비약이 가능하다. 외부에 존재하는 카오스 속에서 질서를 발견하는 데 뇌는 고전물리학보다 훨씬 융통성이 있는 것처럼 보였다.

한편 파이겐바움은 색상에 대해서도 생각했다. 19세기로 들어서던 해 과학계에서는 자연의 색상을 놓고 뉴턴 추종자들과 독일의 괴테 사이에 작은 논쟁이 벌어졌다. 뉴턴주의 물리학은 괴테의 생각이 유사과학적인 허튼소리라고 생각했다. 괴테는 색상을 정지된 양으로 보지 않았다. 분광기로 측정하거나 나비처럼 합판에 핀으로 고정시킬 수 있는 게 아니라는 이야기였다. 괴테는 색상을 지각의 문제라고 주장했다. 그는 이렇게 썼다. "자연은 미묘한 평형과 반평형의 상태를 이루면서 일정한 범위 안에서 진동을 한다. 이에 따라 시공간 안에서 우리에게 나타나는 현상들의 다양성과 조건들이 생겨나는 것이다."

뉴턴 이론의 시금석은 프리즘을 사용한 그의 유명한 실험이었다. 프리즘은 백색광을 전체 가시광선의 스펙트럼으로 분산되는 무지개 색상의 빛으로 분해한다. 뉴턴은 이러한 순수한 색들이 백색광을 만들어내는 기본 요소임에 틀림없다고 생각했다. 더 나아가 뉴턴은 뛰어난 통찰로 색들이 진동수에 대응한다고 주장했다. 어떤 진동체—옛날 용어로는 미소체微小體—가 진동 속도에 상응하여 색깔을 만들어내는 것이 틀림없다고 상상한 것이다. 이런 주장을 뒷받침할 만한 근거가 얼마나 미약한지를 생각할 때, 뉴턴의 주장은 훌륭했지만 정당성은 없었다.

빨간색은 무엇인가? 물리학자는 빨간색을 10억분의 620미터(6200Å:1Å $=10^{-8}$cm)와 10억분의 800미터(8000Å) 사이의 파장으로 발산되는 빛으로 본다. 괴테의 색채론이 점점 자취를 감춘 반면, 뉴턴의 광학은 1000번도 넘게 증명되었다. 파이겐바움은 괴테의 책을 찾으러 하버드대 도서관에 가지만 거기 있던 유일한 책은 사라지고 없었다.

결국 책을 입수한 파이겐바움은 괴테가 색에 관한 연구를 하면서 실제로 기발한 실험을 했음을 알게 된다. 괴테는 뉴턴과 마찬가지로 프리즘으로 시작한다. 뉴턴은 프리즘을 빛 앞에 놓고는 분리된 광선을 하얀 표면에 비추었다. 하지만 괴테는 프리즘을 눈앞에 놓고는 이 프리즘을 통해 보았다. 괴테는 전혀 색깔을 지각하지 못했다. 무지개 색깔은커녕 개별적 색조도 지각하지 못한 것이다. 프리즘을 통해 하얀 표면을 보건 맑고 푸른 하늘을 보건 모두 똑같았다.

하지만 작은 반점이 하얀 표면 위에 떨어지거나 구름이 하늘에 나타나면 색깔의 향연을 볼 수 있었다. 괴테는 색을 만들어내는 것은 바로 '빛과 그림자의 교체 현상'이라고 결론지었다. 괴테는 계속해서 색광의 다양한 원천에 의해 생기는 그림자를 사람들이 어떻게 지각하는지 연구했다. 양초와 연필, 거울과 색유리, 달빛과 햇빛, 결정체, 유동체, 그리고 색환을 이용해 광범위하게 실험했다. 이를테면 땅거미가 질 무렵 하얀 종이 앞에 촛불을 켜고는 연필을 하나 들었다. 촛불로 생긴 그림자는 밝은 청색이었다. 왜 그럴까? 하얀 종이는 해가 질 무렵이건 따뜻한 촛불을 켜건 하얀색으로 지각된다. 그런데 어떻게 그림자가 흰색을 청색계와 주황색계로 나누는 것일까? 괴테는 이렇게 주장했다. 색은 "그림자와 관련된 어둠의 정도"다. 특히 색은 (좀 더 현대적으로 표현하면) 경계 조건과 특이성에서 생겨난다.

뉴턴이 환원주의자였던 반면 괴테는 전일주의자였다. 뉴턴은 색을 분리하여 색에 관한 가장 기본적인 물리학적 설명을 찾아냈다. 괴테는 꽃밭을 거닐었고 그림을 연구했으며, 거대하고 모든 것을 포괄하는 설명을 찾아내려 했다. 뉴턴은 자신의 색 이론을 모든 물리학 전반의 수학적 틀에 부합하도록 만들었다. 다행인지 불행인지는 몰라도 괴테는 수학을 몹시 싫어했다.

파이겐바움은 괴테의 색채론이 옳다고 생각했다. 괴테의 이론은 심리학자들 사이에 널리 퍼져 있는 일반적 생각과 비슷했다. 다시 말해 엄연한 물리적 실재와 물리적 실재에 대한 가변적이고도 주관적인 인식을 구별하는 것이다. 우리가 인지하고 있는 색은 시간에 따라, 사람에 따라 다르다. 물론 이렇게 말하기는 쉽다. 그러나 파이겐바움은 괴테의 색채론이 보다 진실한 과학성이 있다고 생각했다. 괴테의 이론은 견고하고 경험적이었다. 괴테는 몇 번이고 되풀이해서 실험의 반복성을 강조했다. 괴테는 보편적이고 객관적인 것은 바로 색에 대한 인식이라고 보았다. 실생활에서 빨간색을 정의하는 데 우리의 인식과 무관한 어떤 과학적 근거가 있었던가?

파이겐바움은 인간의 인식, 특히 혼란스럽게 뒤섞인 경험을 체로 걸러내 보편적 성질을 찾아내는 인식과 일치하는 수학적 공식들은 어떤 것이 있는지 자문했다. 뉴턴주의자들이 생각하듯 빨간색은 반드시 특정한 파장대의 빛은 아니다. 빨간색은 혼돈스런 우주의 한 영역이고, 그 영역의 경계를 묘사하는 것은 그리 쉽지가 않다. 그러나 우리의 마음은 규칙적이고 증명할 수 있는 일관성을 가지고 빨간색을 찾아낸다. 한 젊은 물리학자의 이러한 생각은 유체의 난류와 같은 문제들과는 전혀 관계가 없는 듯 보였다. 그럼에도 인간의 마음이 인식의 혼돈을 어떻게 가려낼 것인가를 이해하기 위해서는, 무질서가 보편성을 어떻게 만들어낼 수 있는가를 확실히 이해해야 했다.

로스앨러모스에서 비선형성에 대해 생각하기 시작할 무렵 파이겐바움은 이제까지 자신이 받아온 교육이 거의 하나도 쓸모없다는 것을 깨닫는다. 특수한 예들이 교과서에 나와 있기는 하지만, 비선형 미분방정식계를 해결하는 것은 불가능했다. 어딘가 해답이 있을 것이라는 기대를 가지고 해결 가능한 문제를 끊임없이 수정하는 방식인 섭동 기법은 어리석어 보였다. 비선형 흐름과 진동을 다룬 책들을 섭렵한 파이겐바움은 사리를 아는 물리학자에게 도움 되는 것은 거의 없다고 판단했다. 계산 도구라고는 오로지 연필과 종이밖에 없었던 파이겐바움은 로버트 메이가 집단생물학에서 연구한 간단한 방정식과 비슷한 것에서부터 시작하기로 결심했다.

공교롭게도 고등학교 기하학에 나오는 포물선 방정식이었다. 적어보면, $y=r(x-x^2)$다. x의 모든 값은 y값을 주는데, 이렇게 만들어진 곡선은 x와 y 사이의 관계를 나타낸다. 만약 x(올해 개체수)가 작으면 y(이듬해 개체수)도 작지만 x보다는 크다. 곡선은 급상승한다. 만약 x가 중간값을 취하면 y값 은 크다. 그러나 곧 포물선은 상승 속도가 점점 완만해져서 감소 국면으로 접어들게 되고, 따라서 x값이 커지면 y값은 다시 작아진다. 이 때문에 생태 학적 모델링에서 개체수 급감에 상응하는 것이 만들어진다. 말하자면 비현 실적인 무한 증가에 제동을 거는 것이다.

메이와 파이겐바움의 연구에서 핵심은 이런 단순 계산을 한 번이 아니라 피드백 고리로 끊임없이 되풀이해서 사용한다는 것이었다. 하나의 계산값 은 다음 계산을 위해 다시 입력되었다. 그래프상에 나타난 것을 보면 포물 선은 엄청나게 유용했다. x축상에서 초기값을 선택한다. 포물선과 만나는 점까지 위쪽으로 직선을 그은 다음 교차점의 y축에 해당하는 값을 읽는다. 그리고 그 y값에 해당하는 x축상의 점에서 다시 시작한다. 처음에는 연속 된 숫자들이 포물선 위를 이리저리 튀어 다니지만, 곧 안정된 평형 상태, 즉 x와 y가 같고 따라서 값이 변하지 않는 상태가 된다.

표준 물리학의 복잡한 계산에서 더 제거할 수 있는 것은 하나도 없다. 한 번에 풀 수 있는 복잡한 수식이 아니라 몇 번이고 되풀이하는 단순 계산법 이다. 수치 실험물리학자도 마치 비커 안에서 일고 있는 거품의 반응을 자 세히 관찰하는 화학자처럼 '관찰'한다. 여기서 결과는 일련의 숫자들이었 고 안정적인 최종 상태로 항상 수렴하지는 않았다. 결국 두 값 사이를 오락 가락하며 진동할 수도 있다. 아니면 메이가 집단생물학자들에게 설명했듯

(누군가가 유심히 관찰하는 한) 계속해서 카오스적으로 변화할 수도 있다. 이렇듯 다양하게 가능한 행태 중에서 어느 쪽으로 귀결되느냐 하는 것은 매 개변수값을 어떻게 조정하느냐에 달려 있었다.

파이겐바움은 다소 실험적인 수치 연구를 진행하는 한편 좀 더 전통적 방식인 비선형함수에 대한 이론적 분석도 시도했다. 그럼에도 이 방정식으로 무엇을 할 수 있는지 전체 그림을 그릴 수가 없었다. 그 가능성이 너무 복잡해 분석하기가 매우 어려울 것이라는 점은 분명했다.

한편 파이겐바움은 로스앨러모스에 있는 세 사람의 수학자 니컬러스 메트로폴리스Nicholas Metropolis, 폴 슈타인Paul Stein, 미런 슈타인Myron Stein이 1971년 포물선방정식의 '사상'을 연구했다는 사실을 알게 된다. 폴 슈타인은 복잡성이 정말 끔찍할 정도였다고 파이겐바움에게 말한 바 있었다. 이렇게 가장 단순한 방정식도 아주 다루기 힘든 것으로 판명되었다면, '실제계'를 나타내는 훨씬 복잡한 방정식들은 더 말할 필요도 없는 것이 아닌가? 파이겐바움은 전체 문제를 제쳐놓았다.

짧은 카오스의 역사에서 이 단순해 보이는 방정식은 과학자들이 하나의 문제를 얼마나 다양한 방식으로 볼 수 있는지를 가장 잘 보여주는 사례이다. 생물학자들에게 이 방정식은 하나의 교훈이었다. 말하자면 단순한 계가 복잡한 양상을 보일 수도 있다는 교훈이었다. 메트로폴리스와 폴 슈타인 그리고 미런 슈타인은 이 문제를 어떤 수치값과도 관계없는 위상수학적 패턴들 모음을 분류하는 것으로 보았다. 이들은 특정한 지점에서 피드백 과정을 시작해, 포물선 위를 이리저리 옮겨 다니는 연속적인 수치를 관찰했다. 값이 왼쪽으로 움직이면 L로, 오른쪽으로 움직이면 R로 표기하며 순서대로 기록했다. 첫 번째 패턴은 R. 두 번째 패턴은 RLR. 193번째 패턴은

RLLLLLRRLL. 이런 결과는 수학자에게 상당히 흥미로운 면을 가지고 있었다. 항상 특정한 순서대로 반복되는 것처럼 보였던 것이다. 그러나 물리학자에게는 모호하고 지루하게 보였다.

그때까지 누구도 알지 못했지만, 1964년 로렌츠는 기후에 대한 심오한 문제를 비유적으로 보여주는 것으로 같은 방정식을 연구하고 있었다. 너무 심오한 물음이라 그 전에는 거의 아무도 이에 대해 물을 엄두를 내지 못한 질문이었다. '기후가 존재하는 것일까?' 다시 말해 지구의 날씨에는 장기간의 평균치가 있는가? 예나 지금이나 대부분의 기상학자들은 답은 자명하다고 생각한다. 확실히 어떤 측정할 수 있는 행태는 (변동하든 그렇지 않든 간에) 반드시 평균을 갖는다는 것이다. 그러나 잘 생각해보면 이는 전혀 자명하지 않다. 로렌츠가 지적했듯이, 지난 1만 2000년 동안의 평균 날씨는 북미 대부분이 얼음으로 덮여 있었던 그 전 1만 2000년 동안의 평균 날씨와는 현저히 달랐다. 어떤 물리적 이유 때문에 기후가 다른 기후로 바뀐 경우가 있을까? 아니면 훨씬 더 긴 시간에 걸친 기후가 있어 위에서 말한 변동은 단지 평균치 안에서의 편차에 불과한 것일까? 아니면 날씨와 같은 계는 '결코' 평균에 수렴하지 않을 가능성이 있을까?

로렌츠는 두 번째 질문을 던졌다. 날씨를 지배하는 완벽한 방정식들을 실제로 적을 수 있다고 가정해보자. 다시 말해 하느님만이 알고 있는 비밀을 안다고 가정하자. 그렇다면 기온과 강우량의 평균 통계치를 계산하는 데 방정식을 사용할 수 있을까? 만일 방정식이 선형이라면 대답은 쉽게 '그렇다'가 될 것이다. 그러나 방정식은 비선형이다. 우리가 쓸 수 있는 실제 방정식을 하느님이 만들어놓지 않았기 때문에, 로렌츠는 대신 2차 차분방정식을 검토했다.

메이가 했던 것처럼 로렌츠는 어떤 매개변수가 주어질 때 방정식이 어떻게 변화하는지를 살폈다. 작은 매개변수를 택하면 방정식은 안정된 고정점에 이르렀다. 확실히 그 계는 가장 평범한 의미의 '기후'를 만들어냈다. '날씨'는 결코 변화하지 않았다. 반면 매개변수가 커지면 두 점 사이에서 진동할 가능성이 있었고, 그 계 역시 단순 평균으로 수렴했다. 하지만 어떤 지점을 넘어서면 카오스가 일어났다. 로렌츠는 기후에 대해서 생각하고 있었기 때문에, 계속적인 피드백이 주기적 행태를 만들어내는지의 여부뿐만 아니라 평균 결과치가 무엇인지에 대해서도 의문을 가졌다. 답은 평균값 역시 불안정하게 변동한다는 것이었다. 매개변수값이 매우 근소하게 변화하더라도 평균값이 극적으로 변화할 수 있다. 이로 유추할 때, 지구의 기후는 장기간에 걸쳐 평균적 행태를 보이는 평형 상태로 결코 가지 않을지도 몰랐다.

로렌츠의 기후 연구는 수학 논문으로 보면 실패작이었을 것이다. 공리적 의미에서 증명한 것이 하나도 없기 때문이다. 물리학 논문으로서도 심각한 흠이 있었다. 왜냐하면 그렇게 단순한 방정식을 사용해 지구의 기후에 관한 결론을 끌어낸다는 것을 정당화시킬 수 없었기 때문이다. 로렌츠 역시 이를 잘 알고 있었다.

필자는 이러한 유사성이 단지 우연이 아니며, 차분방정식이 물리학은 몰라도 수학의 상당 부분, 즉 하나의 흐름에서 다른 흐름 상태(균일한 흐름에서 소용돌이치는 흐름)로 전이하는 것에 대한 수학 그리고 사실상 불안정한 현상 전체에 대한 수학을 포착하고 있다고 느낀다.

20년이 지났음에도 스웨덴의 기상학 학술지 『텔루스Tellus』에 발표된 이런 대담한 주장을 어떤 직관이 정당화할 수 있는지 아무도 이해하지 못했다. (한 물리학자는 침통하게 외쳤다. "텔루스! 텔루스를 읽는 사람은 아무도 없다.") 로렌츠는 카오스 계의 독특한 가능성들을—기상학 용어로 표현할 수 있는 것 이상으로—더욱 깊이 이해하게 되었다.

동역학계의 변화 양상을 탐구하던 로렌츠는 2차 사상보다 약간 더 복잡한 계가 또 다른 종류의 예기치 못한 패턴을 만들어낼 수도 있음을 알게 된다. 특정한 계에 숨겨져 있는 것은 하나의 안정해stable solution 이상의 것일 수도 있다. 관찰자는 매우 오랜 시간에 걸쳐 하나의 행태를 볼 수 있을지 모르지만, 완전히 다른 행태라도 계에 자연스러운 것일 수 있다. 이런 계를 이행 불가능intransitive 계라 하는데, 이 계는 어느 하나의 평형 상태나 다른 평형 상태에 머무를 수 있지만 둘 다는 안 된다. 또한 외부의 충격을 받아야만 변화할 수 있다. 가장 전형적인 이행 불가능 계로는 표준 진자시계가 있다. 에너지의 정상 흐름은 태엽이나 배터리에서 탈진脫進 장치를 통해 들어오고, 마찰에 의해 빠져나간다. 규칙적 진동은 명백한 평형 상태이다. 지나가던 사람이 시계를 차면 진자는 순간적으로 동요하여 빨라지거나 느려질지 모르지만 곧 평형 상태로 되돌아올 것이다. 그러나 시계는 또한 두 번째 평형 상태—운동방정식에 대한 두 번째의 타당한 해답—가 있는데, 이는 진자가 똑바로 매달려 정지해 있는 상태이다. 진자시계만큼 전형적이지는 않지만 또 하나의 이행 불가능 계는—아마 몇몇 다른 지역에서는 완전히 다른 행태를 보일지도 모르지만—기후 그 자체일 것이다.

수년 동안 지구의 대기와 해양의 장기적 운동 행태를 시뮬레이션하기 위해 지구적 컴퓨터 모델을 사용하던 기상학자들은 자신들의 모델에서 완전히 다른 평형 상태가 가능하다는 것을 알고 있었다. 지질학적 과거를 통틀어 이런 대체 (가능한) 기후가 있었던 적은 전혀 없었지만, 이 역시 지구를 지배하는 방정식계에서 똑같이 타당성을 갖는 해이다. 일부 기상학자들은 이런 기후를 하얀 지구White Earth 기후라 부른다. 다시 말해 대륙이 눈으로 덮여 있고 바다는 얼음으로 덮여 있는 지구의 기후이다. 지구가 빙하로 덮여 있다면 지구는 태양열의 70퍼센트를 반사할 것이고, 이에 따라 지구는 극히 추운 상태가 될 것이다. 대기의 가장 낮은 층인 대류권은 더욱 얇아질 것이다. 얼어붙은 지면에 부는 폭풍은 우리가 알고 있는 폭풍보다 훨씬 약해질 것이다. 일반적으로 기후는 우리가 생각하는 것 이상으로 훨씬 혹독할 것이다. 컴퓨터 모델은 하얀 지구 평형 상태로 가려는 강력한 경향을 가지고 있다. 기상학자들은 왜 하얀 지구가 이제껏 일어나지 않았는지를 자문했다. 그저 단순한 우연일지도 몰랐다.

지구의 기후가 얼음으로 뒤덮인 상태가 되려면 어떤 외부적 원인에 의해 거대한 충격을 받아야 한다. 로렌츠는 '유사 이행 불가능성'이라는 그럴듯한 또 다른 운동 행태에 대해 설명한다. 유사 이행 불가능 계는 아주 오랜 기간 동안 (어떤 한계 안에서 변동하는) 하나의 평균적 운동 행태를 보인다. 그러고는 (아무런 이유 없이) 전혀 다른 운동 행태를 보이는데, 물론 여전히 변동하지만 다른 평균치를 만들어낸다. 컴퓨터 모델을 설계한 사람들은 로렌츠의 발견을 알고 있었지만, 가급적이면 유사 이행 불가능성을 피하려 했다. 너무 예측 불가능하다는 이유에서였다. 기상학자들은 지구에 사는 우리가 매일 측정하는 균형 상태로 되돌아가려는 경향을 강하게 가진 모델들을 만들려는 자연스런 편향을 갖고 있다. 아울러 기후의 커다란 변화들을 설명하기 위해 (이를테면 태양을 도는 지구 궤도의 변화 같은) 외부 요인들을 찾는다. 하지만 지구의 기후가 불가사의하고도 불규칙한 간격으로 긴

빙하시대를 들락날락하면서 표류한 이유를 유사 이행 불가능성이 잘 설명할 것이라는 점을 기상학자들이 깨닫는 데는 그리 대단한 상상력이 필요하지 않다. 만약 그렇다면 그 주기를 알기 위해 어떤 물리적 요인을 찾을 필요도 없다. 빙하시대는 단지 카오스의 부산물일 수도 있는 것이다.

자동화기 시대에 콜트45구경 권총을 탐내는 총기수집가처럼, 현대과학자는 HP-65 휴대계산기에 대한 향수가 있다. 한창 전성기를 구가하던 몇 년 동안 이 계산기는 수많은 과학자들의 연구 습관을 완전히 바꾸었다. 파이겐바움에게 이 계산기는 종이와 연필로 계산하던 연구 스타일에서 당시로서는 상상조차 할 수 없었던 컴퓨터를 사용한 연구 스타일 사이의 가교였다.

파이겐바움은 로렌츠에 대해 아는 바가 없었지만, 1975년 여름 콜로라도 아스펜에서 있었던 한 모임에서 스티븐 스메일이 2차 차분방정식의 몇 가지 수학적 성질에 대해 말하는 것을 듣게 된다. 스메일은 사상이 주기성을 가지고 있다가 카오스로 변화하는 정확한 지점에 대해 몇 가지 해결되지 않은 흥미로운 문제가 있다고 생각하는 것 같았다. 늘 그렇듯 스메일은 탐구할 가치가 있는 문제들에 대해 날카로운 직관을 지니고 있었다. 파이겐바움은 한 번 더 연구하기로 결심했다. 파이겐바움은 (질서와 무질서 사이의 경계 영역에 집중하면서) 2차 사상에 대한 이해를 종합하기 위해 자신의 계산기로 해석대수학과 수치 실험을 결합하기 시작했다.

파이겐바움은 경계 영역이 유체의 매끄러운 흐름과 난류 사이의 불가사의한 경계와 은유적으로—아니 은유적으로'만'—같다고 생각했다. 로버트 메이가 동물 개체수 변화 과정에 나타나는 규칙적 주기성 외에는 어떤 가능성에도 관심을 갖지 않던 집단생물학자들에게 환기시키고자 했던 영역이기도 했다. 이 영역에서 카오스로 가는 길은 주기 2가 주기 4로 되고, 주기 4가 주기 8로 되는 과정이 계속되는 주기 배가의 연속이었다. 이런 주기 배가는 흥미진진한 패턴을 보여주었다. 이를테면 '번식력'의 미미한 변화가 집시나방 개체수를 4년 주기에서 8년 주기로 변화하게 만드는 지점들이었다. 파이겐바움은 우선 주기 배가를 만들어내는 정확한 매개변수 값들을 계산했다.

결국 그해 8월 파이겐바움이 발견에 이를 수 있었던 것은 속도가 느린 계산기 덕분이었다. 각 주기 배가의 정확한 매개변수값을 계산하는 데는 오랜 시간—그래 봐야 몇 분이지만—이 걸렸다. 주기 배가의 열께이 높아지면 높아질수록 시간이 더 오래 걸렸다. 성능 좋은 컴퓨터와 출력기를 가지고 있었다면, 파이겐바움은 아무런 패턴도 관찰하지 못했을지도 모른다. 그러나 그는 숫자들을 손으로 써야만 했고, 그러고 나서 기다리는 동안 그 수들에 대해서 생각해야만 했으며, 시간을 절약하기 위해 그다음 해답이 어디 있을 것인가를 추측해야만 했다.

곧 파이겐바움은 추측할 필요가 없다는 것을 깨닫는다. 이 계 안에는 예상 밖의 규칙성이 숨어 있었다. 원근법 그림에서 같은 모양의 전신주 열이 지평선을 향하여 수렴하는 것처럼 수들이 기하학적으로 수렴하고 있었던 것이다. 만약 우리가 나란히 서 있는 두 전신주의 크기를 안다면, 나머지 모든 전신주의 크기를 알 수 있다. 즉 첫 번째 전신주에 대한 두 번째 전신주의 비율은 두 번째 전신주에 대한 세 번째 전신주의 비율과 같을 것이다. 주기 배가는 그저 빨라지는 것이 아니라 일정한 비율로 빨라지고 있었다.

왜 그렇게 되어야만 할까? 대개 기하학적 수렴이 존재한다는 것은 뭔가가 어딘가에서 다른 축척으로 자신을 되풀이하고 있다는 것을 암시한다. 하지만 설령 이 방정식 내부에 그러한 축척의 패턴이 있다 할지라도, 어느 누구도 그것을 본 적이 없었다. 파이겐바움은 자신의 계산기로 가장 정밀하게(소수점 세 자리) 수렴의 비율을 계산하여 4.669라는 수를 찾아냈다. 이 비율은 무엇을 의미할까? 파이겐바움은 수에 관심을 가지고 있는 사람이라면 해야 하는 일을 진행한다. 원주율(π)과 자연로그의 밑수(e) 등 모든 표준 상수들에 그 숫자를 맞추면서 나머지 하루를 보낸 것이다. 그러나 어떤 표준 상수의 변형은 아니었다.

이상하게도 로버트 메이는 역시 이런 기하학적 수렴을 보았다는 것을 뒤늦게야 깨달았다. 하지만 메이는 이를 보자마자 잊어버리고 만다. 메이에게는 이런 수렴이 기이한 숫자 그 이상도 이하도 아니었다. 메이가 생각하던 동물군집의 계나 경제 모델 계와 같은 현실계에서는 불가피하게 발생하는 잡음이 그와 같은 정밀한 세부사항들을 압도했던 것이다. 그런데 메이를 그때까지 인도했던 바로 그 혼잡성이 결정적인 지점에서 그를 멈추게 했다. 방정식의 전체적 행태 때문에 흥분을 감추지 못하던 메이는 그 수의 내용이 중요한 것으로 입증되리라고는 상상도 못했던 것이다.

반면 파이겐바움은 자신이 찾은 것이 무엇인지를 잘 알았다. 왜냐하면 기하학적 수렴이 존재한다는 것은 이 방정식 안에 있는 뭔가가 바로 '축척'이라는 것을 의미하기 때문이었다. 그는 축척의 중요성을 잘 알고 있었다. 모든 재규격화군 이론은 축척에 의존했다. 일견 다루기 어려워 보이는 계에서 축척은 다른 모든 것이 변하고 있는 동안에도 변하지 않는 어떤 성질이 존재한다는 것을 의미했다. 방정식의 혼란한 표면 아래 규칙성이 놓여 있었다. 하지만 어디에 있는 것일까? 앞으로 무슨 일을 해야 할지 막막했다.

지대가 높아 공기가 희박한 로스앨러모스에서 여름은 빠르게 가을로 바뀌는데, 파이겐바움이 독특한 사유에 끌리게 된 때는 10월이 거의 끝나갈 무렵이었다. 파이겐바움은 다른 방정식들을 연구하던 메트로폴리스, 폴 슈타인이 어떤 패턴들은 한 종류의 함수에서 다른 종류의 함수로 넘어간다는 것을 발견했음을 알게 된다. R과 L의 똑같은 결합들이 그것도 똑같은 순서로 나타났다. 하나의 함수는 어떤 수의 사인^{sine}을 포함하고 있었는데, 사인 함수는 파이겐바움이 포물선 방정식에 주의 깊게 애써서 접근한 것을 무의미하게 만들어버렸다. 다시 시작해야만 했다. 파이겐바움은 HP-65 계산기를 들고 $xt+1=r\sin\pi xt$에 대한 주기 배가를 계산하기 시작했다. 삼각함수를 계산해야 했기 때문에 훨씬 시간이 걸렸다. 파이겐바움은 방정식을 더 단순하게 변형시킴으로써 좀 더 빨리 해결할 수 있을지 궁금했다. 수들을 자세하고도 확실히 조사하자 수들이 또다시 기하학적으로 수렴하고 있었다. 문제는 이 새로운 방정식의 수렴 비율을 계산하는 것뿐이었다. 정밀도에는 한계가 있었지만, 그는 다시 소수점 세 자리 즉 4.669라는 결과치를 계산해냈다.

똑같은 수치였다. 놀랍게도 이 삼각함수는 일관된 기하학적 규칙성만 나타내는 게 아니었다. 훨씬 더 단순한 함수의 규칙성과 수치상으로 '동일한' 규칙성을 나타내고 있었던 것이다. 형태와 의미가 매우 다른 2개의 방정식이 똑같은 결과치를 가져야 하는 이유를 설명하는 어떠한 수학적, 물리학적 이론도 없었다.

파이겐바움은 폴 슈타인에게 전화했다. 슈타인은 근거도 불충분한 우연의 일치를 믿으려 하지 않았다. 어찌 됐든 정확함이 떨어진다는 말이었다. 그럼에도 파이겐바움은 뉴저지에 살고 있던 부모에게 또 전화를 걸어 자신이 뭔가 심오한 것을 우연히 발견했다고 말했다. 어머니에게는 이 발견이 자신을 유명하게 만들 것이라고도 했다. 이후 파이겐바움은 다른 함수들, 즉 자신이 생각하기에 연속적 주기 배가를 통해 무질서에 이르는 함수라면 뭐든 연구하기 시작했다. 모두 다 똑같은 숫자가 나왔다.

파이겐바움은 평생을 수와 씨름하며 보낸 사람이었다. 10대 때는 대부분의 학생들이 표를 이용해서 찾던 로그값과 사인값을 계산하는 방법을 알았다. 그러나 자신의 휴대계산기보다 큰 컴퓨터를 사용하는 방법을 배운 적은 없었다. 이런 점에서 파이겐바움은 컴퓨터 연구가 함의하는 기계론적 사고를 경멸하는 물리학자들과 수학자들을 대표했다. 그렇지만 이제는 상황이 달라졌다. 파이겐바움은 동료에게 포트란을 배워 밤늦도록 상수를 소수점 다섯 자리인 4.66920까지 계산해냈다. 그날 밤 매뉴얼에서 정밀도를 두 배로 올리는 법에 대해 읽은 그는 다음 날 4.6692016090까지 계산해냈다. 슈타인을 납득시키고도 남을 만큼 정확한 수치였다. 그럼에도 아직 미심쩍은 부분이 남아 있었다. 파이겐바움은 규칙성을 찾기 시작했다. 수학을 이해한다는 것은 바로 규칙성을 찾는다는 말이었다. 또한 특정한 방정식은 특정한 물리계와 마찬가지로 독특한 행태를 보인다는 것을 '알기' 시작한다. 어쨌든 이런 방정식들은 단순했다. 파이겐바움은 2차방정식을 이해했고, 사인 방정식도 이해했다. 아주 쉬운 수학이었다. 그럼에도 매우 상이한 이들 방정식의 중심에 있는 뭔가가 반복적으로 하나의 단일한 숫자를 만들어냈다. 파이겐바움은 우연히 뭔가를 발견하게 된다. 어쩌면 단순한 호기심거리일지도 모르고, 어쩌면 자연의 새로운 법칙일지도 몰랐다.

선사시대의 동물학자가 어떤 사물이 다른 것보다 더 무겁다고 가정하고—사물들은 '무게'라는 추상적 성질을 가지고 있다—이 개념을 과학적으로 연구한다고 생각해보자. 그는 실제로 무게를 재본 적이 없지만, 무게라는 개념을 조금은 이해한다고 생각한다. 큰 뱀과 작은 뱀, 큰 곰과 작은 곰을 살펴본 동물학자는 동물들의 무게가 크기와 어떤 관계가 있다고 생각한다. 그는 저울(축척)을 만들어서는 뱀의 무게를 재기 시작한다. 놀랍게도 모든 뱀의 무게가 같다. 당혹스럽게도 모든 곰의 무게 역시 똑같다. 무게가 모두 4.6692016090인 것이다. 분명히 '무게'는 애초 예상했던 것과 다르다. 전체 개념을 다시 생각해야 한다.

굽이치는 흐름, 흔들리는 진자, 전자진동자 등 많은 물리계들이 카오스 상태가 되는 과정에서 전이를 거치는데, 이런 전이 과정들은 너무 복잡하여 분석할 수 없었다. 물론 이들은 모두 동역학이 완벽하게 이해되는 것처럼 보였던 계들이었다. 물리학자들은 모든 적합한 방정식을 알았다. 하지만 방정식에서 전체적이며, 장기적 운동 행태에 대한 이해로 넘어가는 것은 불가능해 보였다. 안타깝게도 유체 방정식, 심지어 진자 방정식도 간단한 1차원 병참 사상logistic map보다는 훨씬 어려웠다. 파이겐바움이 보기에 방정식들은 요점을 놓치고 있었다. 적절하지 않았던 것이다. 질서가 나타나면, 원래 방정식이 무엇이었는지는 갑자기 잊혔다. 2차방정식이나 삼각함수도 결과는 마찬가지였다. 파이겐바움은 말했다. "물리학에서는 전통적으로 우리가 메커니즘을 고립시키면 나머지는 모두 술술 풀린다고 봅니다. 이제는 완전히 무너져 내렸죠. 지금은 올바른 방정식을 알고 있지만, 그리 신통치 않습니다. 미시적인 조각들을 모두 모았지만, 이것들을 장기적인 것으로 확대할 수 없었습니다. 이 문제에서 중요한 것은 그런 게 아닙니다. 어떤 것에 대해 '안다'는 것의 의미를 완전히 바꾸는 겁니다."

비록 수數와 물리학 사이의 연관성이 약하긴 했지만, 파이겐바움은 복잡한 비선형 문제들을 계산하는 새로운 방법을 찾는 데 필요한 증거를 발견했다. 지금까지는 우리가 이용할 수 있는 모든 기법이 함수의 세부 내용에 달려 있었다. 만약 함수가 사인함수면, 파이겐바움은 세심하게 사인 계산을 했다. 하지만 보편성을 발견했고, 이는 이러한 모든 기법을 내팽개쳐야 한다는 것을 의미했다. 규칙성은 사인함수와 아무 관련이 없었다. 포물선과도 아무 관련이 없었다. 어떤 특정 함수와 아무 관련이 없었던 것이다. 이유가 뭘까? 답답한 노릇이었다. 자연은 일단 커튼을 젖혀 예상치 못한 질서를 잠시 보여주었다. 커튼 뒤에 다른 어떤 것이 있는 것일까?

머릿속에 두 개의 작은(하나는 좀 더 큰) 물결 모양의 이미지가 한 폭의 그림처럼 떠올랐다. 그게 전부였다. 마음속에 새겨진 밝고 선명한 이미지는 아마도 의식의 수면 아래에서 일어나는 정신적 과정이라는 거대한 빙산의 일각에 불과했을 것이다. 축척과 관련이 있었고, 파이겐바움에게 방향을 제시하는 것이었다.

파이겐바움은 끌개들을 연구하고 있었다. 파이겐바움의 사상寫像에 의해 도달한 안정된 평형 상태는 다른 모든 점들을 유인하는 고정점이다. 출발 '개체수'에 상관없이, 끌개인 고정점을 향해 끊임없이 진동할 것이다. 최초의 주기 배가를 통하여 끌개는 세포가 분열하는 것처럼 두 부분으로 갈라진다. 처음에 이 두 고정점은 거의 붙어 있지만, 매개변수가 증가함에 따라 두 점 간의 거리는 멀어진다. 그런 다음 또 다른 주기 배가를 통하여 주기 2인 끌개의 각 점들은 동시에 다시 둘로 나누어져 주기 4인 끌개가 된다. 파이겐바움의 수는 주기 배가가 '언제' 일어날 것인지를 예측할 수 있게 해준다. 이제, 더욱 복잡해진 이 끌개의 각 점—주기 2의 두 점, 주기 4의 네 점, 주기 8의 여덟 점—의 정확한 값 역시 예측할 수 있었다. 그는 매년의 실질적인 개체수를 예측할 수 있었다. 거기에는 또 다른 기하학적 수렴이 있었다. 이 수들 역시 축척의 법칙을 따르고 있었다.

파이겐바움은 수학과 물리학 사이에 놓여 있는 잊힌 중간 영역을 탐구하고 있었다. 어디로 분류할지 힘든 연구였다. 수학은 아니었다. 그는 '증명'하는 게 아무것도 없었다. 분명 숫자를 연구하고 있었지만, 숫자와 수학자의 관계는 동전 자루와 투자은행가의 관계와 같았다. 직업적으로 숫자를 다루긴 하지만, 사실 너무 모래 같고 특수해서 이런 데 시간을 낭비할 수 없는 것이다. 개념이야말로 수학자들의 진짜 화폐이다. 파이겐바움은 물리학 연구도 진행하고 있었는데, 이상하게 들릴지 모르지만 일종의 실험물리학에 가까웠다.

파이겐바움은 중간자와 쿼크 대신 숫자와 함수를 연구했다. 숫자와 함수는 궤적과 궤도가 있었고, 이들의 운동을 조사할 필요가 있었다. 파이겐바움은 '직관을 창조할' 필요가 있었다(직관을 창조한다는 말은 훗날 과학의 새로운 상투적 문구가 된다). 그의 가속기와 안개 상자는 컴퓨터였다. 파이겐바움은 이론과 더불어 방법론을 세우고 있었던 것이다. 대개 컴퓨터를 사용하는 사람은 어떤 문제를 만들어서 컴퓨터에 입력한 다음 컴퓨터가 해답—하나의 문제에 하나의 해답—을 계산해낼 때까지 기다린다. 그러나 파이겐바움과 후속 카오스 연구자들에게는 이것만으로 부족했다. 로렌츠처럼 미니어처 우주를 만들어 발전 과정을 관찰할 필요가 있었다. 그런 다음 모형에서 이 부분 혹은 저 부분을 바꿀 수 있었고, 그 결과 일어난 변화된 발전 과정을 관찰할 수 있었다. 결국 그들은 어떤 부분에서의 미세한 변화가 전체 행태에 괄목할 만한 변화를 초래할 수 있다는 새로운 확신을 갖게 되었다.

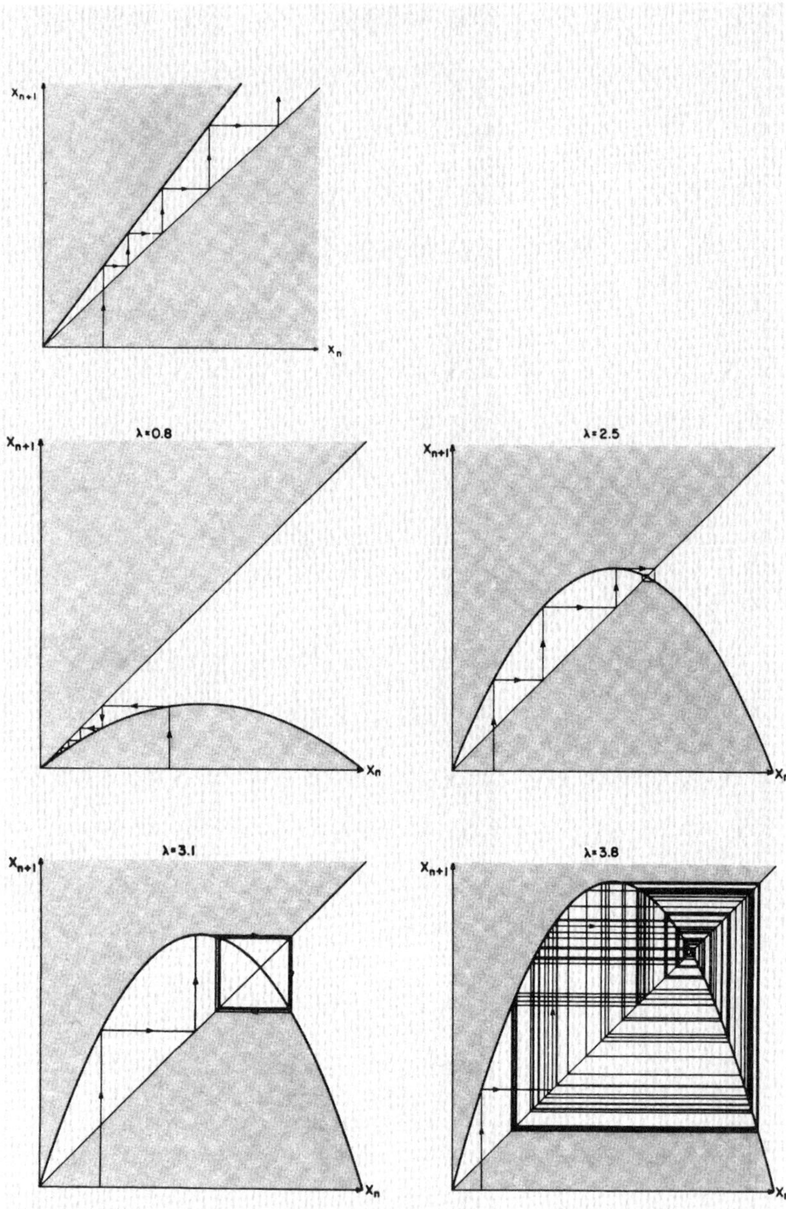

x_n+1
x_n
λ=0.8
x_n+1
x_n
λ=2.5
x_n+1
x_n
λ=3.1
x_n+1
x_n
λ=3.8
x_n+1
x_n
H. Bruce Stewart, J. M. Thompson / Nancy Sterngold

카오스가 나타나는 과정 ··· 간단한 방정식을 몇 번이고 되풀이한다. 미첼 파이겐바움은 하나의 수를 입력하여 다른 수를 만드는 간단한 함수에 초점을 맞췄다. 동물 개체수로 말하면, 올해 개체수와 이듬해 개체수 사이의 관계를 나타내는 함수라고 할 수 있다. 이런 함수를 가시화하는 하나의 방법은 수평선상에 입력치를 기입하고 수직선상에 출력치를 기입하면서 그래프를 그리는 것이다. 각각의 입력치 x에 대해 오직 하나의 출력치 y가 존재하고, 이것들은 굵은 선으로 나타난 모양이 된다.

그런 다음 계의 장기적 행태를 나타내기 위해, 파이겐바움은 어떤 임의의 값 x로 시작하는 궤적을 그렸다. 그런데 각각의 y값은 새로운 입력치로서 같은 함수에 재입력되기 때문에 파이겐바움은 재치를 발휘해 지름길을 찾는다. 말하자면 궤적이 45도의 직선, 즉 x와 y의 값이 같은 직선상에서 반사되어 튀어 오르는 점을 이용한 것이다.

생태학자에게 개체수 증가에 관한 가장 자명한 함수는 선형함수로, 매년 일정한 비율로 지속적이고도 무제한으로 증가하는 맬서스적 시나리오다(위쪽 그림). 좀 더 현실적인 함수들은 아치 형태를 이루는데, 이는 개체수가 정점에 도달한 다음 감소한다는 것을 나타낸다. 이를 잘 보여주는 것으로는 '병참 사상'이 있는데, 이는 함수 y=rx(1-x)로 정의된 완벽한 포물선으로, 여기서 0부터 4 사이의 값을 취하는 r은 포물선의 가파른 정도를 결정한다(가운데와 아래 그림). 그러나 파이겐바움은 아치의 종류가 무엇인가 하는 것은 별로 문제가 되지 않는다는 것을 발견했다. 방정식의 세부사항은 중요하지 않았던 것이다. 핵심은 함수가 '봉우리'를 가져야 한다는 것이었다.

하지만 그 행태는 가파른 정도—비선형성의 정도, 즉 로버트 메이가 번성과 감소라고 부른 것—에 민감하게 영향을 받았다. 봉우리가 너무 낮은 함수는 개체수가 완전히 소멸되어가는 과정을 보여준다. 시작할 때의 개체수가 얼마든 간에 결국에는 완전히 없어지는 것이다(가운데 왼쪽 그림). 가파른 정도가 높아지면 전통적인 생태학자들이 예상하듯 안정된 평형 상태가 된다. 모든 궤적을 끌어당기는 그 점은 0차원의 끌개이다(가운데 오른쪽 그림).

매개변수 r이 어떤 값을 넘어서면, 분기를 통하여 주기2로 진동하는 개체수를 보여주는 주기2 끌개가 나타난다(아래 왼쪽 그림). 그런 다음 주기 배가가 계속되다가 마침내 궤적은 일정주기를 나타내지 않은 카오스 상태가 된다(아래 오른쪽 그림).

이러한 형상들은 파이겐바움이 이론을 정립하는 출발점이 된다. 파이겐바움은 회귀의 측면에서 생각하기 시작했다. 말하자면 함수의 함수, 함수의 함수의 함수 등등에 대해, 또한 두 개의 봉우리를 가진 사상, 그리고 네 개의 봉우리…… 등에 대해 생각했다.

파이겐바움은 로스앨러모스의 컴퓨터 시설이 자신이 펼치고 싶은 계산 스타일과 얼마나 안 어울리는지 한눈에 알게 된다. 대부분의 대학에 비해 훨씬 방대한 장비가 있었음에도 로스앨러모스에는 그래프와 그림을 나타낼 수 있는 단말기가 거의 없었으며, 그것도 무기 분과에 있는 것뿐이었다. 파이겐바움은 수를 선택해서 그 수를 그래프 위에 점으로 나타내려고 했지만 상황이 허락하지 않았다. 가장 원시적인 방법을 쓰는 수밖에 없었다. 로스앨러모스의 공식 방침은 대형 컴퓨터 한 대가 작은 용량의 컴퓨터 여러 대보다 훨씬 낫다는 것인데, 이는 '하나의 문제에 하나의 해답'이라는 전통에 따른 것이다. 용량이 작은 컴퓨터는 들여올 수 없었다. 더구나 어떤 분과에서 컴퓨터를 구입하려면 엄격한 행정 지침과 공식 검토를 거쳐야만 했다. 나중에서야 이론 분과의 예산 작전 덕분에 파이겐바움은 2만 달러짜리 '데스크톱 계산기'를 들여오게 된다. 이리하여 방정식과 그림들을 돌리면서 이를 비틀고 또 조율하면서 컴퓨터를 마치 악기 다루듯 가지고 놀 수 있었다. 당분간은 중요한 그래프를 그릴 수 있는 단말기들은 보안이 철통같은 곳에—연구소 은어로는 울타리 뒤에만—있었다. 파이겐바움은 중앙컴퓨터에 전화선으로 연결된 단말기를 이용해야 했다. 때문에 전화선 다른 쪽 끝에 있는 중앙컴퓨터의 위력을 실감할 수가 없었다. 매우 간단한 작업조차도 몇 분씩 걸렸다. 프로그램의 한 줄을 편집하기 위해서는 리턴키를 누르고 난 뒤 화면이 바로잡힐 때까지 기다려야 했고, 중앙컴퓨터를 사용하는 다른 많은 사람들 틈에 끼어 순서를 기다려야만 했다.

컴퓨터로 계산하는 동안에도 파이겐바움은 생각을 멈추지 않았다. 관찰하고 있는 다축척 패턴multiple scaling patterns을 만들어내는 새로운 수학은 뭘까? 이 함수들에는 뭔가 (하나의 행태가 그 안에 숨겨진 다른 행태에 의해 인도된다는 측면에서) '회귀적'이고, '자기준거적'인 면이 분명 있었다. 불현듯 떠올랐던 물결 모양의 이미지는 하나의 함수가 다른 함수에 부응하기 위해서 변화하는 방식에 대해 뭔가를 표현하고 있었다. 파이겐바움은 무한대를 처리하기 쉬운 양으로 다루기 위해, 축척을 이용한 재규격화군 이론을 적용했다. 1976년 봄 그는 그 어느 때보다 연구에 몰두했다. 마치 몽환 상태에 빠진 것처럼 맹렬히 프로그램을 짜고 연필로 갈겨쓰고 다시 프로그램을 짜는 데 온 정신을 집중했다. 전화를 사용하기 위해서는 컴퓨터와의 연결을 끊어야 했고 컴퓨터로의 재연결 또한 불확실했기 때문에, 계산 분과에 도움을 요청하는 전화도 할 수 없었다. 또 단말기에 연결된 컴퓨터가 자동으로 연결을 끊어버리기 때문에 5분 이상 생각에 잠겨 있을 수도 없었다. 어쨌든 컴퓨터는 신경질이 날 만큼 자주 작동이 중단되었다. 파이겐바움은 두 달 동안 쉬지 않고 일했다. 일하는 시간이 하루 22시간이나 되었다. 머릿속이 복잡해지면 잠을 청했는데, 2시간 후 일어나 보면 자기 전에 했던 생각이 그대로 머릿속에 남아 있었다. 먹는 음식이라곤 순전히 커피밖에 없었다(건강하고 시간 여유가 있을 때조차도 파이겐바움은 오로지 새빨간 고기와 커피, 그리고 붉은 포도주로 생활했다. 친구들은 그가 담배에서 비타민을 섭취하고 있음에 틀림없다고 생각했다).

결국 의사가 끼어들었다. 의사는 신경안정제 발륨을 처방하고 강제로 휴식을 취하도록 했다. 그러나 그때는 이미 파이겐바움이 보편성 이론^{universal theory}을 만들어낸 다음이었다.

아름다움과 유용성의 차이는 보편성에 있다. 수학자들은 어느 지점을 넘어서면 자신들이 계산기법을 제공하고 있는지에 거의 관심이 없다. 물리학자는 어느 지점을 넘어서면 수를 필요로 한다. 보편성은 어떤 쉬운 문제를 해결함으로써 보다 어려운 문제를 풀 수 있으리라는 희망을 물리학자에게 준다. 해답들은 같을 것이다. 더구나 파이겐바움은 자신의 이론을 재규격화군의 틀 위에 정립함으로써 물리학자들이 거의 표준적인 계산 기법으로 인정할 옷을 재규격화군 이론에 입혔다.

하지만 보편성을 유용하게 만든 것은 정작 물리학자들로 하여금 보편성을 믿지 못하게 만들었다. 보편성은 서로 다른 계들이 동일한 행태를 보인다는 것을 의미했다. 물론 파이겐바움은 간단한 수 함수들만 연구하고 있었지만, 자신의 이론이 질서와 무질서 사이의 전이 과정에 있는 계에 관한 자연법칙을 나타내고 있다고 믿었다. 난류가 서로 다른 진동수의 연속적 스펙트럼을 의미한다는 것은 누구나 알고 있었다. 하지만 서로 다른 진동수가 어디서 오는지는 몰랐다. 그런데 이제 갑자기 진동수들이 연역적으로 나타나는 것을 볼 수 있게 된 것이다. 물리학적 함의는 현실계 역시 동일한—인식할 수 있는—행태를 보일 것이며, 더 나아가 '계측상으로도' 동일하다는 것이다. 파이겐바움의 보편성은 질적인 것만이 아니라 양적인 것이었고, 구조적인 것만이 아니라 계량할 수 있는 것이었다. 보편성은 패턴뿐만 아니라 구체적인 숫자까지 확장되었다. 물리학자들로서는 믿기 어려운 생각이었다.

몇 년 후까지도 파이겐바움은 바로 꺼내 볼 수 있는 책상 서랍에 논문 게재 거절 편지를 계속 모아두고 있었다. 그때쯤 파이겐바움은 자신이 원하는 인정을 모두 받게 된다. 로스앨러모스에서의 연구 업적으로 상과 상금을 받은 그는 명성과 부를 얻었다. 하지만 일류 학술지 편집자들은 파이겐바움이 논문 투고를 시작한 지 2년이 지나도록 논문 게재 부적격 판정을 내려 그를 안타깝게 했다. 과학에 관한 획기적 발견이 너무 독창적이고 예기치 못한 것이라 학술지에 게재될 수 없었다는 것은 다소 전설처럼 느껴진다. 정보가 거대하게 유통되고 공평한 동료 심사 제도가 있는 현대과학이 취향에 따라 논문을 싣고 안 싣고 하지는 않았을 터였다. 파이겐바움의 원고를 되돌려 보낸 한 편집자는 몇 년 후, 그 분야의 획기적 전환점이 된 논문을 거절했음을 깨달았다. 그러나 그는 여전히 자기네 잡지의 독자들인 응용수학자들에게는 그 논문이 부적당했다고 주장했다. 그러는 동안 출판조차 되지 않은 파이겐바움의 역작은 수학과 물리학의 몇몇 서클에서 매우 뜨거운 관심을 끌었다. 이론의 핵심은 현재 대부분의 과학이 그렇듯 강연과 출판 전 논문을 통해 전파되었다. 파이겐바움은 학술회의에서 연구 결과를 설명했으며, 논문 복사를 요청하는 사람들이 처음에는 몇십 명에서 나중에는 몇백 명이나 되었다.

현대경제학은 효율적 시장 가설에 많이 의존하고 있다. 이에 따르면 지식은 이리저리 자유롭게 흘러 다니며, 중요한 결정을 하는 사람들은 거의 비슷한 정보의 핵심에 접근한다고 여겨진다. 물론 새로운 정보에 무지하거나 내부 정보를 배타적으로 소유하고 있는 지대가 여기저기 남아 있기는 하지만, 대체로 지식이 일단 공식화되면 경제학자들은 어디나 알려진 것으로 가정한다. 과학사학자들은 자신들만의 효율적 시장 가설을 당연하게 생각한다. 하나의 발견이 이루어지고 하나의 개념이 발표되면 과학계의 공동 재산이 된다고 여긴다. 각각의 발견과 새로운 영감은 가장 최근의 것 위에 세워진다. 과학은 빌딩처럼 벽돌 하나하나를 쌓아 올린다. 이렇게 보면 지식의 연대기는 사실상 선형적이라 할 수 있다.

과학 연구에 대한 이런 관점은 정식화된 분야에서 정식화된 문제를 해결할 때가 가장 좋다. 이를테면 DNA 분자 구조의 발견은 어느 누구도 오해하지 않는다. 하지만 개념의 역사가 항상 그렇게 말끔한 것만은 아니다. 비선형 과학은 다양한 학문 분야의 외진 곳에서 나왔기 때문에 개념의 흐름이 역사가들의 정상 논리를 따르지 않았다. 카오스의 출현은 새로운 이론과 발견에 대한 이야기였을 뿐만 아니라 오래된 개념을 뒤늦게 이해한 이야기였다. 많은 수수께끼들이 푸앵카레, 맥스웰^{James Clerk Maxwell}, 심지어 아인슈타인에 의해 오래전에 풀렸지만 이후 곧 잊혔다. 처음에는 몇몇 내부자들만 수많은 새로운 것들을 이해했다. 수학자들은 수학적 발견을, 물리학자들은 물리학적 발견을 이해했지만, 기상학적 발견을 이해하는 사람은 아무도 없었다. 개념이 생겨난 방식 못지않게 개념이 퍼져나가는 방식이 중요한 것이다.

과학자들 각각은 자신들만의 지적 족보가 있다. 또한 과학자들은 자신만의 개념적 풍경화를 갖고 있으며, 자기 나름의 방식대로 그 그림을 그린다. 지식은 불완전했다. 과학자들은 분야의 전통이나 자신이 받은 교육 방식에 따라 편견을 갖게 된다. 과학의 세계는 놀라울 정도로 제한적일 수도 있었다. 역사를 새로운 방향으로 끌고 간 것은 어떤 과학위원회가 아니라 개인적 통찰력과 목표를 가진 몇몇 개인들이었다.

이후 어떤 혁신과 공헌이 가장 영향력이 있었는지에 대한 합의가 이루어지기 시작했다. 그러나 이런 합의에는 일종의 수정주의적 요소가 포함되어 있었다. 발견이 한창 이루어질 때, 특히 1970년대 후반에는 카오스를 이해하는 방식이 물리학자건 수학자건 백이면 백 모두 달랐다. 마찰이나 분산이 없는 고전적 계에 익숙한 과학자는 콜모고로프와 아놀드^{V. I. Arnold} 같은 러시아 과학자들 계보에 자신을 넣었다. 고전적 동역학계에 익숙한 수학자는 푸앵카레에서 버코프George D. Birkhoff, 르빈슨N. Levinson, 스메일로 이어지는 계보를 마음속으로 생각했다. 나중에 수학자의 별자리는 스메일, 구켄하이머John Guckenheimer, 뤼엘을 중심으로 자리매김이 이루어질지도 모른다. 아니면 로스앨러모스와 관련된 울람, 메트로폴리스, 슈타인을 중심으로 컴퓨터를 이용한 계산을 강조하는 계열이 중심을 이룰 수도 있다. 이론물리학자는 뤼엘, 로렌츠, 뢰슬러와 요크를 생각할지 모른다. 생물학자라면 스메일, 구켄하이머, 메이와 요크를 생각할지 모른다. 가능한 조합은 끝도 없다. 물질을 다루는 과학자는―지질학자나 지진학자들은―망델브로의 직접적인 영향을 높이 평가할지도 모른다. 하지만 이론물리학자들은 거의 모르는 체한다.

파이겐바움의 역할은 논쟁의 중심이었다. 나중에 파이겐바움의 명성이 드높아지자 몇몇 물리학자들은 일부러 파이겐바움과 2, 3년 차이는 있지만 거의 같은 시기에 똑같은 문제를 연구해온 다른 사람들을 인용했다. 어떤 이들은 파이겐바움이 카오스라는 광범위한 스펙트럼 가운데서도 작은 부분에만 초점을 맞추고 있다고 비난했다. 물리학자 중에는 '파이겐바움학Feigenbaumology'이 확실히 뛰어난 업적이긴 하지만 과대평가되었다고, 이를테면 요크의 연구만큼 파급력은 없다고 말하는 사람도 있었다. 1984년 파이겐바움은 스웨덴에서 열린 노벨 심포지엄에 초청되어 강연을 했는데, 그곳에서 논쟁이 촉발되었다. 브누아 망델브로는 나중에 청중들이 '반파이겐바움 강연'이라고 표현한 매우 신랄한 강연을 한다. 어쨌든 망델브로는 미르버그P. J. Myrberg라는 핀란드 수학자가 쓴 20년 묵은 주기 배가 관련 논문을 들추어냈으며, 파이겐바움 연속을 '미르버그 연속'이라고 말했다.

그러나 파이겐바움은 보편성을 발견했으며, 이를 설명하는 이론을 만들었다. 보편성은 새로운 과학의 중심축이었다. 이처럼 놀랍고도 직관에 반하는 결과를 학술지에 발표할 수 없었던 파이겐바움은 1976년 8월 뉴햄프셔 주에서 열린 학술회의에서, 9월에는 로스앨러모스의 국제수학자 모임에서, 그리고 11월에는 브라운 대학교에서 있었던 강연에서 자신의 이론을 설파했다. 그의 이론과 발견은 놀라움과 의혹, 흥분을 불러일으켰다. 과학자가 비선형 문제를 생각하면 할수록 파이겐바움의 보편성은 더 위력을 발휘했다. 누군가는 이렇게 썼다. "우리가 제대로 살피기만 하면, 비선형계에 언제나 한결같이 존재하는 어떤 구조들이 있다는 발견은 아주 다행스럽고도 충격적이다." 어떤 물리학자들은 개념뿐만 아니라 기법도 받아들였다. 사상寫像을—단순히—갖고 노는 것만으로도 이들은 전율을 느꼈다. 계산기만 가지고 있으면, 파이겐바움을 로스앨러모스에서 연구를 계속하도록 만들었던 경이로움과 만족감을 느낄 수 있었다. 그리고 이들은 보편성 이론을 더욱 다듬었다. 프린스턴의 고등연구소에서 강연을 들은 소립자물리학자 비타노비츠Predrag Cvitanović는 파이겐바움의 이론을 단순화하고 보편성을 확장하는 데 도움을 준다. 하지만 비타노비츠는 그저 심심풀이로 한 것일 뿐이라고 계속 핑계를 댔다. 자신이 하고 있던 일을 동료들에게 시인할 마음이 없었던 것이다.

한편 수학자들은 파이겐바움이 엄밀한 증명을 하지 않았다는 이유로 보편성 이론에 대해 유보적이었다. 보편성 이론은 1979년에 가서야 오스카 랜퍼드Oscar E. Lanford에 의해 수학적 언어로 증명된다. 파이겐바움은 9월에 열린 로스앨러모스 학술회의에서 유명 인사들을 모아놓고 자신의 이론을 발표하던 일을 떠올리곤 했다. 강연을 시작하자마자 저명한 수학자 마크 카크Mark Kac가 일어서더니 질문을 던졌다.

"선생, 지금 여기서 수치를 제시하는 것입니까, 아니면 증명을 해 보이는 것입니까?"

파이겐바움은 자기가 설명하는 바는 수치 이상이요, 증명 이하라고 대답했다.

"'합리적인' 사람은 그걸 증명이라 부릅니까?"

파이겐바움은 청중들이 판단해야 할 몫이라고 말했다. 강연을 끝낸 그가 카크에게 소감을 묻자 냉소적으로 비웃듯 '엄' 발음을 굴려가며 대답했다. "네, 참으로 합리적인 사람의 증명입니다. 세부 사항들은 '엄, 엄, 엄밀한' 수학자들의 몫일 겁니다."

변화가 일기 시작했고 보편성의 발견은 거기에 더욱 박차를 가했다. 1977년 여름, 두 물리학자 조지프 포드와 길리오 카사티^{Gilulio Casati}는 새로운 과학 카오스 관련 학술회의를 처음으로 주관했다. 회의는 알프스 산맥의 눈이 녹아내려 형성된 아주 깊고 푸른 호수 코모 남단에 있는, 이탈리아의 작은 도시 (호수 이름을 딴) 코모의 한 우아한 별장에서 열렸다. 참석자 100여 명은 대부분 물리학자였고, 이외에 다른 분야의 호기심 많은 과학자들이 왔다. 포드가 말했다.

"파이겐바움은 보편성을 발견했으며, 이것이 어떻게 흥미로운 카오스로 이어지는지를 직관적으로 알아냈습니다. 모든 사람이 이해할 수 있는 명확한 모델을 발견한 것은 처음이었습니다."

"그리고 때가 되었습니다. 천문학에서 동물학에 이르기까지 사람들은 다른 사람들이 주위에 있다는 것을 전혀 알지 못한 채 자신들만의 좁은 분야 학술지에 논문을 게재하는 등 똑같은 일들을 하고 있었습니다. 이들은 자신들밖에 없다고 생각했으며, 자신들을 자기 분야에서 벗어난 조금은 별난 사람들이라고 여겼습니다. 이들은 우리가 의문을 품을 수 있는 단순한 문제들을 빠짐없이 연구했으며, 좀 더 복잡한 현상들에 대해서 연구하기 시작했습니다. 마침내 그들은 다른 모든 사람들 역시 거기 있었음을 알고 눈물을 흘리며 기뻐했습니다."

나중에 파이겐바움은 세간 살림이 거의 없는 집에 살았다. 침대방 하나, 컴퓨터가 있는 방 하나, 그리고 자신이 수집한 독일 음반을 듣기 위해 전축을 놓은 방 하나가 전부였다. 이탈리아에 있을 때 값비싼 대리석 커피 탁자를 구입하면서 생각한 집 꾸미기는 이사를 하면서 대리석 탁자가 산산조각나는 바람에 결국 실패로 끝난다. 논문과 책 더미가 벽을 따라 늘어서 있었다. 말이 빨랐던 파이겐바움은 이제는 갈색이 섞인 회색의 긴 머리가 이마에서 쓸어 넘겨져 있었다. "20세기에 극적인 일이 일어났습니다. 물리학자들이 주변 세계에 대한 본질적으로 정확한 설명을 우연히 발견하는 건 다 이유가 있습니다. 양자 이론은 어떤 의미에서 본질적으로 정확하기 때문입니다. 그것은 진흙을 가지고 컴퓨터를 만드는 방법을 말해줍니다. 우리가 우리의 우주를 다루도록 배운 방법입니다. 화학 제품이 만들어지고 플라스틱이나 기타 등등이 만들어지는 방법이지요. 사람들은 그것이 어떻게 계산되는지 압니다. 분명치 않은 부분만 빼면 굉장히 훌륭한 이론입니다."

"이런 양자 이론의 이미지에서 빠진 게 있습니다. 만약 방정식들이 실제 의미하는 바가 무엇이며, 이 이론으로 설명하는 세계가 뭔지를 묻는다면, 우리는 그 설명을 직관적으로 이해할 수 없을 겁니다. 우리는 마치 궤도가 있는 것처럼 운동하는 미립자를 생각할 수 없습니다. 그런 식으로 시각화할 수 없는 것입니다. 우리가 더욱더 미묘한 질문들을—이를테면 이 이론에 의하면 세계는 어떻게 보이는가—하기 시작한다면, 결국 사물을 그려내는 우리의 정상적인 방법에서 상당히 벗어나, 온갖 상충된 사고의 혼란을 맞을 것입니다. 그런데 아마도 그것이 세계가 실제로 존재하는 방식일 것입니다. 그러나 우리가 사물을 직관하는 방식에서 그렇게 크게 벗어나지 않으면서 모든 정보를 규합하는 다른 방식이 없음은 진정 알지 못합니다.”

“우리가 세계를 이해하는 방식은 우리가 진정 근본적이라 생각하는 본질을 이해할 때까지 세계의 각 요소들을 분리하는 것이라는 게 물리학의 근본 가정입니다. 그런 후 우리가 이해 못하는 다른 것들은 모두 세부적인 것일 뿐이라고 간주합니다. 그런 가정은, 순수한 상태로 사물을 보게 되면 몇 가지 원칙을 인식할 수 있다는 것인데—이것이 진정한 분석적 개념입니다—그리고 나서 우리는 더 골치 아픈 문제들을 해결하고 싶을 때 이것들을 더 복잡한 방식으로 조합합니다. 할 수만 있다면요.”

“결국 (세계를) 이해하려면 우리는 기어를 바꿔야 합니다. 지금 일어나고 있는 중요한 것들을 우리가 어떻게 생각하는지를 재구성해야만 합니다. 컴퓨터로 유체계 모델을 모의실험할 수도 있습니다. 이런 일도 막 가능해지기 시작했습니다. 하지만 헛수고일지도 모릅니다. 왜냐하면 ‘실제로’ 발생한 것은 유체 혹은 특수 방정식과 아무 관련도 없기 때문입니다. 중요한 것은 사물이 반복하여 작용할 때 매우 다양한 계에서 무슨 일이 일어나는가에 대한 일반적인 설명입니다. 이는 문제를 생각하는 방법이 달라야 함을 뜻합니다.”

“이 방을 관찰할 때—저기 잡동사니가 있고, 이쪽 건너에는 사람이 앉아 있고, 그 건너편엔 문이 있습니다—당신은 문제의 기본적 원칙들을 가지고 이 방을 설명할 파동 함수를 적어야만 합니다. 이는 그리 좋은 생각이 아닙니다. 아마 신이라면 할 수 있겠지만, 분석적 사고로 이런 문제를 이해하기란 불가능합니다."

"구름이 앞으로 어떻게 될지에 대해 더 이상 학문적으로 묻지 않습니다. 하지만 사람들은 정말 알고 싶어 합니다. 이 말은 이런 문제에 쓸 돈이 있다는 것을 의미합니다. 문제 자체도 물리학의 영역에 속하고 또 가치 있는 일이기도 합니다. 뭔가 복잡한 문제를 관찰할 때 현재 이를 해결할 수 있는 방법은 가능한 한 많은 측면에서, 즉 구름은 어디에 있고, 따뜻한 공기는 어디에 있으며, 속도는 얼마나 되는지 등에 대해 살펴본 뒤 우리가 이용할 수 있는 가장 큰 기계에 집어넣고 앞으로 어떤 일이 벌어지는지에 대한 추정치를 얻는 것입니다. 그러나 그리 현실성 있는 방법은 아닙니다."

파이겐바움은 담배를 비벼 끄더니 다시 하나를 꺼내 불을 붙였다. "사람들은 다른 방법을 찾아야 합니다. 큰 구조와 작은 구조가 어떻게 관련되어 있는가 하는 축척의 구조를 찾아야 합니다. 우리는 혼란한 유체, 즉 연속적인 과정에서 복잡성이 나타나는 복잡한 구조를 봅니다. 어느 단계에서는 과정이 어느 정도의 규모인지, 콩만 한지 농구공만 한지 거의 상관하지 않습니다. 그 과정이 어디에서 일어나는지, 더구나 그것이 얼마나 오랫동안 지속되는지도 상관하지 않습니다. 그런 점에서 보편적일 수 있는 유일한 것은 축척입니다."

"어떤 의미에서 예술이란 세계가 인간에게 어떻게 보이는가 하는 방식에 대한 이론입니다. 우리를 둘러싼 세계를 상세하게 알지 못한다는 것은 아주 분명합니다. 예술가들이 성취한 것은 이 세계에서 중요한 것들은 아주 적은 양일 뿐이라는 사실을 깨닫고, 그게 무엇인지를 간파했다는 점입니다. 그런 점에서 예술가들은 제 연구에 어느 정도 기여를 했습니다. 반 고흐의 초기 작품을 보면 무수하게 많은 세부적인 것들이 표현되어 있고, 그림에는 항상 엄청난 양의 정보가 들어 있습니다. 고흐는 분명 우리가 넣어야만 하는 이런 요소들의 최소한의 양을 생각했던 것입니다. 혹은 아주 사실적으로 보이는 작은 나무들과 소가 있는 1600년 무렵의 네덜란드 잉크화를 연구할 수도 있습니다. 주의 깊게 보면 나무들은 잎으로 이루어진 경계가 있지만 그게 전부는 아니며 잔가지 같은 것들이 거기에 붙어 있습니다. 부드러운 바탕과 더 명확한 선이 있는 물체 사이에 분명한 상호작용이 있습니다. 어쨌든 이런 조합으로 인해 정확히 지각할 수 있습니다. 라위스달 Jacob van Ruysdael과 터너Joseph Mallord William Turner가 복잡하게 그린 물을 보면 분명 반복적이라는 것을 알 수 있습니다. 어떤 층의 물이 있고, 그 위에 다른 것이 그려지고 또 거기에 수정이 가해지는 것입니다. 이들 화가들에게 요동치는 물결은 항상 축척 개념이 담겨 있었던 것입니다."

"저는 정말 구름을 어떻게 표현하는지를 알고 싶습니다. 그러나 여기 이만큼 짙은 구름 조각이 있고, 그 옆에 저만큼 짙은 구름 조각이 있다고 말하는 것, 곧 매우 세분화된 정보들을 누적시킴으로써 대상을 기술할 수 있다고 생각하는 것은 잘못입니다. 이는 분명 사람들이 사물을 인지하는 방법도 아니며, 예술가가 사물을 어떻게 인지하는지 말해주지도 않습니다. 어디에서든 편미분방정식을 쭉 적어 내려가는 것은 문제를 해결하는 작업이 아닙니다."

"어쨌든 지구에는 아름다운 사물들, 경이롭고 매혹적인 사물들이 있으며, 우리 인간이 이런 사물들에 대해 이해하고 싶어 한다는 것만은 분명합니다."

파이겐바움은 담배를 껐다. 연기는 재떨이에서 피어올라, 먼저 가느다란 기둥으로, 그러고는 마치 보편성을 긍정이라도 하듯 천장까지 휘감긴 덩굴 모양으로 퍼져나갔다.

실험물리학자

|

과학자에게는 자신이 마음속으로 생각한 것과
자연계에서 일어나는 일이 정확히 일치함을 체험하는 것이야말로
다른 어떤 것과도 비교할 수 없는 최고의 경험이다.
그런 일이 일어날 때마다 깜짝 놀라게 된다.
사람들은 마음속으로 생각한 것이 진짜 외부 세계에서
실제로 실현될 수 있음을 보고 놀라워한다.
거대한 충격이자 아주 큰 기쁨인 것이다.

레오 카다노프

|

"알베르가 원숙해지고 있다." 에콜 폴리테크니크와 함께 프랑스 교육제도의 정상에 위치한 에콜 노르말 쉬페리에르 사람들은 말했다. 사람들은 절대온도 0도 부근에서 초유체 헬륨의 양자역학적 행태를 연구하는 저온 물리학자로 이미 명성을 얻은 알베르 리브샤베르Albert Libchaber가 나이를 먹으면서 결실을 거두지 못하는 것은 아닌지 궁금했다. 리브샤베르는 명망을 얻었고 교수 자리도 안정적이었다. 하지만 1977년에는 하찮아 보이는 실험에 시간과 대학의 물자를 낭비하고 있었다. 리브샤베르는 자신의 연구 계획에 참여한 대학원생의 경력에 누가 되지 않을까 우려하여 대학원생 대신 전문 기술자를 조수로 쓰고 있었다.

독일인들이 파리를 침공하기 5년 전, 리브샤베르는 파리에서 폴란드계 유대인의 아들로 태어났다. 할아버지는 랍비였다. 리브샤베르 역시 브누아 망델브로처럼 (말씨가 너무 튀어 위험했던 탓에) 부모와 떨어져 시골에 숨어 살았고, 덕분에 전쟁 통에도 살아남을 수 있었다. 부모도 간신히 살아남았지만 나머지 가족들은 나치에게 죽음을 당했다. 급변하는 정치적 운명 속에서도 리브샤베르는 열렬한 우익주의자이자 인종차별 반대자였던 비밀 경찰 지역책임자인 페탱의 보호 아래 목숨을 부지했다. 전쟁이 끝나자 열 살 소년은 은혜에 보답한다. 나이가 어려 전범위원회가 무엇을 하는 곳인지 잘 알지도 못했지만, 전범위원회에서 증언해 그의 목숨을 구한 것이다.

프랑스 과학계를 두루 섭렵하면서 경력을 쌓은 리브샤베르의 명석함을 의심하는 사람은 아무도 없었다. 동료들은 그를 좀 이상한 사람이라고 생각했다. 합리주의자들이 득실대는 곳에 있는 유대신비주의자 또는 과학자들이라면 대부분 공산주의자였던 곳에 있었던 드골주의자. 또한 그의 영웅 사관, 괴테에 대한 병적인 애착, 고서에 대한 집착을 두고 수군거렸다. 리브샤베르는 과학자들의 저작 원본을 수백 권이나 갖고 있었는데, 어떤 것은 1600년대까지 거슬러 올라갔다. 이렇게 고서들을 탐독한 것은 역사적 호기심 때문이 아니라, 레이저와 첨단 냉동코일을 가지고 자신이 탐구하던 현실의 본질에 대해 참신한 아이디어를 얻는 원천이라고 생각했기 때문이었다. 함께 일했던 엔지니어 장 모레Jean Maurer는 자신이 좋아할 때만 일하는 프랑스 사람으로 리브샤베르와 찰떡궁합이었다. 리브샤베르는 모레가 새로운 프로젝트를 '재미있게'—프랑스식 완곡어법으로 표현하면 '매혹적이고' '흥미진진하며' '엄청나게'—여길 것이라고 생각했다. 1977년 이 두 사람은 난류의 발생을 보여주는 실험을 시작한다.

리브샤베르는 명석한 두뇌와 민첩한 손, 그리고 저돌적 힘보다는 독창성을 좋아한 19세기적 스타일의 실험가로 알려져 있다. 거대한 기계 장치나 방대한 계산은 싫어했다. 또한 좋은 실험은 수학자가 생각하는 좋은 증명과 같은 것이라 생각하는 사람이었다. 결과만큼이나 우아함을 중시했던 것이다. 그렇기는 해도 동료들 중에는 리브샤베르의 난류 발생 실험이 정도가 지나친 게 아닌가 하고 생각하는 사람도 있었다. 실험 장치는 성냥갑 속에 넣어 가지고 다닐 수 있을 정도로 작았는데(실제로 개념미술 작품처럼 여기저기 들고 다녔다), 리브샤베르는 이를 "작은 상자 속의 헬륨"이라 불렀다. 장치의 중심부는 훨씬 더 작았는데, 스테인리스로 깎은 레몬 씨 크기의 셀cell로 가장자리와 벽이 매우 예리했다. 셀 안으로 리브샤베르가 예전에 한 초유체 실험때보다는 더 따뜻한 절대온도 4도 정도로 냉각된 액체헬륨이 흘러들어간다.

실험실은 파리 에콜 폴리테크니크 물리학과 건물 2층에 있었다. 루이 파스퇴르Louis Pasteur의 예전 실험실과는 지척 간이었다. 훌륭한 다용도 물리 실험실이 으레 그렇듯 리브샤베르의 실험실도 바닥과 책상은 페인트 깡통과 손공구로 어지러웠고, 온갖 크기의 철 조각과 플라스틱 조각이 아무 데나 놓여 있었다. 방은 엉망진창이었지만, 극소 유체 셀을 장착한 리브샤베르의 실험 장치는 아주 의미심장한 목적이 있었다. 스테인리스로 만들어진 유체 셀 밑에는 고순도 구리로 된 바닥판이 있고, 위에는 사파이어 결정으로 만들어진 윗판이 있었다. 열전도 방식을 고려하여 선택한 재료들이었다. 작은 전열 코일과 테플론 개스킷도 있었다. 액체헬륨은 2분의 1세제곱인치 되는 저장소에서 흘러내렸다. 전체계는 극도로 높은 수준의 진공을 유지하는 용기 속에 놓여 있었다. 그리고 그 용기는 안정된 온도를 유지하기 위하여 액화질소의 통 속에 놓여 있었다.

항상 진동이 성가신 문제였다. 실험은 실제 비선형계와 마찬가지로 일정한 잡음을 배경으로 한다. 잡음은 측정을 방해하고, 측정할 정보를 변조시킨다. 민감한 흐름에서는—리브샤베르는 실험 장치를 가능한 한 최대로 민감하게 만들었다—잡음이 비선형 흐름을 아주 급격하게 교란해 행태를 다른 종류의 행태로 바꾸어버릴 수도 있다. 그러나 비선형성은 계를 불안정하게 할 뿐 아니라 안정시키기도 한다. 비선형 피드백은 운동을 조절함으로써 더욱 견고하게 만든다. 선형계에서는 섭동이 일정한 효과를 갖는다. 비선형성이 존재할 때, 섭동은 (서서히 사라질 때까지) 자체적으로 힘을 가지며, 계는 자동적으로 안정 상태로 되돌아간다. 리브샤베르는 생물계가 잡음을 방어하기 위해 비선형성을 사용한다고 믿었다. 단백질에 의한 에너지의 전달, 심장전기의 파동, 신경계, 이들 모두는 잡음투성이 세계에서 자신들의 다양한 능력을 잘 보존하고 있다. 리브샤베르는 유체 흐름의 기저에 놓인 구조가 어떤 것이든 간에 자신의 실험에서 충분히 감지될 수 있을 만큼 견고하기를 바랐다.

리브샤베르의 계획은 바닥판을 윗판보다 더 따뜻하게 함으로써 액체헬륨에 대류를 만드는 것이었다. 바로 레일리–베나르 대류라는 고전적 계로, 에드워드 로렌츠가 기술했던 대류 모델과 똑같았다. 리브샤베르는 적어도 그때까지는 로렌츠를 몰랐다. 미첼 파이겐바움의 이론도 전혀 들어본 적이 없었다. 파이겐바움이 과학 순회강연을 시작한 것은 1977년이었다. 파이겐바움이 발견한 것들을 이해하는 과학자들이 있는 곳에서는 강연이 성공적이었지만, 대부분의 물리학자들은 파이겐바움학의 패턴과 규칙성은 현실계와 전혀 관련이 없다고 말했다. 파이겐바움의 패턴들은 전자계산기에서 나온 것에 불과하며, 물리계는 엄청나게 더 복잡하다는 것이었다. 더 많은 증거가 없었기 때문에, 대부분의 사람들은 파이겐바움이 난류의 시작과 비슷해 '보이는' 수학적 유추를 발견했을 뿐이라고 말했다.

리브샤베르는 미국과 프랑스 물리학자들이 실험을 통해 다양한 진동수

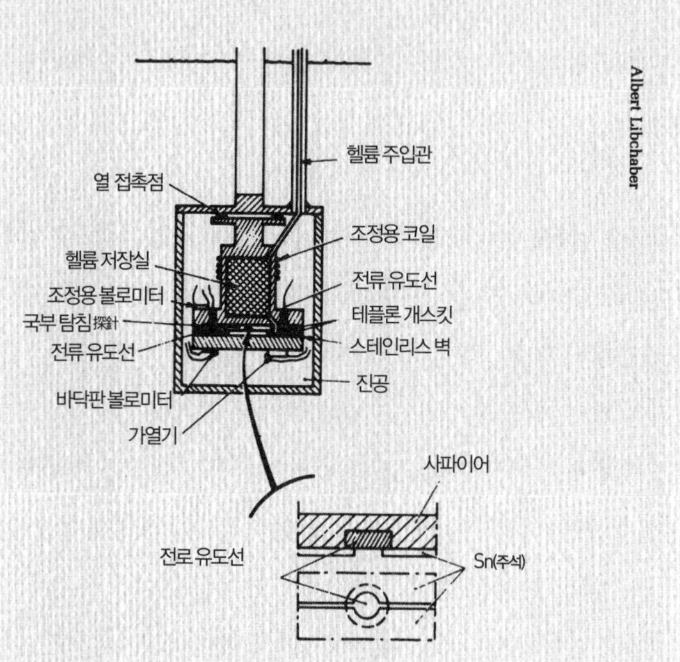

작은 상자 속의 헬륨 ••• 알베르 리브샤베르의 정교한 실험. 중심부는 세심하게 제작된 직사각형의 작은 셀로 그 안에 액체헬륨이 들어 있다. 작은 사파이어 '볼로미터'가 유체의 온도를 측정한다. 미세한 잡음과 진동을 차단하고 온도를 정밀하게 조절할 수 있도록 설계된 상자에 싸여 있다.

를 지속적으로 모으는 대신, 급작스러운 전이에 도달한 난류를 보여줌으로써 난류 발생에 관한 란다우의 개념을 약화시켰음을 알게 된다. 제리 골룹과 해리 스위니와 같은 실험가들은 회전하는 실린더에서의 유체 흐름 연구를 통해 새로운 이론이 필요하다는 점을 밝혀내기는 했으나, 카오스로의 전이를 아주 상세하게 볼 수는 없었다. 난류가 어떻게 발생하는지를 보여주는 명확한 이미지가 아직 실험실에서는 관찰되지 않았음을 안 리브샤베르는 자신의 작은 유체 셀이 가장 명료한 그림을 보여줄 수 있으리라 확신했다.

시각을 좁히는 것은 과학이 나아가는 데 도움을 준다. 유체역학자들 입장에서 스위니와 골룹이 '쿠에트 흐름'에서 이룩했다고 주장한 고도의 정확성에 대해 의구심을 갖는 것은 일리가 있었다. 수학자들이 뤼엘에 대해 반감을 가진 것 역시 마찬가지였다. 뤼엘은 규칙을 깬 사람이었다. 엄밀한 수학적 진술을 가장해 야심적인 물리 이론을 내놓았던 것이다. 뤼엘은 자신이 증명한 것에서 자신이 추측한 것을 분리하기 힘들게 만들어놓았다. 하나의 개념이 '정리, 증명, 정리, 증명'이라는 규범을 충족시키기 전에는 개념을 승인하지 않는 수학자는 자신의 분야에서 제대로 역할을 하고 있는 것이다. 다시 말해 의식적이든 그렇지 않든 간에 속임수와 신비주의에 맞서 수학을 지키고 있는 셈이다. 생소한 양식으로 씌어졌다 하여 새로운 개념들을 거부하는 학술지 편집인에 대해 희생자들은 그들이 이미 명성을 얻은 자신들의 동료를 비호하는 것이라 생각할지도 모르지만, 실은 그 편집인 역시 검증되지 않은 것을 경계한다는 의미에서 공동체를 위해 나름대로 역할을 하는 것이다. 리브샤베르 자신이 말했듯 "과학은 수많은 엉터리에 대항하여 구축되었다." 리브샤베르를 두고 동료들이 불렀던 신비주의자라는 별칭이 꼭 애정 어린 것만은 아니었다.

리브샤베르는 세심하고 매우 절제된 실험가였으며, 문제에 접근하는 데는 정밀함을 추구한 것으로 알려져 있다. 하지만 '흐름'이라는 추상적이고, 분명치 않으며, 유령 같은 것도 좋아했다. 흐름은 모양과 변화의 결합, 운동

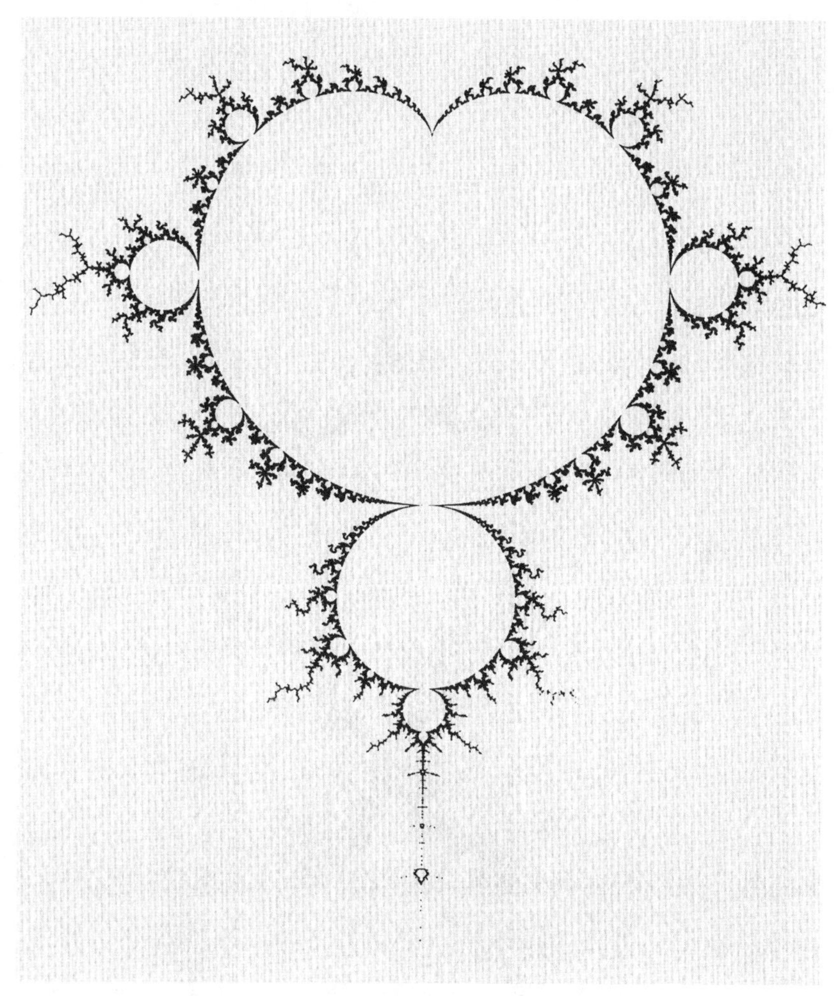

과 형상의 결합이다. 미분방정식계를 생각하는 물리학자는 계의 수학적 운동을 흐름이라 부를 것이다. 흐름은 플라톤적 개념으로 계 안의 변화가 특정한 순간과는 관계없이 어떤 현실을 반영한다고 가정한다. 리브샤베르는 이 우주가 숨겨진 형상들로 가득 차 있다는 플라톤의 생각을 받아들였다.

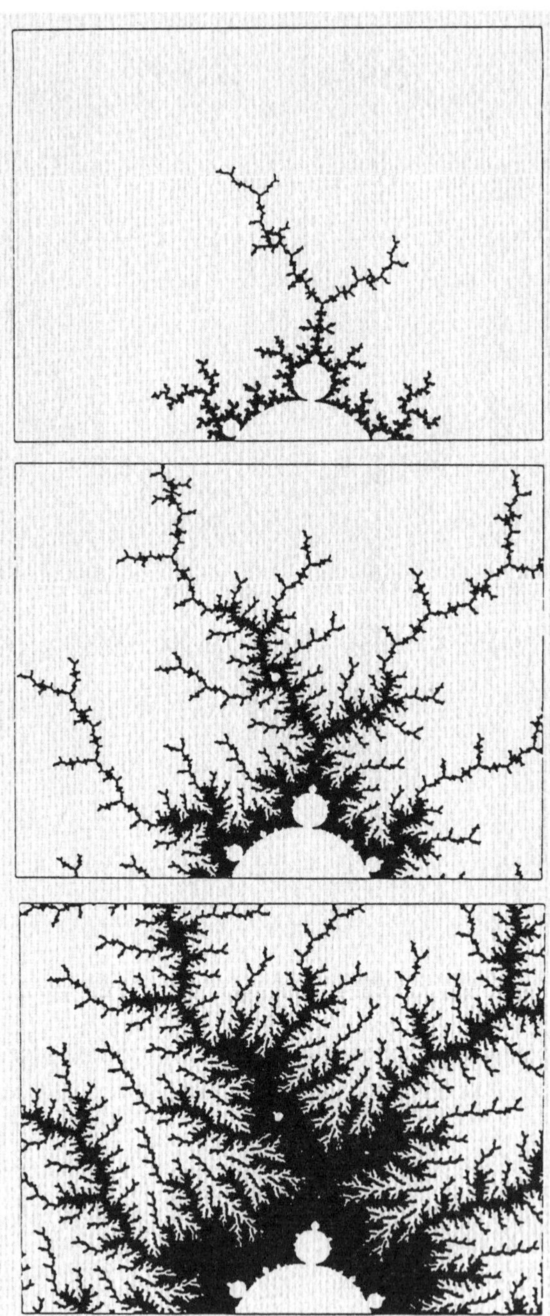

"정말 그렇습니다. 나뭇잎을 본 적이 있을 것입니다. 모든 나뭇잎을 보았을 때, 일반적인 나뭇잎 모양의 수가 한정되어 있다는 사실에 충격을 받지 않았나요? 나뭇잎의 주된 모양은 쉽게 그릴 수 있습니다. 그것을 이해하기 위해 노력하는 것은 상당히 흥미가 있을 것입니다. 아니, 다른 모양들도 마찬가집니다. 실험하면서 액체가 다른 액체 속으로 스며드는 것을 보았을 겁니다." 책상에는 이런 실험 사진들이 널려 있었다. "그런데 부엌에서 가스 불을 켜면 불꽃이 그런 모양임을 또다시 보게 됩니다. 매우 광범위하고, 보편적이지요. 활활 타오르는 불꽃인지, 액체 속에 있는 액체인지, 자라나는 고체의 결정인지는 중요하지 않습니다. 제가 관심을 갖는 것은 그 모양입니다."

"18세기부터 과학이 공간 안에서의 모양의 진화, 시간 안에서의 모양의 진화를 놓치고 있다는 어떤 망상 같은 게 있었습니다. 우리는 흐름 하면, 경제학에서의 흐름이나 역사적 흐름 등 수많은 방식으로 생각할 수 있습니다. 처음에는 층류일 수도 있고, 다음에는 (아마 진동과 함께) 좀 더 복잡한 상태로 분기될 수도 있고, 그다음에는 카오스 상태가 될 수도 있습니다."

모양의 보편성, 축척을 관통하는 유사성, 흐름 내부에 있는 흐름의 회귀적 성질, 이들 모두는 표준적 미분학으로는 접근이 힘들었다. 이해하기가 쉽지 않았던 것이다. 과학적 문제들은 당대의 과학 언어로 표현된다. 지금까지, 흐름에 대해 리브샤베르가 내놓은 직관을 표현한 20세기 최고의 표현은 시적 언어였다. 이를테면 월리스 스티븐스^{Wallace Stevens}는 물리학자의 앎 너머에 있는 세계에 대한 느낌을 다음과 같이 표현했다. 그는 흐름이 어떻게 변화하면서 스스로를 반복할 수 있는지에 대해 신비스러운 의구심을 갖고 있었다.

끊임없이 흐르면서도

두 번 다시 똑같이 흐르지 않는

얼룩덜룩한 강

마치 한곳에 머무르는 듯

수많은 곳에서 흐르고 있다

스티븐스의 시는 종종 대기와 물에서 나타나는 격랑을 보여준다. 또한 자연 속에서 질서가 취하고 있는 보이지 않은 형상들에 대한 믿음을 전한다.

그림자 없는 대기 속에

사물에 대한 지식은

눈에 띄지 않은 채

여기저기에 놓여 있다

1970년대에 리브샤베르와 몇몇 실험가들은 이런 시적 의도에 가까운 파격적인 뭔가를 품고 유체운동을 관찰하기 시작한다. 이들은 운동과 보편적 형상 사이에 모종의 관계가 있다고 생각했다. 그리고 손으로 숫자를 적거나 디지털 컴퓨터에 기록하는 등 가능한 방법을 동원해 자료를 모았다. 하지만 이들이 추구했던 것은 자료를 구성해 모양을 밝히는 것이었다. 운동이라는 측면에서 모양을 표현하고 싶었던 것이다. 그들은 불꽃과 같은 동(역학)적 모양과 나뭇잎과 같은 유기체의 모양들은 아직 이해되지 않은 힘들이 얽혀서 이루어진 것이라고 확신했다. 가장 끈질기게 카오스를 추구했던 이들 실험가들은 현실은 결코 멈추지 않는다는 사실을 받아들임으로써 성공하게 된다. 심지어 리브샤베르조차도 말로 표현하지는 않았지만, 이들의 개념은 스티븐스가 '단단한 것의 부드러운 피어오름'이라 말한 것과 유사했다.

만물이 생겨나고 움직이며 사라질 때
아름다운 생명력, 핏줄 안에서 반짝이는 것

멀리서, 변화든 혹은 아무것도 없음이든
여름밤의 뚜렷한 변형

형상에 다가가는 은빛의 추상
그리고 급작스러운 자기 부정

리브샤베르에게 신비한 영감을 준 것은 스티븐스가 아니라 괴테였다. 파이겐바움이 하버드 대학교 도서관에서 괴테의 『색채론』을 찾고 있을 무렵, 리브샤베르는 이미 곡절 끝에 『식물의 형질전환에 대하여On the Transformation of Plants』라는 훨씬 덜 알려진 논문의 원본을 입수한다. 괴테는 물리학자들이 우리가 매 순간 보는 모양을 낳는 생명력과 흐름보다는 정지된 현상만을 중시한다고 믿었다. 이 논문은 물리학자들에 대한 우회적 공격인 셈이었다. 괴테가 남긴 유산은 어느 정도—문학사학자들이라면 무시할 수 있는 정도—루돌프 슈타이너Rudolf Steiner와 테오도르 슈벵크Theodor Schwenk와 같은 철학자들에 의해 독일과 스위스에서 명맥이 유지되고 있는 유사 과학이었다. 리브샤베르는 이러한 사람들도 물리학자로서 할 수 있는 만큼 존중했다.

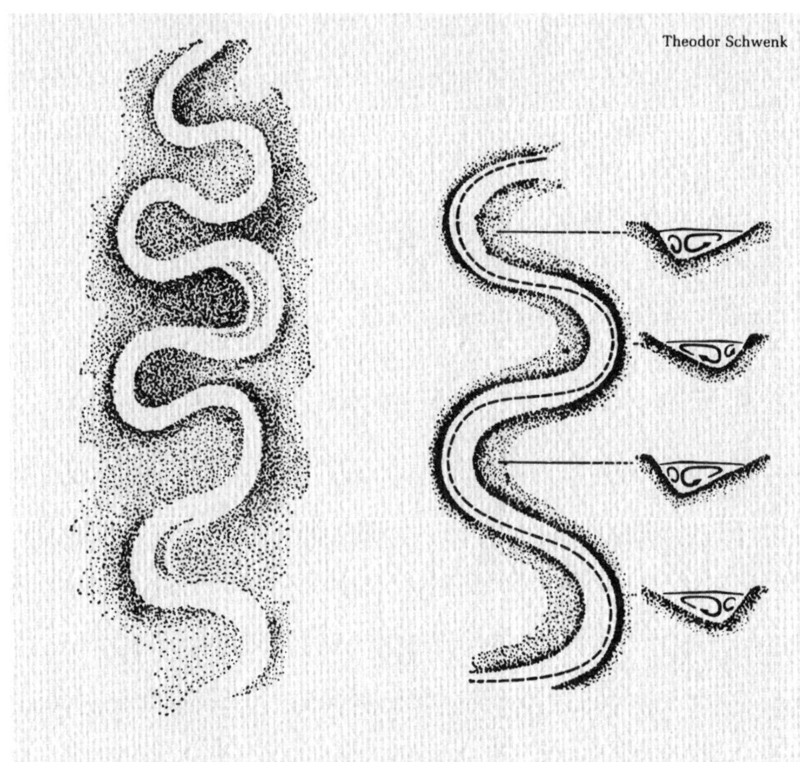

구불구불한 나선 모양의 흐름 ••• 테오도르 슈벵크는 자연의 흐름을 복잡한 이차적 운동을 하는 줄기들로 묘사했다. 슈벵크는 이렇게 썼다. "물줄기는 사실 단일한 줄기가 아니라, 공간적으로 뒤섞여 있으면서 시간상으로는 과거 흐름이 되는 물의 전체 표면이다."

"민감한 카오스"는 슈벵크가 힘과 형상 사이의 관계를 표현하기 위해 사용한 말이다. 슈벵크가 1965년 처음 출판한(이후에는 간헐적으로 인쇄했다) 기묘한 소책자의 제목이기도 하다. 책은 물의 흐름을 다루고 있었다. 영어판에는 수중탐험가 자크 쿠스토Jacques Y. Cousteau의 찬사를 서문으로 실었으며,

『수자원 회보』와 『수리기사水利技師협회 저널』의 추천사를 실었다. 책에는 과학적 시도가 거의 없었고, 수학적인 것은 하나도 없었다. 그럼에도 관찰만은 나무랄 데 없었다. 슈벵크는 예술가의 눈으로 자연에 나타나는 흐름의 모양을 수없이 묘사했다. 또한 사진들을 모아 세포생물학자가 현미경을 유심히 관찰하여 그린 스케치와 같은 정밀한 그림들을 수십 장 그렸다. 슈벵크는 괴테가 자랑스럽게 여겼을 넓은 마음과 소박함을 갖고 있었다.

책에는 흐름으로 가득하다. 완만하게 굽이치며 바다로 흘러드는 미시시피 강과 프랑스의 바생 다르카송 강과 같은 거대한 강들. 또한 바다에서는 동쪽과 서쪽으로 돌면서 고리를 만드는 만류의 구불구불한 흐름이 있었다. 이는 차가운 물 한가운데에 흐르는 따뜻한 물로 형성된 거대한 강, 슈벵크가 말했듯 "차가운 물 자체가 제방 구실을 하는" 강이었다. 흐름이 지나갔거나 볼 수 없을 때도 흔적은 남는다. 공기의 강은 황량한 모래 위에 물결을 그리며 자국을 남기고, 썰물의 흐름은 바닷가 위에 결을 새긴다.

슈벵크는 우연을 믿지 않았다. 보편적 원칙을 믿었고, 그 보편성 이상으로 자연에 내재된 어떤 영혼을 믿었던 슈벵크의 글은 불편할 정도로 세계를 의인화시켰다. 슈벵크의 '전형적 원리'는 이렇다. 흐름은 "주변의 물질에 상관없이 자신을 실현하고 싶어 한다"

슈벵크는 흐름 내부에는 이차적 흐름이 있다고 보았다. 굽이치는 강을 흘러내리는 물은 이차적으로 강을 축으로 해서 마치 도넛 둘레에 나선형을 만드는 소립자처럼, 강기슭을 향하여 흐르고 강바닥으로 흘러내리기도 하고, 반대편 기슭을 향하여 흐르기도 하며, 표면으로 떠오르기도 한다. 물 입자의 자취는 다른 물줄기 주변을 따라 굽어 있는 하나의 줄기를 형성한다. 슈벵크는 이런 모양들에 대해 위상수학적 상상력으로 접근했다. "실제로

운동할 때만 나선 모양으로 물줄기들이 서로 뒤엉킨다. 우리가 종종 말하는 '물줄기'는 사실 단일한 줄기가 아니라, 공간적으로 뒤섞여 있으면서 시간상으로는 과거 흐름이 되는 물의 전체 표면이다." 슈벵크는 물결 속에서 서로 경쟁하는 리듬들과 서로서로 앞서가려는 물결, 분계면들 그리고 경계층을 보았다. 아울러 회오리 모양의 흐름과 소용돌이 그리고 소용돌이 무리를 하나의 면이 다른 면과 만나 '회전'하는 것이라고 이해했다. 여기서 슈벵크는 철학자로서 할 수 있는 만큼 물리학자가 생각하는 난류의 동역학적 개념에 가까이 다가간다. 또한 그의 예술가적 확신은 보편성을 띠고 있었다. 소용돌이는 불안정성을 의미했고, 불안정성은 흐름이 자신 안에 있는 비평형성과 다투고 있음을 그리고 비평형성은 '원형적'임을 의미했다. 소용돌이가 회전하고, 양치류가 벌어지고, 산맥에 주름이 가고, 동물 기관들 안쪽에 구멍이 생기는 것은 모두 하나의 길을 따라 이뤄지는 것이라고 슈벵크는 보았다. 이런 것은 어떤 특정한 매개물이나 특정한 종류의 차이와는 전혀 관계가 없다. 비평형성은 느릴 수도 빠를 수도 있으며, 따뜻할 수도 차가울 수도 있으며, 빽빽할 수도 성길 수도 있으며, 절인 것일 수도 신선한 것일 수도 있으며, 점성일 수도 유동성일 수도 있으며, 산성일 수도 알칼리성일 수도 있다. 경계에서 생명이 꽃핀다.

물론 생명에 대한 이야기를 하자면 다르시 웬트워스 톰슨D'Ary Wentworth Thompson을 빼놓을 수 없다. 이 비범한 박물학자는 1917년 이렇게 썼다. "모든 에너지 법칙, 물질의 모든 성질, 그리고 콜로이드의 모든 화학작용이 정신을 이해하는 데 무력하듯이, 육체를 설명하는 데 무력할 수도 있다. 나는 그렇게 생각하지 않는다." 다르시 톰슨은 슈벵크에게 치명적으로 부족했던 것을 생명 연구에 끌어들인다. 바로 수학이었다. 유추를 통해 논증한 슈

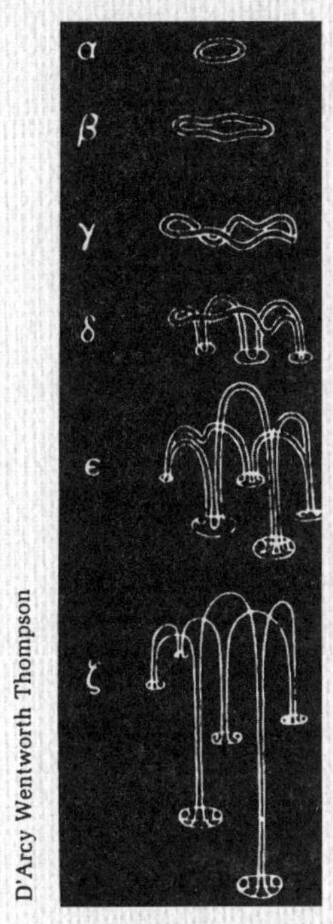

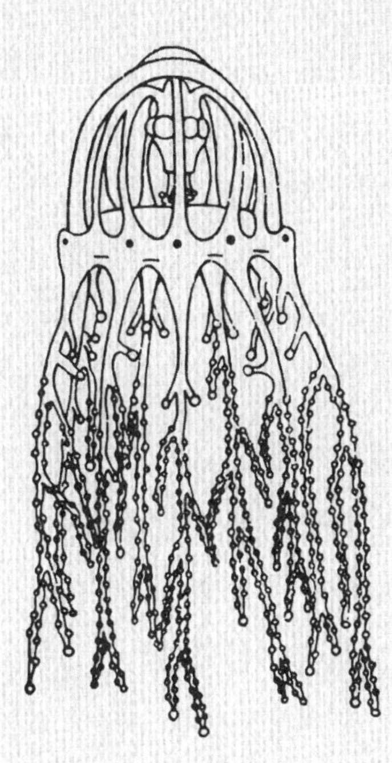

액체 방울의 낙하 ••• 다르시 톰슨은 물에 떨어지는 잉크방울과(왼쪽) 해파리가(오른쪽) 만들어내는 줄기와 기둥을 보여준다. "아주 흥미로운 것은 (……) 이러한 방울들이 (……) 물리적 조건들에 얼마나 민감한가 하는 것이다. 줄곧 똑같은 젤라틴을 사용하고, 유체의 밀도를 소수점 셋째 자리의 값만 변화시키고서야 보통의 매달린 물방울에서 이랑 패턴의 물방울에 이르기까지 모든 배열 형태를 얻을 수 있었다."

벵크가 결국 말하고자 했던 것은 한마디로 유사성이었다. 다르시 톰슨의 걸작인 『성장과 형태에 대하여On Growth and Form』는 분위기나 방법에서 슈벵크의 책과 공통적인 면이 있었다. 현대의 독자들이라면 꾸불꾸불한 덩굴손에 매달려 여러 갈래로 떨어지는 작은 물방울 그림과 바로 옆에 있는 놀랍도록 유사한 살아 있는 해파리 그림 사이에서 유사성을 얼마나 찾을 수 있을지 의문을 가질 것이다. 그저 차원 높은 우연의 일치일 뿐일까? 두 형태가 비슷하게 보인다면, 원인을 찾아야 하는 것 아닐까?

다르시 톰슨이 지금까지 정통과학의 언저리에 머물러 있는 가장 영향력 있는 생물학자임은 분명하다. 그가 살아 있을 때 이루어진 생물학에서의 20세기 혁명은 완전히 그를 비껴갔다. 다르시 톰슨은 화학을 무시했으며, 세포를 잘못 이해했고, 유전학의 급속한 발전을 예견할 수 없었다. 저작은 심지어 당시에도 너무 고전적이고 문학적이어서—너무 아름다워서—확실히 과학적이라고는 할 수 없었다.

현대의 생물학자라면 다르시 톰슨의 저작을 읽을 필요가 없다. 하지만 어쨌든 가장 위대한 생물학자들도 그의 책에 빠져들었다. 피터 메더워 경 Sir Peter Medawar은 톰슨의 책을 "영어로 기록된 모든 과학 연보 중에서 타의 추종을 불허하는 가장 훌륭한 작품"이라 평했다. 차츰 자연이 사물들의 모양을 제한한다는 생각을 하게 된 스티븐 제이 굴드 Stephen Jay Gould는 이런 생각의 지적 계보로 톰슨만 한 이가 없다고 여겼다. 수많은 현대 생물학자들 중 다르시 톰슨만큼 유기체의 부인할 수 없는 통일성을 추구한 사람은 없다고 해도 무방하다. 굴드가 말했듯이, "모든 패턴이 하나의 단일한 발생력 generating force 체계로 환원될 수 있다고 생각한 사람은 거의 없었다. 아울러 이런 통일성의 증명이 유기적 형태에 대한 과학에 어떤 중요성을 갖는지를 이해한 사람도 거의 없었다."

고전주의자에 수개 국어에 능통할 뿐 아니라, 수학자이면서 동물학자였던 다르시 톰슨은 생명 전체를 보려고 노력했다. 마치 생물학이 아주 생산적으로 유기체를 기능에 따라 몇 개의 구성 부분으로 나누는 방법으로 전환한 것과 같았다. 환원주의는 분자생물학에서 가장 놀라운 승리를 거두었는데, 물론 진화론에서 의학에 이르는 다른 여타의 부문에서도 마찬가지였다. 세포막, 핵 그리고 궁극적으로는 단백질, 효소, 염색체 그리고 염기쌍 base pairs을 이해하지 않고 세포를 이해할 수 있을까? 생물학이 마침내 사이너스sinus, 망막, 신경, 두뇌 조직의 내부 활동에 대해 이야기를 꺼낼 때가 되자, 재미없게도 두개골의 '모양'에 대해 관심을 갖게 되는 기묘한 일이 벌어진다. 다르시 톰슨은 두개골의 모양에 관심을 가진 최후의 생물학자였다. 또한 오랫동안 원인, 특히 궁극적 원인과 유용성에 기반한 물리적 원인을 세심하게 구분하기 위해 엄청난 노력을 기울인 최후의 위대한 생물학자이기도 했다. 궁극적 원인은 목적 혹은 설계에 기반을 둔 원인이다. 이를테면 바퀴는 둥글다, 왜냐하면 둥근 모양이 운송을 가능케 하기 때문이다. 물리적 원인은 기계적이다. 지구는 둥글다, 왜냐하면 중력이 회전하는 유체를 타원체로 끌어당기기 때문이다. 물론 이렇듯 항상 명확하게 구분되는 것은 아니다. 유리컵은 쥐거나 마시는 데 가장 적합한 모양이기 때문에 둥글다. 유리컵은 또 컵을 만들 때 쓴 틀이 둥글었거나 유리를 불어서 컵을 만들 때 둥근 모양이 가장 자연스럽기 때문에 둥글기도 하다.

과학에서는 대체로 물리적 원인이 지배적이다. 사실 천문학과 물리학이 종교의 그늘에서 벗어나자 설계나 적극적인 목적론—지구는 인간이 하고 있는 바를 하도록 하기 위해 존재한다는 것이다—에 의한 논거는 아무 거리낌 없이 버려졌다. 하지만 다윈은 생물학에서 원인에 대한 중심적 사유 방식으로 목적론을 확고히 수립했다. 생물학적 세계는 신의 설계를 실현하는 것이 아니라 자연선택에 의해 만들어지는 설계를 실현한다는 것이었다. 자연선택은 유전인자나 배胚에 작용하는 것이 아니라, 최종 산물에 작용한다. 따라서 적응주의자는 어떤 유기체의 모양이나 기관의 기능을 설명할 때 '원인', 다시 말해 물리적 원인이 아니라 궁극적 원인에 항상 주목한다. 궁극적 원인은 과학에서 다윈주의적 사유가 습관적으로 행해지는 곳이라면 어디서나 살아남았다. 현대 인류학자는 식인 풍습이나 희생양이 옳다 그르다의 문제를 떠나서 오직 어떤 목적을 수행하는지를 묻는다.

다르시 톰슨은 이러한 경향에 주목했다. 다르시 톰슨은 생물학이 구조와 목적론은 물론 물리적 원인을 잊지 않아야 한다고 호소했다. 그는 생명에 작용하는 수학적, 물리학적 힘을 설명하는 데 몰두했다. 적응주의가 맹위를 떨치자 이런 설명들은 적절하지 않은 듯 보였다. 자연선택이 어떻게 그처럼 효과적으로 햇빛을 받는 판을 형상화했는지를 통해 나뭇잎을 설명하는 것이 의미가 있고 유용하다고 생각한 것이다. 시간이 좀 더 흐르고 나서야 몇몇 과학자들이 설명되지 않은 채 남겨진 자연에 대해 또다시 수수께끼를 풀기 시작했다. 나뭇잎들은 상상할 수 있는 모든 형상들 중에서 단지 소수의 형상들로 나타나며, 하나의 나뭇잎 형상은 기능에 좌우되지 않았다.

다르시 톰슨의 수학은 자신이 증명하고 싶어하는 것을 증명할 수 있는 수준은 아니었다. 이를테면 단순한 기하학적 변형이 어떤 것을 다른 것으로 변화시킨다는 사실을 보여주기 위해 그가 할 수 있는 것이라고는 사선으로 그려진 좌표계에 연관된 종의 두개골을 그리는 것밖에 없었다. 단순한 유기체들—액체, 분출물, 물방울의 튀김, 그리고 그 외 선명한 흐름들을 연상케 하는 현상을 가진 것들—에 있어서, 톰슨은 자신이 생각하는 형성 과정을 불가능하게 하는 것이 중력이나 표면장력과 같은 물리적 원인이 아닐까 생각했다.

그렇다면 유체 실험을 시작하던 알베르 리브샤베르는 왜 『성장과 형태에 대하여』라는 책을 생각했을까? 생물의 모양을 만드는 힘들에 대한 다르시 톰슨의 직관은 어떤 주류생물학보다도 동역학계의 관점에 더 근접했다. 톰슨은 '생명'은 항상 운동하고 있으며, "심층에 자리한 성장이라는 리듬"(그는 이것이 보편적 형상을 창조한다고 믿었다)에 언제나 응답하고 있는 것으로 보았다. 다르시 톰슨은 사물들의 물질적 형상이 아니라 사물들의 동역학—"힘으로 설명하는 에너지 작용의 해석"—을 연구하는 게 자신에게 적합하다고 여겼다. 물론 모양의 분류 목록을 만들어서는 아무것도 증명하지 못한다는 것 정도는 아는 수학자였다. 하지만 한편으로는 우연이나 목적 어느 것도 자신이 오랜 시간 자연을 관찰하면서 수집한 형상의 놀라운 보편성을 설명할 수 없다는 것을 믿는 시인이기도 했다. 물리법칙이 힘과 성장을 지배하는 보편성을 지금까지 이해하던 것과는 다른 방식으로 설명해 줄 것이 틀림없었다. 다시 플라톤이었다. 물질의 특수하고 가시적인 모양 뒤에는 눈에 안 보이는 형판型板 역할을 하는 유령 같은 형상이 반드시 존재한다. 형상들이 움직이고 있는 것이다.

리브샤베르는 실험을 하기 위해 액체헬륨을 택한다. 액체헬륨은 점성이 극히 낮기 때문에, 아주 살짝만 밀어도 회전한다. 물이나 공기처럼 중간 정도의 점성을 가진 액체로 이에 상응하는 실험을 하려면 훨씬 더 큰 상자가 필요하다. 점성이 낮은 유체를 사용함으로써 리브샤베르는 실험이 열에 훨씬 더 민감하게 반응하도록 만들었다. 밀리미터 크기의 상자에서 대류를 일으키기 위해서는 윗판과 아랫판 사이에 1000분의 1도의 온도 차를 만들어내야만 했다. 상자가 작은 데는 그만한 이유가 있었다. 상자가 조금 더 크면 액체헬륨이 회전할 공간이 더 크기 때문에 이에 상응하는 운동은 훨씬 더 작은 열을 필요로 할 것이다. 한 변이 10배가 되면, 다시 말해 상자가 포도 하나 크기(부피로는 1000배가 된다) 정도 되면 100만분의 1도 정도의 온도 차가 되어야 대류가 시작될 것이다. 이렇게 작은 온도 차는 제어할 수 없었다.

계획, 설계, 제작 과정에서, 리브샤베르와 엔지니어는 혼란을 야기하는 문제점을 모두 제거하기 위해 온 힘을 기울인다. 사실 이들은 자기들이 연구하려 했던 운동을 제거하기 위해 할 수 있는 모든 것을 했다. 부드러운 흐름에서 난류로 가는 유체운동은 공간에서의 운동으로 생각되었다. 복잡성은 공간적 복잡성으로 나타나고, 교란과 소용돌이는 공간적 카오스라고 여겨진 것이다. 하지만 리브샤베르는 시간에 따른 변화로 나타나는 리듬을 찾고 있었다. 시간은 경기장이자 곧 측정 기준이었다.

리브샤베르는 공간을 거의 0차원인 점으로 압착시켰다. 선배들이 유체실험에서 사용했던 기법을 극한까지 이끌어간 것이다. 상자 안에서 일어나는 레일리-베나르 대류나 실린더에서 일어나는 테일러-쿠에트 흐름과 같은 밀폐된 흐름이 대양이나 대기에서의 파동과 같은 열린 흐름보다 측정하기 더 나은 행태를 보인다는 것은 누구나 알고 있었다. 열린 흐름에서는 경계면이 개방되어 있으며, 복잡성은 배가된다.

직육면체 상자에서 일어나는 대류는 핫도그같이—또는 이 경우에는 참깨같이—생긴 유체의 회전을 만들기 때문에, 리브샤베르는 2개의 회전에 꼭 맞는 공간을 만들기 위해 셀의 크기를 세심하게 선택한다. 액체헬륨은 중앙부에서 위쪽으로 떠올라 좌우 양편으로 흘러가 벽면에서 아래쪽으로 흐른다. 일종의 제어된 기하학이었다. 흔들림은 제한되었고, 군더더기 없는 실험과정과 용의주도하게 계산된 실험규모에 의해 쓸데없는 요동은 모두 제거되었다. 리브샤베르는 공간을 고정했고 따라서 시간에 따른 변화를 관찰할 수 있었다.

질소 저장체 안에 있는 진공 용기 안의 셀 내부에서 헬륨이 회전하는 실험이 시작되자, 무슨 일이 벌어지는지 관측할 방법이 필요했다. 리브샤베르는 사파이어로 된 셀 윗판에 아주 작은 온도측정기 2개를 심어놓았다. 온도는 펜 플로터로 계속 기록했다. 이런 방법으로 유체 윗부분에 있는 두 지점의 온도를 측정할 수 있었다. 이 장치가 매우 민감하게 반응하고, 아주 교묘한 발상이었기 때문에 한 물리학자는 리브샤베르가 자연을 훔쳐보는 데 성공했다고 말했다.

이 정밀한 소형 걸작품을 완전히 탐구하는 데는 2년이 걸렸다. 하지만 리브샤베르가 말했듯, 이 장치는 너무 화려하지도 않고 기교에 치우치지도 않은 그림을 그리기에 적절한 붓이었다. 마침내 그는 모든 것을 관찰하게 된다. 밤낮을 가리지 않고 실험을 진행한 리브샤베르는 난류의 발생에서 자신이 생각했던 것보다 훨씬 복잡한 행태의 패턴을 발견했다. 완벽한 주기 배가의 연속이 나타났다. 리브샤베르는 가열했을 때 발생하는 유체의 운동을 제어하고 단순화했다. 고순도 구리로 된 아랫판이 유체가 정지하려는 경향을 극복할 만큼 가열되자 운동이 시작되는 과정이 첫 번째 분기와 함께 시작되었다.

절대온도 0도보다 약간 높은 온도에서는 윗판과 아랫판 사이의 온도 차가 약 1000분의 1도면 충분하다. 바닥에 있는 유체는 위에 있는 찬 유체보다 더 가벼워질 정도로 따뜻해지고 팽창한다. 따뜻한 유체가 상승하기 위해서는 차가운 유체가 가라앉아야 한다. 이 두 가지 운동이 일어나려면 유체는 즉각 한 쌍의 회전하는 실린더가 되어야 한다. 회전이 일정한 속도에 이르면, 계는 평형 상태—움직이는 평형 상태, 즉 열에너지는 끊임없이 운동으로 전환되고, 마찰을 통해 흩어져 다시 열이 되고 차가운 윗판을 통하여 에너지가 빠져나가는 상태—에 이른다.

지금까지 리브샤베르는 유명한 유체역학 실험을 재현하고 있었다(너무 유명해서 사람들은 거들떠보지도 않았다). 리브샤베르가 말했다. "고전물리학이었습니다. 이 말은 안타깝게도 낡아빠진 데다 재미도 없다는 뜻입니다." 또한 로렌츠가 3개의 방정식계로 모델화한 흐름과 정확하게 일치했다. 그러나 실세계의 실험은—파리 시내 차량의 진동에 영향을 받는 실험실에서 기술자가 절단한 상자에 실제 유체를 넣어 하는 실험은—이미 컴퓨터로 숫자를 생성하는 것보다 데이터 수집이 훨씬 더 어려웠다.

리브샤베르와 같은 실험가들은 윗면에 설치한 측정기로 측정한 온도를 단순한 펜 플로터를 사용하여 기록한다. 첫 번째 분기 이후의 평형 운동 상태에서는 어느 점에서든 온도가 일정하며 펜은 거의 직선을 그린다. 좀 더 가열하면, 더 불안정해진다. 회전에는 꼬임이 생겨나고, 그 꼬임은 끊임없이 앞뒤로 움직인다. 이러한 흔들림은 두 값 사이를 오르내리는 온도의 변화를 보여준다. 펜은 종이 위에 물결선을 그린다.

단순한 온도 선에서 (끊임없이 변하며, 실험에 수반되는 잡음으로 흔들리기 때문에) 새로운 분기가 나타나는 정확한 시간을 읽어내고, 이들의 성질을 추론하는 것은 불가능해진다. 선은 불규칙하게 위아래로 왔다 갔다 했는데, 마치 주식시장 변동선처럼 거의 무작위적인 것처럼 보였다. 리브샤베르는 데이터를 스펙트럼 도표로 전환해 분석했다. 변화하는 온도에 숨겨진 주 진동수를 밝히기 위해서였다. 실험에서 얻은 데이터를 스펙트럼 도표로 나타내는 일은 교향곡에서 복잡한 화음을 구성하는 음의 진동수를 그래프로 나타내는 것과 같았다. 평탄하지 않은 선의 굴곡은 언제나 그래프의 하단부를 가로질러 나타났다. 실험상의 잡음이었다. 주된 음조가 수직의 뾰족한 돌출로 나타나고, 음조가 크면 클수록 더욱 크게 뾰족 나온다. 이와 유사하게, 데이터가 어떤 지배적인 진동수를 나타내면—예로 1초에 한 번씩 정점을 보이는 리듬—진동수는 스펙트럼 도표에 뾰족한 돌출로 나타난다.

공교롭게도 리브샤베르의 실험에서는 첫 파장이 대략 2초에 걸쳐 나타났다. 다음 분기bifurcation는 미묘한 변화를 가져왔다. 회전은 계속해서 흔들렸고, 볼로미터 온도는 지배적인 리듬에 따라 계속 오르내렸다. 그러나 홀수 사이클에서는 온도가 전보다 다소 높았으며 짝수 사이클에서는 다소 낮았다. 사실 최대온도는 2개로 나뉘어져, 2개의 다른 극댓값과 2개의 극솟값이 존재했다. 비록 읽기는 어려웠지만 펜으로 그려진 선은 하나의 떨림 위에 새로운 떨림, 즉 메타떨림을 만들었다. 이는 스펙트럼 도표상에서 더욱 명백하게 나타났다. 온도가 아직까지 2초마다 올라갔기 때문에, 이전 진동수가 여전히 강하게 나타난다. 하지만 이제 계가 4초마다 반복되는 요소를 갖게 되었기 때문에, 정확하게 이전 진동수의 반값을 갖는 새로운 진동수가 나타났다. 분기가 계속됨에 따라, 이상할 만큼 일관된 패턴을 구분할 수 있게 되었다. 새로운 진동수는 이전 것의 반값으로 나타나서 도표는 짧은 말뚝과 긴 말뚝이 번갈아 있는 말뚝 담장을 닮은 4분의 1, 8분의 1, 그리고 16분의 1의 진동수로 채워졌다.

혼란스러운 데이터 속에서 숨겨진 형상을 찾는 사람이라 할지라도 이처럼 작은 셀의 성질을 명확하게 인식하려면 수십 번, 수백 번의 시도가 필요하다. 리브샤베르와 엔지니어가 온도를 천천히 높이면서 계가 하나의 평형 상태에서 다른 평형 상태로 안정되면 특이한 사태들이 항상 일어날 수 있었다. 때로 일시적인 진동수가 나타났다가 천천히 스펙트럼 도표를 지나서는 사라졌다. 기하학적으로 정교하게 만들었음에도 불구하고 때로 2개의 회전이 아니라 3개의 회전이 나타날 수 있었다. 그렇다면 과연 그 작은 셀 내부에서 무슨 일이 벌어지고 있는지 어떻게 알 수 있단 말인가?

리브샤베르가 당시 파이겐바움이 발견한 보편성을 알았다면, 어디서 분기를 찾을 것이며, 이것을 어떻게 불러야 하는지를 정확히 알았을 것이다. 1979년이 되자 점점 더 많은 수학자들과 수학에 경도된 물리학자들이 파이겐바움의 새로운 이론에 주목했다. 하지만 실제 물리계 문제들에 익숙한 대다수 과학자들은 자신들이 판단을 보류하는 데는 나름대로 이유가 있다고 믿었다. 1차원적 계, 즉 메이와 파이겐바움의 사상에 있는 복잡성은 한 가지였다. 엔지니어가 만든 기계 장치의 2차원 혹은 3차원 또는 4차원 계는 확실히 또 다른 것이었다. 단순한 차분방정식이 아니라 본격적인 미분방정식이 필요했다. 그리고 이러한 저차원의 계와 물리학자들이 어쩌면 무한 차원의 계라 생각한 유체 흐름의 사이에는 또 다른 간격이 있는 듯했다. 심지어 아주 세심하게 만들어진 리브샤베르의 셀 같은 것에서도 유체 입자는 사실상 무한성을 갖는다. 각각의 입자는 적어도 독립적 운동의 가능성이 있음을 보여준다. 어떤 조건에서는 어떤 입자라도 새로운 꼬임이나 소용돌이가 발생하는 중심이 될 수 있었던 것이다.

뉴저지에 있는 벨연구소의 피에르 호헨버그Pierre Hohenberg는 이렇게 말한다. "이런 계에서 실제적으로 유의미한 핵심 운동은 결국 사상으로 귀결된다는 생각을 이해한 사람은 아무도 없었습니다." 호헨버그는 새로운 이론과 함께 새로운 실험을 받아들인 극소수의 물리학자 가운데 한 사람이었다.

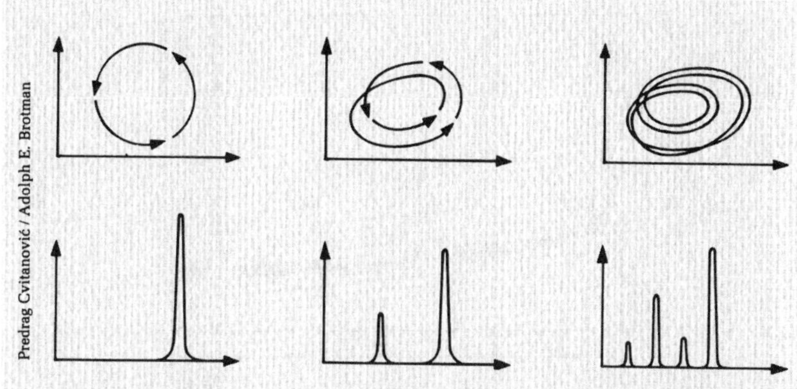

분기를 보는 두 가지 방법 ··· 리브샤베르의 대류 셀과 같은 실험이 일정한 진동을 만들어낼 때, 위상공간 그림은 일정한 간격으로 자신을 되풀이하는 고리를 만든다(위의 왼쪽 그림). 이 자료에서 진동수를 측정하는 실험가는 이 단일한 리듬에 대하여 하나의 막대기로 표시되는 스펙트럼 도표를 볼 것이다. 주기 배가 분기 후에 계는 자신을 정확히 되풀이하기 전에 두 번의 순환 고리를 그리며(중앙 그림). 이때 실험가는 원래 진동수 2분의 1에서 새로운 리듬을 본다. 새로운 주기 배가가 일어날 때마다 스펙트럼 도표에는 더 많은 막대기 그림이 생긴다.

"파이겐바움이 생각했을 수도 있지만, 그는 확실히 이에 대해 말하지는 않았습니다. 파이겐바움의 연구는 사상에 관한 것이었습니다. 왜 물리학자들이 사상에 관심을 가져야만 할까요? 이건 일종의 게임입니다. 사실 물리학자들이 사상에 들러붙어 연구하는 동안에는 이들의 연구는 우리들이 이해하고자 하는 것으로부터 참으로 멀리 떨어져 있는 듯합니다."

"그러나 실험에서 사상이 보이면 정말 흥분됩니다. '흥미로운' 계에서 작은 수의 자유도를 가진 모델로 운동 행태를 자세하게 이해할 수 있다는 것

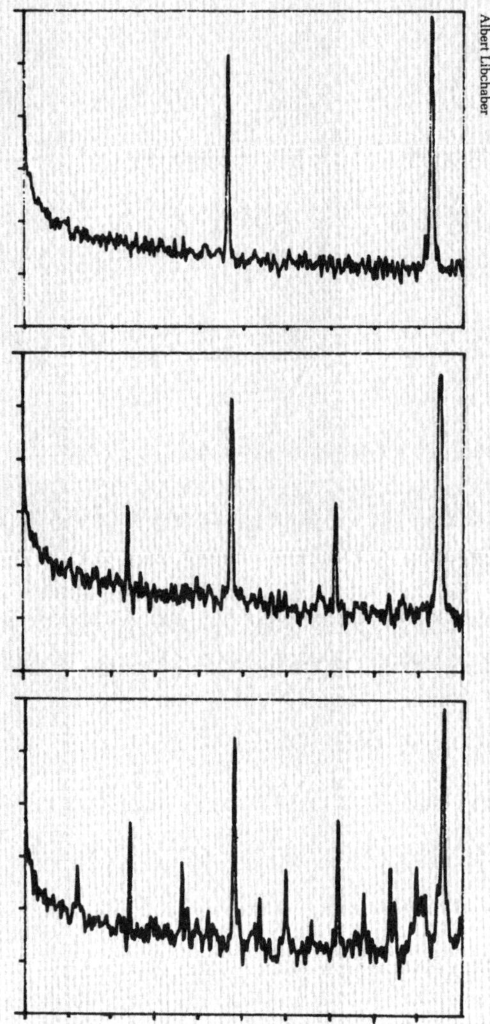

이론을 증명하는 현실세계의 자료 ••• 리브샤베르의 스펙트럼 도표들은 이론이 예측한 정확한 주기 배가 패턴을 생생하게 보여주었다. 새로운 진동수의 막대기 그림은 실험상의 잡음 위에 두드러지게 나타난다. 파이겐바움의 축척 이론에 의해 새로운 진동수들이 나타나는 시간과 장소뿐 아니라 강한 정도(진폭)도 예측할 수 있다.

이 바로 기적입니다."

　따지고 보면 호헨버그는 이론물리학자와 실험물리학자를 화해시킨 사람이었다. 호헨버그가 주관한 1979년 여름 아스펜에서 열린 워크숍에는 리브샤베르도 참석한다(4년 전 열린 같은 여름 워크숍에서 파이겐바움은 스티븐 스메일에게 수학자가 어떤 방정식에서 카오스로의 전이를 관찰할 때 튀어나오는 하나의 수—단지 하나의 수—에 대한 이야기를 들었다). 액체헬륨으로 진행한 리브샤베르의 실험에 호헨버그는 큰 관심을 보였다. 집으로 돌아가던 호헨버그는 우연히 뉴멕시코에 들러 파이겐바움을 만난다. 그 후 얼마 되지 않아 파이겐바움은 파리에 있는 리브샤베르를 방문했다. 파이겐바움과 리브샤베르는 실험 기구와 부품들로 어지러운 실험실 한가운데에 섰다. 리브샤베르는 자랑스레 자신의 작은 셀을 보여주더니, 파이겐바움에게 최근에 어떤 생각을 하고 있는지 말해달라고 부탁했다. 그리고 나서 이들은 가장 감미로운 커피를 한 잔 마시기 위하여 파리 시내를 걸어갔다. 나중에 리브샤베르는 그토록 젊고 '생기발랄한'(리브샤베르는 곧잘 이렇게 말했다) 이론물리학자를 만난 건 정말 놀라운 일이었다고 이야기했다.

　사상에서 유체 흐름으로의 도약은 너무 엄청났기 때문에 연구에서 중책을 맡고 있는 사람들조차도 이따금 꿈처럼 느껴졌다. 자연이 어떻게 단순성에 복잡성을 결합할 수 있는가는 결코 분명하지 않았다. 제리 골룹은 이렇게 말한다. "이것은 이론과 실험 사이에 있는 흔한 관계로 볼 것이 아니라 일종의 기적으로 받아들여야만 합니다." 불과 몇 년 지나지 않아 기적은 여러 분야의 다양한 실험에서(물과 수은을 채운 커다란 유체 셀부터 전기진동자, 레이저, 심지어 화학반응에서까지) 수없이 반복하여 일어났다. 이론가들은 파이겐바움의 기법을 수용해 카오스에 이르는 수학적 경로를, 주기 배가의 사촌 격이랄 수 있는 간헐성과 준주기성 같은 패턴을 발견했다. 또한 이론과 실험에서의 보편성을 증명했다.

실험가들의 발견은 컴퓨터 실험 시대에 활기를 불어넣었다. 물리학자들은 컴퓨터가 실제 실험처럼 양질의 그림을 그려낸다는 것, 그것도 수백만 배나 더 빠르고 더 신뢰할 만하다는 것을 깨닫는다. 많은 사람들에게 리브샤베르의 결과보다도 더 설득력 있었던 것은 이탈리아 모데나 대학교에 있는 발터 프란체스키니Valter Franceschini가 고안한 유체 모델이었다. 이 모델은 끌개와 주기 배가를 만들어내는 5개의 미분방정식으로 된 계이다. 프란체스키니는 파이겐바움에 대해 전혀 알지 못했다. 하지만 그의 복잡하고 다차원적인 모델은 파이겐바움이 1차원적 사상에서 발견한 것과 똑같은 상수를 찾아냈다. 1980년 유럽의 연구자 집단은 설득력 있는 수학적 설명을 제시한다. 소산이 상충되는 수많은 운동으로 이루어진 복잡한 계를 만들어 결국 수많은 차원의 행태를 하나의 차원으로 이끈다는 것이었다.

컴퓨터를 쓰지 않고 유체 실험에서 이상한 끌개를 발견한다는 것은 아직도 어려운 문제로 남아 있다. 이는 해리 스위니 같은 실험가들이 1980년대까지 몰두했던 문제였다. 마침내 실험가들이 이에 성공하자 새로운 컴퓨터 전문가들은 대개 이런 결과를 자신들의 그래픽 단말기가 이미 대량 생산하고 있는 아주 자세한 그림의 거칠고 예측 가능한 반복일 뿐이라며 하찮게 여겼다. 컴퓨터 실험이 만들어내는 수천, 수백만의 데이터 항목들을 다소 명백하게 만드는 것은 패턴들이다. 현실세계에서처럼 실험실에서도 유용한 정보는 잡음에서 분리해야만 한다. 컴퓨터 실험에서 데이터는 마법의 성배에서 포도주가 쏟아져 나오듯이 흘러나온다. 그러나 실험실에서 하는 실험에서는 한 방울 한 방울을 모으기 위하여 실험 기구와 씨름을 해야 한다.

그럼에도 파이겐바움이나 다른 사람들의 새로운 이론이 그토록 광범위한 과학자 사회를 장악한 데는 컴퓨터 실험만 가지고는 역부족이었을 것이다. 비선형 미분방정식계를 수치화하는 데에 필요한 수정이나 절충, 근사치는 의심스럽기 짝이 없다. 컴퓨터 모의실험에서는 실제 문제를 가능한 한 많은 덩어리로 나눈다(그러나 항상 너무 적다). 컴퓨터 모델은 바로 프로그래머가 선택한 임의의 규칙들로 구성된 집합인 것이다. 현실세계의 유체는 설사 아주 작은 밀리미터 크기의 셀에 있는 것일지라도, 자연적 무질서의 모든 자유롭고 구속받지 않는 운동이라는 부정할 수 없는 가능성을 가지고 있다. 깜짝 놀랄 만한 잠재력이 있는 것이다.

컴퓨터 모의실험 시대에, 제트 터빈에서부터 심장판막을 흐르는 혈액순환에 이르기까지 흐름을 슈퍼컴퓨터로 모델화할 때, 자연이 실험가를 얼마나 쉽게 당혹스럽게 만들 수 있는가를 떠올리기란 어렵다. 사실 제아무리 슈퍼컴퓨터라도 리브샤베르의 액체헬륨 용기와 같은 간단한 계를 완벽하게 흉내 낼 수 없다. 훌륭한 물리학자라면 모의실험을 검토할 때마다 현실에서 빠진 부분이 무엇인지, 잠재적 돌발 상황은 없는지를 생각해야만 한다. 리브샤베르는 곧잘 모형 비행기로는 날고 싶지 않다고 말했다. 놓쳐버린 것이 없는지 걱정했던 것이다. 컴퓨터 모의실험은 직관을 형성하고 계산을 세련되게 하는 데는 도움이 되나, 진정한 발견은 할 수 없다고 말한 것이다. 어찌 됐든 실험물리학자들은 이런 믿음을 가지고 있었다.

실험은 흠잡을 데 없었고 과학적 목적은 너무 추상적이었기 때문에, 아직도 물리학자들 중에는 리브샤베르의 연구를 물리학이라기보다는 철학이나 수학으로 여기는 사람들이 있다. 하지만 리브샤베르는 자신이 속한 분야를 지배하는 규범이 원자들의 성질에 주된 관심을 보이는 환원주의라고 믿었다. "물리학자라면 저에게 이렇게 물을 수도 있습니다. 어떻게 이 원자는 여기에 와서, 저기에 들러붙을 수 있습니까? 표면에 대한 민감성이란 무엇입니까? 아울러 그 계에 대해 해밀턴 연산자를 쓸 수 있나요?"

"제가 만약 '상관없습니다. 저의 관심은 이런 모양, 그리고 이런 모양이 어떻게 변화하는지에 대한 수학, 이 모양에서 저 모양으로 다시 이 모양으로 가는 분기에 있습니다'라고 말하면, 그는 '그건 물리학이 아닙니다, 당신은 수학을 하고 있습니다'라고 말할 것입니다. 지금도 그럴 겁니다. 그렇다면 저는 뭐라고 할 수 있을까요? '예, 물론입니다. 저는 수학을 하고 있습니다. 그러나 우리를 둘러싸고 있는 것에 관련된 것입니다. 또한 그것이 자연이기도 합니다.'"

리브샤베르가 발견한 패턴들은 확실히 추상적이었다. 수학적이기도 했다. 그것은 액체헬륨이나 구리의 성질은 고사하고 절대 0도 근처에 있는 원자들의 운동 행태에 대해서 아무것도 알려주지 않는다. 하지만 이 패턴은 리브샤베르의 신비주의적 선조들이 꿈꾸던 패턴이었다. 그들은 화학자에서부터 전기공학자에 이르기까지 수많은 과학자들을 운동의 새로운 요소들을 찾아내는 탐험가로 만들 실험 영역을 정당화시켰다. 그가 첫 실험에서 첫 번째 주기 배가와 뒤이어 나타나는 주기 배가를 구별하기에 충분할 정도로 온도를 끌어올리는 데 성공했을 때도, 이들 패턴이 나타났다.

새로운 이론에 따르면 분기는 정밀한 축척을 가진 기하학을 만들어내야만 하는데, 이는 바로 리브샤베르가 관찰한 것, 즉 파이겐바움의 보편상수 universal Feigenbaum constant가 수학적 관념에서 벗어나 즉시 측정 가능하고 재생시킬 수 있는 물리적 실재로 전환하는 순간이었다. 리브샤베르는 하나의 분기 뒤에 또 하나의 분기가 나타나는 장면을 본, 등골이 서늘했던 바로 그 순간을, 그리고 풍부한 구조가 무한하게 쏟아지는 것을 보고 있음을 깨달 았던 그 순간을 오랫동안 잊지 못했다. 리브샤베르는 그 순간이 즐거웠다 고 말했다.

카오스의 형상들

잎사귀 하나의 형태를 지으려
카오스가 모든 힘을 안으로 끌어당길 때
다른 무엇이 있을까?

콘래드 에이킨

마이클 반슬리$^{Michael\ Barnsley}$가 미첼 파이겐바움을 만난 것은 1979년 코르시카에서 열린 학술회의에서였다. 옥스퍼드에서 공부한 수학자 반슬리가 보편성과 주기 배가 그리고 무한 진행의 분기를 알게 된 것도 그때였다. 반슬리는 생각했다. '그거 좋은 개념인데. 이거야말로 과학자들이 떡고물이라도 차지하려 덤벼들 것이 확실한 그런 개념이 아닌가.' 반슬리는 아무도 거들떠보지 않는 것을 보았다고 생각했다.

2, 4, 8, 16과 같은 주기의 파이겐바움 연속은 어디에서 나오는 것일까? 마술같이 수학적 허공에서 솟아난 것일까, 아니면 훨씬 더 심오한 어떤 것의 그림자를 보여주는 것일까? 반슬리는 이것들이 지금까지 모습을 보이지 않고 있는 어떤 환상적인 프랙탈 구조의 일부분이 틀림없다고 직감했다.

반슬리가 이렇게 생각한 배경에는 복소평면$^{Complex\ plane}$으로 알려진 수의 영역이 있었다. 복소평면에서 모든 실수는(마이너스 무한대에서 플러스 무한대까지의 수) 중앙에 0을 놓고 먼 서쪽에서 먼 동쪽까지 펼쳐져 있는 평면 직선 위에 표시된다. 하지만 이 직선은 북쪽과 남쪽으로도 무한히 펼쳐져 있는 평면을 반분하는 적도선일 뿐이다. 각각의 수는 2개의 부분 즉 동서의 경도에 대응하는 '실수'와 남북의 위도에 대응하는 '허수'로 구성된다. 관례상 이들 복소수는 $2+3i$(i는 허수 부분을 나타낸다)로 표시한다. 두 부분은 각각의 수가 이러한 2차원 평면상에서 차지하는 특정한 위치를 나타낸다.

실수가 있는 본래의 선은 특별한 경우로, 허수 부분이 0인 수의 집합이다. 복소평면에서 실수만—적도선상에 있는 점만—본다고 하는 것은 사람들의 시야를 (2차원으로 볼 경우 또 다른 비밀을 드러낼지도 모르는 모양들이 우연히 나타나는 교차점에) 한정시킨다는 의미다. 반슬리는 의구심이 들었다.

'실수'니 '허수'니 하는 이름은 보통의 수가 이러한 새로운 혼성물(복소수_옮긴이)보다 더 실제적인 것처럼 보인 데서 연유했다. 하지만 지금은 두 종류의 수가 똑같이 실제로도 허구로도 존재하기 때문에, 실수나 허수라는 이름들이 아주 임의적인 것으로 인식되었다.

역사적으로 허수는 '음수의 제곱근은 무엇인가?'라는 질문으로 생긴 개념적 공백을 메우기 위하여 고안되었다. 관례상 -1의 제곱근은 i이고, -4의 제곱근은 $2i$라는 식으로 표기한다. 조금만 생각해보면, 실수와 허수를 결합하여 새로운 방식으로 다항식을 계산할 수 있음을 알게 된다. 복소수는 더할 수 있고 곱할 수 있으며, 평균할 수 있을 뿐 아니라 인수분해할 수도 있고, 적분할 수도 있다. 실수에 대한 어떤 계산도 거의 모두 복소수에서 가능하다.

반슬리가 파이겐바움 함수를 복소평면에 나타내자 환상적인 모양들이 윤곽을 드러냈다. 실험물리학자들이 흥미를 가질 만한 동역학적 개념과 관련이 있는 듯 보였지만, 수학적 구성 면에서도 놀라운 것이었다.

어쨌든 반슬리는 이런 주기들이 아무 이유 없이 나타나는 것은 아니라고 생각했다. 이들은 주기들과 모든 질서들이 무리지어 있는 복소평면에서 멀리 떨어진 실수 선상에 나타났다. 복소평면에는 항상 2주기, 3주기, 4주기가 존재했지만, 실수 선상에 도달하기 전까지 그저 눈에 안 보이는 곳을 떠다녔다. 급히 코르시카를 떠나 조지아 공과대학의 사무실로 돌아온 반슬리는 논문 하나를 써『수리물리학회보』에 투고했다. 공교롭게도 편집자는 다비드 뤼엘이었다. 좋지 않은 소식이 전해졌다. 반슬리는 50년 전 프랑스 수학자에 의해 발견되었다가 그동안 묻혀 있던 연구 업적 일부를 자신도 모르는 새에 재발견했던 것이다. 반슬리는 당시를 이렇게 회상했다. "뤼엘이 뜨거운 감자라도 되는 것처럼 곧바로 논문을 되돌려주면서, '마이클, 쥘리아 집합들을 말하고 있군요'라고 말했습니다."

뤼엘은 다음과 같은 충고도 덧붙였다. "망델브로에게 연락해보세요."

유행에 민감한 파격적 디자인의 셔츠를 잘 입었던 미국의 수학자 존 허바드 John Hubbard 는 그보다 3년 전에, 프랑스 오르세에서 대학 1학년생들에게 기초 미적분학을 가르치고 있었다. 수업 주제 중에는 뉴턴법이 있었다. 뉴턴법은 연속적으로 더 나은 근사치를 사용하여 방정식을 푸는 고전적 기법이었다. 수치해석의 방법인 뉴턴법과 같은 통상적인 주제는 고리타분한 감이 없지 않았지만, 학생들의 사유의 폭을 넓힐 요량으로 뉴턴법을 가르쳤던 것이다.

지금은 말할 것도 없고 뉴턴이 창안했을 당시에도 뉴턴법은 이미 낡은 기법이었다. 고대 그리스 사람들도 제곱근을 구하기 위해 뉴턴법을 변형한 방법을 썼다. 뉴턴법은 추측에서 시작한다. 추측은 보다 나은 추측으로 이어지고 이런 과정을 반복하면서, 마치 정상 상태를 찾아가는 동역학계처럼 하나의 해답에 접근해간다. 뉴턴법은 각 과정마다 소수점 이하 자릿수가 정확히 두 배로 되는 빠른 계산법이다. 물론 오늘날은 변수의 최고차수가 2차인 2차 다항방정식의 근을 구하는 것처럼, 해석적 방법에 의하여 제곱근을 구한다. 하지만 뉴턴법은 직접 답을 구할 수 없는 고차 다항방정식에 적용된다. 뉴턴법은 다양한 컴퓨터(컴퓨터야 두말 할 것도 없이 반복 계산이 특기이기 때문에) 알고리듬에도 훌륭하게 작동한다. 뉴턴법에 한 가지 아쉬운 게 있다면 방정식들이 대개 (특히 복소수 해가 포함될 경우) 하나 이상의 해를 갖는다는 점이다. 뉴턴법이 '어떤' 해를 찾을지는 처음의 추정값에 달려 있다. 학생들에게는 이런 문제가 현실적으로 전혀 문제가 되지 않는다. 학생들은 대개 어디서 시작해야 좋을지 잘 알고 있기 때문에, 만약 추정값이 그릇된 해로 수렴하는 듯하면, 그냥 다른 값에서 다시 시작하면 된다.

혹자는 뉴턴법이 복소평면에서 2차 다항식의 근으로 접근해갈 때 정확히 어떤 경로를 밟는지를 질문할 수도 있다. 그리고 이에 대해 기하학적으로 볼 때, 뉴턴법은 당연히 2개의 근 중 처음 추정값에 더 가까운 근을 찾아간다고 대답할 수 있을지도 모른다. 이런 질문과 답변이 바로 어느 날 학생과 허바드 사이에 있었다.

"음, 3차방정식은 상황이 좀 복잡한 듯합니다." 허바드는 자신 있게 말했다. "좀 더 생각해보고 다음 주에 말씀드리지요."

그때까지만 해도 허바드는 반복 계산하는 법을 가르치는 게 어렵지, 처음의 추정을 하는 건 쉬운 일이라 생각했다. 하지만 생각하면 생각할수록 미궁에 빠졌다. 어떻게 해야 올바른 추정을 할 수 있는지, 뉴턴법이 도대체 뭘 하는 것인지 아리송했던 것이다. 기하학적으로 추측하면 평면은 각각의 부채꼴 내에 하나씩의 근을 갖는 3등분된 파이 조각처럼 나눠진다는 것이 명백했다. 하지만 허바드는 그렇지 않다는 것을 발견하게 된다. 이상한 일들이 경계선 부근에서 발생한 것이다. 더구나 허바드는 자신이 이러한 의외의 난문제와 맞닥뜨린 최초의 수학자가 아니었음을 알게 된다. 1879년 아서 케일리Arthur Cayley 경이 다루기 쉬운 2차방정식에서 굉장히 다루기 어려운 3차방정식으로 옮겨 가려고 시도했던 것이다. 그러나 허바드는 1세기 전 케일리 경이 갖고 있지 못했던 손쉬운 도구를 갖고 있었다.

허바드는 증명이 아니라 추정치나 근삿값, 직관에서 나온 반쪽 진리를 경멸하는 엄격한 수학자였다. 에드워드 로렌츠의 끌개가 학술지에 실린 지 20년이 지난 후에도 방정식이 이상한 끌개를 만들어내는지의 여부를 확실히 아는 사람은 아무도 없다고 계속 주장할 정도였다. 증명되지 않은 하나의 추론일 뿐이라고 여겼던 것이다. 허바드는 사람들에게 친숙한 나선 모양의 끌개도 증명이 아니라 단지 증거, 즉 컴퓨터가 그려낸 무엇일 뿐이라고 말했다.

이런 허바드도 정통 방식으로는 할 수 없는 것을 하기 위해 컴퓨터를 이용하기 시작했다. 컴퓨터는 무엇 하나 '증명'하지 못하지만, 최소한 진리는 드러내 보일 것이고, 수학자는 자기가 증명하고자 하는 것이 무엇인지 알게 될 것이었다. 허바드는 시험에 착수하였다. 우선 뉴턴법을 문제를 해결하는 기법으로서가 아니라 하나의 문제로서 취급했다. 허바드는 3차방정식의 가장 단순한 예, 즉 $x^3-1=0$이라는 방정식을 생각했다. 방정식은 1의 세제곱근을 찾는 것으로, 물론 실수에서는 단순한 해인 1이 존재한다. 그러나 방정식은 또 2개의 복소수 해인 $-1/2+i\sqrt{3}/2$과 $-1/2-i\sqrt{3}/2$를 갖는다. 복소평면에 표시한다면, 이들 3개의 근은 3시 방향에 한 점, 7시 방향에 한 점, 그리고 11시 방향에 한 점을 갖는 정삼각형을 이룬다. 문제는 시작점

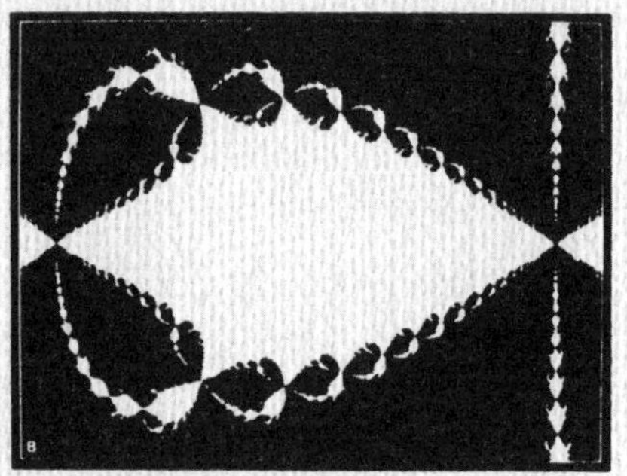

무한한 복잡성의 경계들 ••• 파이를 세 조각으로 자를 때는 만나는 지점이 단 하나이며, 두 조각 간의 경계도 모두 단순하다. 하지만 추상적인 수학과 실세계 물리학의 수많은 과정들은 상상을 초월할 정도로 복잡한 경계들을 만들어낸다.

위의 그림에서 −1의 세제곱근을 구하는 데 적용한 뉴턴법은 평면을 식별 가능한 3개의 영역으로 나누었고, 그중 하나가 흰색으로 보이는 부분이다. 모든 흰 점들은 가장 큰 흰색의 영역에 있는 근으로 '끌어 당겨진다.' 아울러 모든 검은색 점들은 다른 2개의 근 중 하나로 끌어 당겨진다. 경계는 그 위에 있는 점들이 3개의 영역 모두에 접하고 있다는 특별한 성질을 갖는다. 그리고 덧붙인 그림들이 보여주듯이, 확대된 부분들은 기본 패턴을 점점 작은 축척에서 되풀이하는 프랙탈 구조임이 드러난다.

으로 주어진 어떤 복소수가 뉴턴법으로 진행할 경우 3개의 해 중 어디로 귀결되는가를 보는 것이다. 말하자면 뉴턴법이 하나의 동역학계이고, 3개의 해는 3개의 끌개였다. 혹은 복소평면이 마치 3개의 깊은 계곡을 향해 아래로 내려가는 부드러운 면인 것과 같았다. 평면 위 어느 지점에서 출발하더라도 어느 하나의 계곡으로 흘러 내려가야만 한다. 하지만 어느 계곡으로 간단 말인가?

허바드는 공간을 구성하는 무한한 점에서 표본을 뽑았다. 그러고는 컴퓨터로 뉴턴법을 진행하면서 각각의 점이 어디로 흘러가는지를 계산하여 결과를 색깔별로 분류하였다. 첫 번째 해가 나온 출발점은 모두 푸른색으로, 두 번째 해의 출발점은 붉은색으로, 세 번째 해의 출발점은 녹색으로 표시했다. 대충 계산해도 뉴턴법은 공간을 3개의 파이 조각으로 나눴다.

일반적으로 특정한 해 '근처'의 점들은 빠르게 그 해로 귀결된다. 그러나 컴퓨터로 체계적 연구를 진행하자 여기저기의 점들만 듬성듬성 계산할 수 있었던 초기의 수학자들은 결코 발견할 수 없었던 복잡한 심층 구조가 발견되었다. 하나의 근에 빠르게 수렴하는 점들이 있는 반면, 최종적으로 근에 수렴하기 전 무작위적으로 여기저기를 떠돌아다니는 점들도 있었다. 때로 3개의 해 중 어느 하나에 귀결되지 않고 영원히 주기적 사이클을 반복하는 것처럼 보이는 것도 있었다.

그 공간을 아주 자세하게 조사하기 위해 컴퓨터를 돌리자 허바드와 학생들을 당혹스럽게 만든 그림들이 드러나기 시작했다. 이를테면 푸른색 계곡과 붉은색 계곡 사이에는 깔끔한 능선이 아니라, 보석처럼 연결된 녹색의 반점들이 있었다. 마치 2개의 이웃한 계곡 사이에 낀 대리석이 결국에는 세 번째이면서 가장 먼 계곡으로 가버리는 것 같았다. 다시 말해 두 색깔 사이의 경계가 결코 완전한 형태를 갖추고 있는 것이 아니었다. 더 자세히 살펴보니 녹색의 능선과 푸른색의 계곡 사이에 있는 선은 붉은색 파편이었다. 경계는 마침내 허바드를—심지어는 망델브로의 괴물 같은 프랙탈에 익숙한 사람들조차도—당황케 할 만한 기이한 성질을 보여주었다. 어떠한 점도 두 색깔 사이의 경계 역할을 하지 못했던 것이다. 2개의 색깔이 함께 나타나려는 곳에서는 어디서든지, 세 번째 색깔이 (새롭고 자기유사적인 일련의 형상을 한 채) 끼어들었다. 믿기 어려웠지만 모든 경계점에는 3개의 색깔 영역이 접하고 있었다.

허바드는 이러한 복잡한 모양들과 이것의 수학적 의미를 연구하기 시작했다. 이들의 연구는 곧 동역학계 문제를 공략하는 새로운 시도가 된다. 허바드는 뉴턴법의 사상이 단순히 실세계에 존재하는 힘들의 행태를 반영하는 (아직 탐구되지 않은) 모든 그림들 중 하나에 불과하다고 생각했다. 마이클 반슬리는 이 그림들 중에서 다른 것을 관찰하고 있었다. 두 사람이 곧 알게 되지만, 망델브로는 이런 모든 모양들의 할아버지뻘 되는 것을 발견하고 있었다.

망델브로 집합은 그의 추종자들이 얘기하듯 수학에서 가장 복잡한 대상이다. 가시가 점점이 박혀 있는 원반, 밖으로 구부러지며 둘러쳐진 나선과 필라멘트 선에 천국의 포도송이처럼 무한히 다양하게 매달려 있는 둥근 알갱이들 등 망델브로 집합을 모두 보기에는 영원한 시간으로도 부족할 것이다. 컴퓨터 화면에 나타난 색을 살펴보면, 망델브로 집합은 프랙탈보다 더 프랙탈적으로 보였다. 왜냐하면 모든 축척에 걸쳐 너무 복잡했기 때문이었다. 집합 내부의 다양한 형상들을 분류하거나 집합의 윤곽을 수치적으

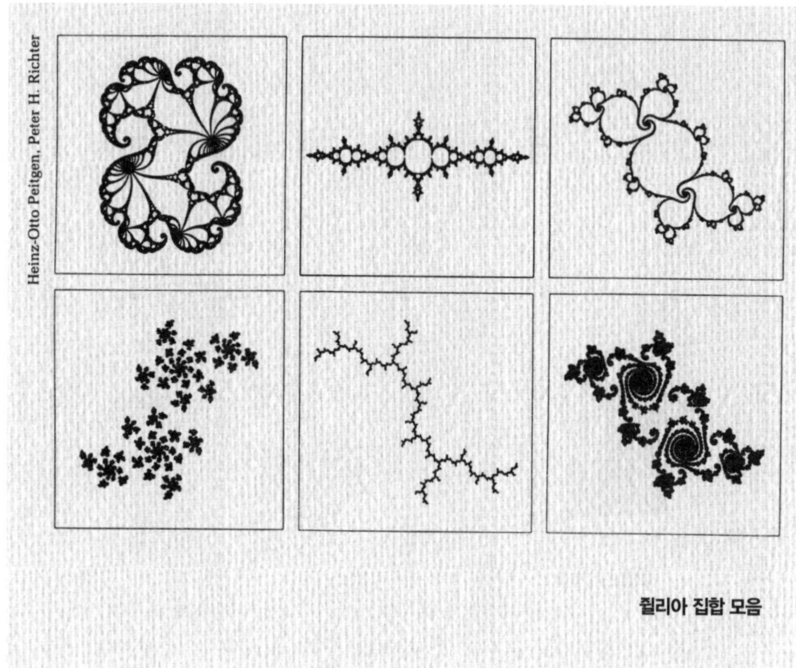

쥘리아 집합 모음

로 설명하기 위해서는 무한한 정보가 필요하다. 그러나 역설은 바로 여기에 있다. 즉 집합에 대한 완벽한 설명을 전선으로 보내기 위해서는 수십 가지의 부호만 있으면 충분하다. 간결한 컴퓨터 프로그램에 전체 집합을 재생하는 데 충분한 정보가 다 들어 있는 것이다. 집합이 복잡성과 단순성을 동시에 가지고 있다는 것을 최초로 이해했던 사람들은—심지어 망델브로도—완전히 허를 찔렸다.

망델브로 집합은 학술회의 안내서와 공학 계간지의 화려한 겉표지에 등장하고, 1985년과 1986년 전 세계를 돌며 열린 컴퓨터 아트전에서 중심부를 장식하는 등 카오스의 공식 상징이 되었다. 그림은 아름답긴 했지만, 이

망델브로 집합이 나타나다 ··· 브누아 망델브로가 처음 사용했던 원시적 컴퓨터 출력물에서는 거친 구조로 나타났던 것이 계산의 질의 향상됨에 따라 점점 더 세밀해졌다. 벌레처럼 떠다니는 '분자들'은 고립된 섬들일까? 아니면 너무나 가늘어서 눈에 보이지 않는 필라멘트 같은 선들에 의해 본체에 연결되어 있는 것일까? 말하기 힘들었다.

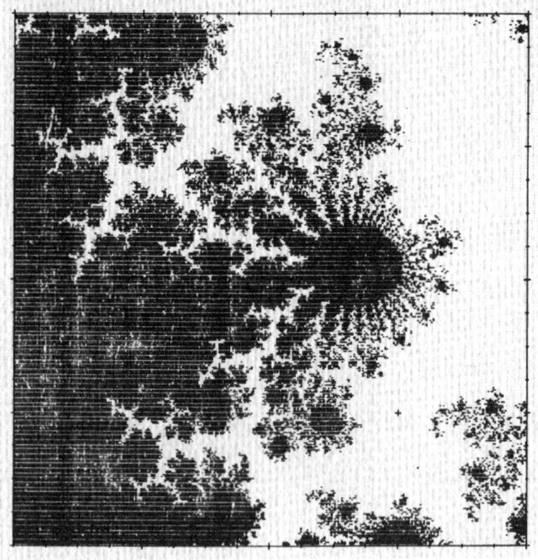

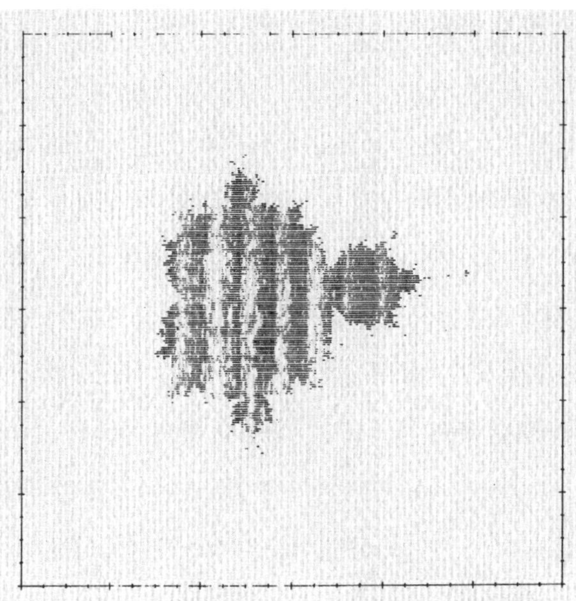

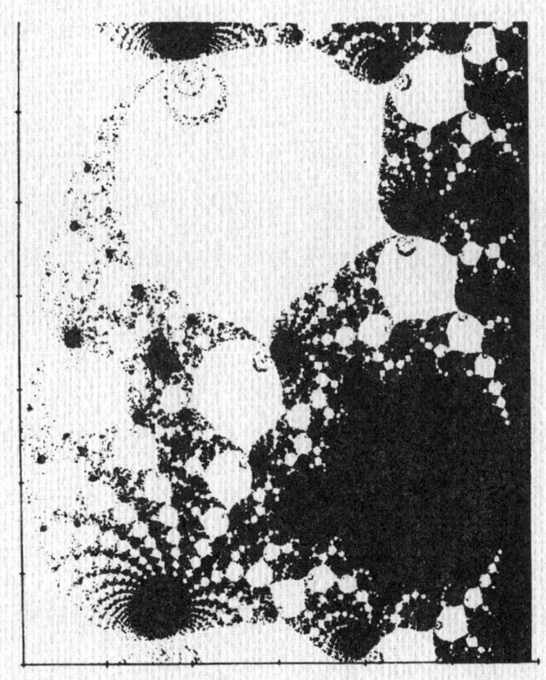

런 그림을 이제 막 이해하기 시작한 수학자들로서는 그 의미를 파악하기가 쉽지 않았다.

수많은 프랙탈 모양이 복소평면에서 반복 과정에 의해 만들어질 수 있다. 하지만 망델브로 집합은 딱 하나였다. 망델브로 집합은 망델브로가 쥘리아 집합이라는 일군의 모양을 일반화하는 방법을 찾고 있을 때, 유령처럼 흐릿하게 나타나기 시작했다. 이것들은 그림을 보여주는 컴퓨터 없이 연구한 프랑스 수학자 가스통 쥘리아Gaston Julia와 피에르 파투Pierre Fatou에 의해 제1차 세계대전 중 발견되고 연구되었다. 망델브로가 이들의 소박한 그림을 보고 (이미 사람들에게 잊힌) 저작을 읽은 것은 스무 살 무렵이었다. 다양한 모습을 하고 있는 쥘리아 집합들은 정확히 반슬리가 흥미를 느끼고 있던 것이었다. 쥘리아 집합들 중에는 여러 곳이 잘려지고 변형되어 프랙탈한 구조로 된 원 같은 것이 있는가 하면, 몇 개의 구역으로 나눠지고, 심지어 서로 분리된 먼지 같은 것도 있었다. 하지만 유클리드 기하학의 개념이나 용어로는 전혀 설명되지 않았다. 프랑스 수학자 아드리앵 두아디Adrien Douady는 이렇게 말했다. "두터운 구름 같은 것들이 있는가 하면, 바싹 마른 장미 덤불 같은 것, 불꽃이 꺼진 후 대기를 떠돌아다니는 불똥 같은 것들 등 믿을 수 없을 정도로 많은 종류의 쥘리아 집합이 있다. 토끼 모양을 하고 있는 것도 있고 해마 꼬리 모양을 갖고 있는 것도 많다."

1979년 망델브로는 쥘리아 집합들의 목록 역할을 하는, 즉 쥘리아 집합들 하나하나로 이끄는 길잡이 역할을 하는 하나의 형상을 복소평면에 만들 수 있다는 것을 발견한다. 그는 제곱근과 사인, 코사인이 포함된 방정식으로 복잡한 반복 과정을 연구하고 있었다. 심지어 망델브로는 단순성이 복잡성을 낳는다는 명제 아래 자신의 학문세계를 구축한 이후에도 IBM과

하버드에 있는 컴퓨터 화면 너머에 맴돌고 있는 대상이 얼마나 엄청난 것인지를 알아차리지 못했던 것이다. 좀 더 자세히 보기를 원했던 망델브로는 프로그래머들을 닦달했다. 프로그래머들은 이미 빠듯한 기억 용량 배당과 조악한 흑백색의 디스플레이 튜브를 가진 IBM 대형 컴퓨터에 새로운 보간점補間點을 넣는 것 때문에 진땀을 흘리고 있었다. 설상가상으로 프로그래머들은 컴퓨터 실험에서 흔히 발생하는 위험요소인 '인공물'(기계의 이상한 작동 때문에 발생하는 것으로 프로그램을 다르게 짜면 사라졌다)이 발생하는 것을 지켜보느라 컴퓨터 옆에 붙어 있어야만 했다.

하는 수 없이 망델브로는 프로그램으로 만들기가 아주 쉬운 단순한 사상으로 관심을 돌렸다. 피드백 고리를 불과 두세 번 반복하는 프로그램을 돌리자 거친 격자格子 위에 원반들의 윤곽이 나타났다. 연필로 몇 줄의 계산을 해본 결과 원반이 수학적으로 사실이라는 것이, 다시 말해 컴퓨터 계산상의 기묘한 산물이 아니라는 것이 밝혀졌다. 커다란 주 원반 왼편과 오른편에 좀 더 많은 모양들이 생겨나기 시작했다. 나중에 망델브로는 마음속에서 더 많은 것을, 다시 말해 원자들이 더 작은 원자들을 낳고 그것은 또 더 작은 원자들을 낳은 식으로 무한히 계속되는 모양들의 체계를 보았다고 말했다. 그리고 집합이 실수선과 만나는 곳에서는 잇달아 크기가 작아지는 원반이 (동역학자들이 이제야 인식한) 기하학적 규칙성을 가지고 나타났다. 바로 파이겐바움 분기의 연속이었다.

탄력을 받은 망델브로가 계산을 더 밀고 나가 처음의 투박한 형상을 세련되게 하자 곧 원반들 가장자리에 어지럽게 널려 있는 먼지들 그리고 또한 원반 가까이에서 떠다니는 먼지가 나타났다. 좀 더 자세히 계산하려던 망델브로는 갑자기 자신이 갖고 있던 행운의 끈이 끊어져버렸음을 느낀다.

화면의 그림이 더 분명해지기는커녕 오히려 더 혼란스러워진 것이다. 그는 하버드 대학교 컴퓨터와는 비교도 안 될 정도로 강력한 IBM 소유 컴퓨터의 계산력을 시험해보기 위하여 IBM의 웨스트체스터 카운티 연구센터로 돌아왔다. 놀랍게도 계속 심해지는 혼란스러움은 현실적인 어떤 것의 징후였다. 싹과 덩굴손은 주요 섬에서 느릿하게 빙글빙글 돌면서 떨어져 나갔다. 망델브로는 외관상 매끄러운 경계가 마치 해마의 꼬리와 같은 일련의 나선으로 분해되는 것을 보았다. 비율이 없는 혼란스러움이 비율이 있는 조화로움을 풍부하게 했다.

망델브로 집합은 점들의 더미이다. 복소평면에서의 모든 점은—다시 말해 모든 복소수는—집합 안에 있거나 밖에 있다. 망델브로 집합을 정의하는 한 가지 방법은 간단한 연산을 반복해 모든 점을 조사하는 것이다. 하나의 점을 조사하려면, 먼저 어떤 복소수를 취한 다음 그것을 제곱하고 이렇게 나온 수에 처음의 수를 더한다. 이렇게 나온 결과를 다시 제곱하고, 여기에 처음의 수를 더하는 과정을 반복하면 된다. 전체 계산이 무한대로 나타나면 그 점은 망델브로 집합 내에 있지 않다. 전체 계산이 유한하면(어떤 반복되는 고리 안에 놓이거나 혹은 카오스적으로 돌아다닐 수 있다) 그 점은 망델브로 집합 내에 존재한다.

하나의 과정을 무기한 되풀이하고 그 결과가 무한한지 여부를 묻는 이 작업은 일상세계의 피드백 과정과 비슷하다. 강당에 마이크로폰, 앰프, 그리고 스피커를 설치해놓았다고 상상해보자. 우리는 소리 피드백으로 큰 소리의 소음이 나는 것을 걱정한다. 마이크로폰으로 큰 소리의 소음이 들어가면 스피커로 나오는 증폭된 소리는 다시 마이크로폰에 입력되어 더 큰 소리가 나는 과정이 무한히 반복될 것이다. 반면 소리가 작으면 소리는 사라져버릴 것이다.

이러한 피드백 과정을 숫자로 모델화하려면 출발수를 선택한 다음 이를 제곱하고, 결과로 나온 수를 다시 제곱하기를 계속해야 한다. 큰 수는 재빨리 무한대로, 즉 10, 100, 1000……로 이어진다. 그러나 작은 수들은 0으로, 즉 2분의 1, 4분의 1, 16분의 1……로 이어진다. 기하학적 그림을 만들기 위해서는, 방정식에 대입했을 때 무한대로 가지 않는 모든 점들의 집합을 정의해야 한다. 선에서 0보다 위쪽에 있는 모든 점들을 생각해보자. 하나의 점이 큰 소리의 피드백을 만들어낸다면 하얗게 칠하고, 그렇지 않으면 검게 칠한다. 그러면 곧 0에서 1까지 검은 선으로 이루어진 모양을 보게 된다.

1차원적 과정이라면 사실 실험을 할 필요가 없다. 1보다 큰 수들은 무한으로 이어지고 나머지는 그렇지 않다는 것을 밝히는 것은 아주 간단하기 때문이다. 그러나 2차원인 복소평면에서 반복 과정에 의해 정의되는 모양을 추론하려면 방정식만 알아서는 안 된다. 원이나 타원, 그리고 포물선 같은 전통적인 기하학 도형과는 달리, 망델브로 집합에 지름길은 없다. 어떤 특정한 방정식이 어떤 모양을 만들어내는지 알려면 시행착오를 통하는 방법밖에 없다. 이런 점에서 이 새로운 영역의 탐험자들은 정신적으로 유클리드보다는 마젤란에 더 가까웠다.

이렇듯 모양의 세계를 수의 세계와 결합하는 것은 과거와의 단절을 나타낸다. 누군가 근본 규칙을 변화시킬 때 새로운 기하학이 시작된다. '공간은 평평하지 않고 굽어졌다고 가정한다'고 어떤 기하학자가 말했다. 그러면 이는 유클리드 기하학을 기묘하게 비튼 패러디가 되고, 일반상대성 이론의 틀에 딱 들어맞는다. 공간이 4차원, 또는 5차원, 또는 6차원을 가질 수 있다고 하자. 또한 '차원'을 표현하는 수가 소수일 수 있다고 가정한다. 형태들이 뒤틀리고, 늘어나고, 울퉁불퉁하다고 가정한다. 혹은 이제 형태는 방정식을 한 번 풀어서는 안 되고 피드백 고리 안에서 반복함으로써 분명히 나타난다고 가정한다.

쥘리아, 파투, 허바드, 반슬리, 망델브로와 같은 수학자들은 이렇듯 기하학적 모양을 만드는 방법에 관한 법칙들을 변화시켰다. 방정식을 곡선으로 바꾸는 유클리드적이면서 데카르트적인 방법은 고등학교 기하학을 공부했거나 두 좌표를 사용하여 지도에서 한 지점을 찾는 법을 배운 사람이면 누구에게나 친숙하다. 표준기하학에서는 방정식을 취한 다음 이를 '만족하는' 수의 집합을 구한다. $x^2+y^2=1$과 같은 방정식의 해는 하나의 모양, 이 경우는 원을 형성한다. 다른 간단한 방정식들은 타원이나 포물선, 그리고 원뿔의 단면과 같은 쌍곡선 또는 심지어 위상공간에서 미분방정식에 의하여 만들어진 좀 더 복잡한 모양들을 만들어낸다. 하지만 기하학자가 방정식을 푸는 게 아니라 반복할 때, 방정식은 설명이 아니라 과정이 되고 정적이라기보다는 동적이 된다. 하나의 수가 방정식에 입력되면 새로운 수가 나오고, 또 새로운 수가 방정식에 입력되면 점들은 이리저리 뛰어다니며 움직인다. 하나의 점은 방정식을 만족시킬 때 그려지는 것이 아니라 어떤 종류의 행태를 만들어낼 때 그려진다. 행태는 정상 상태일 수도 있고, 주기적으로 반복되는 상태로의 수렴일 수도 있고, 무한대로 거침없이 갈 수도 있다.

하지만 이처럼 새로운 모양 만들기의 가능성을 이해했던 쥘리아와 파투마저도 컴퓨터라는 수단이 없었기 때문에 이를 과학으로 만들 수 없었다. 컴퓨터와 함께 시행착오 기하학^{trial and error geometry}이 가능하게 된 것이다. 허바드는 점들의 행태를 계산함으로써 뉴턴법을 탐구하였으며, 망델브로도 같은 방법으로, 즉 컴퓨터를 이용하여 평면상의 점들을 하나하나 조사하는 방법을 통해 처음으로 자신의 집합을 관찰했다. 물론 모든 점을 다 조사한 것은 아니었다. 시간과 컴퓨터 성능에서 한계가 있었기 때문에 계산에서는 점들의 격자망을 썼다. 격자망을 더 세밀하게 하면 그림이 더 분명했지만, 컴퓨터 계산 시간은 더 늘어났다. 망델브로 집합은 계산이 간단했다. 복소평면에 $z \to z^2+c$를 반복 계산해 그래프로 그리는 과정이 너무 단순하기 때문이다. 하나의 수를 취해, 이를 제곱하고, 그렇게 나온 수를 원래의 수와 더하면 되었다.

컴퓨터로 형태를 탐구하는 새로운 스타일의 연구 방법에 익숙해진 허바드는 (이전에는 동역학계에 응용되지 않았던 수학 분야인) 복소해석법을 적용한 혁신적 수학 스타일을 만들게 된다. 모든 것이 모이고 있었다. 수학 내의 개별적 분야들이 하나의 교차점에 모이고 있었던 것이다. 허바드는 망델브로 집합을 관찰하는 것만으로는 충분치 않다고 생각했다. 다시 말해 망델브로 집합을 관찰하기 전에 먼저 망델브로 집합을 이해해야 한다는 것이었다.

만약 그 경계가 그저 세기 전환기적 괴물인 망델브로의 집합과 같은 의미에서 프랙탈하다면, 하나의 그림은 이전 그림과 다소 비슷해 보일 것이다. 다양한 축척에서 발견되는 자기유사성 원리 때문에 우리는 전자현미경의 다음 배율에서 어떤 것을 보게 될지 미리 알 수 있다. 하지만 망델브로 집합은 더 깊이 들어갈수록 놀랍게도 새로운 것이 보였다. 망델브로는 자신이 '프랙탈' 개념을 너무 협소하게 정의한 것 아닌가 걱정하기 시작했다. 그는 확실히 이런 새로운 대상에 적용할 단어를 원했던 것이다. 망델브로 집합은 확대하면 본체를 거의 복사한 듯한 작은 벌레 같은 것들이 본체에서 분리되어 떠다녔다. 하지만 더 크게 확대하면 이들 분자들은 다른 어떤 것과도 정확하게 일치하지 않았다. 언제나 새로운 종류의 해마와 새로운 모양의 구부러진 온실 식물들이 있었던 것이다. 사실상 어떤 배율이건 집합의 어떠한 부분도 다른 부분과 정확히 닮지는 않았다.

떠다니는 분자가 발견되자 곧 이런 의문이 제기되었다. 망델브로 집합은 수많은 반도를 갖는 하나의 대륙 같은 것일까? 아니면 본체가 아주 작은 섬들에 둘러싸인 먼지 같은 것일까? 도무지 알 수 없었다. 이런 문제를 해결하는 데는 쥘리아 집합도 도움이 되지 않았다. 쥘리아 집합은 어떤 덩어리 모양과 먼지, 이 두 가지가 모두 있었기 때문이다. 프랙탈적인 먼지들은 어떠한 2개의 조각도 '함께' 존재하지 않고—모든 먼지는 빈 공간 영역에 의해 다른 모든 것과 분리되기 때문에—또 '홀로' 존재하지도 않는 기묘한 성질을 갖는다(하나의 조각 옆에는 항상 다른 일군의 먼지들이 제멋대로 있었기 때문이다). 이런 그림을 본 망델브로는 컴퓨터 실험 가지고는 근본 문제가 해결되지 않는다는 것을 깨닫는다. 이에 따라 그는 본체 주변을 떠도는 분자를 좀 더 자세히 살펴보았다. 개중에는 사라진 것도 있었으나, 분명 거의 복제에 가까운 모양이 되었다. 이들은 독립적인 것처럼 보였다. 하지만 먼지들이 너무 가는 선으로 연결되어 있어 어쩌면 계산되는 점들의 격자를 계속 벗어나는 것인지도 몰랐다.

두아디와 허바드는 근사하고도 새로운 수학을 이용해 떠돌아다니는 모든 분자가 가는 선, 즉 본체의 돌출부에서 뻗어 나온 섬세한 실(망델브로는 이를 악마의 중합체重合體라 표현했다)에 의해 다른 모든 부분과 연결되어 있다는 것을 증명했다. 두 수학자는 컴퓨터 현미경으로 확대해 보면 어느 부분이나—어디에서든, 얼마나 작든 관계없이—본체를 닮았으나 아주 똑같지는 않은 새로운 분자들을 드러낸다는 것을 증명한다. 모든 새로운 분자는 자신만의 나선들과 불꽃 모양의 돌기로 둘러싸여 있으며, 이들은 더 작은 분

자들이(항상 비슷하기는 하지만 결코 동일하지는 않다) 여전히 무한 다양성이라
는 명령을 수행하고 있음을, 또한 모든 새로운 작은 분자가 확실히 스스로
(다양하면서도 전체적인) 우주가 되는 축소화의 기적을 보여주고 있었다.

"모든 것이 매우 기하학적인 직선적 접근이었습니다." 하인츠 오토 파이
트겐Heinz Otto Peitgen이 근대미술에 대해 말했다. "이를테면 색들 간의 관계를
발견하려 했던 요제프 알베르스의 작품은 본질적으로 보면 다양한 색의 사
각형을 붙여놓은 것일 뿐입니다. 이런 게 굉장히 유행했지요. 하지만 지금
은 시들해졌습니다. 사람들이 더 이상 좋아하지 않아요. 독일에서는 바우
하우스 스타일로 거대한 아파트 단지를 지었는데, 사람들이 다 떠났습니
다. 그곳에 살고 싶지 않은 거죠. 제가 보기에 자연에 대해 우리가 이해하고
있는 개념들의 몇몇 측면들을 지금 사회가 싫어하는 데는 꽤 심오한 이유
가 있는 것 같습니다." 파이트겐은 방문객들을 상대로 망델브로 집합, 쥘리
아 집합들, 그리고 다른 복소평면에서의 반복 과정 일부를 확대한 우아한
컬러 사진을 선택하는 일을 돕고 있었다. 캘리포니아의 작은 사무실에는
슬라이드, 커다란 투영화, 심지어 망델브로 집합 달력까지 있었다. "우리가
이렇게 열광하는 것은 자연을 바라보는 다른 관점과 관계가 있습니다. 자
연물의 참된 면은 무엇일까요? 나무를 한번 봅시다. 중요한 건 뭘까요? 직
선일까요, 아니면 프랙탈한 대상일까요?"

한편 코넬 대학교에 있는 존 허바드는 상업적 수요와 씨름하고 있었다.
망델브로 집합 사진을 요청하는 수백 통의 편지가 수학과에 쏟아지는 바람
에 견본과 가격표를 만들어야만 했다. 이미 그의 컴퓨터에는 즉시 찾아볼
수 있는 수십 장의 사진들이 들어 있었다. 그러나 해상도가 가장 높고 가장

생생한 총천연색 사진들은 지방 은행의 열렬한 후원을 받은 두 명의 독일인, 즉 파이트겐과 페터 리히터 Peter H. Richter 그리고 그들이 이끈 브레멘 대학교의 과학자 팀에서 나왔다.

수학자였던 파이트겐과 물리학자였던 리히터는 연구 방향을 바꿔 망델브로 집합을 연구한다. 이들에게 망델브로 집합은 현대의 예술철학, 수학에서 실험의 새로운 역할에 대한 정당화, 그리고 대중에게 복소수계를 소개하는 방법을 제공하는 등 그야말로 개념의 우주였다. 이들은 광택지에 인쇄된 목록과 책들을 출판하였으며, 컴퓨터로 그린 그림들을 화랑 등에서 전시하면서 세계 각지를 여행하였다. 물리학에서 복잡계로 관심이 옮겨 간 리히터는 화학과 생화학을 공부하다 생물학적 경로 안에서 일어나는 진동을 연구하게 된다. 면역체계와 설탕이 효모에 의해 에너지로 전환되는 현상을 다룬 몇 편의 논문을 쓴 리히터는 진동이 때로는 통상 정적인 것으로 여겨졌던 과정의 동역학을 지배한다는 것을 발견한다. 살아서 활동하고 있는 계를 쉽게 연구할 수 없었던 데에는 나름대로 이유가 있었던 것이다.

리히터는 대학 기계공장에 의뢰해 맞춤으로 만든 자신의 '애완 동역학계'인 잘 움직이는 이중 진자를 창턱에 고정시켰다. 가끔 그는 진자가 카오스적 리듬으로 회전하도록 했는데, 카오스적 리듬은 컴퓨터로도 모방할 수 있었다. 그런데 진자는 초기조건에의 의존성이 너무 민감하여, 1마일 떨어져 있는 빗방울 하나의 중력으로도 50~60번만 회전하면(대략 2분 이내에) 운동이 뒤죽박죽되었다. 이러한 이중 진자를 위상공간상에 나타낸 다양한 색깔 그림은 주기성과 카오스가 뒤섞인 영역을 보여주었다. 또한 리히터는 이를테면 철에서 자기화의 이상화된 영역을 보여주기 위해, 그리고 망델브로 집합을 조사하기 위해 동일한 그래픽 기법을 사용했다.

　파이트겐은 복잡성 연구가 단순히 문제를 푸는 것이 아니라 과학에서 새로운 전통을 수립할 기회를 마련하는 것이라 여겼다. 파이트겐은 이렇게 말한다. "이처럼 완전히 새로운 분야라면 오늘 당장 사유에 들어갈 수 있고, 또 과학자가 유능하다면 며칠 또는 일주일 또는 한 달 안에 흥미로운 해답을 구할 수 있을지도 모릅니다." 복잡성 연구 분야는 아직 체계가 잡혀 있지 않다는 말이었다.

　"분야에서 체계가 잡히면 무엇이 알려져 있고, 무엇이 알려져 있지 않으며, 사람들이 이미 연구했으나 아무 성과도 내지 못한 것은 무엇인지가 알려져 있을 것입니다. 그 분야에서 우리는 문제로 판명된 것을 연구해야만 하는데, 그렇지 않으면 실패합니다. 하지만 문제로 판명된 것은 풀기가 어려운 것이 확실합니다. 그렇지 않다면 이미 해결되었겠지요."

　파이트겐은 컴퓨터를 이용한 실험에 대해 흔히 수학자들이 갖고 있던 불만 같은 게 거의 없었다. 모든 결과는 궁극적으로 표준적 증명 방법들에 의해 엄밀하게 증명되어야만 한다. 아니면 이미 수학이 아닐 것이다. 컴퓨터 화면에 영상이 나타났다 해서 그 존재가 정리되거나 증명되는 것은 아니다. 하지만 컴퓨터 영상의 활용은 수학의 진화에 기여했다. 파이트겐은 컴퓨터를 이용한 탐구로 인해 수학자들이 더 자연스러운 길을 택할 자유가 생겼다고 믿었다. 수학자는 일시적으로 엄밀한 증명을 유보할 수 있다. 물리학자와 마찬가지로 수학자도 실험이 자신을 인도하는 곳이라면 어디든 갈 수 있다. 하지만 컴퓨터 계산의 위력과 직관에 호소하는 시각적 단서는 밝은 전망을 제시하며, 수학자가 가망 없는 길로 들어서지 않게 해준다. 그렇게 하여 새로운 길이 발견되고, 새로운 대상이 분리되면 수학자는 다시 표준적 증명으로 되돌아갈 수 있다. "엄밀함은 수학의 힘입니다." 파이트겐이 말한다. "우리들이 절대적으로 보장되는 사유의 논리를 계속 밟아갈 수 있다는 것, 수학자들은 이를 결코 포기하려 하지 않습니다. 하지만 지금은 '부분적으로' 이해할 수 있으나, 미래 세대에게는 아마 엄밀하게 이해될 그런 상황을 볼 수 있을 것입니다. 엄밀함, 좋습니다. 하지만 내가 단지 '지금' 이해할 수 없다는 이유 때문에 배제하는 정도가 되어서는 안 됩니다."

1980년대가 되자 가정용 컴퓨터로도 집합의 화려한 그림을 만들 만큼 연산을 정확하게 할 수 있게 되었고, 호사가들은 이들 그림을 전에 없는 크기로 탐색함으로써 확장되는 축척을 생생하게 느낄 수 있었다. 집합을 행성 크기의 물체로 생각한다면, 퍼스널 컴퓨터는 대상 전체를 보여주는 것에서 시작하여 도시 크기나 빌딩 크기, 또는 방의 크기나 책 또는 편지, 박테리아나 원자 크기를 보여줄 수 있었다. 이런 그림들을 본 사람들은 모든 축척이 비슷한 패턴을 가진다는 것을, 그럼에도 모든 축척이 서로 다르다는 것을 보았다. 아울러 이런 모든 미시적 풍경은 똑같이 몇 줄 되지 않는 컴퓨터 코드에 의해 만들어졌다.■

■ 망델브로 집합의 프로그램은 몇 개의 중요한 부분만 있으면 된다. 주요 엔진은 최초 복소수를 취하여 그것에 연산 규칙을 적용하는 반복 명령문이다. 망델브로 집합에서 법칙은 $z \rightarrow z^2+c$이다. 여기서 z는 0에서 시작되고 c는 조사되는 대상이다. 따라서 $z=0$을 취해 제곱하고 다음에 최초값을 더한다. 이렇게 나온 결과를 다시 제곱하고 거기에 최초값을 더한다. 새로 나온 결과를 다시 제곱하고, 거기에 최초값을 더하는 것을 반복한다. 복소수의 산술은 간단한다. 복소수는 이를테면 $2+3i$(복소평면에서 동쪽으로 2, 북쪽으로 3이 되는 점)와 같이, 2개의 부분으로 표기된다. 복소수 덧셈은 실수는 실수끼리, 허수는 허수끼리 더하면 된다.

$$\begin{array}{r} 2+4i \\ +\ 9-2i \\ \hline 11+2i \end{array}$$

복소수 곱셈은 분배법칙에 따라 전개하듯 진행하면 된다. i의 제곱은 허수의 원래 정의에 따라 -1이기 때문에 실수 부분의 결과로 흡수된다. 한 항은 다른 것으로 흡수된다.

집합의 경계는 망델브로 집합 프로그램이 대부분의 시간을 소비하는 곳이자, 모든 절충이 이뤄지는 곳이었다. 경계에서 계산이 100번 혹은 1000번 혹은 1만 번 반복 후에도 멈추지 않는 경우 점이 집합에 포함된다는 것을 절대적으로 확신할 수는 없다. 100만 번 반복 계산한다 해서 어떻게 될지 누가 알겠는가? 따라서 집합의 가장 놀라우면서도 가장 크게 확대된 그림을 만드는 프로그램은 강력한 중앙처리 장치를 가진 컴퓨터나, 동일한 계산을 한꺼번에 수행하는 수천의 개별적인 두뇌를 가진 병렬 컴퓨터가 할 수 있다. 경계는 집합이 점들을 끌어당기는 힘이 가장 약한 지점이다. 마치 경쟁하는 끌개들 사이에서 균형을 잡고 있는 것처럼, 말하자면 0에 있는 하나의 끌개와 사실상 무한한 거리에 있는 또 다른 끌개 사이에서 균형을 이

$$
\begin{array}{r}
2+3i \\
\times\,2+3i \\
\hline
6i+9i^2 \\
4+6i \\
\hline
4+12i+9i^2 \\
=\ 4+12i-9 \\
=\ -5+12i
\end{array}
$$

연산을 끝내기 위해서는 계산과정의 총량(매번의 $z \rightarrow z^2+c$ 계산에서 얻어진 새로운 z_옮긴이)을 볼 필요가 있다. 총량이 공간의 중앙에서부터 점점 멀어져 무한대로 향하면 계산의 출발점은 그 집합에 속하지 않는다. 그런데 총량의 실수 부분이나 허수 부분이 2보다 크거나 −2보다 작게 되면 그것은 무한대로 향하는 것이 확실하다. 그러면 프로그램은 다른 점을 취하여 같은 과정을 계속할 수 있다. 그러나 계산을 여러 번 거듭해도 총량이 2보다 더 크게 되지 않으면 그 점은 집합의 일부분이 된다. 계산을 몇 번 해야 하는가는 배율에 달려 있다. 퍼스널 컴퓨터로 계산할 수 있는 축척이면 대개는 100~200번으로 충분하고, 1000번이면 안전하다.
프로그램은 더욱더 큰 배율로 조정할 수 있는 축척을 가진 격자 위의 수천 개의 점들 각각에 대해 이 과정을 되풀이해야만 한다. 아울러 프로그램이 그 결과를 표시할 수 있어야 한다. 집합 내의 점들은 검게, 집합 밖의 점들은 희게 표시할 수 있다. 또는 좀 더 생생하게 흥미를 끄는 그림을 만들기 위해서 흰 점들을 몇 단계의 색깔로 표시할 수도 있다. 이를테면 반복 계산이 10번 되풀이된 후에 끝났다면 붉은 점을 찍고 20번 되풀이되면 오렌지색의 점을, 40번 되풀이되면 노란색의 점을 찍을 수도 있다. 색깔과 계산 횟수 단계의 선택은 프로그래머의 취향에 따라 조정할 수 있다. 색깔들은 그 집합 바로 바깥 지역의 윤곽을 드러낸다.

루고 있는 것처럼 보인다.

과학자들이 망델브로 집합 자체에서 실제 물리적 현상을 나타내는 새로운 문제들로 나아갈 때, 집합의 경계가 갖는 특질들이 표면화된다. 동역학계에서 둘 혹은 그 이상의 끌개 사이의 경계는 수많은 일상적 과정을 지배하는 것처럼 보이는 일종의 문턱 같은 역할을 한다. 이런 계에서 각각의 끌개는 마치 강에 물이 흘러들어오는 유역이 있듯 유역basin이 있다. 또한 각각의 유역은 경계를 갖는다. 1980년대 초 수학과 물리학의 영향력 있는 연구자 집단들에게 가장 유망한 분야는 프랙탈 유역 경계 연구였다.

동역학 중에서 이들 분야는 계의 최종적이고 안정적인 행태를 설명하는 데 관심을 갖는 것이 아니라, 서로 경쟁하는 것들 중에서 계가 선택하는 방법에 관심을 갖고 있었다. 이제는 고전적 모델이 된 로렌츠의 계는 그 안에 단 하나의 끌개를 가진다. 다시 말해 계가 최종 상태가 되어갈 때 하나의 지배적 행태를 갖는 카오스적 끌개를 가지는 것이다. 다른 계들은 결국 비카오스적인 정상 상태(그러나 정상 상태는 하나 이상일 수 있다)의 행태가 될 수도 있다. 프랙탈 유역 경계 연구는 여러 개의 비카오스적 최종 상태 중 어느 하나로 귀결되는지를 연구하는 것으로, '어느 것'으로 귀결되는지를 어떻게 예측하느냐 하는 문제가 생긴다.

카오스라는 말을 만든 지 10년이 지난 후 프랙탈 유역 경계 연구의 선구자가 된 메릴랜드 대학교의 제임스 요크는 가상적 핀볼 기계를 제안한다. 여느 핀볼 기계와 마찬가지로 이 기계에도 스프링이 달린 공이가 있었다. 공을 쏘려면 공이를 뒤로 당겨 살짝 놓으면 된다. 또한 기계는 가장자리가 고무로 되어 있고 기울어진 모양을 하고 있으며, 공에 여분의 에너지 킥kick을 주는 전기 탄력자가 있었다. 킥은 중요하다. 킥은 에너지가 단순히 매끄럽게 소멸되지 않는다는 것을 의미한다. 단순성을 위해 기계에는 바닥에 물갈퀴 같은 것은 없고, 2개의 출구만을 갖고 있다고 가정한다. 공은 2개의 출구 중 반드시 어느 하나의 출구로 나가야 한다.

이것은 결정론적 핀볼이다. 말하자면 기계에 흔들림은 없다. 오직 하나의 매개변수만이 공의 행로를 좌우한다. 공이의 최초 위치다. 공이를 길게 당기면 공이 항상 왼쪽 통로를 통하여 빠져나가고, 공이를 짧게 당기면 공이 항상 오른쪽 통로를 통하여 빠져나가도록 기구가 설계되어 있다고 가정한다. 중간 정도로 당겨질 경우 운동 행태는 복잡하다. 어디가 됐든 간에 마지막에 출구로 빠져나가기 전에 보통 세게 부딪혀 시끄러운 소리를 낸다. 걸리는 시간도 천차만별이다.

이제 공이의 출발점으로 가능한 모든 위치가 어떤 결과를 낳는지를 그래프로 그린다고 생각해보자. 그래프는 단순한 하나의 선이 된다. 오른쪽 출구로 공을 보내면 공이의 출발점에는 빨간색 점을 그리고, 왼쪽 출구로 공을 보내면 녹색 점을 찍는다. 출발점에 대한 함수로서 이들 끝개에서 우리는 무엇을 발견할 수 있을까?

경계는 반드시 자기유사적인 것은 아니지만, 무한히 세밀한 프랙탈 집합이 된다. 선의 영역들 중에는 순전히 붉은색이나 녹색이 되는 것도 있지만, 다른 부분들은 확대했을 때 녹색 내에 붉은색이 섞여 있거나 붉은색 내에 녹색이 섞여 있을 것이다. 말하자면 공이의 출발점에서 작은 위치 변화가 결과에 차이를 만들지 않는 것이 있는 반면, 아주 미묘한 변화에도 붉은색과 녹색 사이의 차이를 만드는 것도 있었다.

제2의 차원을 덧붙인다는 것은 제2의 매개변수, 즉 제2의 자유도를 덧붙인다는 것을 의미한다. 핀볼 기계로 치면, 경사면의 기울기를 변화시키는 것이다. 이렇게 하면 하나 이상의 매개변수를 가진 민감하고 활동적인 실제계들, 이를테면 1980년대에 카오스에 고무되어 중점적으로 연구한 전력망과 원자력발전소의 안정성 통제를 책임지고 있었던 엔지니어들에게 악몽 같았던 들쭉날쭉한 복잡성을 발견할 것이다. 매개변수 A값에 대해 매개변수 B는 일관된 안정성 영역을 가진 확실하고 질서정연한 행태를 보일 수도 있다. 선형성 중심으로 교육을 받은 엔지니어들이야 자신들이 배웠던 것과 정확히 일치하는 것들을 연구하고 도표를 그릴 수 있을 것이다. 하지만 매개변수 B의 중요성을 변화시키는 또 다른 값의 매개변수 A가 근처에 숨어 있을 수 있다.

요크는 학술회의를 하면서 자주 프랙탈 유역 경계 그림들을 보여주었다. 그림들 중에는 2개의 최종 상태 중 어느 하나로 귀결되는 강제진자의—청중들도 잘 알고 있었듯, 강제진자는 일상생활에서 여러 가지 모습으로 존재하는 기본적 진동자이다—행태를 나타냈다. "그 누구도 제가 진자를 선택함으로써 계를 조작했다고 말할 수 없을 것입니다." 요크는 유쾌하게 말했다. "이것이 바로 우리가 자연계 도처에서 보는 사물의 모습입니다. 하지만 책에서 볼 수 있는 행태와는 전혀 다른 행태입니다. 제멋대로인 프랙탈 행태입니다." 반죽 그릇에 담긴 바닐라와 초콜릿 푸딩을 섞으면서 몇 번 휘저어놓은 것처럼, 그림들은 흰색과 검은색이 환상적 소용돌이를 만들고 있었다. 이런 그림을 만들기 위해 요크의 컴퓨터는 각 격자점이 진자의 다른 출발점을 나타내는 1000×1000개의 격자점을 하나하나 계산해 결과에 따라 검은색과 흰색으로 표시했다. 익숙한 뉴턴 운동방정식에 의해 혼합되고 겹쳐진 끌림 영역들이었고, 그 결과 다른 어떤 것보다 더 넓은 경계를 가지고 있었다. 통상 점들의 4분의 3 이상이 경계 위에 위치했다.

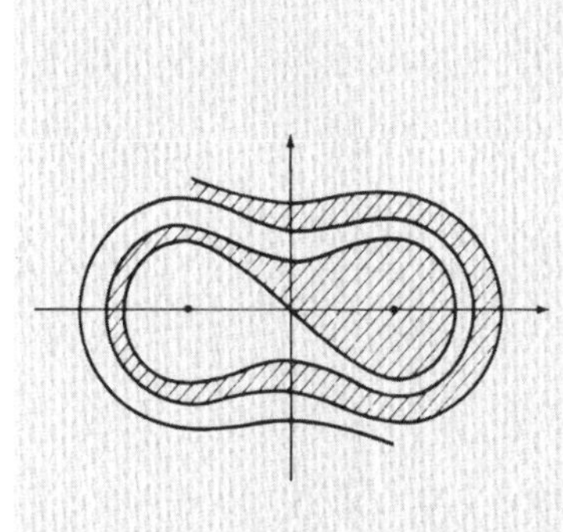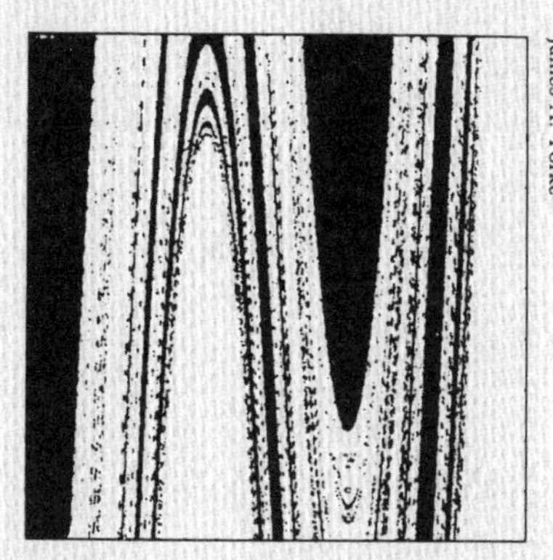

프랙탈 유역 경계 ••• 설령 동역학계의 장기적 행태가 카오스적 행태를 보이지 않을 때도 하나의 안정적 행태와 다른 안정적 행태 사이의 경계에 카오스가 나타날 수 있다. 바닥에 놓여 있는 2개의 자석 중 어느 하나에 정지할 수 있는 진자처럼, 종종 동역학계는 하나 이상의 평형 상태를 갖는다. 각각의 평형 상태는 하나의 끌개이며, 두 끌개 사이의 경계는 복잡하면서도 매끄러울 수 있고(왼쪽), 또 복잡하면서 매끄럽지 않을 수도 있다. 흰색과 검은색이 고도로 프랙탈하게 흩어져 있는 오른쪽 그림은 진자의 위상공간 다이어그램이다. 계는 확실히 2개의 가능한 정상 상태 중 하나에 이른다. 어떤 출발 조건에서는 검은색이면 검은색, 흰색이면 흰색과 같이 결과가 아주 예측 가능하다. 그러나 경계 근처에서는 예측이 불가능하다.

연구자들과 엔지니어들은 이들 그림에서 교훈—교훈과 경고—을 얻는다. 아주 적은 자료로 복잡계 행태의 잠재적 범위를 추측해야만 하는 경우가 너무 많았던 것이다. 계가 정상적으로 작동할 때, 즉 좁은 범위의 매개변수 안에 머무를 때 관찰을 진행했던 엔지니어들은 조금은 덜 정상적인 행태에 대해 다소 선형적으로 추론할 수 있기를 기대했다. 하지만 프랙탈 유역 경계를 연구하는 과학자들은 안정과 파국 사이의 경계가 생각보다 훨씬 더 복잡할 수 있음을 보여주었다. 요크가 말했다. "미 동부 해안지방의 전체 전력망은 진동계이고, 대부분의 경우 안정되어 있습니다. 하지만 만약 이것을 뒤흔들어놓으면 어떤 일이 벌어질까요? 이것을 알고 싶은 겁니다. 우리는 경계가 어떻게 되는지를 알 필요가 있습니다. 사실 그들은 경계가 어떠한지를 전혀 모릅니다."

프랙탈 유역 경계들은 이론물리학 안에서 심오한 문제들을 제기했다. 상전이는 경계의 문제였으며, 파이트겐과 리히터는 상전이 중에서 가장 연구가 많이 이뤄진 '물질에서의 자기화^{magnetization}와 비자기화^{nonmagnetization}'에 주목했다. 이러한 경계를 그린 그림들은 아주 아름다운 복잡성을 보여주었는데, 매우 자연스럽게 (점점 마디와 주름들이 뒤얽혀) 꽃양배추 모양이 되었다. 매개변수를 변화시키고, 세부적으로 보기 위해 그림을 확대하자 점점 무작위적인 것처럼 보이더니 갑자기 혼란스러운 영역의 깊은 중심부에서 예기치 않게 친숙한 (싹들이 돋아난) 편원형 모양이 나타났다. 망델브로 집합이었다. 거기에는 넝쿨손 하나하나, 원자 하나하나까지 다 갖춰져 있었다. 보편성의 또 다른 표지였다. 그들은 이렇게 썼다. "아마도 우리들은 마술을 믿어야 할지도 모른다."

마이클 반슬리는 다른 길을 갔다. 반슬리는 자연 고유의 이미지, 특히 살아 있는 유기체가 만들어낸 패턴들에 대해 생각했다. 쥘리아 집합과 다른 과정들을 실험했고, 심지어 더 큰 변이성을 발생시키는 방법들을 항상 찾았다. 결국 그는 자연적 모양들을 모델링하는 새로운 기법의 기초로서 무작위성에 관심을 돌렸다. 반슬리는 자신의 기법을 "반복되는 함수 계에 의한 프랙탈의 총체적 구성"이라고 썼으나, 이에 대해 이야기할 때는 그냥

"카오스 게임"이라고 불렀다.

카오스 게임을 빨리 하기 위해서는 그래픽 화면과 난수표 프로그램이 있는 컴퓨터가 필요하지만, 원리상 종이 1장과 동전 1개만 있으면 된다. 먼저 종이 위에서 출발점을 선택한다. 아무 데나 상관없다. 그러고 나서 규칙 2개, 즉 동전 앞면 규칙과 동전 뒷면 규칙을 정한다. 규칙은 한 점이 다른 점으로 어떻게 옮겨가는지를 나타낸다. 이를테면 '북동쪽으로 5센티미터 움직인다' 혹은 '중앙 쪽으로 25퍼센트 가까이 움직인다'는 식이다. 이제 동전의 앞면이 나오면 앞면 규칙을, 뒷면이 나오면 뒷면 규칙을 적용해 점들을 표시한다. 블랙잭 게임을 할 때 카드 딜러가 판이 새로 시작될 때마다 제일 위에 있는 카드 몇 장을 묻어놓는 것처럼, 처음 50개의 점은 무시해버리고 51번째의 점부터 본다. 그러면 카오스 게임이 진행되어감에 따라 점들이 무작위적으로 흩어져 있는 것이 아니라 모양이 생겨나서 점점 분명한 모습으로 나타난다.

반슬리의 핵심 통찰은 이렇다. 쥘리아 집합이나 다른 프랙탈 모양들을 결정론적 과정의 산물로 보는 것은 옳지만, 또한 (똑같이 타당한) 무작위적 과정의 '극한'이라는 제2의 실존을 갖는다는 것이다. 반슬리는 비유적으로 방 마룻바닥에 분필로 그려진 영국 지도를 생각해보자고 제안한다. 표준적인 측량 도구를 가진 측량기사가 프랙탈한 해안선을 갖고 있는 이 골치아픈 모양의 면적을 측량하기란 매우 어렵다. 하지만 허공에 낱알을 하나씩 던져 바닥에 무작위적으로 떨어지도록 해, 지도 안에 떨어진 낱알을 센다고 생각해보자. 시간이 지날수록 결과는 (무작위적 과정의 극한으로서) 모양의 면적에 접근하기 시작한다. 동역학계 용어로 말하면 반슬리의 모양은 끌개였던 것이다.

카오스 게임은 작은 그림 사본으로 만들어진 커다란 그림의 프랙탈한 성질을 이용한 것이다. 무작위적으로 반복되는 일련의 규칙들을 적음으로써 모양의 전체적 정보가 파악되고, 규칙을 반복함으로써 축척과는 무관한 정보가 되돌아 나왔다. 이런 의미에서 모양이 프랙탈하면 프랙탈할수록 적합한 규칙들은 더 단순해질 것이다. 반슬리는 곧 망델브로 책에 있는, 이제는 고전이 된 프랙탈을 모두 만들어낼 수 있음을 깨닫는다. 망델브로 기법은 건축과 개선의 무한 반복이었다. 코흐의 눈송이나 시어핀스키 개스킷을 만들기 위해 사람들은 선분을 잘라낸 다음 이를 특정한 도형으로 바꿨다. 하지만 반슬리는 카오스 게임을 통해 처음에는 희미한 형체였다가 점점 분명해지는 그림들을 만들었다. 개선 과정이 전혀 필요 없었다. 그저 어떻게든 최종 모양을 구현할 단일 규칙만 있으면 되는 것이다.

반슬리와 동료 연구자는 양배추, 곰팡이, 진흙 그림을 그리는 통제 불능의 프로그램을 연구하기 시작한다. 관건은 과정을 거꾸로 뒤집는 방법이었다. 다시 말해 특정한 모양이 있을 때, 그 모양을 만들어낼 규칙을 어떻게 선택할 것인가 하는 문제였다. 반슬리가 내놓은 '콜라주 정리'는 어처구니없을 정도로 단순해서 사람들은 뭔가 속임수가 있음에 틀림없다고 생각할 정도였다. 방법은 이렇다. 먼저 재현하기를 원하는 모양을 그린다. 양치류를 매우 좋아했던 반슬리는 처음 실험에서 검은색 스플린워트(양치류의 일종_옮긴이)를 선택했다. 그러고는 컴퓨터 단말기와 위치 지정 도구인 마우스를 이용하여 원래 그림 위에 작은 복사본을 겹친다. 필요하다면 딱 안 맞게 겹쳐도 상관없다. 고도로 프랙탈한 형상은 그 자신을 사본들로 쉽게 덮을 수 있고, 덜 프랙탈할수록 더 어려웠지만, 어쨌든 비슷한 수준에서는 모든 모양을 덮을 수 있었다.

"형상이 복잡하면, 규칙들도 복잡해질 것입니다." 반슬리가 말했다. "반면 대상에 프랙탈한 질서가 숨겨져 있다면—망델브로는 자연은 대부분 이런 숨겨진 질서를 갖고 있다는 것을 관찰했습니다—몇 개의 규칙만으로도 이런 질서를 해독할 수 있을 것입니다. 따라서 이 모델은 유클리드 기하학으로 만들어진 모델보다 더욱 흥미롭습니다. 왜냐하면 우리는 당신이 나뭇잎 가장자리를 볼 때 직선을 보는 게 아니라는 사실을 알기 때문입니다." 작은 데스크톱 컴퓨터로 만들어진 첫 번째 양치류는 반슬리가 어린 시절부터 갖고 있던 양치류 책에서 본 모양과 정확하게 일치했다. "정말 놀라운 이미지였습니다. 모든 면에서 정확했습니다. 생물학자라면 금방 알아볼 수 있었을 겁니다."

반슬리는 자연은 어떤 의미에서 나름의 카오스 게임을 하고 있음에 틀림없다고 주장했다. "양치류를 코드화하는 포자의 정보는 얼마 안 됩니다. 때문에 양치류가 자라면서 가질 수 있는 정교함에는 한계가 있습니다. 양치류를 묘사하는 데 간단한 정보만 있으면 된다는 것은 하나도 놀랍지 않습니다. 오히려 그렇지 않다는 게 놀라운 일입니다."

그렇다면 우연은 불가피한 것일까? 허바드 역시 망델브로 집합과 정보의 생물학적 코드화 사이의 유사성에 대하여 생각했다. 하지만 허바드는 이런 과정들이 확률에 의존한다는 견해에는 단호히 반대했다. 허바드는 이렇게 말했다. "망델브로 집합에는 무작위성이 존재하지 않습니다. 제가 하는 어떤 것에도 무작위성이 존재하지 않습니다. 저는 무작위의 가능성이 생물학과 어떤 직접적 연관성을 갖는다고 생각하지 않습니다. 생물학에서 무작위성은 죽음이며, 카오스도 죽음입니다. 모든 것은 고도로 조직되어 있습니다. 식물을 무성생식시킬 때 가지들이 나오는 순서는 정확하게 똑같

카오스 게임 ••• 각각의 새로운 점은 무작위적으로 떨어지지만, 점차 양치류의 형상이 나타난다. 몇 개의 단순한 규칙에 모든 필요한 정보가 코드화되어 있다.

습니다. 망델브로 집합은 대단히 정확한 체계에 따른 것으로서, 우연성이 개입할 여지가 없습니다. 누군가 뇌가 어떻게 조직되어 있는가를 실제로 밝혀내는 날 그들은 뇌를 구성하는 매우 정밀한 코드 체계가 존재한다는 것을 발견하고 놀랄 것입니다. 생물학에서 무작위성이라는 개념은 그저 반사적으로 나온 개념일 뿐입니다."

하지만 반슬리의 기법에서도 우연은 도구 역할만 할 뿐이다. 결과들은 결정론적이고 예측 가능하다. 점들이 컴퓨터 화면에서 반짝이며 나타날 때, 어느 누구도 다음 점이 어디에 나타날 것인지를 예측할 수 없다. 왜냐하면 점들은 컴퓨터 내부의 동전 던지기에 따라 생겨나기 때문이다. 그럼에도 어쨌든 (컴퓨터 화면상의) 빛 흐름은 빛을 발하면서 모양을 만드는 데 필요한 경계 안에 항상 머물렀다. 우연성이 역할을 한다는 것은 착각일 뿐이다. "무작위성이란 관심을 딴 데로 돌리는 것일 뿐입니다." 반슬리가 말했다. "무작위성은 프랙탈 대상에 존재하는 어떤 불변하는 척도의 이미지를 얻는 데 긴요합니다. 하지만 대상 자체는 무작위성에 의존하지 않습니다. 항상 똑같은 그림을 그릴 확률은 100퍼센트입니다."

"무작위적 알고리듬으로 프랙탈 대상을 탐색하면 심도 있는 정보를 얻을 수 있습니다. 마치 우리가 방에 처음 들어갈 때, 눈이 무작위적 순서로 방을 둘러보고 방에 대한 정보를 파악하는 것과 같습니다. 방은 바로 존재하는 그대로입니다. 대상은 내가 무슨 일을 하든 상관없이 존재합니다."

망델브로 집합도 마찬가지다. 망델브로 집합은 파이트겐과 리히터가 하나의 예술적 형태로 전환시키기 전에도, 허바드와 두아디가 수학적 본질을 이해하기 전에도, 심지어 망델브로가 발견하기 전에도 존재했다. 망델브로 집합은 과학이 복소수의 틀framework과 반복함수 개념이라는 맥락을 만들자마자 존재했다. 그리고 베일이 벗겨지기를 기다렸다. 아니 훨씬 이전에 자연이 단순한 물리법칙에 의해 자신을 조직하기 시작했을 때부터, 무한한 인내로 어디에서나 똑같은 것을 되풀이하였을 때부터 존재했을 것이다.

제9장

동역학계
집단

|

혁명적 분수령을 가로지르는 의사소통은
부분적일 수밖에 없다
토머스 S. 쿤

|

샌프란시스코에서 남쪽으로 한 시간 거리에 있는 캘리포니아 대학 산타크루스 캠퍼스는 마치 동화책에나 나올 법한 풍경 속에 자리 잡고 있다. 사람들은 대학이 아니라 수목원 같다는 말을 했다. 건물들은 삼나무 숲 가운데 아늑히 들어앉았고, 시대적인 분위기에 따라 설계자들이 나무를 그대로 보존하려고 애쓴 흔적이 보였다. 여기저기 조그만 오솔길이 있고, 캠퍼스 전체가 언덕 위에 있었던 터라 언제나 몬터레이 만의 반짝이는 파도 너머 남쪽 풍경을 바라볼 수 있었다.

1966년 개교한 산타크루스는 몇 년 지나지 않아 캘리포니아 대학교 캠퍼스 중 가장 앞선 학교 가운데 하나로 발전했다. 학생들은 산타크루스를 많은 전위적인 지적 우상들과 결부시켜 생각했다. 노먼 브라운Norman O. Brown, 그레고리 베이트슨Gregory Bateson과 허버트 마르쿠제Herbert Marcuse가 그곳에서 강의했고, 톰 레러Tom Lehrer는 노래를 불렀다. 급조한 티가 역력한 각 학과에는 서로 상반되는 관점이 있었는데 물리학과도 예외는 아니었다. 산타크루스에 호감을 갖고 모인 15명의 물리학자로 이루어진 교수진은 명석하고 형식 파괴적인 사람들 집단에 걸맞게 대다수가 젊고 열정적이었다. 이들은 당시 시대적 분위기에 따라 사상적 자유주의에 영향을 받았지만, 또한 남쪽에 있는 캘리포니아 공과대학을 의식해 자신들만의 규범을 세우고, 진지함을 과시할 필요가 있다고 생각했다.

고지식하기로 소문이 자자했던 대학원생 로버트 쇼는 턱수염을 기른 보스턴 토박이로 1977년 당시 서른한 살의 하버드 졸업생이었다. 의사와 간호사 부모 사이에서 태어난 그는 여섯 아이 중 장남이었다. 하버드 시절은 군대생활과 히피 공동생활 그리고 그 양 극단의 중간 어디쯤에 해당되는 여러 가지 즉흥적인 경험 때문에 여러 번 중단되었는데, 이런 사정으로 인해 대부분의 대학원생들보다 나이가 많았다. 로버트 쇼 자신도 산타크루스에 왜 왔는지를 모르고 있었다. 학교를 본 적도 없었다. 삼나무 숲 사진과 새로운 교육철학이 담긴 학교 홍보 책자를 본 게 고작이었다. 조용하고 수줍음 많은 학생이었던 쇼는 성적도 우수했고, 초전도성에 관한 박사학위 논문이 몇 달 후면 완성될 상황이었다. 따라서 물리학과 건물 아래층에서 아날로그 컴퓨터를 만지면서 시간을 보내고 있던 쇼에 대해 그리 우려하는 사람은 없었다.

물리학자의 교육은 스승과 제자 사이의 관계에 달려 있다. 학문적으로 명성을 얻은 교수들은 연구 조교에게 실험실의 일과 힘든 계산을 돕도록 시킨다. 그 대가로 대학원생들과 연구 박사들은 교수들의 연구비를 나누어 받고, 논문을 발표할 때 공동 저자로 이름을 올린다. 좋은 스승은 학생이 감당할 수 있고 또 성과가 있을 과제를 선택하도록 도와준다. 만일 이런 관계가 발전하면, 교수는 제자가 직업을 구할 수 있도록 힘을 쓴다. 종종 스승과 제자의 이름이 영원히 함께 붙어 다니는 경우도 있다. 그러나 어떤 학문이 아직 존재하지 않을 때, 이를 가르칠 수 있는 사람은 거의 없다. 1977년 당시 카오스 분야에는 스승이 아무도 없었다. 카오스 강의도 없었고, 비선형 연구센터와 복잡계 연구센터도 없었을 뿐 아니라 교재도, 학술지도 없었다.

산타크루스의 우주과학자이자 상대성 이론 전문가인 윌리엄 버크^{William Burke}는 새벽 1시 보스턴 호텔 로비에서 친구인 천체물리학자 에드워드 스피겔^{Edward A. Spiegel}을 만났다. 이들은 호텔에서 열린 일반상대성 이론 관련 학술회의에 참석했던 차였다. 스피겔이 말했다. "이봐, 방금 로렌츠 끌개를 들었다네." 스피겔은 즉석회로와 하이파이 오디오 세트를 연결해, 카오스의 상징인 로렌츠 끌개를 멜로디 없는 슬라이드 휘슬 소리의 반복으로 변형시켰다(로렌츠 끌개를 전자회로로 구현하여 끌개의 움직임에 대응하는 전압변화를 소리로 변환하여 스피커로 내보내 들었다는 의미다_옮긴이). 스피겔은 버크를 술집으로 데리고 가 한잔하면서 설명했다.

스피겔은 로렌츠와 친분이 있었을 뿐만 아니라, 1960년대부터 카오스에 대해 들어왔다. 별의 운동 모델에서 비정상적 행태가 어떻게 가능한지를 연구하고 있던 그는 프랑스 수학자들과도 교류하고 있었다. 이후 컬럼비아 대학교 교수가 된 스피겔은 우주 공간에서의 난류—우주의 부정맥不整脈—를 집중적으로 연구했다. 새로운 아이디어를 설파하는 빼어난 재주가 있었던 스피겔은 밤늦도록 이어진 자리에서 버크를 사로잡게 된다. 버크 역시 새로운 생각에 열려 있는 사람이었다.

버크는 아인슈타인이 물리학에 기여한 공헌으로는 역설적인 것 가운데 하나, 말하자면 시공간의 구조에서 퍼져나가는 중력파 개념을 연구하면서 명성을 쌓고 있었다. 유체역학에서 논란거리인 비선형에 관련된 문제였다. 상당히 추상적이고 이론적인 것이었다. 하지만 버크는 맥주잔의 광학을 연구해 맥주가 가득 차 있어 보이면서 맥주잔의 유리 두께를 최대한 두껍게 만들 수 있는지를 다룬 논문을 발표하는 등 어떤 면에서는 실용적인 물리학을 좋아했다. 그리고 자신을 가리켜 물리학을 현실적인 것으로 여기는 다소 옛날 사람이라 말하길 좋아했다. 그는 『네이처』에서 간단한 비선형계에 관해 더 많이 교육할 것을 간곡히 호소하는 로버트 메이의 논문을 읽었고, 계산기로 메이의 방정식을 계산하는 데 오랜 시간을 보내기도 했던 터라 로렌츠 끌개 이야기는 그의 흥미를 끌었다. 물론 백문이 불여일견이었다. 산타크루스로 돌아온 버크는 로버트 쇼에게 3개의 미분방정식을 휘갈긴 종이 한 장을 건네면서 아날로그 컴퓨터로 처리해달라고 부탁했다.

컴퓨터의 발전 과정에서 보면, 아날로그 컴퓨터는 막다른 골목길 같은 것이었다. 물리학과에서는 아날로그 컴퓨터를 사용할 일이 없었다. 사실 산타크루스에 아날로그 컴퓨터가 있게 된 것도 순전히 우연이었다. 산타크루스에도 원래 계획에는 공과대학이 포함되어 있었다. 하지만 공과대학은 취소되었고, 그때는 이미 부지런한 구매 담당자가 일부 장비를 사버린 다음이었다. 스위치로 켜짐과 꺼짐, 0과 1, 예스와 노를 표시하는 회로로 이루어진 디지털 컴퓨터는 프로그래머의 질문에 정확한 답을 내놓을 뿐만 아니라 컴퓨터 혁명을 지배했던 소형화와 기술의 가속화에 훨씬 적합했다. 일단 디지털 컴퓨터로 계산된 것은 반복할 수 있었고(정확하게 동일한 결과를 냈다), 원칙적으로는 다른 디지털 컴퓨터에서도 반복할 수 있었다. 그러나 아날로그 컴퓨터는 정확하지 않았다. 부품도 예스/노의 스위치가 아니라 로버트 쇼처럼 반도체가 나오기 전에 라디오를 사용한 모든 이에게 친숙한 저항기나 축전기 같은 전자회로였다. 산타크루스에 있는 아날로그 컴퓨터는 구식 전화교환대에 쓰였던 것과 같은 배선판을 전면부에 붙인, 무겁고 너저분한 시스트론-도너$^{Systron-Donner}$였다. 아날로그 컴퓨터로 프로그래밍하려면 전자부품을 고르고 코드를 배선판에 꽂아야 했다.

프로그래머들은 여러 회로를 결합시켜 공학 문제에 적합한 방식으로 미분방정식계를 모의실험한다. 가령 가장 쾌적한 승차감을 주는 차를 설계하기 위해 스프링, 제동기, 그리고 매스^{mass}를 가지고 자동차 완충장치 모형을 만든다고 하자. 회로에서의 진동은 실제계에서의 진동에 상응하도록 만들어질 수 있다. 축전기는 스프링에, 유도자^{inductor}는 매스에 대응된다. 계산은 정확치 않기 때문에 수치계산은 하지 않았다. 대신 매우 빠르고, 무엇보다 쉽게 조절할 수 있는 금속과 전자로 이루어진 모델이 만들어진다. 손잡이를 돌려 스프링과 저항을 조절하여 변수들을 조정할 수 있다. 그리고 실제 시간에 따른 변화를 오실로스코프 화면을 통해 지켜볼 수 있다.

학위 논문 마무리 중이었던 쇼는 초전도성 실험실 위층에서 엉뚱한 연구에 여념이 없었다. 차츰 시스트론-도너를 만지는 시간이 많아지고 있었다. 쇼는 몇몇 간단한 계를 위상공간에 투영해 주기적 궤도나 극한 순환을 보기에 이른다. 하지만 이상한 끌개의 형태로 나타난 카오스를 보았더라도 이를 인식하지 못했을 것이 확실하다. 쇼가 받은 종이에 쓰인 로렌츠 방정식은 자신이 만지작거리고 있던 계보다 결코 복잡하지 않았다. 정확한 코드를 찾아 맞추고 손잡이를 조절하는 데에는 불과 몇 시간밖에 안 걸렸다. 그러나 몇 분 후 쇼는 초전도성에 대한 논문을 결코 마무리하지 못할 거라고 생각하게 된다.

쇼는 지하실에서 오실로스코프의 화면 위를 날아다니는 녹색 반점을 지켜보며, 끌개의 특이한 올빼미 얼굴을 추적하느라 며칠 밤을 보냈다. 깜박거리며 고동치는 물체가 화면 위에서 흘러 다니고 있었다. 이전 연구에서는 볼 수 없었던 색다른 것이었다. 자신만의 생명을 가진 것처럼 보였다. 마치 불꽃처럼 결코 반복하지 않는 형태로 너울거리며 쇼의 마음을 사로잡았다. 부정확하고 똑같은 반복을 하지 못하는 아날로그 컴퓨터의 성질이 쇼에게는 오히려 장점으로 작용했다. 곧 머지않아 로렌츠에게 장기 기상 예보의 무용성을 깨닫게 한, 초기조건의 민감성을 발견하게 된다. 초기조건을 설정하고 출발 버튼을 누르면 끌개가 작동하기 시작했다. 그러고는 다시 가능한 한 물리계와 가까운 동일한 초기조건을 설정하자 흥미롭게도 궤도는 이전의 경로를 벗어났다가 결국은 동일한 끌개로 귀결되었다.

어린 시절 쇼는 과학은 미지의 세계로 돌진해가는 것과 같다는 낭만적 환상을 갖고 있었다. 결국 당시 연구는 이런 어린 시절의 환상에 불을 지폈다. 기계광들에게는 수많은 배관과 큰 자석들, 액체헬륨과 계기판으로 이루어진 저온물리학이 흥미로울지 모르나 쇼는 달랐다. 곧 그는 아날로그 컴퓨터를 2층으로 옮겼고, 그 방에서 다시는 초전도성을 연구하지 않았다.

"이 손잡이를 잡는 것만으로도 전인미답의 별세계를 탐험하는 최초의 사람 가운데 한 명이 되고, 결코 되돌아오고 싶지 않게 될 것입니다." 초창기에 우연히 쇼의 방에 들러 로렌츠 끌개가 움직이는 것을 지켜본 수학과 교수 랠프 에이브러햄이 한 말이다. 한창 전성기 시절 버클리 대학교에서 스티븐 스메일과 함께 지냈던 에이브러햄은 쇼가 진행하는 연구의 중요성을 간파할 수 있는 학문적 배경을 가진 몇 안 되는 산타크루스 교수들 중 한 명이었다.

로렌츠 끌개를 본 에이브러험의 첫 반응은 화면에 나타나는 속도에 대한 놀라움이었다. 하지만 쇼는 한술 더 떠 속도가 더욱 빨라지는 것을 막기 위해 여분의 축전기를 사용하고 있다고 설명했다. 게다가 끌개는 아주 활동적이었다. 아날로그 회로의 부정확성은 회로의 손잡이를 돌리거나 잡아당겨도 끌개가 사라지지 않고, 무작위적인 어떤 것으로 되지도 않으며, 오히려 끌개를 구부러트리거나 회전시킴으로써 서서히 의미를 이해할 수 있게 한다는 것을 증명했다. 에이브러험은 이렇게 말했다. "쇼는 약간의 실험으로도 모든 비밀이 저절로 드러나는 순간을 경험했습니다. 리아푸노프 지수, 프랙탈 차원과 같은 중요한 모든 개념이 스스로 나타난 것입니다. 누구나 그것을 보면 탐구를 시작할 것입니다."

이런 것이 과학이었을까? 분명 수학은 아니었다. 이 컴퓨터 작업은 공식이나 증명이 없었다. 에이브러험과 같은 수학자가 아무리 따뜻한 격려를 한다 하더라도 그 사실에는 변함이 없다. 물리학 교수들 역시 그것이 물리학이라고 생각할 이유가 하나도 없었다. 하지만 어쨌든 간에 사람들이 몰려들었다. 쇼는 대개 연구실 문을 열어두었는데, 우연찮게 물리학과의 입구는 바로 홀을 가로질러 맞은편에 있었다. 많은 사람들이 들락거렸다. 그리고 얼마 지나지 않아 쇼는 동료들을 얻게 된다.

자칭 동역학계 모임—다른 사람들은 때로 이들을 카오스 일당이라 불렀다—에서 쇼는 조용히 그룹의 중심적 역할을 했다. 쇼는 자신의 생각을 학문적 공개석상에서 표방하는 것을 꺼려했는데, 다행스럽게도 동료들은 이에 대해 전혀 문제를 제기하지 않았다. 동료들로서도 공인되지 않는 과학을 탐구하고, 계획도 없는 연구 프로그램을 수행하는 데 쇼가 무게중심을 잡고 통찰력 있게 방향을 잡아간다는 점을 인정했다.

큰 키에 바싹 마른 데다 금발머리의 텍사스 토박이인 도인 파머^{Doyne} Farmer는 그룹 내에서 가장 똑소리 나는 대변인이었다. 1977년 당시 스물네 살이었던 그는 매우 정력적이고 열정적인 아이디어맨이었다. 파머를 만난 사람들은 처음에는 지나친 허풍선이가 아닌가 하는 의심을 할 정도였다. 파머와 뉴멕시코 주의 작은 도시 실버시티에서 함께 자란 세 살 아래의 노 먼 패커드^{Norman Packard}가 그해 가을 산타크루스에 왔는데, 파머는 이미 1년 전 부터 동역학 법칙을 룰렛게임에 적용하는 데 몰두하고 있었다. 조금 억지 스러워 보이는 연구였지만 사실은 진지한 작업이었다. 이후 10년 이상 룰 렛게임을 풀기 위해 파머를 비롯해 동료 물리학자, 직업적 도박꾼 그리고 단골 방문객 등이 드나들며 연구했다. 파머는 로스앨러모스 국립연구소의 이론 분과에 합류한 후에도 연구를 멈추지 않았다. 경사와 탄도를 계산하 고, 소프트웨어를 반복해서 개발하며, 컴퓨터를 감추고 카지노에 드나들었 다. 하지만 계획대로 되는 것은 아무것도 없었다. 때로 쇼를 제외한 모든 그 룹 멤버가 룰렛 연구에 몰두했지만, 이런 작업이 동역학계를 재빠르게 분 석할 수 있는 힘을 길러주는 특별 훈련은 되었을지 몰라도, 산타크루스의 물리학 교수들이 파머가 과학을 진지하게 연구하고 있다고 믿게 하는 데에 는 아무 도움도 되지 못했다.

그룹의 네 번째 멤버인 제임스 크러치필드^{James Crutchfield}는 가장 어렸고 유일하게 캘리포니아 토박이였다. 작고 다부진 몸매에 윈드서핑을 잘했던 그는 그룹에 아주 중요한 컴퓨터 도사였다. 크러치필드는 산타크루스에 학 부생으로 입학했는데, 쇼가 카오스를 연구하기 전에 했던 초전도성 실험의 실험실 조수로 일했으며, 산타크루스에서는 '언덕 너머'로 불리는 산호세 에 있는 IBM 연구소로 통근하면서 1년을 보내고, 1980년에야 대학원생으로 물리학과에 실제로 참여하게 되었다. 이미 2년 동안 쇼의 실험실을 들락거리며 동역학계의 이해에 필요한 수학 공부를 열심히 했던 것이다. 그룹의 다른 사람들처럼 그 역시 학부의 정규과정을 조기 졸업한 학생이었다.

쇼가 초전도성 학위 논문을 아예 포기했다고 물리학과 교수들이 생각하게 된 것은 1978년 봄이었다. 논문을 끝맺기 직전이었다. 교수들은 쇼가 논문에 흥미를 잃었긴 하지만 정식 절차를 거쳐 박사학위를 마치고 현실세계로 돌아올 것이라 생각했다. 카오스를 학문이라고 할 수 있는지조차 의문이던 때였다. 산타크루스에서 이 이름도 없는 분야의 연구 과정을 지도할 수 있는 사람은 없었다. 박사학위를 받은 사람도 없었고, 이 분야를 전공한 졸업생이 찾을 수 있는 일자리도 없었다.

자금도 문제였다. 미국의 다른 대학교와 마찬가지로, 산타크루스의 물리학과도 국립과학재단과 연방정부의 다른 기관들이 주는 교수들의 연구비가 재정의 대부분을 차지하고 있었다. 해군, 공군, 에너지부, CIA 등의 기관은 모두 유체동역학, 항공역학, 에너지 또는 정보 등에 곧바로 응용할 수 있건 없건 간에 순수과학 연구를 위해 막대한 금액을 지원했다. 물리학 교수들은 실험실 장비와 실험조교(대학원생)의 연구비를 줄 수 있을 만큼 충분한 지원을 받았고, 학생들은 연구비의 일부를 나눠 받았다. 교수들은 학생들의 복사비, 학술모임 참가비, 게다가 여름방학 동안의 활동비까지 지원했다. 이런 자금을 받지 않으면 학생들로서는 곤란할 수밖에 없었다. 하지만 쇼, 파머, 패커드, 크러치필드는 자기들 스스로 이런 지원을 거부했던 것이다.

한밤중에 전자장비 같은 것들이 사라지거나 하면 사람들은 쇼가 예전에 일했던 저온실험실로 찾아갔다. 그룹 멤버들은 대학원 학생회에서 100달러를 꾸기도 하고, 물리학과에 지원을 요청하기도 했다. 방에는 점점 플로터, 변환기, 전자필터가 쌓여갔다. 홀 아래쪽에 있는 소립자물리학 연구소에서 버리려고 했던 작은 디지털 컴퓨터는 곧 쇼의 실험실로 옮겨졌다. 파머는 컴퓨터 동냥에 귀재였다. 어느 해 여름 전 세계적 기상 모델을 다루는 거대한 컴퓨터가 있는 콜로라도 주 볼더의 국립기상연구소에 초대된 파머는 이 컴퓨터를 오랜 시간 몰래 사용해 그곳 기상학자들을 경악케 하기도 했다.

산타크루스 멤버들의 기계광 기질은 이들 모임에 도움이 되었다. 쇼는 간단한 기계장치들을 만지작거리며 자랐고, 패커드는 실버시티에서 어린 시절 이미 TV를 고쳤으며, 크러치필드는 컴퓨터 프로세서를 자유자재로 다룰 수 있는 첫 수학자 세대였다. 삼나무 숲 속에 있는 물리학과 건물은 항상 페인트칠을 다시 해야 하는 시멘트 마루와 벽이 있는, 전체적으로 정말 물리학과다운 분위기였다. 그러나 카오스 그룹의 방은 종이 더미와 벽에 걸린 타이티 섬 주민 사진, 그리고 이상한 끌개 사진들로 독특한 분위기를 만들어냈다. 방을 찾는 이들은 언제나 (확실히 아침보다는 밤에) 회로를 재구성하고, 패치 코드를 다루고, 의식과 진화에 대해 논쟁하고, 오실로스코프 화상을 조정하고, 마치 살아 있는 것처럼 빛나는 푸른 점이 깜박거리며 궤적을 그리는 것을 그룹 멤버들이 응시하고 있는 모습을 볼 수 있었다.

"우리 모두를 끌어모은 것은 같은 것이었습니다. 말하자면 결정론을 가질 수 있지만, 실제로는 그렇지 않다는 것이었습니다." 파머가 말했다. "우리가 배웠던 고전적인 결정론적 계가 무작위적 현상을 발생시킬 수 있다는 사실이 아주 흥미로웠습니다. 우리는 무엇이 그렇게 만드는지 알고 싶었습니다.”

“6~7년간 정규 물리학 교육을 받지 않은 사람이라면 이런 현상이 얼마나 놀라운 것인지 이해할 수 없을 것입니다. 사람들은 모든 것이 초기조건에 의해 결정되는 고전적 모델이 있다고 배웠지요. 물론 양자역학적 모델이 있긴 하지만, 이 역시 결정론적이고 초기 정보를 모으는 데는 한계가 있다는 것을 감수해야만 합니다. ‘비선형’이라는 말은 책의 맨 뒤에서나 볼 수 있습니다. 물리학과 학생이 배우는 수학 교과서에는 맨 마지막 장에 비선형 방정식이 나옵니다. 때문에 학생들은 대개 이를 배우지 않고 학기를 끝내거나, 배운다 하더라도 고작해야 비선형 방정식을 선형 방정식으로 바꿔 근사적 해답을 얻는 것을 배울 뿐입니다. 그저 좌절을 훈련하는 것일 따름이죠.”

“우리는 어떤 모델에서 비선형성이 만들어내는 진정한 차이점들을 이해하지 못했습니다. 방정식이 일견 무작위적으로 뛸 수 있다는 생각은 매우 흥미로웠습니다. 사람들은 ‘어디서 이런 무작위적 운동이 비롯될까? 방정식에서는 볼 수 없는 것이다’라고 말할 것입니다. 마치 거저 얻는 것 혹은 무에서 유가 나온 것처럼 보였으니까요.”

크러치필드가 말했다. “현재의 틀에 맞지 않는 물리적 경험의 전체 영역이 있다는 인식이 있었습니다. 그런데 그것은 왜 우리가 배웠던 영역에 속하지 않을까요? 우리는 가까이 있는 세계—너무 일상적이어서 경이로운 그 세계—를 둘러보고 무엇인가를 이해할 기회를 가졌습니다.”

이런 생각에 빠진 멤버들은 결정론, 지성의 본질, 그리고 생물학적 진화의 방향에 대한 질문을 제기해 교수들을 당황케 했다. 패커드가 말했다. “우리를 함께 묶어두는 끈은 장기적 전망이었습니다. 고전물리학으로 완전히 설명할 수 있는 보통의 물리계에서 매개변수의 영역으로 한 걸음만 들어가면 그처럼 거대한 분석 구조가 전혀 적용될 수 없는 무언가에 부딪힌다는 사실은 굉장히 매력적이었습니다."

"카오스 현상은 아주 오래전에 발견될 수도 있었습니다. 하지만 그러질 못했는데, 이는 어느 정도 규칙적인 운동의 동역학에 관한 방대한 연구가 그쪽 방향을 향해 있지 않았기 때문입니다. 보면 아시겠지만 상황이 이렇습니다. 이는 우리가 발전시킬 수 있는 이론적 그림을 보기 위해서는 물리학과 관찰에 의해야만 한다는 점을 분명히 깨닫게 해주었습니다. 장기적으로 우리는 이러한 복잡한 동역학에 대한 탐구를 진정으로 복잡한 동역학을 이해하는 출발점으로 보고 있습니다."

파머가 말했다. "철학적 차원에서 결정론과 화해할 수 있는 자유의지를 정의하는 데 카오스가 유용할 것이라는 생각이 들었습니다. 계는 결정론적이지만, 다음에 무슨 일이 일어날지는 아무도 모릅니다. 동시에 저는 항상 이 세계에서 중요한 문제는 생명이든 지능이든 유기체의 창조와 관계가 있다고 느꼈습니다. 하지만 사람들은 이를 어떤 방식으로 연구했을까요? 생물학자들은 너무 실용적이고 구체적인 것을 연구했습니다. 물론 화학자들은 시도조차 하지 않았고 수학자와 물리학자들도 마찬가지였습니다. 저는 자기조직화의 자연발생적 출현도 물리학의 영역이어야 한다고 믿었습니다."

"양면을 가진 동전이었습니다. 무작위성이 출현하는 질서가 있고, 한 걸음 더 나아가면 숨겨진 질서가 있는 무작위성이 있는 그런 동전 말입니다."

쇼와 그의 동료들은 자신들의 날것 그대로의 열정을 과학적 프로그램으로 실현해야 했다. 답을 찾을 수 있고 또 답할 만한 가치가 있는 문제를 제기해야 했던 것이다. 이론과 실험을 연결할 방법을 추구했지만, 아직 메워야 할 간극이 있었다. 일을 시작하기 전에 무엇이 이미 알려져 있고, 무엇이 그렇지 못한가를 알아야만 했는데, 이 자체만도 엄청난 일이었다.

이들은 단편적으로 이뤄지는 과학 분야의 커뮤니케이션 경향 때문에 어려움을 많이 겪었다. 특히 이미 확립된 하부 학문에서 새로운 주제를 들고 나올 때는 더욱 어려웠다. 때로 이들은 자신들이 새로운 영역에 있는지 낡은 영역에 있는지조차 알 수 없었다. 이러한 문제를 해결해준 사람이 바로 조지아 공과대학 물리학과 교수이며 카오스의 옹호자인 조지프 포드였다. 일찌감치 물리학의 미래는 전적으로 비선형 동역학이 이끌 것이라 확신한 포드는 학술지 논문의 정보교환처를 자처하고 나섰다. 포드는 천문학적 계와 소립자물리학의 카오스인 비소산적 카오스를 연구하는 사람이었다. 또한 특이하게도 소비에트 학파의 연구 동향도 훤히 꿰고 있었으며, 이 새로운 학문의 철학을 공유하는 사람이면 누구라도 연결하려 노력했다. 그의 친구는 어디에나 있었다. 어떤 과학자가 됐든 간에 비선형 과학에 대해 쓴 논문을 보내오면 포드는 자신의 논문 초록집에 수록했다. 초록집은 점점 두터워졌다. 포드의 논문집 얘기를 들은 산타크루스 학생들은 논문의 출판 전 사본을 요청하는 엽서를 발송했다. 곧 사본이 도착했다.

그들은 이상한 끌개에 대해 다양한 질문이 제기될 수 있음을 깨달았다. 특유의 모양은 무엇일까? 위상학적 구조는? 동역학계를 다루는 물리학에 대해 기하학은 어떤 역할을 할까? 첫 번째는 쇼의 몫이었다. 상당수의 수학 문헌들은 직접적으로 구조를 다루고 있었으나, 쇼에게는 수학적 접근이 너무 세분화된 것으로 여겨졌다. 이를테면 나무는 많지만 숲을 이루기엔 부

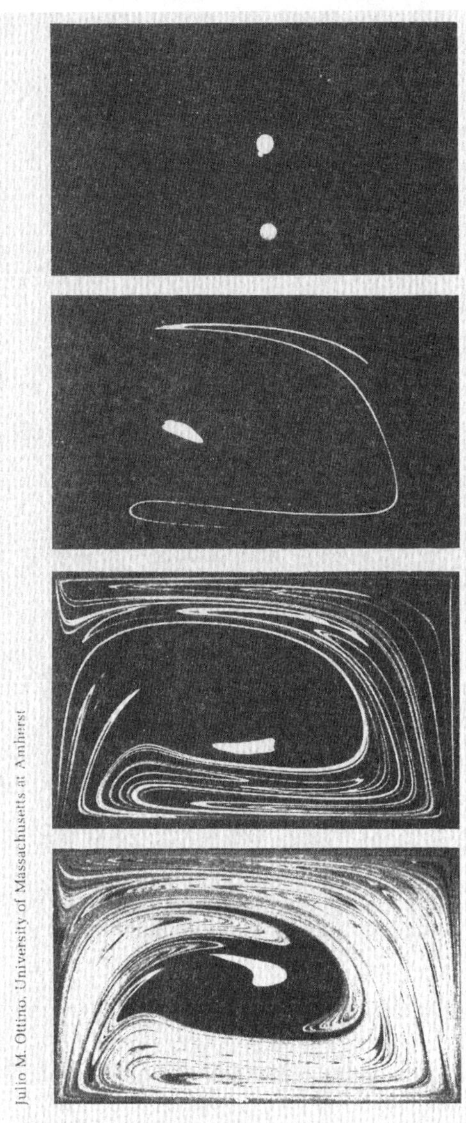

카오스적 혼합 ••• 하나의 방울은 순식간에 섞인다. 중앙에 좀 더 가까이 있는 듯한 다른 방울은 거의 섞이지 않는다. 줄리오 오티노Julio M. Ottino 등이 실제 유체로 실험한 바에 따르면, 혼합의 과정은—아직도 잘 이해하지 못하고 있는 자연이나 산업 곳곳에 존재한다—카오스 수학과 밀접하게 관련되어 있다. 이 패턴은 스메일의 편자 사상으로 되돌아가는, 늘리기와 접힘의 속성을 드러낸다.

카오스 | 동역학계 집단

족했다. 문헌을 연구하면서 쇼는 수학자들이 전통에 속박되어 새로운 계산 도구를 사용하지 않고 있으며, 이 때문에 여기에는 무한대가 있고 저기에는 불연속성이 있는 궤도 구조의 특별한 복잡성에 매몰되어 왔음을 알게 된다. 수학자들은 아날로그의 부정확성에 대해서는 관심을 보이지 않았는데, 그것이야말로 물리학자들의 관점에서는 실제 세계의 계를 지배하고 있는 것이었다. 쇼는 오실로스코프에 나타난 개별 궤도가 아닌, 궤도들이 내재되어 있는 전체적 윤곽을 보고 있었다. 접힘과 꼬임을 위상수학의 용어를 이용하여 엄밀히 설명할 수는 없었지만, 쇼는 이것들을 이해한다고 느끼기 시작했다.

물리학자들은 측정하고 싶어 하는 사람들이다. 하지만 측정하고자 하는 이 난해하고 움직이는 형상 내에 무엇이 존재할까? 쇼를 비롯한 나머지 사람들은 이상한 끌개들을 이처럼 환상적으로 만드는 특성들을 분리해내려고 노력했다. 초기조건의 민감성, 말하자면 인접한 궤적이 서로 떨어지려는 경향 때문에 로렌츠는 결정적으로 장기간의 일기예보가 불가능하다는 것을 깨달았다. 하지만 이런 특성을 잴 수 있는 계기計器는 어디에 있을까? 예측 불가능성 자체가 측정될 수 있을까?

이 물음에 대한 해답은 러시아에 있었다. 바로 리아푸노프의 지수다. 리아푸노프 지수는 예측 불가능성과 같은 개념에 부합하는 위상수학적 성질을 측정할 수 있게 해주었다. 한 계에서 리아푸노프 지수는 끌개의 위상공간에서 늘어나고, 수축되고, 접혀지는 가운데 상충되는 효과를 측정하는 하나의 방법이다. 또한 리아푸노프 지수는 안정이나 불안정을 낳는 계의 모든 성질을 그림으로 보여준다. 0보다 작은 지수는 수축되는 상태를 의미한다. 고정점 끌개에서 모든 리아푸노프 지수들은 음수인데, 이는 잡아당기는 방향이 마지막 정상 상태를 향해 안쪽을 향하기 때문이다. 주기적 궤도 형태의 끌개는 하나의 지수가 정확히 0이며 다른 지수들은 음수값을 갖는다. 밝혀진 바에 따르면 이상한 끌개는 적어도 하나의 리아푸노프 지수가 양수값을 가져야만 했다.

안타깝게도 산타크루스 학생들은 이러한 생각을 하지 못했지만, 리아푸노프 지수를 측정하는 방법과 이 지수를 다른 중요한 특성들과 연결하는 방법을 연구함으로써 가장 실용적으로 개발했다. 이들은 컴퓨터 모델을 이용하여 동역학계 안에서 질서와 카오스가 서로 경쟁하는 것을 보여주는 영상을 만들었다. 또한 어떤 계가 어떻게 한 방향으로는 무질서를 만들어내며, 다른 방향으로는 질서정연한 모습을 드러내는가를 생생하게 보여주었다. 한 영상에서는 시간에 따른 계의 추이와 함께 이상한 끌개상에서 초기조건을 나타내는 근접한 여러 점들, 즉 초기조건을 나타내는 작은 덩어리에 어떤 일이 발생하는가가 잘 나타났다. 덩어리cluster는 불어나기 시작하여 초점이 없어졌고, 하나의 반점으로 된 다음 좀 더 큰 얼룩 덩어리가 되었다. 어떤 끌개에서는 얼룩 덩어리가 더욱 빨리 공간 전체로 퍼져나갔다. 이런 끌개는 '혼합'하는 데 효과적이었다. 그러나 또 다른 끌개에서는 일정한 방향으로만 확산이 되었다. 얼룩 덩어리는 한 축에서는 카오스적으로, 또 다른 축에서는 질서 있게 띠 모양을 이루었다. 마치 계가 하나의 질서 있는 자극과 또 다른 무질서한 자극의 영향을 받고 있는 것처럼 이들은 서로 분리되어갔다. 하나의 자극은 예측 불가능하게 임의적으로 발생하는 데 반해 다른 자극은 정확한 시계처럼 시간에 맞춰 발생했다. 두 자극은 모두 정의되고 측정될 수 있었다.

카오스 연구에서 산타크루스 학생들이 이룬 가장 특징적인 성과는 정보이론이었다. 정보이론은 철학이 가미된 수학의 한 분야로, 1940년대 후반 벨연구소의 클로드 섀넌이 창안했다. 섀넌이 '통신의 수학적 이론'이라 부른 이 연구는 오히려 정보라 불리는 특수한 양에 관련된 것이었고, 때문에 정보이론이라는 이름으로 굳혀졌다.

정보이론은 전자시대의 산물이었다. 유선통신망과 무선송신은 무언가를 실어 날랐고, 컴퓨터는 곧 펀치카드나 마그네틱 실린더에 이와 같은 것을 저장하게 되었는데, 그것은 지식도 의미도 아니었다. 기본단위는 개념도 아니고 생각도 아니었으며 심지어는 단어나 숫자도 아니었다. 또한 의미가 있는 것일 수도 있고 의미가 없는 것일 수도 있었으며, 이해할 수도 있고 이해할 수 없는 것이기도 했다. 하지만 기술자들이나 수학자들은 이를 측정하고 전송하고 전송의 정확도도 시험할 수 있었다. 어쨌거나 '정보'라는 용어가 적절하다는 것은 입증되었으나, 그 정보라는 말이 사실이라든지 학습, 지혜, 이해, 계몽 같은 보통의 내포적 의미를 갖지 않는, 특수화된 가치중립적 용어라는 것을 잊어서는 안 된다.

정보이론의 모양은 하드웨어에 달려 있다. 왜냐하면 정보는 새롭게 지정된 이분법적 온오프 스위치(비트) 안에 저장되기 때문에, 이 비트가 정보의 기본 측정단위가 된다. 기술적 측면에서 보면 정보이론은 무작위적 오류의 형태로 나타나는 잡음이 비트의 흐름을 어떻게 방해하는가를 파악하는 열쇠 역할을 한다. 따라서 정보이론 덕분에 통신라인이나 콤팩트디스크 또는 언어, 소리, 영상 등을 코드화하는 모든 기술에 필요한 운송 용량을 예상할 수 있다. 한편으로 정보이론은 오류를 수정하는 다른 기법의 효용성을 측정하는 이론적 수단이 되기도 한다. 이를테면 어떤 비트들을 점검하는 데

다른 비트를 사용하는 것이다. 여기서 '중복redundancy'이라는 중요한 개념이 효력을 발휘한다.

섀넌의 정보이론에 의하면, 일상적 언어는 메시지를 보내는 데 꼭 필요하지 않은 소리나 문자의 형태로 50퍼센트 이상의 리던던시를 포함하고 있다. 물론 이런 생각이 새로운 것은 아니다. 우물쭈물하는 말이나 오자가 많은 글을 이해할 수 있는 것은 바로 이 리던던시 때문이다. 유명한 속기학원 광고물—if u cn rd ths msg……(if you can read this message……_옮긴이)—이 이를 잘 보여주는데, 정보이론에 의해 여분은 측정될 수 있다.

여분이란 무작위적인 것에서의 예측 가능한 출발점이다. 일반 언어에서 여분치의 일부는 그 의미에 포함되어 있는데, 이는 계량화하기 어렵다. 왜냐하면 여분은 세계와 언어에 관해 사람들이 공유하고 있는 지식에 의존하기 때문이다. 때문에 사람들은 a 뒤에 빠진 철자 채우기와 같은 낱말맞추기 문제를 풀 수 있다. 그러나 다른 종류의 여분은 수량적 측정이 훨씬 쉽다. 통계학적으로 영어에서 어떤 철자가 e일 확률은 26분의 1보다 훨씬 높다. 더 나아가 철자들을 고립된 단위로 고려할 필요는 전혀 없다. 영어 문장에서 철자 t가 있으면 그다음 철자가 h 또는 o일 것이라고 예측할 수 있고, 철자 둘을 알면 더 많이 예측할 수 있다. 한 언어에서 두세 철자가 결합된 다양한 단어가 나타나는 통계적 경향은 그 언어의 독특한 본질을 파악하는 데 좋은 지침이 된다. 철자 3개로 만들 수 있는 조합의 상대적 확률만 가지고 컴퓨터를 돌리면 무작위적인 일련의 난센스 문장이 만들어지는데, 난센스 문장이라 하더라도 그게 '영어'라는 것은 알아볼 수 있다. 암호해독가들은 단순한 암호를 푸는 데 이런 통계적 패턴을 오랫동안 사용해왔다. 통신기사들도 오늘날 이런 패턴을 이용해 통신라인 또는 저장디스크상에서 공간을 절약하기 위해 여분을 제거함으로써 데이터를 압축시키는 기술을 고안했다.

새넌에 따르면 이런 패턴을 올바르게 보는 법은 다음과 같다. 다시 말해 일상 언어에서 데이터의 흐름은 완전히 무작위적인 것이 아니고, 각각의 새로운 비트는 어느 정도 이전 비트에 의해 제어되며, 따라서 새로운 비트는 그 비트의 원래 정보 가치보다 적은 가치를 실어 나른다는 것이다. 이러한 공식에 따라 하나의 역설이 가능하다. 데이터의 흐름이 무작위적이면 무작위적일수록 새로운 각각의 비트는 더 많은 정보를 실어 나른다는 것이다.

새넌의 정보이론은 초기 컴퓨터 시대에 기술적으로 적합하기는 하지만 이를 뛰어넘어 상당한 철학적 지위를 획득했다. 이렇듯 정보이론이 새넌의 분야 너머에 있는 사람들에게조차 영향력을 발휘하게 된 놀라운 이유는 한마디로 엔트로피 때문이었다. 정보이론에 대한 대표적인 해설에서 워런 위버Warren Weaver는 이렇게 말했다. "통신이론에서 엔트로피 개념을 접하면 가장 기본적이고 중요한 어떤 것을 알아냈다는 놀라움과 흥분이 느껴질 것이다." 엔트로피의 개념은 열역학에서 나온 것으로, 우주와 그 우주 안의 모든 닫힌 계는 엄격하게 무질서가 증가하는 방향으로 나아간다는 열역학 제2법칙의 보조 개념이다.

수영장을 칸막이로 반으로 나눈다고 하자. 그리고 한쪽은 물로 채우고 다른 쪽은 잉크로 채운다. 잠잠해질 때까지 기다린 후 칸막이를 제거하면 당연히 분자의 불규칙적 운동에 따라 잉크와 물이 혼합될 것이다. 우주의 종말이 올 때까지 기다린다 할지라도 결코 원래 상태로 되돌아가지 않는다. 이 때문에 열역학 제2법칙을 시간이 한 방향으로 흐르는 물리학이라고 이야기하는 것이다. 엔트로피는 제2법칙에 따라 혼합, 무질서, 무작위성이 증가되는 계의 성질을 일컫는다. 이 개념은 실제 상황에서 측정하기보다 직관적으로 파악하는 것이 훨씬 쉽다.

두 물질의 혼합 정도를 테스트하는 믿을 만한 방법은 무엇일까? 각 분자를 세는 것을 생각할 수도 있다. 하지만 분자들이 예-아니오-예-아니오-예-아니오-예-아니오와 같은 식으로 배열되어 있다면 어떻게 될까? 이 경우 엔트로피가 그다지 높다고는 말할 수 없다. 짝수 번째 분자들만 셀 수도 있겠지만, 만약 예-아니오-아니오-예-예-아니오-아니오-예와 같이 배열되어 있다면 어떻게 할까? 질서를 간단하게 계산하는 방법은 없다. 정보이론에서 의미와 표현의 문제는 더 복잡하다. 01 0100 0100 0010 111 010 11 00 000 0010 111 010 11 0100 0 000 000…… 같은 일련의 숫자는 모스 부호나 셰익스피어에 익숙한 사람에게만 질서 있는 것으로 보인다. 그러면 위상수학적으로 뒤틀어진 이상한 끌개의 패턴은 어떨까?

로버트 쇼에게 이상한 끌개들은 정보의 엔진이었다. 그의 첫 번째이자 원대한 구상 안에서 카오스는 정보이론이 열역학에서 가져온 개념에 새로운 활기를 불어넣으면서, 자연스럽게 물리학으로 돌아갈 수 있었다. 질서와 무질서를 하나로 융합한 이상한 끌개들은 어떤 계의 엔트로피를 측정하는 문제에 큰 자극을 주었다. 이상한 끌개는 효율적인 믹서였고, 예측 불가능성을 창출했으며, 엔트로피를 증가시켰다. 그리하여 쇼가 보았듯이 아무것도 존재하지 않은 곳에서 정보를 창조해냈다.

어느 날 과학잡지 『사이언티픽 아메리칸』을 읽던 패커드는 루이 자코상이라는 논문 공모 광고를 보게 된다. 신뢰성이 떨어지는 논문 공모 대회답게 루이 자코 논문상은 은하계 안에 다른 은하계가 있다는 독자적 우주구조론을 가지고 있었던 프랑스인 재력가가 주최한 대회였다. 응모하려면 뭐가 됐든 자코의 주제에 관한 논문을 내야 했다. ("짓궂은 장난 편지 같았다"고 파머는 말했다.) 그러나 심사는 프랑스 과학기관 소속의 명망 있는 위원회가 담당했으며, 상금도 상당한 액수였다. 패커드는 쇼에게 그 광고를 보여주었다. 응모 마감일은 1978년 1월 1일이었다.

당시 동역학계 모임은 해변에서 가까운 산타크루스의 낡고 커다란 집에서 정기적으로 모이고 있었다. 집에 있던 고물 가구와 컴퓨터 시설은 대부분 룰렛 문제를 해결하기 위해 쓰던 것이었다. 쇼는 그곳에 피아노를 두고 바로크 음악을 연주하거나 클래식과 현대음악을 혼합하여 즉흥 연주를 하곤 했다. 이들은 함께 모여 아이디어를 내고, 이렇게 나온 아이디어를 실용성이라는 체로 거르고, 문헌을 읽고, 논문을 쓰는 등 자신들의 방식대로 연구했다. 그리고 마침내 여러 사람이 돌려가며 논문을 쓰는 방식을 터득하게 된다. 맨 처음 논문을 쓴 사람은 쇼로 이 논문은 그가 쓴 몇 안 되는 논문 중 하나였다. 쇼는 자신의 스타일대로 논문을 혼자 썼고, 그답게 오랜 시간에 걸쳐 논문을 완성하게 된다.

1977년 12월 쇼는 뉴욕 과학아카데미가 주최한 제1차 카오스 학술회의에 참석하기 위해 산타크루스를 떠난다. 초전도학 지도교수가 비용을 댔고, 쇼는 회의에 초청을 받지는 않았지만 이전에 논문을 통해서만 알았던 과학자들의 발표를 직접 듣기 위해 참석했던 것이다. 발표자들은 다비드 뤼엘, 로버트 메이, 제임스 요크 등이었다. 발표자들도 놀라웠지만, 바비존 호텔의 하루 35달러라는 천문학적인 숙박료도 놀라웠다. 발표를 듣는 동안 쇼에게 두 가지 느낌이 교차했다. 한 가지는 이들 발표자들이 벌써 꽤 상세하게 연구한 것들을 자신은 아무것도 모른 채 다시 연구하고 있었다는 것이었고, 다른 한 가지는 자기도 뭔가 기여할 만한 중요하고도 새로운 의견을 가지고 있다는 생각이었다. 종이에 손으로 휘갈겨 쓴 미완성 정보이론 논문을 서류철에 끼워 가져간 쇼는 이를 타이핑할 타자기를 찾아 호텔과 인근 수리점을 수소문했지만 실패하고 결국 서류철을 가지고 돌아오게 된다. 이후 자세한 내막을 들려달라는 친구들의 성화에 쇼는 여러 해 동안 인정받지 못하다가 마침내 인정을 받은 에드워드 로렌츠를 위한 만찬회에서 회의는 절정에 이르렀다고 말했다. 로렌츠가 부끄러운 듯 부인의 손을 잡고 등장하자 과학자들이 기립박수를 보냈다. 쇼는 기상학자 로렌츠가 너무 무서워 보여 충격을 받았다.

몇 주 후 쇼는 부모의 별장이 있는 메인 주로 가던 도중 자신의 논문을 자코 논문 공모전에 보냈다. 마감일인 1월 1일이 이미 지난 때였지만, 마음씨 좋은 우체국장이 소급하여 소인을 찍어주었다. 난해한 수학과 사변적 철학이 뒤섞여 있고, 쇼의 동생 크리스가 그린 만화 같은 그림이 삽화로 들어간 논문은 장려상을 받았다. 쇼는 시상식에 참석할 비용을 충당하고 남을 만큼의 상금도 받았다. 자그마한 성취였지만 카오스 그룹과 물리학과의 관계가 어렵게 되었을 때 받은 고마운 상이었다. 카오스 그룹으로서는 자신들의 연구가 신뢰할 만한다는 외적인 표시가 절실히 필요했다. 파머는 천체물리학을 포기하고 있었고, 패커드는 통계역학에서 손을 놓았으며, 크러치필드는 대학원 입학조차 하지 못하고 있었다. 물리학과로서도 사태는 감당할 수 없는 지경이었다.

그해 『이상한 끌개, 카오스적 행태와 정보의 흐름』이 견본 인쇄되어 배포되었는데 부수가 1000부에 이르렀다. 정보이론과 카오스를 결합시키려 공들인 노력의 결과였다.

쇼는 이면에 가려져 있던 고전역학의 몇몇 가정들을 끌어냈다. 자연계의 에너지는 다음과 같은 두 수준으로 존재한다. 하나는 거시적 규모다. 이런 규모에서 일상적 사물들은 셀 수 있고 측정할 수 있다. 다른 하나는 미시적 규모다. 여기서는 온도라고 하는 평균적인 어떤 것 이외에는 측정 불가능하며 무수한 원자들이 무작위적으로 운동하며 떠돈다. 쇼의 주장처럼 미시계에 해당하는 총 에너지가 거시계 에너지보다 더 클 수도 있지만, 고전적 계에서는 미시적 열운동은 무의미한 것, 다시 말해 고립적이고 쓸모없는 것으로 취급되었다. 거시적 규모와 미시적 규모는 상호 교류하지 않는다. 쇼가 말했다. "고전역학 문제를 다루기 위해 온도를 알 필요는 없었습니다." 하지만 카오스적 계와 그것에 준하는 계들이 미시적 계와 거시적 계 사이의 공백을 잇는 교량 역할을 한다는 것이 쇼의 견해였다. 카오스는 정보의 창조였던 것이다.

물이 흘러가는데 장애물이 있다고 생각해보자. 유체동역학자와 급류를 타는 카누 선수라면 누구나 알듯 물이 상당히 빨리 흐르면 장애물 뒤에 소용돌이가 생긴다. 속도가 어느 정도 되면 소용돌이는 한 장소에 정지해 있다. 속도가 더 빨라지면 소용돌이는 움직인다. 우리는 속도계를 사용하는 등 다양한 방법으로 이 계에서 데이터를 추출할 수 있지만, 여기서는 좀 더 단순하게 장애물 아래쪽의 어떤 지점을 정해 소용돌이가 오른쪽으로 도는가 또는 왼쪽으로 도는가를 일정한 시간 간격으로 관찰한다고 해보자.

만일 소용돌이가 정적이라면 데이터의 흐름은 아래와 같을 것이다. 왼쪽–왼쪽–왼쪽–왼쪽–왼쪽…… 우리는 곧 이런 데이터의 새 비트들에는 계에 대한 새로운 정보가 없음을 알 수 있다.

아니면 소용돌이가 주기적으로 왔다 갔다 할 수도 있다. 왼쪽–오른쪽–

왼쪽-오른쪽-왼쪽-오른쪽-왼쪽-오른쪽……. 비록 처음엔 그 계가 조금 더 흥미롭게 보일지 모르지만, 금방 시시해질 것이다.

하지만 계가 카오스적으로 되면 바로 그 예측 불가능성 때문에 지속적으로 정보의 흐름이 발생한다. 관찰할 때마다 새로운 비트가 나오는 것이다. 따라서 계의 성질을 완벽하게 밝히고자 하는 실험가에게는 귀찮은 문제이다. 쇼가 말했다. "실험실을 떠날 수가 없습니다. 흐름은 끊임없이 정보를 낳기 때문입니다."

이러한 정보는 어디에서 나오는 것일까? 무작위적인 열역학적 운동을 하는 수십억 개의 분자들이 있는 미시적 계의 열탕熱湯이다. 마치 난류가 에너지를 큰 규모에서 (일련의 소용돌이를 통해) 아래쪽으로 내려 보내 작은 규모의 소산적인 점성으로 전달하는 것처럼, 정보는 작은 규모에서 큰 규모로 이동한다. 어쨌든 쇼와 동료들은 이런 방법으로 설명하기 시작했다. 그리고 정보를 위쪽으로 이동케 하는 통로가 이상한 끌개인데, 이 이상한 끌개는 나비 효과가 작은 불확실성을 거대한 규모의 날씨 패턴으로 확대하듯 초기의 무작위성을 확대한다.

문제는 그게 어느 정도인가 하는 것이었다. 쇼는 자신도 모르게 이들의 실험을 중복해서 한 이후에야 소련 과학자들이 이에 대해 처음으로 연구했다는 것을 알게 된다. 콜모고로프와 야샤 시나이가 위상공간에서 늘어나고 접히는 면의 기하학적 모습에 어떤 계의 '단위 시간당 엔트로피'를 적용하는 방식에 대한 수학적 연구를 이미 했던 것이다. 이 기법의 개념적 핵심은 초기조건들의 둘레에 임의로 작은 상자를 그리는 것이었다. 마치 풍선에 사각형을 그린 다음 풍선을 갖가지로 팽창시키고 뒤틀어 그것이 사각형에 미치는 영향을 계산하는 것과 같다. 이를테면, 하나의 방향에서는 확장되지만 다른 방향에서는 좁아지는 상태가 되는 것이다. 면적의 변화는 계의 과거에 대한 불확실성을 도입하는 것 즉 정보의 획득 또는 손실에 상응한다.

정보가 단지 예측 불가능성에 대한 고상한 표현에 불과하다면, 이런 개념은 뤼엘과 같은 과학자들이 내놓은 생각과 아주 비슷할 따름이다. 하지만 산타크루스 그룹은 정보이론의 근간을 가지고 통신이론가들이 체계적으로 연구하고 있던 수학적 추론의 본체에 접근할 수 있었다. 예컨대 어떤 결정론적 계에 외부 잡음을 부가하는 문제는 동역학에서는 낯선 것이었지만 통신에서는 매우 익숙한 문제였다. 그런데 이 젊은 과학자들의 흥미를 끈 것 중에서 수학은 부분적인 것일 뿐이었다. 이들이 정보를 발생시키는 계에 대해 이야기할 때 염두에 둔 것은 현실 세계에서 자연적으로 발생하는 '패턴'이었다. 패커드의 말을 들어보자.

복잡한 동역학의 맨 꼭대기에 생물학적 진화 과정 또는 사고의 과정이 존재합니다. 매우 복잡한 계들은 정보를 창출해내고 있다는 확신이 직감적으로 들었습니다. 수십억 년 전에는 원형질만이 존재했고, 이것이 진화하여 오늘날 우리가 존재하게 된 것입니다. 그렇듯 우리의 구조 안에서 정보가 생성되고 저장되어왔습니다. 사람의 경우 어린이에서 어른으로 정신이 성장하면서 정보는 단지 축적되기만 하는 것이 아니라 발생하기도 합니다. 다시 말해 이전에는 없었던 연결로 인하여 정보가 창출되는 것입니다.

냉철한 물리학자라면 현기증을 일으킬 만한 이야기였다.

그럼에도 이들은 기본적으로 뚝딱거리며 발명을 하는 사람들이었고, 철학자는 2순위였다. 이들은 과연 자신들이 잘 알고 있는 이상한 끌개와 고전 물리학적 실험 사이에 다리를 놓을 수 있을까? 오른쪽-왼쪽-오른쪽-오른쪽-왼쪽-오른쪽-왼쪽-왼쪽-왼쪽-오른쪽은 예측 불가능하며 정보를 창출한다고 말하는 것과 실제 데이터의 흐름을 취해 리아푸노프 지수, 엔트로피, 차원 등을 측정하는 것은 전혀 별개의 일이다. 산타크루스의 물리학도들은 자신들의 선배들보다 이러한 사고에 익숙했다. 밤낮 없이 이상한 끌개와 씨름하던 이들은 매일 접하는 펄럭거리고, 흔들리고, 고동치고, 움직이는 현상들에서 이상한 끌개를 인식할 수 있다고 확신하게 되었다.

커피숍에 앉아서도 그들은 게임을 했다. 이런 질문을 하는 것이다. 가장 가까운 이상한 끌개는 어디에 있을까? 덜컹거리는 자동차의 흙받이일까? 아니면 순풍에 날리는 깃발일까, 흔들리는 잎사귀일까? 쇼는 토머스 쿤의 말을 가져와 이렇게 말했다. "사람들은 어떤 것을 지각할 수 있게 해주는 적절한 은유를 갖기 전에는 그것을 보지 못하지." 곧 상대론자인 친구 윌리엄 버크는 차 속도계가 이상한 끌개의 비선형 방식으로 흔들린다고 확신한다. 그리고 이후 수년 동안 자신을 붙들어놓을 실험 프로젝트에 골몰하던 쇼는, 물리학자들이 상상할 수 있는 가장 쉬운 동역학계로 물방울이 뚝뚝 떨어지는 수도꼭지를 선택한다. 대부분의 사람들은 수도꼭지에서 떨어지는 물방울이 당연히 주기적일 것이라고 생각하지만, 실제로 잠깐만 실험해 보면 반드시 그렇지 않다는 것이 드러난다. 쇼가 말했다.

이것은 예측 가능한 행태에서 예측 불가능한 행태로 전개되는 계의 흔한 사례입니다. 약간만 더 틀면 후두둑 떨어지는 소리가 불규칙적임을 알 수 있습니다. 잠시만 지나면 예측 가능한 패턴이 아니라는 것을 알 수 있습니다. 이처럼 수도꼭지같이 단순한 것조차도 영원히 창조적인 패턴을 만들어냅니다.

수도꼭지는 구조의 발생 측면에서는 연구할 만한 것이 거의 없다. 수도꼭지는 물방울을 만들어낼 뿐이고, 각각의 물방울은 앞서 떨어지는 물방울과 다를 바 없다. 그러나 카오스를 이제 막 탐구하기 시작한 사람에게 물방울을 떨어뜨리는 수도꼭지는 이점을 가지고 있었다. 사람들 모두가 이미 마음속에 이에 대한 그림을 가지고 있다는 점이었다. 데이터의 흐름은 전형적으로 1차원이어서, 리듬을 가진 낙하 소리를 시간에 따라 측정할 수 있다. 산타크루스 그룹이 나중에 탐구한 계, 이를테면 인간의 면역체계나 북쪽의 스탠퍼드 선형 가속기 센터에 있는 입자 빔의 충돌 효과를 불가사의하게 떨어뜨리는 성가신 빔-빔 효과^{beam-beam effect} 등에서는 그러한 성질을 전혀 찾아볼 수 없었다. 리브샤베르와 스위니 같은 실험물리학자들은 약간 더 복잡한 계에서 임의의 한 점에 측정 장치를 설치함으로써 1차원적 데이터 흐름을 볼 수 있었다. 물이 떨어지는 수도꼭지에서는 한 줄짜리 데이터가 있을 뿐이다. 그것도 연속적으로 변하는 속도나 온도도 아니고 단지 낙하 시간 리스트였다.

수도꼭지를 다룰 경우 전통적인 물리학자들은 먼저 가능한 한 완벽한 물리적 모델을 만들려고 할 것이다. 물방울이 맺혀 떨어지는 과정은 겉보기와 달리 단순하지만은 않지만, 이해 가능하다. 중요한 변수 가운데 하나가 흐름의 속도이다. 속도는 대부분의 유체역학계에 비해 느리게 해야 한다. 쇼는 보통 1초에 한 방울에서 열 방울 정도 떨어지도록 해서 관찰했는데, 2주일 동안 30갤런(1갤런은 약 3.8리터)에서 300갤런의 물이 떨어졌다. 다른 변수로는 유체의 점도와 표면장력 등이 있다. 꼭지에 매달려 떨어지기 직전의 물방울은 복잡한 3차원 형상으로 되어 있으며, 이 형상을 계산하는 것만 해도 쇼의 말처럼 '고도의 컴퓨터 계산'이 필요하다. 게다가 모양도 결코 정적이지 않다. 물방울은 마치 약간 신축성이 있는 주머니처럼 이리저리 흔들리며 무게가 늘어나고 부피가 커지다가 임계점에 도달하면 떨어진다. 만약 어떤 물리학자가 적절한 경계 조건을 갖는 일련의 비선형 편미분방정식을 설정하여 물방울 문제를 완벽하게 모델링하고 이를 풀려고 한다면 그는 수렁에서 빠져나오지 못하게 될 것이다.

물리학적 측면을 도외시하고 마치 블랙박스에서 나오는 어떤 것처럼 데이터에만 의존하는 것도 하나의 대안이 될 수 있다. 하지만 물방울의 간격을 표시한 수치표만 가지고 뭔가 유용한 것을 알 수 있을까? 사실 이후 밝혀진 것처럼, 이들 데이터를 정리하여 그것을 역으로 물리학에 적용하는 방법을 고안해낼 수도 있다. 그리고 바로 이것이 카오스를 현실세계에 적용하는 결정적인 방법이 되었다.

쇼는 이 두 방법의 중간을 취해서 연구를 시작했다. 완벽한 물리적 모델의 대용물을 만들었던 것이다. 먼저 쇼는 물방울 모양과 3차원의 복잡한 운동을 무시하고, 물방울이 어떻게 떨어지는지를 물리학적으로 거칠게 단순화시켰다. 쇼가 생각한 것은 스프링에 매달린 추였다. 시간이 지남에 따라 추의 무게를 점점 증가시키면 스프링도 따라 늘어나 추의 위치가 점점 낮아진다. 그리고 일정 지점에 다다르면 추의 일부가 떨어져 나간다. 쇼는 떨어지는 추의 양은 분리점에 도달했을 때의 추의 하강 속도에만 의존한다고 임의로 가정했다.

남아 있는 추는 물론 스프링의 작용에 의해 다시 튕겨 올라가 대학원생들이 표준방정식을 사용하여 모델을 만들 때 배운 것처럼 진동을 하게 된다. 이 모델에서 흥미를 끄는 것은—'유일하게' 흥미를 끄는 점이자 카오스적 운동을 가능하게 하는 비선형적 꼬임은—스프링의 탄성이 일정하게 증가하는 추의 무게와 어떻게 상호작용하는가에 의해 다음 낙하가 결정된다는 점이었다. 아래쪽으로의 탄성은 추가 분리점에 훨씬 빨리 도달하게 하고, 위쪽으로의 탄성은 이를 조금 지연시킨다.

실제 수도꼭지에서는 물방울이 모두 동일한 크기가 아니다. 물방울 크기는 흐름의 속도와 탄성의 방향에 의해 결정된다. 물방울이 이미 아래쪽으로 움직이기 시작했으면 좀 더 빨리 떨어지고, 반대의 경우에는 더 커질 때까지 기다려 떨어진다. 푸앵카레와 로렌츠가 보여주었듯이 카오스에 필요한 미분방정식은 최소 3개인데, 쇼의 모델도 꼭 3개의 방정식으로 요약할 수 있을 정도로 대략적이었다. 그렇다면 이 방정식들이 실제 수도꼭지에서 떨어지는 물방울과 같은 정도의 복잡성을 보여줄 수 있을까? 그리고 그 복잡성은 같은 성질일까?

쇼는 물리학과 건물에 있는 실험실로 가 머리 위에 커다란 플라스틱 물통을 매달아놓고 놋쇠 대롱을 통해 물을 떨어뜨렸다. 물이 한 방울씩 떨어지면서 빔을 차단하면, 옆방의 마이크로컴퓨터가 그 시간을 기록했다. 동시에 쇼는 자신이 만든 임의의 세 방정식을 아날로그 컴퓨터에 입력시켜 일련의 가상 데이터를 추출했다.

한번은 쇼가 교수들을 앞에 놓고 이 실험을 시연하고 설명한 적이 있었다. 크러치필드는 이를 '사이비 콜로키움'이라고 불렀는데, 대학원생은 규정상 정식 세미나를 주제할 수 없기 때문이었다. 쇼는 놋쇠 대롱에서 주석판으로 물방울이 떨어질 때 내는 소리를 녹음한 테이프를 틀었다. 그리고 그 소리의 패턴을 확실히 들을 수 있도록 컴퓨터로 째깍째깍하는 또렷한 악센트를 주었다. 문제를 앞과 뒤에서 동시에 해결한 것이다. 이리하여 청중들은 무질서하게 보이는 계의 심오한 구조를 귀로 들을 수 있었다. 그러나 이 연구를 진척시키려면 실험에서 기초 자료를 뽑아 카오스를 특징짓는 방정식과 이상한 끌개까지 거슬러 올라갈 필요가 있었다.

계가 복잡한 경우에는 시간의 경과에 따른 온도와 속도의 변화처럼 한 변수와 다른 변수의 관계를 그래프로 그리는 방법을 사용할 수 있지만, 물방울이 떨어지는 수도꼭지에서는 시간 간격 데이터만 얻을 수 있었다. 이에 따라 쇼는 산타크루스 연구팀이 카오스의 발전에 가장 교묘하고, 오랫동안 실질적 기여를 한 것으로 평가될 기법을 시도하게 된다. 눈에 보이지 않는 이상한 끌개에 대해 위상공간을 재구성하는 방법으로, 연속적 데이터라면 이를 그대로 응용할 수 있었다.

쇼는 떨어지는 물방울 데이터로 2차원 그래프를 그렸다. x축에는 첫 두 물방울 간의 시간 간격을, y축에는 그다음 간격을 나타냈다. 첫 번째 방울과 두 번째 방울의 간격이 150밀리초(1000분의 1초_옮긴이)이고, 두 번째와 세 번째의 간격이 150밀리초인 경우 (150, 150) 지점에 한 점을 그린다.

그게 다였다. 물의 속도가 느리고 계가 '물시계의 영역'에 놓여 있을 때처럼 물방울의 떨어짐이 일정하면 이 그래프는 전혀 의미가 없다. 왜냐하면 모든 점이 한곳에 모여 그래프가 한 점으로 혹은 거의 한 점으로 나타나기 때문이다. 컴퓨터로 재현한 수도꼭지와 실제 수도꼭지의 첫 번째 차이는 실제의 경우에는 잡음에 영향을 받고, 또 지나치게 민감하다는 것이었다. 쇼는 씁쓸하게 말했다. "아주 우수한 지진계로 판명되었습니다. 소규모의 잡음을 대규모의 잡음으로 확대시키는 데 아주 효율적이었습니다." 때문에 쇼는 복도를 오가는 사람들이 가장 적은 밤중에 대부분의 실험을 할 수밖에 없었다. 이론대로라면 한 점으로 나타나야 할 것도 잡음이 들어가면 흐릿한 얼룩이 되어버리기 때문이었다.

유량이 증가함에 따라, 계는 주기 배가 분기를 일으켰다. 물방울이 쌍을 이루며 떨어진 것이다. 처음 간격을 150밀리초, 다음 것을 80밀리초라고 한다면, 그래프는 (150, 80)과 (80, 150)을 중심으로 2개의 얼룩을 만든다. 진짜 문제는 패턴이 카오스적으로 될 때 생겼다. 만약 정말 무작위적이라면, 점들은 그래프 여기저기에 흩어지게 될 것이다. 따라서 하나의 간격과 그다음 간격 사이에 아무런 관계도 발견할 수 없다. 그러나 이상한 끌개가 데이터 속에 숨겨져 있으면, 구별 가능한 구조 안에서 흐릿한 것들이 융합된 모습으로 그 자신을 드러낼 수도 있다.

구조를 관찰하기 위해서는 보통 3차원 공간이 필요하지만 여기서는 별문제 없다. 그리고 앞의 방법은 쉽게 고차원적 그래프를 그리는 데도 일반화될 수 있다. 간격 n과 $n+1$의 관계를 그래프화할 수 있는 것처럼, 간격 n의 $n+1$과 $n+2$에 대한 관계도 그래프화할 수 있다. 일종의 트릭이다. 일반적으로 3차원 그래프에는 3개의 독립변수가 필요한데, 이 경우 하나의 값으로 3개의 변수를 만드는 것이다. 여기에는 명백한 무질서 안에 질서가 뿌리박고 있기 때문에 심지어 어떤 물리적 변수를 측정해야 할지 모르거나 이런 변수를 직접적으로 측정할 수 없는 실험자들에게도 자신의 모습을 드러낸다는 산타크루스 멤버들의 신념이 반영되어 있었다. 파머는 이렇게 말한다.

한 변수에 대해 생각할 때, 그 변수의 시간에 따른 변화는 상호작용하는 다른 변수에 의해 영향을 받습니다. 그 값은 우리가 고찰하는 변수의 변화과정 속에 어떤 형태로든 반드시 포함되어 있을 것입니다. 어떤 형태로든 그 흔적이 반드시 있을 것입니다.

쇼가 연구한 수도꼭지의 경우, 그림은 요점을 잘 나타내고 있었다. 특히 3차원 그래프에는 비행기가 추락하면서 그리는 연기 자국과 비슷한 패턴의 선이 나타냈다. 쇼는 실험에서 얻은 그래프와 아날로그 컴퓨터로 작성한 데이터를 맞춰보았는데, 주된 차이는 단지 잡음 때문에 실제 데이터가 좀 퍼져 있어 분명치 못하다는 것뿐이었다. 그러나 구조만큼은 틀림없었다.

산타크루스 연구팀은 오스틴에 있는 텍사스 대학교로 옮겨 간 스위니와 같은 경험 많은 연구자와 협력하기 시작했고, 모든 종류의 계로부터 이상한 끌개를 찾아내는 방법을 알게 된다. 문제는 충분한 차원을 갖는 위상공간에 데이터를 끼워 넣는 것이었다. 뤼엘과 함께 이상한 끌개를 발견했던 플로리스 타켄스는 얼마 후 일련의 실제 데이터를 가지고 끌개의 위상공간을 재구성하는 데 유용한 이 기법의 수학적 기초를 독자적으로 닦아놓았다. 곧 수많은 연구자들이 단순한 잡음과 새로운 의미의 카오스, 즉 단순한 과정에 의해 형성된 질서정연한 무질서를 구별하는 방법을 찾게 된다. 진짜 무작위적 데이터는 정의되지 않은 혼잡한 모습으로 여기저기 흩어져 있다. 그러나 결정론적이고 패턴을 갖는 카오스는 데이터를 가시적 모양으로 나타냈다. 무질서에 이르는 가능한 모든 경로 가운데 자연은 단지 몇 가지의 경로만을 좇는다.

반역자에서 물리학자가 되기까지는 상당히 오랜 시간이 걸렸다. 커피숍에 앉아서 혹은 실험실에서 실험을 하던 학생들 중 몇몇은 때로 자신들의 과학적 공상이 아직 계속되고 있다는 사실에 놀라지 않을 수 없었다. 크러치필드는 곧잘 이렇게 말했다. "하느님! 우리는 여전히 이 일을 계속하고 있으며, 아직 할 만한 가치가 있습니다. 얼마나 더 가야 하는 걸까요?"

이들을 적극 후원해준 사람은 스메일의 제자인 수학과의 랠프 에이브러험 교수와 물리학과의 윌리엄 버크 교수였다. 버크 교수는 스스로 '아날로그 컴퓨터 황제'가 되어, 그룹이 적어도 장비는 쓸 수 있도록 감싸주었다. 물리학과의 다른 교수들은 입장이 조금 복잡했다. 몇 년 후 일부 교수들은 이들 카오스 모임이 물리학과의 무관심과 냉대를 받았다는 사실을 단호히 부인했다. 카오스 모임 역시 이들 교수들의 주장에 대해 뒤늦게 카오스로 전향한 사람들이 역사를 왜곡하고 있다며 똑같이 단호하게 대응했다. 쇼는 이렇게 말했다. "지도교수도 없었고, 우리가 뭘 해야 하는지 이야기해주는 사람도 없었습니다. 우리는 몇 년 동안 천덕꾸러기 신세였는데, 지금도 마찬가집니다. 산타크루스에서 연구비를 받은 적도 없습니다. 우리 모두는 상당히 오랜 세월 아무 소득 없이 일했으며, 지적인 것도 그렇고 모든 과정이 아무런 지원도 없는 궁핍한 연구 작업이었습니다."

교수들도 나름대로 할 말은 있었다. 교수들은 본격적인 과학이 되기에는 부족해 보이는 연구를 오랫동안 묵인하고 지원하기까지 했다. 쇼의 초전도학 논문의 지도교수는 쇼가 저온물리학에서 손을 뗀 후 1년 동안 연구비를 지원했다. 그 누구도 카오스 연구를 그만두라는 지시는 하지 않았다. 교수들의 태도는 최악의 경우에도 선의에 입각하여 카오스 연구를 포기시키려는 것이었다. 교수들은 종종 그룹 멤버를 불러 허심탄회하게 이야기를 나누었다. 교수들은 그룹 멤버들에게 자신들이 어떻게 해서든 간에 박사학위를 줄 수는 있겠지만, 존재하지도 않는 분야에서 직장을 얻도록 도와주지는 못할 거라고 타일렀다. 교수들은 또 카오스 연구가 지금 유행할 수도 있겠지만 유행이 끝난 후에는 어떻게 할 것이냐고 말하기도 했다. 그럼에도 산타크루스 언덕 삼나무 숲 바깥에서 카오스는 과학으로 정립되고 있었으며, 이들 동역학계 집단은 자연스럽게 이에 합류하게 된다.

한번은 미첼 파이겐바움이 자신의 보편성 이론을 설명하는 순회강연을 다니다 산타크루스에 들른 적이 있었다. 항상 그렇듯이 강연은 어려운 수학 이야기였다. 재규격화군 이론은 그룹 멤버들이 연구한 적도 없는 난해한 응집물질물리학의 한 영역이었다. 게다가 멤버들은 교묘한 1차원적 사상보다 실제계에 더 관심을 갖고 있었다. 한편 파머는 버클리캠퍼스의 오스카 랜퍼드Oscar E. Lanford가 카오스를 연구하고 있다는 소문을 듣고 그를 찾아갔다. 랜퍼드는 파머의 이야기를 정중하게 듣더니 둘 사이에 공통점이 없다고 말했다. 자신은 파이겐바움을 이해하기 위해 노력하고 있다는 것이었다.

'끔찍하기 짝이 없구만. 도대체 이 친구는 뭘 폭넓게 생각할 줄 알기나 하는 걸까?' 파머는 속으로 생각했다. 파머는 이렇게 말했다. "그는 이들 작은 궤도만 연구하고 있었습니다. 반면에 우리는 정보이론을 깊숙이 연구하고 있었고, 카오스를 분석하여 그것을 작동시키는 것이 무엇인가를 탐구했으며, 계량적인 엔트로피와 리아푸노프 지수를 연결시켜 보다 통계적인 척도로 만들려 했습니다."

랜퍼드는 파머에게 '보편성'을 강조하지 않았다. 그래서 파머는 랜퍼드가 하는 말의 요점을 놓쳤다는 것을 한참 후에야 깨달았다. "제가 어리석었던 겁니다. 보편성이라는 개념은 단순히 위대한 성과인 것만이 아니었습니다. 파이겐바움의 보편성은 일거리가 없었던 임계 현상 연구자들 모두에게 일감을 던져준 기법이었던 겁니다.”

“당시만 해도 비선형계는 하나하나 개별적으로 연구해야만 하는 것처럼 보였습니다. 비선형계를 계량화하고 묘사할 수 있는 언어를 찾고 있었던 우리는 하나하나 모든 것을 다뤄야만 한다고 생각했던 겁니다. 선형계에서 처럼 비선형계를 몇 개의 단위로 묶어 이들 전체에 통용될 해답을 찾는 것 은 불가능할 것 같았습니다. 보편성은 양적으로 표시할 수 있는 형태로, 그 룹 전체에 똑같이 해당되는 특성을 찾아낸 것을 의미합니다. ‘예측 가능한’ 속성 말입니다. 보편성이 정말 중요했던 이유는 바로 이 때문이었습니다.”

“보편성이 더욱 중요해진 건 사회적 요인도 있었습니다. 파이겐바움은 재규격화군이라는 용어를 사용하여 자신의 연구 결과를 설명했는데, 그는 임계 현상을 연구하는 사람들이 사용하는 데 익숙한 도구를 들고 나온 것 입니다. 임계 현상 연구자들은 자신들이 연구할 흥미로운 문제가 없는 것 같아 곤란을 겪고 있었습니다. 이들은 자신들의 요술 주머니를 적용할 다 른 뭔가를 찾고 있었던 겁니다. 그때 갑자기 파이겐바움이 요술 주머니를 들고 등장했습니다. 그리하여 하나의 완전한 하부 학문 분야가 태동하게 된 것입니다.”

이와는 별개로 산타크루스 학생들은 사람들에게 인정을 받기 시작했다. 1978년 겨울 라구나 해변에서 제록스 팔로알토연구소의 버나도 후버만과 스탠퍼드 대학교가 주최한 응집물질학회에 깜짝 출현한 이후 학생들은 물 리학과에서 스타로 부상했다. 이들은 초청받지 않았는데도 크림 드림이라 는 포드 사의 1959년형 대형 왜건 자동차를 타고 몰려갔다. 만약을 대비해 대형 TV 모니터와 비디오테이프 등의 장비도 가지고 갔다. 강연에 임박하 여 초청 연사의 강연이 취소되자 후버만은 쇼를 대타로 내보냈다. 완벽한 타이밍이었다. 카오스는 이미 유행어가 되어 있었지만, 참석자 가운데 그 의미를 알고 있는 물리학자는 거의 없었다.

쇼는 위상공간에서의 끌개에 대한 설명부터 시작했다. 먼저 고정점(거기에서는 모든 것이 고정된다)을, 다음으로는 극한 순환(거기에서는 모든 것이 진동한다)과 이상한 끌개(그 외 모든 것)를 설명하고는 비디오테이프로 컴퓨터 그래픽을 보여주었다. (쇼는 이렇게 말했다. "시청각 자료 덕분에 우리는 기선을 제압할 수 있었다. 우리는 플래시 라이트로 최면을 걸었던 것이다.") 그는 로렌츠 끌개와 수도꼭지를 예시하고, 모양이 늘어나고 접히는 방식과 그것이 정보이론이라는 거대한 이론에서 무엇을 의미하는지 기하학으로 설명했다. 그리고 마지막으로 과학의 패러다임 변환에 대해서도 한마디 했다. 발표는 대성공이었다. 청중 속에는 산타크루스 교수들도 있었는데, 이들은 동료들의 눈을 통해 처음으로 카오스를 보게 된다.

산타크루스 그룹은 1979년 뉴욕 과학아카데미가 주최한 제2차 카오스 학술회의에 정식으로 초청받게 된다. 이번에는 이들 분야에 폭발적으로 관심이 집중되었다. 1977년에 열렸던 학술회의가 수십 명의 전문가들이 참석해 로렌츠의 연구 업적을 공인하며 축하하는 모임이었다면, 당시 회의는 파이겐바움을 기념하는 것으로, 참석자가 수백 명에 이르렀다. 2년 전 쇼는 자신의 논문을 사람들의 방문 밑으로 밀어 넣기 위해 쭈뼛거리며 타자기를 찾아 헤맸지만, 이제는 동역학계 집단이 거의 인쇄소가 된 것과 마찬가지로 논문들을 쏟아냈고 논문들은 항상 공저 형태였다.

하지만 그룹이 영원히 함께 갈 수는 없었다. 기성 과학세계에 가까이 다가갈수록 그룹의 결속력은 느슨해져갔다. 한번은 후버만이 쇼에게 전화를 한 적이 있었다. 그러나 쇼가 자리를 비우는 바람에 크러치필드와 통화하게 된다. 후버만은 카오스에 관해 단순하고 간결한 논문을 함께 쓸 동료를 구하고 있었다. 그룹 멤버 가운데 가장 나이가 어린 크러치필드는 자신이 단지 그룹의 '해커'로 여겨지고 있다고 느꼈으며, 산타크루스 교수들이 어떤 면에서는 옳다는 것을 깨닫기 시작했다. 말하자면 언젠가는 그룹 성원들이 각자 개인적으로 평가받을 것이라 느끼기 시작한 것이다. 더구나 후버만은 물리학 관련 직업을 훤히 꿰고 있었고(멤버들에게는 부족한 측면이었다) 수완도 좋은 사람이었다. 이들 모임의 실험실을 본 적이 있는 후버만으로서도 나름의 의구심을 갖고 있었다. "알다시피 뭐 하나 제대로 된 게 없었어요. 소파들과 콩을 넣은 쿠션들, 마치 타임머신을 타고 60년대 히피시대로 다시 돌아간 기분이었습니다." 하지만 아날로그 컴퓨터가 필요했고, 실제로 크러치필드는 어찌어찌해서 시간에 맞게 연구 프로그램을 끝냈다. 그런데 문제는 그룹에 있었다. 크러치필드가 "모두 연구에 참여하고 싶어 한다"고 말하자, 후버만은 절대 그럴 수는 없다고 거절했다. "단지 신뢰만 문제가 되는 게 아니라 비난받는 게 더 문제였습니다. 만약 논문이 잘못되면 그룹이 책임을 질 것인가? 나는 그룹 멤버가 아닌데." 깔끔한 일처리를 위해서 한 사람의 파트너를 원했던 것이다.

일은 후버만이 바라는 대로 진행되었다. 카오스에 관한 논문이 처음으로, 물리학의 혁신적인 성과를 소개하는 미국 최고의 학술지인 『피지컬 리뷰 레터스』에 실리게 되었다. 과학계의 정치적 측면에서 보면 이는 커다란 성과였다. 크러치필드는 이렇게 말했다. "우리에게는 너무 뻔한 내용이었습니다. 하지만 후버만은 이 논문이 엄청난 반향을 불러일으킬 것이라는 점을 알고 있었습니다." 또한 논문은 카오스 그룹이 현실세계와 동화되는 출발점이기도 했다. 파머는 그룹 정신을 훼손했다며 크러치필드의 변절에 화를 냈다.

크러치필드만 그룹에서 나온 것은 아니었다. 얼마 지나지 않아 파머와 패커드도 후버만, 스위니, 요크 등 이미 명성을 얻은 물리학자 및 수학자와 공동연구를 했다. 산타크루스의 가마솥에서 생겨난 개념들은 현대 동역학계 연구의 골격 가운데 하나로 자리 잡았다.

산더미 같은 데이터에서 차원과 엔트로피를 연구하는 물리학자들에게는 산타크루스 그룹이 수년 동안 시스트론-도너 아날로그 컴퓨터에 플러그를 꽂고 오실로스코프를 관찰하면서 개발한 적절한 정의와 연구 기법이 유용할 터였다. 기상 전문가들은 지구 대기와 해양의 카오스가 전통적인 동역학자들이 추정한 바와 같이 무한대 차원을 갖는 것인지, 아니면 저차원의 이상한 끌개에 따르는 것인지를 놓고 토론했다. 주식시장 자료를 분석하는 경제학자도 3.7차원 또는 5.3차원의 이상한 끌개를 찾고자 노력했다. 차원이 낮을수록 계는 간단했다. 수많은 수학적 특이성이 분류되고 이해되어야 했다. 프랙탈 차원, 하우스도르프 차원, 리아푸노프 차원, 정보 차원 등 카오스 계가 갖는 척도의 미묘함에 대해서는 파머와 요크가 아주 잘 설명한 바 있었다. 끌개의 차원은 "끌개의 속성을 규정하는 데 필요한 일차적 지식"이고, "특정한 정확도 내에서 끌개 위에 있는 한 점의 위치를 밝히는 데 필요한 정보량"이다. 산타크루스의 학생들과 그들보다 나이가 많은 공동연구자들이 사용한 방법은 이러한 아이디어를 계의 다른 중요한 측정치, 즉 예측성의 상실률, 정보흐름비, 그리고 혼합을 발생시키는 경향 등과 결합하는 것이었다. 때로 과학자들은 이러한 방식을 사용하여 데이터로 그래프를 그리고, 조그만 상자를 쳐서, 각 상자 속에 들어 있는 데이터 점들을 계산했다. 이처럼 심지어 조잡해 보이기조차 하는 방법이 카오스 계를 처음으로 과학적 이해의 범주로 옮겨놓았다.

한편 펄럭이는 깃발과 흔들리는 속도계에서 이상한 끌개를 찾아온 과학자들은 계속해서 당대의 물리학 문헌을 뒤져가며 결정론적 카오스를 보여주는 것을 찾으려 했다. 입자가속기에서 레이저, 그리고 조지프슨 접합에 이르기까지 실험이란 실험은 모두 다 하는 사람들이 발표하는 논문에 설명할 수 없는 잡음, 놀라운 변동, 불규칙성과 규칙성의 혼합 등의 현상이 등장했다. 카오스 전문가들은 이러한 현상을 자신들의 문제로 생각하면서, 카오스를 수긍하지 않은 사람들에게 "당신들의 문제는 우리들의 문제"라고 말했다. 어떤 논문은 "조지프슨 접합 진동자에 관한 몇몇 실험에서 열변동 개념으로 설명할 수 없는 놀라운 잡음 증가 현상이 나타났다"는 말로 시작했다.

그룹이 해산될 무렵, 일부 산타크루스 교수들이 카오스로 전향했다. 그러나 다른 물리학자들은 산타크루스가 국가적인 비선형 동역학 연구센터로 자리잡을 기회를 놓쳤다고 안타까워했다. 다른 대학들에도 비슷한 연구센터가 속속 세워지고 있었다. 1980년대 초반 그룹 멤버들은 졸업을 했고, 각지로 흩어졌다. 쇼는 1980년, 파머는 1981년, 패커드는 1982년에 학위 논문을 끝마쳤다. 크러치필드는 1983년에 학위 논문을 마쳤는데, 거기에는 물리학 및 수학 학술지에 이미 발표된, 적어도 11편 이상의 논문이 삽입되어 있었다. 그는 캘리포니아 대학교 버클리 캠퍼스로 갔으며, 파머는 로스앨러모스 국립연구소에서 일했다. 크러치필드는 비디오 피드백 고리를 연구했고, 파머는 팻 프랙탈fat fractal을 연구하는 한편 인체 면역체계의 복잡한 동역학 모델을 만들었다. 패커드는 공간의 카오스와 눈송이 형성을 연구 과제로 삼았다. 오로지 쇼만이 주류에 합류하는 것을 꺼리는 것처럼 보였다. 영향력이 컸던 그의 업적은 두 논문에 실려 있는데, 하나는 쇼가 파리 여행을 할 수 있게 해준 것이고, 다른 하나는 수도꼭지에 관한 것으로 산타 크루스에서의 연구를 요약한 것이다. 쇼는 몇 번이나 과학을 완전히 그만 두려 했다. 한 친구의 표현을 빌리면, 그는 흔들리고 있었다.

제10장

내적
리듬

|

과학은 설명하려 시도하지 않으며,
해석하려 들지도 않는다.
과학은 주로 모델을 만든다.
그 모델이란 언어적 해석이 가미된 것으로
관찰된 현상을 묘사하는 수학적 구조를 의미한다.
이러한 수학적 구조의 정당화는 정확히
모델이 작동할 것이라는 점을 의미할 뿐이다.

폰 노이만

|

버나도 후버만은 이론생물학자와 실험생물학자, 순수수학자와 의사 그리고 정신과 의사가 고루 섞인 청중을 바라보면서 자신과 그들 간의 커뮤니케이션에 문제가 있음을 깨달았다. 뉴욕 과학아카데미와 국립정신건강연구소, 해군연구소 등이 1986년에 주관한 생물학과 의학에서의 카오스에 관한 첫 번째 학회에서 막 발표를 끝낸 참이었다. 학회 자체도 보기 드문 것이었지만, 발표 내용도 특이했다. 대회 장소인 워싱턴 교외에 있는 국립보건연구소의 동굴 모양을 한 마서 강당에 모인 청중 중에는 이미 안면이 있는 카오스 전문가도 많았지만, 낯선 얼굴도 많이 있었다. 후버만이 경험 많은 연사였더라면 일부 청중이 지루해하리라는 것을 미리 짐작할 수 있었을 것이다. 학회 마지막 날인 데다가 점심시간 직전이었으니 말이다.

아르헨티나에서 캘리포니아로 이주해온 검은 머리 신사인 후버만은 산타크루스 그룹과 공동연구를 한 이후 카오스에 계속 관심을 갖고 있었다. 제록스 팔로알토연구소 연구원이었던 후버만은 때로 회사 업무 이외의 프로젝트에 참여하기도 했는데, 그가 방금 마친 정신분열증 환자의 불규칙한 안구운동 모델에 관한 발표도 그 가운데 하나였다.

정신과 의사들은 이미 몇 세대 전부터 정신분열증을 정의하고 환자를 분류하기 위해 노력해왔지만, 정신분열증은 치료하는 것만큼이나 설명하기도 어려웠다. 증상은 대부분 두뇌나 행동에 나타났다. 그러나 1908년 이후 과학자들은 환자뿐만 아니라 환자의 친척들에게도 나타나는 것으로 보이는 신체적 증세에 대해 알게 되었다. 천천히 움직이는 추를 바라본다고 했을 때, 환자들의 눈은 추의 부드러운 운동을 쫓아가지 못한다. 원래 사람의 눈은 매우 정교한 기관으로, 건강한 사람의 눈은 전혀 의식하지 않더라도 움직이는 목표물에 초점을 맞출 수 있다. 움직이는 상들은 망막 위의 한곳에 고정된다. 그러나 정신분열증 환자의 눈은 외부의 작은 움직임에도 초점을 맞추지 못하고 왔다 갔다 하면서, 끊임없이 목표물과는 상관없는 이질적인 운동을 했다. 왜 그런지는 아무도 몰랐다.

생리학자들은 여러 해 동안 방대한 양의 데이터를 모아 불규칙한 안구운동의 패턴을 나타내는 표와 그래프를 만들었다. 이들은 환자들의 눈동자 움직임이 혼란스러운 것은 눈 근육을 조절하는 중앙신경계에서 나오는 신호가 동요하는 데서 비롯된다고 가정했다. 잡음이 섞인 결과치는 잡음이 섞인 입력치에서 비롯되듯, 정신분열증 환자의 뇌에 장애를 일으키는 무작위적 혼란이 눈에 나타나는 것이라고 생각한 것이다. 그러나 물리학자인 후버만은 생각을 달리하여 간단한 모델을 만들기에 이른다.

후버만은 눈의 작동 메커니즘을 가능한 한 단순화시켜 하나의 방정식을 만들었다. 방정식에는 왕복운동을 하는 추의 진폭과 주기에 대응되는 항이 있었다. 눈의 관성에 대한 항도 있었으며, 제동시키는 것 즉 마찰에 관한 항도 있었다. 눈이 목표를 벗어나지 않게 하기 위한 오차 수정 항도 있었다.

후버만이 청중들에게 설명한 것처럼, 방정식은 눈의 움직임과 유사한 기계적 계를 나타낸 것이었다. 말하자면 좌우로 흔들리는 굴곡 있는 통 안을 굴러다니는 공을 나타낸 것이었다. 좌우운동은 추의 운동에 대응하고 만곡부의 벽면은 오차 수정에 대응하는데, 이는 공을 만곡부의 중심으로 되돌려 보내는 역할을 한다. 방정식을 해결하는 오늘날의 표준적 방법에 따라 후버만은 여러 가지 매개변수들을 변화시켜가며 자신의 모델을 몇 시간에 걸쳐 컴퓨터로 계산하고 결과를 그래프로 그렸다. 후버만은 여기서 질서와 카오스를 동시에 발견하게 된다. 어떤 매개변수의 영역에서 눈은 부드럽게 따라 움직였다. 그러다가 비선형의 정도가 증가함에 따라 계는 빠르게 이어지는 주기 배가의 연속을 거쳐 의료지에 발표된 것과 똑같은 불규칙성을 보였다.

이 모델에서, 불규칙한 행태는 어떤 외부의 신호와도 무관했다. 불규칙한 행태는 계에 내재된 과도한 비선형성 때문에 일어나는 필연적인 것이었다. 발표를 듣던 의사 가운데는 후버만의 모델이 정신분열증의 유전자 모형으로 그럴듯하다고 생각하는 사람도 있었다. 비선형성은 계를 안정시키거나 교란할 수 있는데, 이는 비선형성이 약한가 혹은 강한가에 달려 있으며, 단일한 유전적 특질에 부합할 수 있다는 것이다. 한 정신과 의사는 그 개념을 요산尿酸이 너무 많으면 증상이 나타나는 통풍痛風의 유전학에 비유했다. 그 밖에 다른 사람들(후버만보다 임상 문헌을 많이 본 사람들)은 이러한 경우가 정신분열증 환자에게만 나타나는 것은 아니라고 지적했다. 즉 안구운동 문제는 다른 종류의 신경증 환자들에게서도 발견될 수 있다는 것이었다. 데이터를 뒤져서 거기에 카오스를 적용하려고 하는 사람은 누구나 그

데이터에서 주기적 진동, 비주기적 진동, 그리고 모든 종류의 동역학적 행태를 발견할 수 있었다.

하지만 후버만의 발표를 듣고 새로운 연구 방법이 열렸다고 생각한 과학자들 못지않게 많은 과학자들이 후버만의 단순한 모델에 의문을 제기했다. 질문 시간이 되자 여기저기서 곤혹스러움과 불만을 터트렸다. 이들 중에는 이렇게 질문하는 과학자도 있었다. "이렇게 모델링한 근거는 뭡니까? 비선형 동역학의 이러한 특수한 요인들, 이를테면 분기와 카오스적 해답을 추구한 이유는 무엇입니까?"

후버만은 잠시 한숨을 돌린 후 이야기했다. "사실 이런 시도의 목적을 제대로 설명하지 못했습니다. 이 모델은 단순합니다. 누군가는 이렇게 말할 것입니다. '알겠습니다. 그래서 무슨 일이 일어나리라 봅니까.' 그러면 저는 이렇게 말합니다. '당신은 어떤 설명이 가능하다고 생각합니까.' 그러면 그들은 이렇게 말합니다. '우리는 당신 머릿속에서 그토록 짧은 시간 동안 변화하는 뭔가가 있다는 것을 말할 수밖에 없네요.' 그러면 저는 말합니다. '좋습니다. 사실 저는 카오스 전문갑니다. 저는 당신이 쓸 수 있는 비선형성을 추적하는 가장 단순한 모델을 알고 있습니다. 가장 단순한 모델은 다음과 같은 일반적인 모습을 갖고 있는데, 이것의 세부사항이 어떻게 보이는가는 상관없습니다. 그래서 제가 이런 일을 하는 것입니다.' 그러면 사람들은 이렇게 말합니다. '그거 참 재미있네요, 이것이 계에 내재된 카오스란 것을 전혀 생각지도 못했습니다.'"

"이 모델에는 제가 방어할 수 있는 신경생리학적 데이터가 전혀 없습니다. 저는 다만 가장 단순한 추적 모델이 오류를 만들고 영점으로 가려는 경향이 있는 어떤 것이라는 점을 말하고자 합니다. 이것이 바로 우리가 눈을 움직이는 방법이고 안테나가 비행기를 추적하는 방법입니다. 우리는 이 모델을 어디에나 적용할 수 있습니다."

복도에 있던 또 다른 생물학자 역시 마이크를 잡고 후버만 모델이 너무 단순하다며 불만을 표출했다. 그는 실제 눈은 4개의 근육조절 조직이 동시에 작용한다고 지적하면서, 자신이 생각하는 사실 그대로의 모형이 무엇인지를 고도의 기술적 묘사로 시작했다. 예를 들면 눈은 과도하게 제동이 걸리는 것이므로 질량 항을 제거해야 한다는 것이다. "하나 더 복잡한 문제가 있습니다. 질량은 회전 속도에 따라 변한다는 것입니다. 이유는 눈에 갑자기 가속도가 붙으면 질량의 일부는 뒤로 처지기 때문입니다. 눈 안의 젤리(수양액)는 외피가 매우 빨리 회전할 때 뒤로 처집니다."

잠시 침묵이 흘렀다. 후버만은 당혹스러웠다. 이윽고 대회 주최자 가운데 한 사람이며, 오랫동안 카오스에 관심을 갖고 있던 정신과 의사 아놀드 만델Arnold Mandell이 마이크를 건네받았다.

"자, 제가 정신과 의사의 입장에서 해석을 좀 하겠습니다. 여러분은 방금 저차원의 일반적 계를 연구하는 비선형 동역학자가, 수학적 방법을 사용하는 생물학자와 이야기할 경우 어떤 일이 벌어지는가를 봤습니다. 사실 가장 간단하게 표현된 계에 보편적 특성이 있다는 생각은 우리 모두를 당혹스럽게 합니다. 그래서 이렇게 질문합니다. '정신분열증의 하부 유형은 무엇인가?' '눈에는 4가지 운동계가 존재하는데, 실제 물리적 구조에 근거한 모델은 무엇인가?' 처음의 단순한 모델은 무너지기 시작합니다."

"사실 여기서 모두 5만여 개에 달하는 기관을 배우고 있는 의사나 과학자인 우리는 운동의 보편 요소가 있을 수 있다는 가능성 자체에 반감을 갖고 있습니다. 그런데 후버만 씨가 하나의 답을 제시했고, 이후 일어난 일은 보신 대롭니다."

후버만이 말했다. "이미 5년 전 물리학 내에서도 이런 일이 있었습니다. 그러나 이제 물리학자들은 확신하고 있는 일입니다."

선택은 항상 같다. 사람들은 모델을 더욱 복잡하고 실제에 좀 더 가깝게 만들 수도 있고, 더욱 단순화시켜 쉽게 다룰 수도 있다. 순진한 과학자들만이 완전한 모델은 실제를 완벽하게 표현하는 것이라고 믿는다. 이런 생각은 이를테면 도시의 공원, 거리, 빌딩, 나무, 동굴, 주택, 지형 모두를 마치 실제 도시처럼 같은 크기로 하나도 빠짐없이 넣어 지도를 만든다고 할 때처럼 난관에 봉착할 것이다. 설령 그런 지도가 가능하다 해도 그 상세함이야말로 지도의 목적인 일반화와 추상성을 말살하게 될 것이다. 지도 제작자들은 고객이 원하는 바를 부각시킨다. 또 고객들이 원하는 바가 무엇이건 간에 지도와 모델은 실제세계를 모방하는 것 못지않게 단순화해야만 한다.

산타크루스의 수학자 에이브러험은 좋은 모델이란 이른바 가이아^{Gaia} 가설을 제창한 러브록^{James E. Lovelock}과 마굴리스^{Lynn Margulis}의 '데이지 월드^{daisy world}'와 같은 것이라고 말한다. 생명을 위해 필요한 조건은 생명 그 자체에 의해, 동역학적 피드백의 자기유지 과정에 따라 창조되고 유지된다는 것이다. 데이지 월드는 너무 단순해 엉터리처럼 보이는데 아마도 상상할 수 있는 한 가장 단순한 가이아 모델일 것이다. 에이브러험은 이렇게 썼다. "세 가지가 있다. 하얀 데이지 꽃과 검은 데이지 꽃, 그리고 풀 한 포기 없는 사막. 세 가지 색이 있다. 흰색, 검은색 그리고 붉은색. 이것이 지구에 대해 뭘 알려주는 것일까? 온도 조절이 어떻게 이루어지는지를 설명한다. 또한 지구가 왜 생명에 적합한 온도를 갖는가를 설명한다. '데이지 월드' 모델은 너무 단순하다. 하지만 생물학적 항상성이 어떻게 지구에 생겨났는지 가르쳐 준다."

하얀 데이지 꽃은 빛을 반사시켜 지구를 차게 만든다. 검은 데이지 꽃은 빛을 흡수하여 알베도albedo, 즉 반사율을 줄임으로써 지구를 따뜻하게 만든다. 그러나 흰 데이지 꽃은 따뜻한 날씨를 '좋아하는데', 이는 온도가 올라감에 따라 우선적으로 번성할 수 있음을 말한다. 반면 검은 데이지 꽃은 차가운 날씨를 좋아한다. 이런 성질들은 미분방정식으로 표현할 수 있으므로, 데이지 월드는 컴퓨터로 시행할 수 있다. 광범한 초기조건들은 평형 상태의 끌개로 이어진다. 그러나 반드시 정적인 평형은 아니다.

"이는 개념적 모델을 수학적 모델로 변형시킨 것뿐이다. 이게 우리가 원하는 바다. 다시 말해 우리는 생물학적 또는 사회적 계를 원형대로 충실하게 반영하는 모델을 원하는 게 아니다." 에이브러험은 이렇게 말한다. "그저 반사율을 설정하고, 초기 단계에 약간의 식물을 심고 몇십억 년의 진화 과정을 지켜보면 된다. 아이들은 이를 통해 좀 더 훌륭한 지구의 관리자가 되도록 교육받는다."

많은 과학자들에게 복잡한 동역학계의 전형, 즉 복잡성에 접근하는 시금석은 바로 인체이다. 물리학자가 연구할 수 있는 대상 중에 근육이나 체액, 혈액, 섬유, 세포의 운동처럼 거시적인 것에서 미시적인 규모에 이르기까지 반±리듬적 운동의 불협화음을 보여주는 것은 없다. 또 어떤 물리계도 이처럼 철저한 환원주의에 적합한 것은 없다. 신체의 각 기관은 자신만의 미세 조직과 화학적 성질을 가지고 있어서 생리학을 전공하는 학생이 각 부분의 이름을 외우는 데만 수년이 걸린다. 신체의 각 기관을 완전히 파악하는 것은 두말할 나위가 없다.

신체 조직에는 가장 구체적인 예로 간처럼 경계가 분명한 것이 있다. 반면에 혈관계처럼 고체와 유체의 망으로 되어 있어 공간적으로 한정하기 어려운 것도 있다. 또 임파구나 T4 전달 물질처럼 침입해 들어오는 유기체의 데이터를 해독해 기호화하는 소小암호기를 갖고 있는 눈에 보이지 않는 면역체계 등은 마치 '교통'이나 '민주주의'처럼 완전히 추상적인 존재이다. 때문에 상세한 해부학적 또는 화학적 지식 없이 조직을 연구해봐야 아무 쓸모가 없다. 이런 이유로 심장 전문의들은 심실 근육조직 내의 이온 이동을 연구하고, 뇌 전문의들은 신경섬유의 전기적 특성을 연구하고, 안과 전문의들은 눈 근육의 위치와 용도, 이름 등을 연구하는 것이다.

1980년대에 이르러 카오스는 과학자들이 국소적 조직과는 상관없이 복잡한 계를 전체적으로 이해하는 데 수학적 방법이 유용하다는 생각을 심어줌으로써 생리학에 새로운 바람을 불어넣었다. 연구자들은 신체를 운동과 진동이 일어나는 장소로 인식하기 시작했다. 그리고 변화무쌍한 진동 소리를 들을 수 있는 방법을 개발했으며, 현미경상의 슬라이드와 일상적인 혈액 표본에서는 볼 수 없는 리듬을 발견했다. 또한 불규칙한 호흡운동에서 카오스를 연구했다. 적혈구와 백혈구의 조절에 관련된 피드백 구조도 탐구했다. 암 전문의들은 세포 성장 사이클의 주기성과 불규칙성에 대해 숙고했으며, 정신과 의사들은 항우울제 처방을 놓고 다각도로 접근했다. 이윽고 한 기관에 대한 놀라운 발견들은 새로운 생리학의 출현에서도 압권이었다. 바로 심장이었다. 심장의 활기찬 리듬은 안정적이든 불안정적이든, 또 건강하든 병적이든 간에 생명과 죽음 사이의 차이를 정확하게 나타내고 있었다.

다비드 뤼엘조차 이례적으로 심장에 나타나는 카오스에 주목하고는 "우리 모두를 흥분시킬 동역학계"라고 썼다.

"정상적인 심장 조직은 주기운동을 한다. 하지만 심실세동과 같은 비주기성 병리 상태도 많이 있다. 이것이 죽음이라는 정지 상태에 이르게 한다. 심장의 다양한 동역학적 상황을 재현하는 실제적인 수학 모델을 컴퓨터로 연구하면 의학적으로 매우 유용할 것 같다."

여기에 도전장을 내민 것은 미국과 캐나다의 연구팀이었다. 심장박동의 불규칙성이 발견된 이후 연구자들은 오랫동안 이들 불규칙성을 조사하고 분류해왔다. 전문가라면 수십 가지 불규칙한 리듬을 구별하고, 예민한 전기심전도를 통해 불규칙한 리듬의 원인이 무엇이고 정도가 얼마나 심각한지를 알아낼 수 있을 것이다. 일반인이라면 부정맥에 붙여진 갖가지 이름만으로도 문제의 다양성을 알 수 있을 것이다. (심방 혹은 심실의 순수한 혹은 변조된) 부수축, 고도 방실 차단과 이탈 율동, (단순한 혹은 복잡한) 벤케바흐 리듬, 심박급속증. 생존을 전망하는 이 모든 것들 중에서 가장 치명적인 것이 바로 세동이다. 신체 부위에 이름을 붙이는 것과 마찬가지로 이들 부정맥에 이름을 붙여놓으면 의사들은 편리하다. 이렇게 이름을 붙임으로써 문제의 심장을 진단하는 데 특별함이 생기고, 문제를 해결하는 데 일정한 지식을 얻는다. 그러나 카오스적 방법을 사용하는 연구자들은 종래의 심장학이 불규칙한 심장박동 현상을 잘못 일반화했으며, 심오한 원인에 대해 피상적 분류법을 사용했다는 것을 깨닫기 시작했다.

카오스 연구자들은 심장을 동역학적인 것으로 보았다. 항상 그렇듯 이렇게 생각한 데는 색다른 배경이 있었다. 몬트리올 맥길 대학교에서 물리학과 화학을 공부한 레온 글래스Leon Glass는 불규칙한 심장박동 문제에 관심을 갖기 전 액체 상태의 원자운동에 대해 박사학위 논문을 쓰면서 숫자와 불규칙성에도 흥미를 느끼고 있었다. 전문의들은 대개 전기심전도의 짧은 띠를 보고 수없이 다양한 부정맥을 진단한다고 그는 말했다. "외과의사들은 부정맥 진단을 유형 식별 문제로 취급합니다. 말하자면 자신들이 예전에 임상이나 교과서에서 봤던 유형과 일치하는지를 판별하는 문제로 보는 것입니다. 그들은 이런 리듬의 동역학을 자세히 분석하지 않습니다. 하지만 이 동역학은 교과서를 읽는 사람은 상상도 할 수 없을 정도로 풍부합니다."

보스턴에 있는 베스 이스라엘 병원 부정맥실험실 공동실장인 하버드 의과대학의 에어리 골드버거Ary L.Goldberger는 심장 연구 분야에서 생리학자, 수학자, 물리학자들이 힘을 합쳐야 할 때가 왔다고 믿었다. "우리는 새로운 경계에 서 있으며, 그 너머에는 새로운 종류의 현상이 있습니다. 사실 분기나 행태의 급작스러운 변화를 설명할 고전적 선형 모델은 없습니다. 확실히 새로운 모델이 필요합니다. 물리학에서 답을 줄 수 있을 듯합니다." 골드버거와 다른 과학자들은 과학의 언어와 제도적 분화의 장벽을 극복해야만 했다. 골드버거는 이중에서도 생리학자들이 수학자들에게 갖고 있는 불편한 반감이 가장 심각한 장애라고 느꼈다. 그는 이렇게 말했다. "1986년에는 생리학 책에서 프랙탈이라는 용어를 찾을 수 없지만, 1996년에는 프랙탈이라는 말이 없는 생리학 책을 볼 수 없을 것입니다."

심장박동을 듣고 있는 의사는 유체와 유체, 고체와 유체, 고체와 고체가 서로 부딪치는 소리를 듣는다. 혈액은 근육이 뒤에서 수축하고 심실벽이 늘어남에 따라 심실에서 심실로 이동한다. 그리고 역류하지 못하도록 섬유질 밸브가 소리를 내며 닫힌다. 근육 수축은 복잡한 3차원의 전기 작용에 달려 있다. 심장의 행태 중 어느 하나만 리모델링한다 해도 슈퍼컴퓨터로도 역부족일 것이다. 하물며 서로 얽혀 있는 사이클 전체를 모델화하는 것은 오죽하겠는가. 미국 항공우주국에서 엔진의 공기 흐름을 연구하고 보잉 사에서 비행기 날개 디자인을 하는 유체역학 전문가들이라면 이런 컴퓨터 모델링 작업이 자연스럽겠지만 의료 전문가에겐 낯설었다.

예를 들어보자. 원래 있던 심장판막이 손상된 환자들의 생명을 연장하는 기구로, 금속과 플라스틱으로 만든 인공 심장판막 설계는 그야말로 시행착오의 연속이었다. 얇고 탄력이 좋으며, 반투명인 작은 낙하산 모양의 컵이 3개 있는 천연 심장판막은 공학 역사에서 특별한 자리를 줘야 마땅하다. 혈액을 심실로 보내기 위해서는 심장판막이 부드럽게 오므라들어 길을 열어 줘야 한다. 심장이 피를 밖으로 펌프질할 때는 심장판막이 팽창하여 압력에 버티면서 피가 역류하는 것을 막아야 한다. 그것도 찢어지거나 새는 일 없이 20~30억 번을 반복해야 한다. 기술자들이 만든 것은 이를 따라가지 못했다.

인공판막은 대체로 배관작업에서 원리를 따와 '새장 속의 공' 같은 표준적 디자인으로 만들어, 큰 비용을 들여 동물 실험을 했다. 혈액이 새는 것이나 오랫동안 사용하는 데서 오는 고장 등 눈에 보이는 문제를 해결하는 것만도 큰일이었다. 여기에 더하여 또 하나의 문제를 해결하는 것이 얼마나 어려운 일이 될지 예측할 수 있었던 사람은 거의 없었다. 인공판막은 심장에서 혈액의 흐르는 패턴을 바꿔버렸고, 이로 인해 어떤 부분에서는 난류가 발생했고 어떤 부분에서는 피가 정체되었다. 피가 정체되면 응어리가 형성된다. 그 응어리가 부서져 뇌로 들어가면 뇌졸중을 일으킨다. 응어리 현상은 인공심장을 만드는 데 치명적인 장애 요소였다.

1980년대 중반 뉴욕 대학교 쿠랑연구소에 있는 수학자들이 그 문제에 컴퓨터 모델링 기법을 도입하고서야 비로소 심장판막 설계에 가용할 수 있는 기술을 충분히 활용하기 시작했다. 비록 2차원이기는 했지만 이들의 컴퓨터는 박동하는 심장의 운동을 생생하게 볼 수 있는 사진으로 나타냈다. 혈액 입자를 나타내는 수백 개의 점들이 심장의 탄력이 높은 벽을 부풀리는 한편 소용돌이를 만들면서 판막을 통해 흘러간다. 수학자들은 심장이 표준적 유체 흐름 문제보다 한 단계 더 복잡하다는 사실을 깨닫게 된다. 이유는 현실적인 모델을 만들려고 하면 심장벽 자체의 탄성을 고려해야 하기 때문이었다. 비행기 날개를 스쳐 흐르는 공기가 딱딱한 표면 위를 흐르는 것과는 달리 혈액은 심장의 표면을 동역학적이고 비선형적으로 변화시켰다.

부정맥 문제는 훨씬 더 미묘하고 치명적이었다. 미국에서만도 매년 심실세동으로 사망하는 사람이 수십만에 이른다. 대부분의 세동은 잘 알려진 고유의 유발 요인에 의해 일어난다. 동맥경색은 심장을 펌프질하는 근육의 마비로 이어진다. 코카인 복용, 정신적 스트레스, 체온 저하 등도 세동의 원인이 될 수 있다. 많은 경우 세동이 어떻게 시작되는지는 미스터리로 남아 있다. 의사들은 세동이 일어났는데도 소생한 환자들에게서 원인의 증거인 손상 부위를 찾아내려 한다. 하지만 사실 겉보기에는 건강한 심장이 새롭게 세동을 일으킬 가능성이 높았다.

세동을 일으키고 있는 심장에 대한 고전적 은유가 있다. 바로 벌레가 들어 있는 가방이다. 이런 심장근육 조직은 반복적이고 주기적인 수축과 이완을 하는 게 아니라 뒤틀리고 균형을 잃어 펌프질을 할 수 없다. 정상적으로 박동하는 심장은 전기신호가 3차원의 심장조직에 균형 잡힌 파동을 보낸다. 신호가 오면 각 세포가 수축한다. 그러면 불응기(세포가 반응한 후 다음 자극에 반응할 수 없는 짧은 기간_옮긴이)라는 중대한 시기 동안 각 세포는 이완한다. 불응기 동안에는 세포가 결코 재수축되지 않는다. 세동을 일으키고 있는 심장에서는 전기신호가 주는 파동이 끊겨 심장세포가 일제히 수축되거나 이완되지 않는 것이다.

세동에서 당혹스러운 점이 한 가지 있다. 즉 심장의 개별 구성요소들은 정상적으로 작동할 수 있다는 것이다. 세동에도 불구하고 심장박동을 조절하는 결절이 규칙적인 전기신호를 내보내고, 개개의 근육세포는 정상적으로 반응한다. 각 세포는 자극을 받아 수축하고, 자극을 전달한 뒤 다음 자극이 올 때까지 이완한다. 따라서 부검을 하면 근육조직에는 전혀 손상이 없을 수도 있다. 바로 이런 이유 때문에 카오스 전문가는 총체적 접근이 필요하다고 믿었다. 세동하고 있는 심장의 개개 부분들은 정상적으로 작동하는 것처럼 보이지만, 전체 조직은 치명적으로 뒤틀려 있는 것이다. 마치 정신병이—화학적 근거가 있든 없든 간에—복잡한 계의 무질서이듯이, 세동도 복잡한 계의 무질서이다.

심장은 혼자 힘으로는 세동을 멈추지 않는다. 세동과 같은 유형의 카오스는 안정되어 있다. 제세동기에서 나오는 전기쇼크만이—어떤 동역학자라도 강력한 섭동이라고 인정할 수 있을 정도의 쇼크만이—심장을 정상 상태로 되돌려놓을 수 있다. 대체로 제세동기는 효과가 있다. 그러나 인공 심장판막을 설계할 때처럼 제세동기 설계도 상당 부분 어림짐작에 의존할 수밖에 없다.

이론생물학자 아서 윈프리Arthur T. Winfree의 말을 들어보자. "어떤 크기와 형태로 자극을 줄 것인지는 전적으로 경험에 의존할 수밖에 없습니다. 이에 대해서는 어떤 학설 같은 게 없는 겁니다. 아울러 몇몇 가정은 지금 볼 때 틀린 것 같습니다. 제세동기 자체도 효율을 몇 배 높여 성공 확률을 몇 배 높일 수 있도록 설계를 근본적으로 개선해야 할 것으로 보입니다." 이

외에도 다른 형태의 비정상적 심장박동을 치료하기 위해 약물요법이 시도되었다. 이 역시 대체로 시행착오적 방법에 기초하고 있었다. 윈프리는 약물요법을 '요술'이라 표현했는데, 심장의 동역학을 이론적으로 철저히 이해하지도 않고 투여한 약물의 효과를 예측하려는 것은 일종의 사기라는 것이다. "최근 20년 사이 조직막 생리학에서 정교한 이론이 나오고, 심장에 있는 모든 조직의 엄청나게 복잡한 기능을 상세하고 정확하게 알게 되는 등 괄목할 만한 성과가 있었습니다. 이런 업적의 핵심 부분은 매우 뛰어난 것임에도 불구하고 간과된 측면이 있는데, 바로 심장이 어떻게 작동하는지를 전체적으로 조망하지 않았다는 점입니다."

윈프리 가족 중 대학 문턱을 밟은 사람은 없었다. 때문에 윈프리는 곧잘 자신이 제대로 교육받은 게 없이 출발점에 섰다고 말했다. 생명보험회사 말단사원에서 부사장까지 오른 아버지는 가족들을 데리고 거의 매년 동부 연안을 오르내리며 이사를 다녔고, 윈프리는 고등학교를 졸업할 때까지 열두 번도 넘게 학교를 옮겨 다녀야 했다. 윈프리는 세상의 모든 흥미로운 일은 생물학과 수학에 관계되어 있으며, 이 두 학문을 일반적 수준으로 결합해서는 흥미로운 것들을 제대로 다룰 수 없다고 생각했다. 그리하여 그는 일반적인 접근법을 취하지 않기로 결심한다. 코넬 대학교에서 5년간 공학 물리학을 전공한 윈프리는 응용수학과 직접실험 방식을 두루 섭렵한다. 군수산업체 취직을 목표로 준비하던 그는 생물학 박사학위를 받은 다음 이론과 실험을 새로운 방법으로 결합하기 위해 노력한다. 시작은 존스홉킨스 대학교였다. 하지만 교수진과의 마찰로 프린스턴으로 옮겼고, 거기서도 교수진과의 충돌로 학교를 떠나야 했다. 결국 한참 뒤에야 프린스턴 대학교에서 학위를 받았는데, 그때는 이미 시카고 대학교에서 강의를 하고 있었다.

윈프리는 생리학적 문제를 연구하면서 기하학적 사고를 한 보기 드문 부류의 사상가로, 1970년대 초 '24시간 주기리듬'의 생체시계를 연구하며 생물학적 동역학을 개척하기 시작했다. 생체시계 분야는 전통적으로 자연주의적 접근법이 지배적이었다. 다시 말해 이 동물의 리듬은 이렇고 저 동물의 리듬은 저렇다는 식이었다. 윈프리는 생체리듬 문제야말로 수학적 사고방식에 적합하다고 생각했다.

머릿속은 온통 비선형 동역학으로 가득했습니다. 그리고 생체시계 문제는 비선형 동역학처럼 정성적定性的인 방식으로 사유할 수 있으며 사유해야 한다는 것을 깨달았습니다. 생체시계의 메커니즘이 뭔지 아는 사람은 없었습니다. 선택지는 두 가지였습니다. 생화학자가 생체시계의 메커니즘을 규명할 때까지 기다렸다가 규명된 메커니즘에서 어떤 행태를 추출내거나, 아니면 복잡계 이론과 비선형 위상수학적 동역학의 측면에서 생체시계가 어떻게 작동하는가를 연구하는 것입니다. 제가 택한 것은 후자였습니다.

한번은 모기가 가득 든 상자를 가져다 놓고 실험한 적이 있었다. 야영 생활을 해본 사람이라면 잘 알겠지만 모기는 저녁 무렵이 되면 활기를 띤다. 하지만 실험실에서 밤과 낮을 구별할 수 없도록 온도와 빛을 일정하게 유지해 실험한 결과, 모기의 체내 주기는 24시간이 아니라 23시간이었다. 23시간마다 모기들이 특히 분주하게 날아다녔다. 야생에 있는 모기들은 매일 태양으로부터 받는 빛의 충격 때문에 일정한 주기를 지켰다. 사실상 태양빛이 모기의 생체시계를 매번 재조정하는 것이다.

윈프리는 조심스럽게 양을 조절하면서 모기들에게 인공조명을 비췄다. 이런 자극은 다음 사이클을 빨라지게 하거나 늦춰지게 했다. 윈프리는 빛을 비추는 시간과 반응을 그래프로 그렸다. 그리고 생화학적으로 추측하는 것이 아니라 위상수학으로 문제를 관찰했다. 말하자면 데이터의 양적 세부 사항이 아니라 질적인 모양을 본 것이었다. 결과는 놀라웠다. 기학학적으로 다른 모든 점들과는 구분되는 '특이점'이 있었던 것이다. 이 특이점을 본 윈프리는 정확한 시간에 맞춰 특정 빛을 한 번만 쬐어도 모기의 생체시계, 아니 다른 어떤 생체시계라도 완벽하게 와해될 것이라 예측했다.

이런 예측은 놀라웠지만, 윈프리는 실험을 통해 이를 증명했다. "한밤중에 모기에게 약간의 빛을 비췄습니다. 이처럼 때를 잘 맞춰 자극을 주면 모기의 생체시계가 꺼집니다. 모기는 불면증 환자가 되어 졸다가 얼마 동안 분주하게 날아다는데, 모두 무작위적이었습니다. 다른 충격을 주지 않는 한 계속 이런 행태를 보입니다. 모기가 영구적인 시차병에 걸린 겁니다." 1970년대 초만 해도 생체리듬을 수학적으로 이해하려는 윈프리의 시도는 전반적으로 관심을 끌지 못했고, 몇 달씩 조그만 상자에 넣고 실험하기 힘든 동물 종에는 이런 실험 기법을 적용하기 힘들었다.

인간의 시차증이나 불면증은 생물학에서 미해결 문제로 남아 있다. 이 두 증세를 놓고 아무 효과도 없는 알약이나 처방전 같은 엉터리가 난무한다. 연구자들은 주로 학생이나 퇴직자, 혹은 마감 시간을 앞둔 작가 등 주당 몇백 달러를 벌기 위해 기꺼이 '시간적으로 격리'된 생활을 자처하는 사람들로부터 막대한 자료를 수집했다. 햇빛이나 온도 변화는 물론 시계나 전화도 없는 생활이었다. 잠자고 잠에서 깨는 사이클과 체온 사이클, 이 둘은 잠시 혼란이 와도 이후 스스로 회복되는 비선형 진동자이다. 인간에게 매

화학적 카오스 ••• 동심원을 그리며 바깥으로 확산되는 파동, 그리고 나선형 파동도 화학반응(광범위하게 연구된 바 있는 벨로조프-자보틴스키 반응)에 나타나는 카오스의 징후이다. 수백만 마리의 아메바를 넣은 접시에서도 유사한 패턴이 관찰되었다. 윈프리는 이런 파동이 심장근육에 흐르는 규칙적 또는 불규칙적 전기 활동의 파동과 유사하다는 이론을 제기했다.

일 일어나는 재조정 자극이 없는 격리 상황에서 사람들의 체온은 약 25시간 주기를(수면 중에는 체온이 낮아졌다) 가진 것처럼 보였다. 하지만 독일의 연구자들은 몇 주가 지나면 수면주기가 온도주기와 분리되어 불규칙해진다는 사실을 깨달았다. 사람들은 한 번에 20~30시간 깨어 있다가 이어 10~20시간 잠을 잤다. 피험자들은 자신들의 하루가 길어졌다는 사실을 모르고 있을 뿐 아니라, 다른 사람이 이야기를 해줘도 믿으려 하지 않았다.

1980년대 중반이 되어서야 연구자들은 윈프리의 체계적 실험 기법을 사람에게 적용하기 시작했다. 첫 번째 피험자는 할머니로 길게 늘어놓은 밝은 불빛 앞에서 뜨개질을 했다. 할머니의 주기는 급격하게 변했다. 할머니는 마치 오픈카를 타고 드라이브를 하는 것같이 굉장히 좋은 기분이 든다고 말했다. 당시 윈프리는 이미 심장의 리듬으로 연구 주제를 갈아탄 이후였다.

윈프리라면 '갈아탔다'고 말하지 않았을 것이다. 심장이나 생체시계나 주제는 같았기 때문이다. 화학적으로만 다를 뿐 같은 동역학이었던 것이다. 두 사람이—한 사람은 여름휴가를 함께 갔던 친척이고, 다른 한 사람은 윈프리가 수영하던 풀장에 있던 사람이다—갑자기 심장마비로 죽어가는 것을 무기력하게 바라볼 수밖에 없었던 윈프리는 이후 심장에 특별한 관심을 가지게 된다. 일생 동안 20억 번 이상 끊임없는 주기로 이완과 긴장, 가속과 감속을 하면서 제 궤도를 유지하던 리듬이 갑자기 조절 불능 상태에 빠져 치명적인 이상 상태에 이르게 되는 원인은 무엇일까?

윈프리는 1914년 당시 스물여덟 살이었던 선배 연구자 조지 마인즈^{George} ^{Mines} 이야기를 했다. 마인즈는 몬트리올 맥길 대학교에 있는 자신의 실험실에서 심장에 미세하고 정확하게 조절된 전기자극을 줄 수 있는 조그만 장치를 개발한다. 윈프리는 이렇게 썼다.

마인즈는 그 장치를 인간에게 시험할 때가 되었다는 판단이 서자 가장 손쉽게 구할 수 있는 실험 대상을 선택했다. 바로 자신이었다. 그날 저녁 6시경 청소부가 실험실이 여느 때와 달리 너무 조용하다고 생각하면서 방에 들어섰을 때, 마인즈는 혼란스럽게 꼬인 전기 장치에 둘러싸인 실험대 아래 쓰러져 있었다. 고장 난 기계 장치들이 가슴팍 심장 부위에 붙어 있었고, 바로 옆 기기에는 희미해져가는 심장박동이 아직도 기록되고 있었다. 결국 마인즈는 의식을 회복하지 못하고 죽고 말았다.

미세하지만 정확하게 주기적인 쇼크가 심장에 세동을 일으킬 수 있다고 생각할 수도 있다. 사실 죽기 직전의 마인즈도 이렇게 생각했다. 또 생체리듬에서와 같이 다음 박동을 빠르게 혹은 느리게 하는 쇼크도 있다. 그러나 심장과 생체시계의 (모델을 단순화한다 하더라도 도외시할 수 없는) 한 가지 차이는 바로 심장은 공간에서 형태를 가진다는 것이다. 심장은 손으로 잡을 수 있고, 3차원 공간을 흐르는 전기파를 추적할 수도 있다.

물론 이 일에는 재간이 필요하다. 듀크 대학교 의료센터의 레이먼드 아이데커Raymond E. Ideker는 1983년 『사이언티픽 아메리칸』에 실린 윈프리의 논문을 읽고, 비선형 동역학과 위상수학에 근거해 세동의 유발과 정지에 관해 네 가지의 특유한 예측이 있다는 것을 알게 된다. 아이데커는 반신반의했다. 너무 사변적인 데다 심장학자의 입장에서 볼 때 지극히 추상적이었다. 하지만 채 3년도 지나지 않아 네 가지 모두가 실험되고 사실로 확인되었고, 아이데커는 더 나아가 심장을 동역학적으로 연구하기 위해 필요한 더 많은 데이터를 모으는 연구를 수행하고 있었다. 이른바 (윈프리가 말했듯) '심장과 비슷한 사이클로트론(원판 형태의 입자가속기_옮긴이)'이었다.

종래의 전기심전도로는 대략적인 1차원적 자료밖에 볼 수 없다. 의사가 심장수술을 하는 와중에 전극을 쥐고, 심장 부위 이곳저곳을 옮겨 다니면서 10분 동안에 50~60군데의 신호를 모아 심장 전체의 합성도를 만드는 것이다. 이러한 방법은 세동이 일어나는 동안에는 전혀 무의미하다. 심장은 너무 빨리 변하고 진동한다. 반면 아이데커는 마치 발에 양말을 신기듯 128개의 전극이 설치된 망을 심장 위에 씌운 다음 컴퓨터로 실시간 처리했다. 파동이 근육을 통해 전해지면, 전극은 주어진 지점의 전압을 기록하고, 컴퓨터는 심전도를 그려낸다.

아이데커의 원래 목적은 윈프리의 이론적 아이디어를 실험하는 것을 넘어 세동을 중지시킬 전기 기구를 개선하는 데 있었다. 응급의료팀은 세동이 일어난 환자의 흉부에 언제라도 강한 직류 쇼크를 줄 수 있는 표준 제세동기를 가지고 다닌다. 심장학자들은 세동을 일으킬 가능성이 특히 높다고 생각되는 환자(비록 그러한 환자를 가려내는 것은 아직도 매우 어려운 문제이지만)의 가슴에 이식할 수 있는 조그만 기구를 시험 삼아 개발하였다. 이식용 제세동기는(맥박 조정기보다 약간 크다) 평상시에는 규칙적인 심장박동 소리를 듣고 있다가 필요할 때 전기쇼크를 준다. 아이데커는 제세동기를 위험성이 높은 어림짐작이 아니라 과학적으로 만들기 위해 물리학적 지식을 모으기 시작한 것이다.

세포들이 나뭇가지처럼 얽히고설켜 있고, 칼슘과 칼륨, 나트륨 등의 이온을 운반하는 특이한 조직을 가진 심장에 왜 카오스 법칙이 적용되어야 할까? 이 문제는 맥길 대학교와 MIT 공대 과학자들을 당혹스럽게 했다.

맥길 대학교의 레온 글래스, 마이클 게바라Michael Guevara 그리고 앨빈 슈리어Alvin Schrier는 짧은 비선형 동역학 역사에서도 가장 많이 논의된 연구들 중 하나를 진행했다. 이들은 부화기에 넣은 지 7일 된 달걀에서 얻은 심장세포의 작은 덩어리를 사용했다. 직경 200분의 1인치 크기의 이 세포 덩이를 접시 위에 놓고 흔들자 외부의 박동 장치 없이도 혼자서 1초에 한 번의 간격으로 박동하기 시작했다. 현미경으로 생생히 관찰할 수 있는 박동이었다. 다음 단계로 외부에서 변화를 주었는데, 맥길대 과학자들은 끝이 뾰족하고 가느다란 유리관으로 된 초소형 전극을 세포 중의 하나에 찔러 넣고 이를 통해 전기를 보냈다. 이렇게 하여 세포에 강도나 리듬을 임의로 조절할 수 있는 전기자극을 주었던 것이다.

이들은 연구 결과를 요약해 1981년 『사이언스』에 발표했다. "전에 수학적 연구나 물리학적 실험을 하며 볼 수 있었던 특이한 동역학적 행태가 생물학적 진동자를 주기적으로 교란시킬 때도 대개 나타난다고 할 수 있다." 이들은 자극이 변화함에 따라 분기가 계속되는 박동 패턴, 즉 주기 배가의 연속을 보았다. 또한 이들은 푸앵카레 사상과 원 사상circle map을 만들었다. 간헐성과 모드 잠금mode-locking도 연구했다. "자극과 닭의 작은 심장 조각 사이에 수없이 다양한 리듬이 형성될 수 있습니다." 글래스가 말했다. "우리는 비선형 수학을 통해 이런 다양한 리듬과 순서를 매우 잘 이해할 수 있을 것입니다. 지금은 심장학자들이 수학을 거의 공부하지 않지만, 우리가 이들 문제를 바라보는 방식은 앞으로 언젠가는 사람들이 취해야 할 방식입니다."

한편 심장학자이자 물리학자인, 하버드-MIT의 건강과학 및 기술 프로그램팀의 리처드 코언Richard J. Cohen은 개를 실험하는 과정에서 주기 배가의 연속이 나타나는 영역을 발견했다. 코언은 컴퓨터 모델을 이용해 한 가지 그럴듯한 시나리오를 시험한다. 전기파동의 파면波面이 조직의 섬들에서 부서진다는 시나리오였다. 코언은 이렇게 말했다. "이것은 규칙적 현상이 어떤 조건 아래서는 카오스적으로 된다고 하는 파이겐바움 현상의 분명한 실례였습니다. 아울러, 심장에서 일어나는 전기 활동은 카오스적 행태를 보이는 다른 계와 유사한 점이 많다는 것이 밝혀졌습니다."

또한 맥길대 과학자들은 다양한 종류의 비정상적 심장박동에 관해 오랫동안 축적되어온 데이터를 연구했다. 널리 알려진 한 증상에서는 비정상적인 궤도 이탈 박동이 정상 박동과 혼재되어 있다. 글래스 연구진은 이 패턴을 조사한 후 궤도 이탈 박동 사이에 있는 정상 박동의 수를 세었다. 정상 박동의 수는 각기 다르기 마련인데, 무슨 이유에서인지 3이나 5 혹은 7로 항상 홀수인 사람들이 있었다. 정상 박동의 수가 2, 5, 8, 11…… 등 수열을 이룬 사람들도 있었다.

"이처럼 기이하게 나오는 숫자들을 관찰했지만, 메커니즘을 이해하기란 쉬운 일이 아니었습니다." 글래스는 말했다. "가끔 이들 숫자에서 어떤 규칙성이 보였지만, 불규칙성 또한 크게 나타났습니다. 이 연구의 슬로건 중의 하나는 바로 '카오스 속의 질서'였습니다."

세동을 놓고 전통적으로 두 가지 사고방식이 있었다. 첫째는 대표적 사고방식으로, 심장근육 안에 있는 어떤 비정상적 중추에서 발생한 이차적인 보조신호가 주신호와 충돌한다는 것이다. 아주 작고 비정상적인 진원지에서 불안정한 주기의 파동이 나오며, 이것이 상호작용하고 중첩되어 수축을 위한 파동을 교란시킨다고 여긴 것이다. 맥길대 과학자들은 외부 자극과 심장조직에 내재된 리듬의 상호작용으로 인해 폭넓은 동역학적 이상 행태가 발생한다는 것을 보여줌으로써 이런 견해를 어느 정도 뒷받침했다. 하지만 이차적 보조신호의 중추가 왜 그렇게 전개되는지에 대해서는 설명하지 못했다.

두 번째 견해는 전기파동의 시작점보다는 파동이 심장의 각 부분으로 전달되는 방식에 초점을 둔 것으로, 하버드-MIT 연구진은 이쪽에 가까웠다. 견고한 원을 그리며 맴도는 비정상적인 파동이 '재돌입'을 일으킬 수 있다는 것, 그리하여 어느 부분에서는 새로운 박동이 너무 일찍 시작되어 정상적인 펌프작용을 유지하는 데 필요한 일정 기간의 휴지기를 방해한다는 것이었다.

이들 연구 집단은 비선형 동역학적 방법을 강조함으로써, 매개변수의—예컨대 타이밍이나 전도율—조그만 변화가 분기점을 지나 본디 안정적인 건강한 계를 질적으로 새로운 행태로 이끈다는 인식을 활용할 수 있게 되었다. 또한 전에는 서로 관계가 없는 것으로 여겨졌던 무질서들을 연결함으로써 심장 문제를 전체적으로 연구할 수 있는 공동 기반을 마련하기 시작했다. 나아가 윈프리는 비정상적 박동론과 재돌입론이 서로 연구 초점은 다르지만 모두 옳다고 믿었다. 윈프리는 위상수학적 접근을 통해 두 사고방식이 하나이며 같은 것일 수 있음을 보여준 것이다.

윈프리는 "동역학적 현상은 일반적으로 직관에 어긋나는 것처럼 보이며, 심장도 예외가 아니다"라고 말한다. 심장학자들은 이들 연구가 세동을 일으킬 위험이 있는 사람을 보다 과학적인 방법으로 알아내고, 제세동기를 개발하고, 치료제 처방으로 이어질 수 있기를 희망했다. 윈프리 역시 그 문제에 대한 전체적이고 수학적인 관점이 미국에는 없는 것이나 마찬가지였던 이론생물학이라는 학문의 밑거름이 되기를 바랐다.

지금은 생리학자들 중에서도 계의 무질서나 배위 혹은 제어의 붕괴 등 동역학적 질병을 말하는 사람들이 있다. "정상적으로 진동하던 계가 진동을 멈추거나, 새롭고 예기치 못한 방식으로 진동하기 시작한다. 그리고 정상이라면 진동하지 않을 계가 진동하기 시작한다." 이것이 바로 하나의 공식이다. 이런 증상들에는 헐떡거림, 한숨, 체인스토크스Cheyne-Stokes 호흡 그리고 갑작스런 죽음으로 이어지는 유아의 호흡 정지 등 이상호흡도 포함된다. 또한 백혈구와 적혈구, 혈소판과 임파구의 균형을 바꿔놓는 백혈병과 같은 동역학적 혈액이상도 해당된다. 일부 과학자들은 특정한 종류의 우울증과 함께 정신분열증도 이 범주에 속한다고 생각한다.

하지만 생리학자들은 카오스를 건강 상태로 보기 시작했다. 오래전부터 피드백 과정의 비선형성은 조정과 제어의 역할을 한다고 여겨졌다. 간단히 말해 선형 과정은 살짝 밀면 궤도를 약간 벗어난 상태로 계속 남아 있으려는 경향이 있다. 그러나 똑같이 밀쳐진 비선형 과정은 원점으로 회귀하려는 경향이 있다.

17세기의 네덜란드 물리학자로 진자시계와 고전동역학에 기여한 크리스티안 하위헌스는 이러한 규칙적인 예 가운데 하나에 부딪혔다. 아니 전해오는 말에 의하면 그렇다. 하위헌스는 어느 날 벽에 걸린 한 쌍의 진자시계가 완벽한 코러스처럼 동조하며 흔들리는 것을 보게 된다. 그가 알기로 시계들이 그렇게 정확히 움직일 수는 없었다. 진자를 다룬 어떤 수학 문헌에도 한 진자에서 다른 진자로 질서가 전파되는 이 불가사의한 현상을 설명하는 것은 없었다. 하위헌스는 시계들이 목재를 통해 전달되는 진동에 의해 상호 일치되는 것이라고 정확하게 추정했다. 하나의 규칙적인 사이클이 다른 것을 고정시키는 이러한 현상을 지금은 동조 또는 모드 잠금이라고 한다.

모드 잠금은 달이 항상 지구를 마주보고 있는 이유나, 더 일반적으로는 위성들이 궤도 주기의 정수 비율로(예컨대 1:1, 2:1, 3:2) 회전하는 경향을 설명한다. 그 비율이 정수에 가까우면 조수 인력의 비선형성이 그것을 고정시키는 경향이 있다. 전자 장치에서는 어디에나 모드 잠금 현상이 존재한다. 이를테면 라디오 수신기는 주파수에 조그만 변동이 있더라도 신호에 고정된다. 또 심장세포나 신경세포와 같은 생물학적 진동자를 포함해 진동자들 집단이 동조하여 움직이는 능력도 설명한다. 자연에서 볼 수 있는 극적 사례로는 동남아시아의 개똥벌레를 들 수 있는데, 번식기에 수천 마리가 불을 깜박이면서 환상적인 조화를 이루어 나무에 모여든다.

이러한 모든 제어 현상에도 불구하고, 중요한 점은 계의 견고성^{robustness}이다. 즉 계가 작은 충격에 얼마나 잘 견디느냐 하는 것이다. 마찬가지로 생물학적 계에서 중요한 것은 유연성이다. 다시 말해 계가 주파수 범위를 넘어 얼마나 잘 기능할 수 있느냐 하는 것이다. 하나의 운동 양식으로 계를 고정하는 것은 도리어 그 계를 노예 상태로 만들어, 계가 변화에 적응하는 것을 방해한다. 심장박동이나 호흡의 리듬은 매우 간단한 물리적 모델의 엄격한 주기성에는 고정될 수 없으며, 나머지 기관의 미묘한 리듬들도 마찬가지이다.

연구자들 중에서 하버드 의대의 골드버거는 건강한 동역학계는 나뭇가지 모양으로 갈라진 폐의 기관지망이나 심장의 자극전달섬유처럼 넓은 범위의 리듬에 적응할 수 있는 프랙탈 물리 구조 성격을 보인다고 지적했다. 쇼의 주장을 염두에 두고 골드버거는 이렇게 말했다. "다양한 축척과 넓은 범위의 스펙트럼을 갖는 프랙탈 과정은 '풍부한 정보를 갖습니다.' 이와 대조적으로 좁은 범위의 스펙트럼을 갖는 주기적 상태는 정보가 고갈된 단조롭고 반복적인 과정입니다." 골드버거를 비롯하여 몇몇 생리학자들은 이런 이상異常을 치료하는 것은, 고정된 주기적 채널에 빠지지 않고 다양한 주기에 적응할 수 있는 능력인 계의 스펙트럼상의 영역을 확장하는 데 달려 있음을 시사했다.

후버만이 정신분열증 환자의 안구운동에 대해 이야기했을 때 그를 변호했던 샌디에이고의 정신과 의사이자 동역학자인 아놀드 만델은 생리학에서의 카오스의 역할을 한층 더 강조했다. "수학적 병리 현상, 즉 카오스가 건강한 것이라는 게 가능할까? 이러한 구조가 예측 가능하고 미분 가능하다고 하는 수학적 정상성이야말로 병적인 것이 아닐까?" 만델은 뇌에 있는 어떤 효소들은 비선형 수학이라는 새로운 방식에 의해서만 설명할 수 있는 '특이 행태'를 보인다는 것을 발견한 때인 1977년부터 이미 카오스에 눈을 돌리기 시작했다. 그는 3차원으로 뒤얽혀 진동하는 단백질 분자들을 같은 방식으로 연구하는 데 힘을 기울인다. 다시 말해 생물학자들은 단백질 분자들을 정적인 구조로 그려내기보다 상전이가 가능한 동역학적인 계로 이해해야 한다고 주장한 것이다. 자칭 광신자였던 만델의 주요 관심사는 가장 카오스적인 기관(즉 사람의 뇌_옮긴이)이었다. 만델이 말한다. "생물학적으로 평형 상태에 있다는 것은 곧 죽음을 의미합니다. 만약 당신의 뇌가 평형의 계인지 아닌지 알려고 한다면, 당신에게 잠시 코끼리에 대해 생각하지 말라고 하기만 하면 됩니다. 그러면 당신은 뇌가 평형의 계가 아니라는 사실을 '알게' 될 겁니다."

만델이 볼 때 카오스의 발견은 정신질환을 다루는 임상적 접근의 변화에 영향을 주었다. 아무리 객관적으로 평가해도 불안과 불면증에서부터 정신분열증 자체에 이르는 모든 것을 약물로 치료하는 '정신약리학'은 실패로 끝났다. 이렇게 치료된 환자는 극소수에 불과하다. 매우 지독한 정신질환 증상을 순간적으로 억제할 수는 있다. 그러나 오랜 시간이 흐른 뒤에 어떻게 될지는 아무도 모른다. 만델은 가장 보편적으로 쓰이는 약물에 대해 냉담한 평가를 내렸다. 정신분열증에 처방되는 페노디아진은 근본적인 장애를 오히려 악화시킨다. 3환계 항우울제는 "조증과 울증의 사이클을 빠르게 하고, 장기적으로는 재발 빈도를 높여놓는다." 만델은 의학적으로 효과가 있는 것은 리튬밖에 없는데, 그것도 일부 장애에만 효과가 있을 뿐이라고 말한다.

만델은 문제가 개념적인 것에 있다고 보았다. 전통적 방법은 인간의 뇌라고 하는 '가장 불안정하고 동적이며 무한차원의 기계'를 선형적이고 환원적인 방식으로 치료하고자 한다. "배후에 깔려 있는 패러다임은 이렇다. 유전자 하나 → 펩타이드 하나 → 효소 하나 → 신경전달물질 하나 → 수용체 하나 → 동물의 행태 하나 → 임상적 증상 하나 → 약물 하나 → 임상적 평가 하나. 이것이 정신약리학에서 거의 모든 연구와 치료를 지배하고 있다. 하지만 뇌는 50가지가 넘는 신경전달물질, 수천 가지 세포 유형, 복잡한 전자기적 현상, 그리고 단백질에서 뇌파에 이르기까지 모든 수준에서 자율적 활동에 기초한 지속적 불안정성을 보인다. 그럼에도 여전히 뇌를 각 지점을 연결하는 화학적 교환기쯤으로 생각한다." 비선형 동역학의 세계에 눈뜬 사람들이라면 '정말 순진하다'는 반응을 보일 것이다. 만델은 동료들에게 정신과 같은 복잡한 계를 뒷받침하는 흐름의 기하학을 이해해야 한다고 주장했다.

많은 과학자들이 카오스의 형식을 인공지능 연구에 적용하기 시작했다.

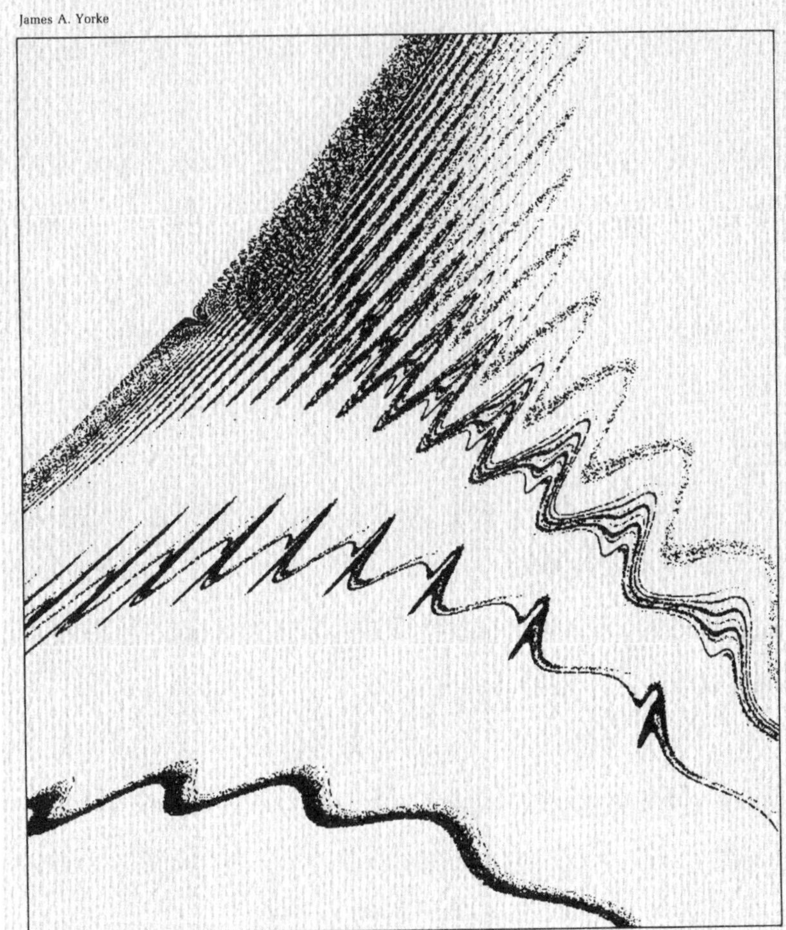

카오스적 조화 ••• 라디오 주파수들 또는 혹성의 궤도들과 같은 상이한 리듬의 상호작용은 카오스의 특수한 양태를 보여준다. 이 페이지와 다음 페이지에 실린 컴퓨터 그림들은 3개의 리듬이 동시에 나타날 때 생기는 끌개의 일부분을 보여준다.

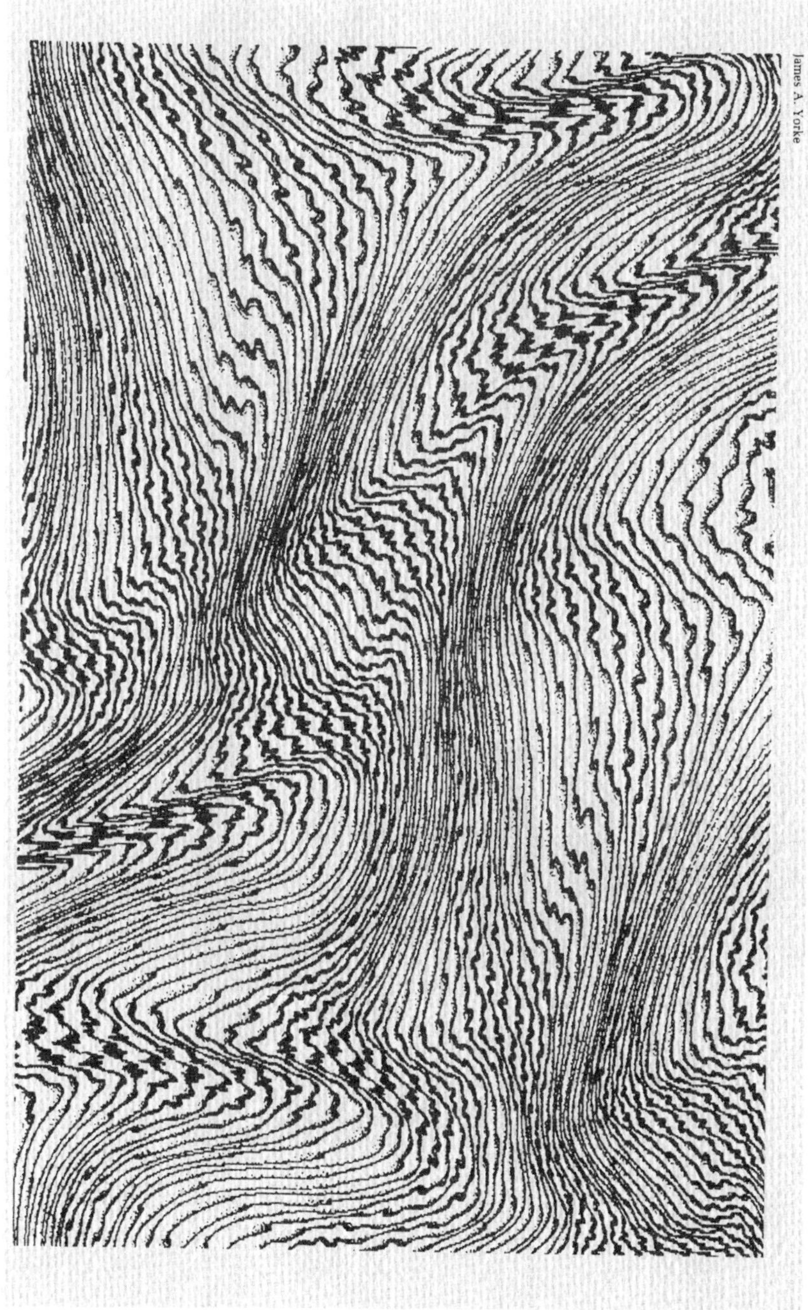

James A. Yorke

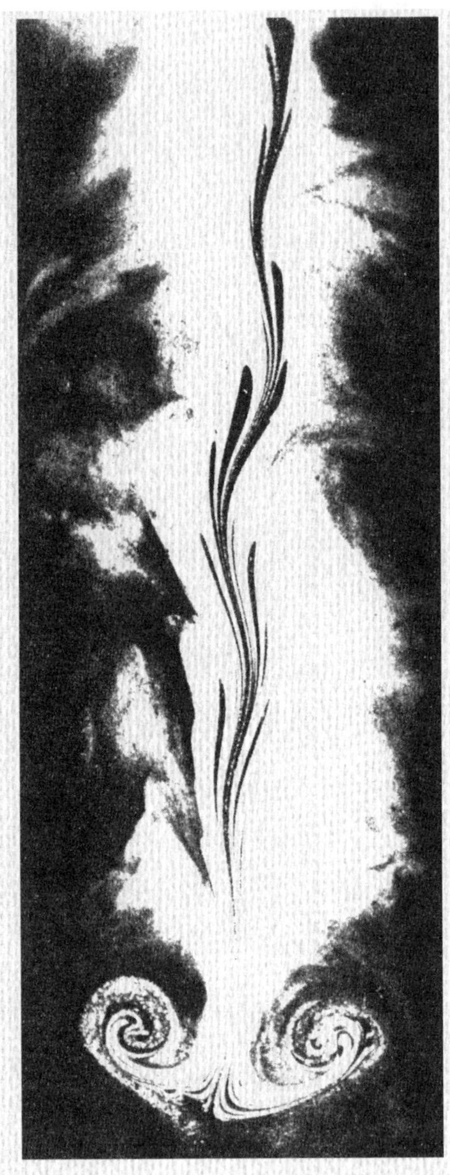

카오스적 흐름 ••• 점성이 있는 유체를 막대기로 지나가면 단순한 물결 모양의 무늬가 생긴다. 이것을 여러 번 반복하면 더 복잡한 형태가 생겨난다.

이를테면 기호와 기억을 모델화하기 위해 노력하던 사람들은 끌림 영역 사이를 떠돌아다니는 계의 동역학에 관심을 가졌다. 사고思考를 경계가 흐릿한—분리되었으면서 겹쳐지고, 자석처럼 끌어당기면서 또 자유롭게 가도록 놔주는—영역이라고 생각하는 물리학자들이 끌림 영역을 갖는 위상공간의 이미지에 눈을 돌리는 것은 당연하다. 그러한 모델들은 불안정성과 뒤섞인 안정성 혹은 가변적인 경계를 갖는 영역 등 안성맞춤의 특징들을 가지고 있는 것이다. 또한 이들의 프랙탈 구조는 생각을 비롯하여 결정이나 감정 그리고 기타 모든 의식의 산물을 꽃피우는 정신의 능력에 중심이 되는 것으로 보이는 무한한 자기준거성을 제공한다. 카오스의 유무를 떠나, 진지한 인지과학자들은 이제 더 이상 정신을 정적인 구조로 모델화할 수 없다. 뉴런에서 시작하는 척도의 위계가 유체의 난류나 다른 복잡한 동역학적 과정의 특징인, 거시적 규모와 미시적 규모의 상호작용을 제공하는 것이다. 그들은 이 서열 조직을 분명히 인식했다.

무형성formlessness 가운데에서 생겨나는 패턴, 이것이 바로 생물의 근본적인 아름다움이자 신비이다. 생명은 무질서의 바다에서 질서를 끌어낸다. 양자역학의 선구자이자 생물학에도 비전문가로서 손을 댄 적이 있었던 몇 안 되는 물리학자 중 한 사람이었던 에르빈 슈뢰딩거Erwin Schröedinger는 40년 전 이렇게 말했다. 살아 있는 유기체는 "'질서의 흐름'을 자기 자신에게 집중시켜 원자적 카오스 상태로 떨어지는 것을 피하는 놀라운 능력을 가지고 있다." 물리학자였던 슈뢰딩거는 생명체의 구조가 물리학자들이 연구하는 물질과는 분명 다르다고 보았다. 생명의 건축 자재—당시에는 아직 DNA로 불리지 않았다—는 '비주기적 결정체'였다.

"지금까지 물리학에서 우리는 '주기적 결정체'만을 다루었다. 변변치 않은 물리학자들에게 이는 매우 흥미롭고도 복잡한 문제였다. 주기적 결정체들은 가장 매혹적이고 복잡한 물질 구조 가운데 하나를 구성해 무생물적 자연계가 그의 재치를 이해할 수 없게 만든다. 하지만 비주기적 결정체에 비하면 그것들은 오히려 평범하고 진부해 보인다." 그 차이는 벽지와 벽걸이 융단 사이의 차이와 비슷하며, 일정한 패턴의 규칙적인 반복과 예술가적 창조성의 풍부하고 논리정연한 변형 사이의 차이와 같다. 물리학자들은 벽지만을 이해하도록 배웠다. 이들 물리학자들이 생물학에 거의 기여를 하지 않았다는 것은 놀라운 일이 아니다.

이러한 슈뢰딩거의 견해는 특이했다. 생명체가 질서를 가지면서도 복잡하다는 것은 누구나 다 아는 것이었지만, 비주기성에서 이런 특별한 성질이 나온다는 생각은 거의 신비주의에 가까웠다. 슈뢰딩거가 살았던 시대에는 수학자는 물론 물리학자도 이런 생각을 진정으로 지지하지 않았다. 불규칙성을 생명의 기본 단위로 분석할 방법이 없었던 것이다. 하지만 지금은 다르다.

카오스와 그너머

혼돈의 구성 요소들에 대한 분류는
여기서 남김없이 시도되었다.

허먼 멜빌,『모비딕』

20여 년 전 로렌츠는 대기에 대해, 에농은 별들에 대해, 그리고 메이는 자연의 균형에 대해 생각하고 있었다. 망델브로는 IBM의 무명 수학자였고, 파이겐바움은 뉴욕시립대의 학부생이었으며, 파머는 뉴멕시코에서 자라고 있던 소년이었다. 이 무렵 활동하던 대부분의 과학자들은 복잡성에 관해 일련의 신념을 공유하고 있었다. 너무 자명한 신념이었기에 굳이 말로 표현할 필요가 없었다. 이들 신념이 무엇인지 이야기하고 또 검증할 수 있게 된 것은 한참 후의 일이었다.

'단순한 계는 단순한 운동 행태를 보인다.' 진자와 같은 기구나 조그만 전기회로, 연못에 사는 물고기의 이론적 개체수처럼 계를 완전히 이해할 수 있고 완벽하게 결정론적인 몇 가지의 법칙으로 환원할 수 있는 한, 장기적 변화 행태는 안정적이며, 예측 가능할 것이다.

'복잡한 운동 행태는 복잡한 원인을 내포한다.' 기계 장치, 전기회로, 야생 동물의 개체수, 유체의 흐름, 생물의 기관, 소립자 빔, 대기의 폭풍, 국민경제 등과 같이 불안정하고 예측 불가능하며 제어할 수 없는 계는 다수의 독립적 요인들에 의해 지배되거나 무작위적인 외부 영향을 쉽게 받는다.

또한 '계가 서로 다르면 다른 행태를 보인다.' 기억이나 지각에 대해 하나도 공부하지 않고 뉴런을 화학적으로 연구하며 일생을 보낸 신경학자, 난류에 대한 수학적 이해 없이 기체역학적 난제들을 해결하기 위해 풍동風洞을 이용했던 항공기 설계자, 대규모 동향을 조망하는 능력이 없으면서 구매 결정 심리를 분석하는 경제학자 등 각 분야의 구성 요소들이 다르다는 것을 알고 있는 과학자들은 수많은 구성 요소로 이루어진 복잡한 계 역시 달라야만 한다는 것을 당연하게 생각한다.

이제 모든 것이 변화하고 있다. 20여 년이 지나는 사이 물리학자, 수학자, 생물학자 그리고 천문학자들은 일련의 대안적 개념을 만들어왔다. 단순한 계들이 복잡한 운동 행태를 보이기도 하고, 복잡한 계들이 단순한 행태를 보이기도 한다. 그리고 무엇보다도 복잡성의 법칙은 계의 구성 원자들의 세부사항들과는 전혀 상관없이 보편적으로 적용된다는 점이다.

일선에 있는 과학자들에게—소립자물리학자나 신경세포학자, 심지어 수학자들에게도—이런 변화가 피부에 와 닿지는 않았다. 이들은 각자 자신의 학문 영역 안에서 자기 나름대로의 연구를 지속했다. 물론 이들도 카오스의 존재를 인식하고 있었다. 또한 몇몇 복잡한 현상들은 전부터 설명되어왔다는 것, 그리고 다른 현상들은 갑자기 새로운 설명이 필요한 것처럼 보인다는 것도 알고 있었다. 실험실에서 화학반응을 연구하거나, 3년간 현지 실습을 나가 곤충의 개체수를 추적하거나, 해양의 온도변화를 모델화했던 과학자들은 예기치 않은 변동이나 진동을 더 이상 전통적 방식(무시하는 방식)으로 대처할 수 없었다. 여전히 과학자들 중에는 골칫거리로 여기는 사람들도 있었다.

한편 현실적인 측면에서 수학 비슷한 이 과학에 연방정부나 기업체 연구 기관들이 연구비를 준다는 것을 인식한 과학자들이 있었다. 그들 가운데 점점 더 많은 사람들이 카오스가 (너무 불규칙한 것으로 드러나 책상 서랍 속에서 잠자고 있던) 낡은 데이터를 다룰 신선한 방법을 제공하고 있다는 사실을 깨달았다. 점점 더 많은 사람들이 과학 분야의 세분화가 연구 활동에 장애가 된다고 느꼈다. 점점 더 많은 사람들이 전체로부터 분리된 채 부분을 연구하는 것이 무의미하다는 것을 알게 되었다. 그들에게 카오스는 과학에서 환원주의적 연구 방식의 종말을 의미했다.

몰이해, 저항, 반감, 수용. 초창기부터 카오스를 설파한 사람들은 이 모든 것들을 목격했다. 조지아 공과대학의 물리학 교수 조지프 포드는 1970년대에 열역학자들에게 강의하면서, 마찰력이 작용하는 단순한 진자를 표시하는 교과서적 모델인 더핑 방정식^{Duffing equation}에 카오스적 행태가 나타난다고 언급했던 사실을 회상했다. 포드에게 더핑 방정식에 카오스가 존재한다는 것은 흥미진진한 일이었다. 비록 이런 내용이『피지컬 리뷰 레터스』에 실리기까지는 수년이 걸렸지만, 그것은 사실이었다. 하지만 고생물학자들을 모아놓고 공룡이 깃털을 갖고 있었다고 말하는 편이 더 나았을 것이다. 열역학자들은 더 잘 알고 있었다.

"그 이야기를 했을 때 어쨌냐고요? 맙소사, 청중들이 일어섰다 앉았다 온통 난리가 났습니다. 그들은 이렇게 말했습니다. '더핑 방정식이라면 우리 아버지도 할아버지도 가지고 놀았다. 그러나 누구도 당신이 이야기한 것 같은 걸 본 사람은 없다.' 자연이 복잡하다는 견해에 반대하는 저항에 부딪혔던 겁니다. 왜 그렇게 적대적인지 이해할 수 없었습니다."

포드는 애틀랜타에 있는 사무실에 편안히 앉아 밝은 색으로 '카오스'라
고 쓰인 커다란 머그잔으로 소다수를 마시고 있었다. 겨울 해가 저물고 있
었다. 같이 일하는 젊은 동료 로널드 폭스Ronald Fox는 곧 아들에게 애플 Ⅱ 컴
퓨터를 사줄 것이라는 말로 자신의 전향을 이야기했다. 자존심 있는 과학
자라면 연구를 위해 컴퓨터를 산다는 건 결코 있을 수 없는 시절이었다.

파이겐바움이 피드백 함수의 행태를 지배하는 보편적 법칙을 발견했다
는 말을 들은 폭스는 애플 컴퓨터 화면에 그 행태를 나타낼 수 있는 간단한
프로그램을 만들었다. 곧 화면에 안정된 선이 둘, 다음에는 넷, 다음에는 여
덟 개로 갈라지는 갈퀴 분기pitchfork bifurcation가 나타났다. 카오스 자체의 출현
을, 그리고 카오스에 내재된 놀라운 기하학적 규칙성을 본 것이다. 폭스가
말했다. "누구라도 이틀 안에 파이겐바움이 했던 모든 것을 재현할 수 있습
니다." 컴퓨터를 돌려 스스로 실행해봄으로써 논문의 주장에 의혹을 가졌
던 자신을 비롯하여 다른 사람들까지 납득하게 된 것이다.

이런 프로그램을 잠시 실행해보고는 그만둔 과학자들도 있었지만, 사고
방식을 바꾸지 않을 수 없었던 사람도 있었다. 폭스는 여전히 표준 선형과
학의 한계를 의식하고 있는 사람들 중 하나였다. 물론 자신이 비선형 문제
를 으레 무시하고 있다는 사실도 알고 있었다. 실제로 물리학자들은 늘 다
음과 같이 말하면서 끝을 맺었다. "이는 특수함수 편람을 들춰보아야 할 문
제인데, 정말 하고 싶지 않은 일이다. 기계에 의존하다니 이런 일은 있을 수
없다. 그렇게 하기엔 나는 너무 수준이 높다."

폭스가 말했다. "비선형의 전체적인 그림은 처음에는 서서히, 그러나 점
점 더 많은 사람들의 이목을 끌었습니다. 연구자들 모두 뭔가 성과를 올렸
습니다. 분야가 어디든 이전에 봤던 어느 문제든 새로이 보게 되었습니다.

전에는 어떤 것이 비선형이 되면 연구를 멈출 수밖에 없었습니다. 이제 그것을 어떻게 연구해야 하는 것인지 알게 되었고, 그래서 옛날로 돌아가 다시 연구하는 것입니다."

포드가 말했다. "한 분야가 성장하기 시작하는 것은 일군의 사람들이 그 분야가 자신들에게 뭔가를 줄 것이라고 느끼기 때문입니다. 다시 말해 자신의 연구를 수정하면 얻는 바가 매우 크리라고 믿기 때문입니다. 저에게 카오스는 일종의 꿈이었습니다. 카오스를 연구하다 보면 황금 광맥을 찾을 수도 있을 것입니다."

그렇다고 카오스라는 용어 자체에 의견 일치가 완전히 이뤄진 것은 아니다. 옥스퍼드를 거쳐 코넬 대학교에 재직 중인 (흰 턱수염을 기른) 수학자이자 시인인 필립 홈즈Philip Holmes는 카오스를 이렇게 정의한다. "카오스란 (대개는 저차원인) 어떤 동역학계들의 복잡하고 비주기적이며 유인적誘引的인 궤도이다."

카오스와 관련한 수많은 역사적 논문들을 모아 한 권의 책으로 낸 중국의 물리학자 하오 배린Hao Bai-Lin의 정의는 이렇다. "주기성이 없는 일종의 질서." 그리고 "수학자, 물리학자, 유체역학자, 생태학자를 비롯해 다른 많은 과학자들이 중요한 공헌을 하면서 급속히 확장되고 있는 연구 분야." "새롭게 인식된 보편적인 자연현상."

롱아일랜드에 있는 브룩헤이븐 국립연구소의 응용수학자인 브루스 스튜어트H. Bruce Stewart는 이렇게 말한다. "단순한 결정론적 계(시계태엽과 같은 계)에 나타나는 명백히 무작위적인 회귀 행태."

양자역학적 카오스의 가능성을 탐구하고 있는 예일 대학교의 이론물리학자 로더릭 젠슨Roderick V. Jensen의 정의는 이렇다. "결정론적인 비선형 동역학계에 나타나는 불규칙적이고 예측 불가능한 행태.”

그리고 산타크루스 그룹 멤버였던 크러치필드는 이렇게 정의한다. “양수 값의 유한한 메트릭 엔트로피metric entropy(콜모고로프 엔트로피라고도 하며, 양의 값일 때 카오스가 생긴다_옮긴이)를 가진 동역학. 이 수학적 정의를 바꾸어 말하면, 정보를 생산하지만, 요컨대 작은 불확실성을 확대시키지만 전혀 예측 불가능하지는 않은 행태.”

카오스 복음 전도사를 자처하는 조지프 포드는 이렇게 정의했다. “질서와 예측성의 굴레로부터 마침내 해방된 동역학, 각각의 동역학적인 가능성을 무작위적으로 자유스럽게 표출하는 계들. 흥미로운 다양성, 풍부한 선택의 여지와 풍요로운 기회.”

망델브로 집합의 반복 함수와 무한한 프랙탈적 복잡성을 연구하고 있는 존 허바드는 카오스가 무작위성을 함축하고 있기 때문에 자신의 연구에 어울리지 않다고 생각했다. 자연의 단순한 과정들이 (무작위성 없이) 복잡하고 방대한 체계를 산출할 수 있다는 점이 그에게 가장 중요하게 여겨졌다. 인간의 두뇌와 같이 풍부한 구조를 기호화하고 또 그것을 실제로 실행하는 데 필요한 수단이 비선형과 피드백 속에 모두 들어 있는 것이다.

윈프리처럼 생물학적 계의 총체적 위상수학을 연구하고 있는 과학자에게도 카오스는 매우 폭이 좁은 명칭이다. 카오스는 파이겐바움의 1차원적 사상이나 뤼엘의 2차 혹은 3차원(그리고 소수차원)의 이상한 끌개 같은 극히 단순한 계를 의미했다. 윈프리는 저차원의 카오스는 하나의 특수한 경우라고 여겼다. 윈프리는 다차원적 복잡성의 법칙들에 관심이 있었고, 그러한 법칙들이 존재한다고 확신했다. 우주의 많은 부분이 저차원적 카오스의 영역 밖에 있는 것처럼 보였다.

『네이처』에는 지구의 기후가 이상한 끌개에 따라 변화하는지의 여부에 관한 논쟁이 연재되었다. 경제학자들은 주가 동향에서 알아볼 수 있는 이상한 끌개를 찾으려 했지만, 아직까지는 찾지 못하고 있다. 동역학자들은 완전 발달 난류를 설명하기 위해 카오스적 방법을 사용했다. 지금은 시카고 대학교에 있는 리브샤베르는 자신의 뛰어난 실험 기법으로 난류를 연구하기 위해 1977년에 사용했던 조그만 셀보다 수천 배나 큰 액체헬륨 상자를 만들었다. 이처럼 공간과 시간 모두에서 자유롭게 유체를 무질서하게 하는 실험을 통해 단순한 끌개들을 발견하게 될지는 아무도 몰랐다. 물리학자 후버만이 말한 것처럼 "난류를 이루고 있는 강에 누군가 계측기를 넣고 '보라, 여기 저차원의 이상한 끌개가 있다'라고 말한다면 우리는 모두 존경의 뜻을 표하며 이에 주목하게 될 것이다."

카오스는 모든 과학자들에게 자신들이 공동작업의 참여자라는 것을 일깨워주는 일련의 개념이다. 물리학자든 생물학자든 아니면 수학자든 간에 이들은 단순하고 결정론적 계들이 복잡성을 발생시킬 수 있다고 믿었다. 반면 전통 수학에서는 그 계가 너무나 복잡하여 단순한 법칙에 따를 수 없다고 생각했다. 따라서 전문 분야를 막론하고 이들의 임무는 복잡성 그 자체를 이해하는 것이었다.

가이아 가설을 제창한 러브록은 이렇게 썼다. "열역학 법칙들을 한번 보자. 언뜻 보면 단테의 지옥문에 있는 경구와 같이 보일 것이다."

열역학 제2법칙은 과학에서 나왔지만 비과학적 문화 속에 굳건히 뿌리를 내린 비운의 법칙 가운데 하나다. 모든 것은 무질서로 향하는 경향이 있다. 한 에너지 형태에서 다른 형태로 변환하는 모든 과정에서 열의 일부가 상실된다. 완전한 효율은 불가능하다. 우주는 일방통행이다. '우주에서, 그리고 그 우주 안에서 닫혀 있다고 가정된 계에서 엔트로피는 항상 증가해야 한다.' 어떻게 표현하든 간에 제2법칙은 매력이 없어 보인다. 열역학적으로 보면 제2법칙은 진실이다. 하지만 제2법칙은 과학과는 동떨어진 지적 영역에서 독자적인 생명력을 가졌다. 사회의 와해, 경제의 쇠퇴, 도덕의 붕괴 그리고 온갖 퇴폐적 현상들은 제2법칙 탓이었다. 지금은 제2법칙을 이처럼 이차적이고 은유적으로 사용하는 것이 매우 그릇된 것으로 인식되고 있다. 이 세계는 원래 복잡한 것이고, 과학을 자연의 모습에 대한 일반적인 이해로 인식하고 있는 사람들에게는 카오스의 법칙이 보다 유용할 것이다.

어쨌든 우주는 최대 엔트로피라는 단조로운 열탕 안의 최종적인 평형 상태를 향해 가면서도 흥미로운 구조를 창출해내고 있다. 열역학을 심도 있게 연구하는 물리학자라면, 누군가 말했듯 '목적 없는 에너지의 흐름이 어떻게 생명을 새롭게 하고, 이 세계에 의식을 만들어냈을까?' 하는 질문이 얼마나 곤혹스러운 것인가를 잘 알고 있다. 문제를 더욱 복잡하게 하는 것은 엔트로피라고 하는 모호한 개념이다. 엔트로피는 열이나 온도와 관련한 열역학적 목적에는 부합하나, '무질서'의 측도測度로 쓰기에는 매우 막연하다. 얼음으로 변할 때 줄곧 에너지를 방출하면서 결정 구조를 형성하는 물의 규칙도를 측정하는 데도 물리학자들은 상당한 어려움을 겪고 있다. 하물며 아미노산이나 미생물, 나아가 자가 번식하는 동식물, 혹은 더 나아가 두뇌처럼 복잡한 정보계의 생성에서 유형 혹은 무형의 변화도를 측정하는 데 열역학의 엔트로피는 아무 역할도 하지 못한다. 하긴 이 진화해가는 질서의 섬들이 제2법칙의 지배를 받는 것은 확실하다. 그러나 정말로 중요한 법칙, 즉 창조의 법칙은 다른 데 있다.

자연은 패턴을 형성한다. 공간적으로 질서정연하지만 시간적으로 무질서한 것들이 있는 반면, 시간적으로 질서가 있고 공간적으로 무질서한 것들도 있다. 이런 패턴들 중에는 축척 안에서 자기유사성 구조를 보이는 프랙탈도 있다. 또한 정상 상태 또는 진동 상태를 발생시키기도 한다. 물리학과 재료과학의 분과에서 이런 패턴 형성을 연구하는데, 덕분에 과학자들은 소립자의 집단을 덩어리로 모델화하거나, 부서져 흩어지는 방전妨電의 패턴 그리고 얼음이나 금속 합금에서 결정체가 자라는 양태 등을 모델화할 수 있게 되었다. 시간과 공간에서의 모양 변화를 다루는 이들 동역학은 매우 기본적인 것처럼 보이지만, 이를 이해할 도구를 갖게 된 건 얼마 되지 않았다. 지금이야 물리학자들에게 이런 질문을 대수롭지 않게 할 수 있다. "왜 모든 눈송이는 모양이 서로 다를까?"

눈송이의 얼음 결정들은 난기류 속에서 대칭성과 우연성이 뒤섞이면서 여섯 방향의 불확정성을 갖는 특별한 아름다움을 형성한다. 물이 결빙되면서 결정들에서 각뿔이 성장한다. 각뿔들이 성장함에 따라 경계면이 불안정하게 되고, 각뿔들에서 새로운 작은 각뿔이 생겨난다. 눈송이는 놀라울 정도로 정밀한 수학적 법칙을 따르고 있는데, 각뿔이 자라는 속도나 두께 그리고 가지를 치는 정도를 정확히 예측하는 것은 불가능하다. 수세대 동안 과학자들이 스케치하고 목록을 만든 다양한 눈 결정에는 판상 결정과 모기둥 결정, 단결정과 다결정, 바늘 결정과 수지상樹枝狀 결정이 있었다. 하지만 눈 결정을 다룬 논문들은 결정 형성을 분류만 했을 뿐 별다른 연구 방법이 없었다.

지금은 눈송이의 각뿔과 나뭇가지 결정들의 성장이 고도로 비선형적이며 불안정한 자유경계 문제라는 사실이 알려졌다. 다시 말해 눈 결정 모델은 동역학적으로 변화하는 복잡하고 구불구불한 경계를 추적할 필요가 있다. 얼음 상자에서처럼 응결이 밖에서 안으로 진행될 경우 경계면은 일반적으로 안정되어 있고 부드러우며, 응결 속도는 상자의 벽면이 열을 방출하는 효율에 달려 있다. 그러나 수분이 함유된 대기 속에서 낙하하는 동안 물 분자들을 흡착하는 눈송이의 경우와 같이 하나의 결정이 초기의 작은 결정체에서 밖으로 응결되어 나오는 과정은 매우 불안정하다. 주위의 다른 부분보다 더 돌출되어 있는 부분이 새로운 물 분자를 흡착하는 데 유리하다. 따라서 다른 부분에 비해 훨씬 빠르게 성장하는데, 이것을 '피뢰침 효과'라고 한다. 그리하여 새로운 작은 가지들이 형성되고, 이것은 또다시 더욱 작은 가지들을 형성하게 된다.

　한 가지 어려움은 관련된 많은 물리적 힘 가운데 어떤 것이 중요하고, 어떤 것이 무시되어도 별문제 없는가를 결정하는 일이다. 과학자들이 오래전부터 알고 있는 것처럼 가장 중요한 것은 물이 얼 때 방출되는 열의 확산이다. 그러나 열 확산의 물리학만으로는 연구자들이 현미경으로 눈송이를 보거나 실험실에서 눈송이를 만들 때 관찰되는 형태들을 완전하게 설명하지 못한다. 최근 과학자들은 또 하나의 물리 작용을 고려하게 된다. 바로 표면장력이다. 이 새로운 눈송이 모델의 핵심은 카오스의 본질에 관련되어 있다. 즉 안정적인 힘들과 불안정한 힘들 사이의 미묘한 균형이나, 원자 규모의 힘들과 일상적 규모의 힘들 간의 강력한 상호작용인 것이다.

　열의 확산은 불안정성을 낳는 경향이 있는 반면, 표면장력은 안정성을 낳는다. 표면장력의 끌어당기는 힘은 물질의 경계 부분들을 비누 거품의 표면처럼 부드럽게 만든다. 표면을 거칠게 하는 데는 에너지가 소모된다. 이러한 경향들의 균형은 결정체의 크기에 좌우된다. 확산이 주로 거시적인

Oscar Kapp, inset: Shoudon Liang

갈래 만들기와 무리 짓기 ••• 프랙탈 수학에 의해 고무된 패턴 형성 연구는 번갯불 모양의 방전 경로 같은 자연적 패턴과 무작위적으로 움직이는 소립자 집단의 모형(왼쪽 위 상자 안 그림)을 하나로 결합시켰다.

과정인 데 비해, 표면장력은 미시적 축척에서 가장 강력하다.

전통적으로 연구자들은 표면장력의 효과가 극히 미미하기 때문에 현실적 측면에서 무시해도 상관없는 것으로 생각했다. 그러나 그렇지 않다. 가장 미미한 척도가 결정적인 것으로 드러났다. 표면효과가 응고되는 물질의 분자 구조에 매우 민감하다는 게 밝혀진 것이다. 얼음의 경우, 분자의 대칭성 때문에 여섯 방향으로 성장하도록 내재된 경향이 있다. 놀랍게도 과학자들은 안정성과 불안정성의 혼합이 이러한 미세한 경향을 증폭시켜 눈송이 결정을 거의 프랙탈 모양으로 세공한다는 것을 발견했다. 이와 관련한 수학은 기상학자가 아니라 자신들의 연구와 관계되어 흥미를 느낀 금속학자들과 이론물리학자들로부터 나왔다. 금속의 경우 분자 대칭성이 눈송이와 다르고, 합금의 강도를 결정하는 특성적 결정의 모양도 역시 다르다. 그러나 수학적 원리는 같았다. 다시 말해 패턴 형성의 법칙은 보편적이었다.

초기조건의 민감성은 파괴가 아니라 창조에 기여한다. 눈송이는 대개 한 시간 이상 바람 속을 떠다니면서 결정이 커져 땅에 떨어지는데, 눈송이 각뿔은 순간순간의 대기 온도나 습도 그리고 불순물에 매우 민감하다. 1밀리미터 공간 안에 펼쳐져 있는 단일 눈 결정의 여섯 개 각뿔은 온도도 같고, 결정이 성장하는 법칙들도 완전히 결정론적이기 때문에 거의 완벽하게 대칭적이다. 그러나 난기류의 속성상 눈송이들은 각자 서로 아주 다른 경로를 통해 형성된다. 최종적으로 땅에 떨어진 눈송이는 자신이 경유했던 기후 조건의 모든 변화를 담고 있기 때문에 그 조합이 무한한 것은 당연하다.

물리학자들은 눈송이가 비평형 현상이라고 말한다. 눈송이는 자연계의 한 부분에서 다른 부분으로 에너지가 흐를 때 생기는 불균형의 산물이라고 보는 것이다. 에너지 흐름은 경계부에서 각뿔을 형성하고, 각뿔은 가지들의 배열로 바뀌며, 이 배열은 아주 복잡한 구조로 바뀐다. 과학자들이 이러한 불안정성이 카오스의 보편적 법칙에 따른다는 것을 발견하자 동일한 방법을 수많은 물리화학적 문제들에 적용해 재미를 본 과학자들은 아니나 다를까 생물학에도 적용할 수 있지 않을까 하는 생각을 가졌다. 나뭇가지 결정의 성장 과정을 컴퓨터로 모의실험하면서, 마음속으로 해조류나 세포벽 등 싹을 내서 분열하는 유기체를 보았던 것이다.

지금은 미세입자에서 일상의 복잡성에 이르기까지 많은 길이 열려 있다. 수리물리학 분야에서는 파이겐바움과 동료들의 분기 이론이 미국과 유럽에서 진척을 이루고 있다. 이론물리학의 추상적 범주에서 과학자들은 해결되지 않은 양자역학적 카오스의 가능성에 대한 문제, 즉 양자역학이 고전역학에서의 카오스적 현상을 수용할 것인가와 같은 새로운 쟁점들을 면밀히 연구한다. 운동하는 유체를 연구하는 리브샤베르는 거대한 액체헬륨 상자를 만들었고, 피에르 호헨버그와 귄터 알러스는 대류에서 관찰되는 이상한 형태의 진행 파동을 연구했다. 천문학에서 카오스 전문가들은—화성보다 훨씬 먼 곳에 있는 소행성으로부터 아무런 이유도 없이 날아오는 것 같은—운석의 기원을 설명하기 위해 예측할 수 없는 중력 불안정을 이용한다. 과학자들은 학습이나 기억 그리고 형상 인식 능력과 수십억의 구성 요소를 가진 인간의 면역체계를 연구하기 위해 동역학계 물리학을 사용한다. 동시에 적응의 보편적 메커니즘을 밝혀내기 위해 진화를 연구한다. 그러한 모델을 만들려고 하는 사람들은 스스로를 복제하고, 경쟁하고, 자연선택에 의해 진화하는 구조가 있다는 것을 곧 알게 된다.

"진화란 피드백 구조를 가진 카오스다"라고 조지프 포드는 말했다. 이 우주는 확실히 무작위적이고 소산적이다. 그러나 방향성을 가진 무작위성은 놀라운 복잡성을 만들어낼 수 있다. 그리고 로렌츠가 일찍이 간파한 것처럼, 소산은 질서의 대리인이다.

"신은 주사위 놀이를 한다." 아인슈타인의 유명한 물음에 대해 포드가 한 말이다. "그러나 그것은 뭔가 실려 있는 주사위이다. 그리고 이제 물리학의 주된 목적은 주사위에 어떤 규칙들이 실려 있는지와 우리 자신을 위해 그 법칙들을 어떻게 사용할 수 있는지를 탐구하는 일이다."

이러한 사고는 과학이라는 집단적 사업을 진척시키는 데 유익하다. 하지만 여전히 어떤 철학이나 증명이나 실험도, 언제나 과학이 먼저 연구의 방식을 제시해야 한다고 생각하는 개별 연구자들을 움직일 만큼 충분하지는 않은 것 같다. 물론 전통 방식을 사용하지 않는 실험실도 있었다. 쿤의 말처럼 정상과학이 길을 잃고, 실험 장비가 기대에 못 미치며, "과학계가 더 이상 변칙들을 외면할 수 없게 되는" 것이다. 하지만 카오스의 방법이 필수불가결한 것이 되기 전까지 모든 과학자들에게 카오스 개념이 통용된 것은 아니었다.

이런 사례는 어느 분야에나 있었다. 생태학에서는 1950~60년대 생태학의 대부였던 로버트 맥아더Robert MacArthur의 마지막 제자 윌리엄 섀퍼William M. Schaffer가 있었다. 맥아더는 자연이라는 개념을 만들었는데, 이 개념은 '자연적 균형' 사상에 단단한 기반을 제공했다. 자연적 균형 모델은 자연에 평형이 존재하며, 동식물의 수는 그 평형에 근접하여 유지된다고 가정한다. 맥아더가 생각한 자연적 균형은 거의 도덕적이라고 할 수 있는 특성을 가지고 있었다. 말하자면 자연적 균형 모델에서 평형 상태는 먹이를 가장 효율적으로 이용하고 낭비는 최소화하는 상태였다. 자연은 그냥 내버려두면 좋

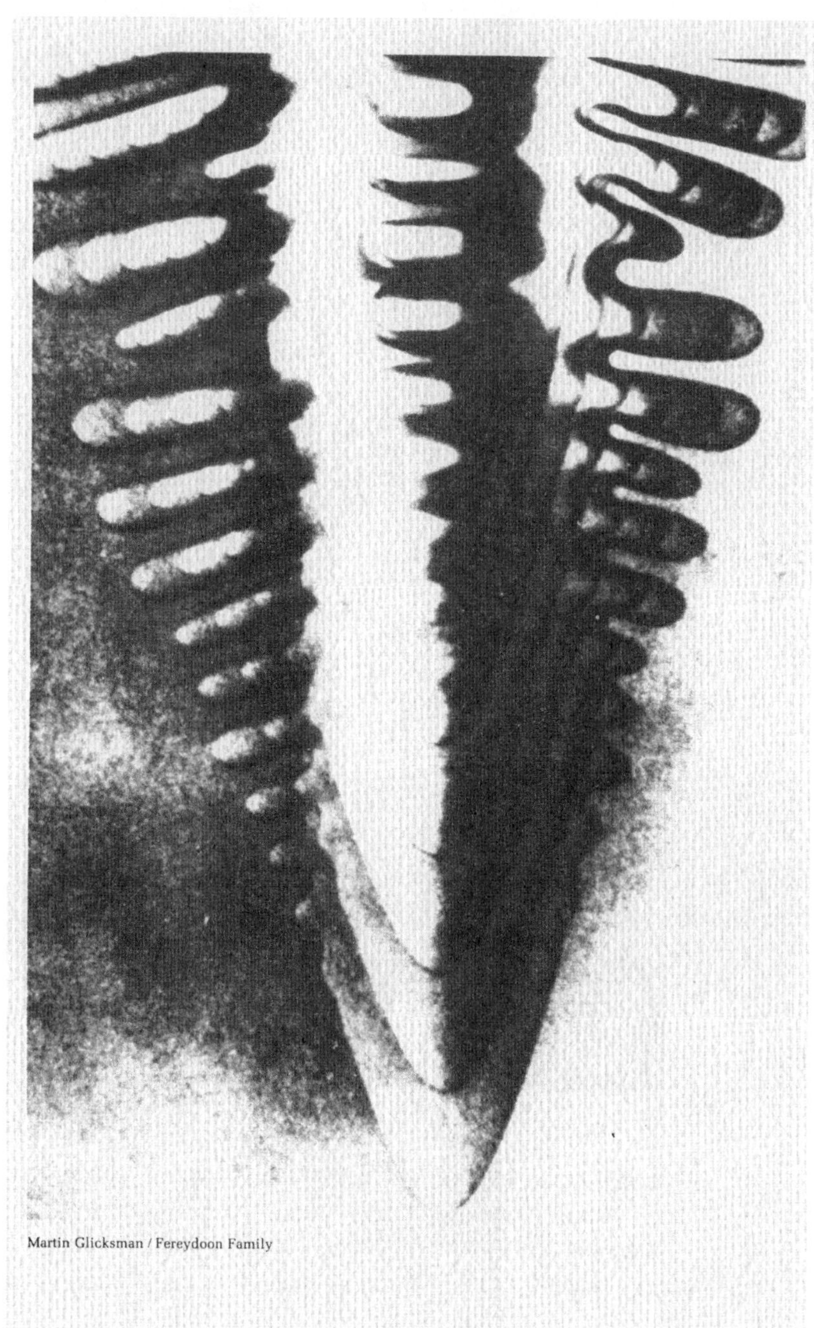

Martin Glicksman / Fereydoon Family

안정성과 불안정성의 균형 ••• 액체는 결정체가 되면서 (437페이지의 다중노출 사진이 보여주는 것처럼) 불안정한 경계 부분이 측면으로 가지를 뻗으면서 성장하는 각 뿔을 형성한다. 미묘한 열역학적 과정을 컴퓨터로 시뮬레이션한 것으로 실제 눈송이처럼 보인다.

은 것이다.

20년 후 맥아더의 마지막 제자 섀퍼는 평형 개념에 기초한 생태학은 도태될 운명이라는 사실을 깨닫는다. 종래의 모델들은 선형적 편견에 의해 망쳐졌다. 자연은 그보다 더 복잡했다. 대신 섀퍼는 '흥미진진하면서도 약간은 위협적인' 카오스에 눈을 돌렸다. 그는 동료들에게 카오스는 생태학에서 가장 오래 지속되고 있는 가정조차 뒤엎어버릴지 모른다고 말했다. "생태학에서 기본 개념들로 통용되고 있는 것은 지금 폭풍 전의 안개와 같은 상황이다. 그것도 완전히 비선형적 폭풍이다."

섀퍼는 이상한 끌개를 이용하여, 홍역과 수두 같은 어린이 질병의 역학을 연구했다. 뉴욕, 볼티모어를 비롯하여 애버딘, 스코틀랜드, 잉글랜드와 웨일즈 전 지역에서 자료를 수집한 섀퍼는 감쇠력과 추진력이 작용하는 진자와 유사한 동역학적 모델을 만들었다. 홍역과 수두는 매년 개학을 맞은 어린이들 사이에서 감염에 의해 전염되고 자연적 저항에 의해 감쇠된다. 섀퍼의 모델은 수두가 주기적으로 변동하는 반면, 홍역은 카오스적으로 변동할 것이라며 두 질병이 완전히 다른 행태를 보일 것으로 예측했다. 실제로 자료들은 섀퍼의 예측과 맞아떨어졌다. 전통적 전염병 전문가들은 홍역의 연간 변동이 무작위적이며 잡음투성이여서 도저히 설명할 수 없는 것으로 생각했다. 하지만 섀퍼는 위상공간의 재구성이라는 방법을 사용, 홍역이 약 2.5라는 프랙탈 차원을 가진 이상한 끌개에 따른다는 것을 확인했다.

리아푸노프 지수를 계산하고 푸앵카레 사상을 작성한 섀퍼는 이렇게 말했다. "더 중요한 것은 만약 이 그림들을 보면 금방 알아보고는 '아! 이건 똑같은 것인데'라고 말할 거라는 점입니다." 비록 끌개가 카오스적이기는 하지만, 모델의 결정론적인 성격으로 인해 어느 정도 예측이 가능하다. 어떤 해에 홍역이 만연하면 이듬해에는 뜸해진다. 중간 정도로 전염된 이듬해에는 전염 정도가 별로 변하지 않을 것이다. 그러나 낮은 정도로 전염된 해의 경우, 이듬해를 예측하기가 가장 어렵다. 섀퍼의 모델은 대규모 예방접종에 의해 홍역이 대폭 감소된 다음의 행태까지도 예측했다. 종래의 전염병 예방학에서는 도저히 할 수 없는 예측이었다.

집단적 차원에서든 개인적 차원에서든 카오스라는 개념은 다양한 방식과 다양한 이유로 발전한다. 다른 많은 사람들처럼 섀퍼 역시 전혀 예기치 않게 전통 과학에서 카오스로 전향한 사람이었다. 1975년만 해도 로버트 메이의 복음 전도 대상자였던 섀퍼는 메이의 논문을 읽었지만 이내 던져버리고 만다. 생태학자가 실제로 연구하는 계를 보여주기에는 수학적 개념이 비현실적이라고 생각한 것이다. 생태학에 대해 너무 많이 알고 있었던 섀퍼는 역설적으로 메이의 관점을 올바르게 평가할 수 없었다. 섀퍼는 이렇게 생각했다. '이는 1차원적 사상이다. 이게 지속적으로 변화하는 계와 대체 어떤 관계가 있는 것일까?' 그러자 동료 하나가 "로렌츠를 읽어보라"고 권했다. 하지만 그는 논문 한구석에 참고문헌을 적어놓는 데 그치고 말았다.

몇 년 후 애리조나 투손 외곽의 사막에서 살고 있던 섀퍼는 사막이 뜨거워지는 여름이면 바로 북쪽에 위치한 관목 수풀 지대인 산타카타리나 산맥으로 갔다. 섀퍼는 대학원생들과 함께 봄철 개화기가 끝나고 여름철 장마가 시작되기 전인 6~7월에 수풀 속에서 갖가지 종류의 벌과 꽃들을 추적했다. 그곳 생태계는 매년 변동하는데도 불구하고 쉽게 측정할 수 있었다. 섀퍼는 줄기에 붙은 벌들의 수를 세었고 피펫으로 꽃가루를 받아 측정한 자료들을 수학적으로 분석했다. 땅벌들은 꿀벌들과 경쟁을 했고, 꿀벌들은 어리호박벌들과 경쟁을 했다. 섀퍼는 벌의 개체수 변동을 설명할 수 있는 확실한 모델을 만들었다.

1980년 섀퍼는 뭔가 잘못되었다는 것을 깨닫는다. 모델이 붕괴된 것이다. 공교롭게도 모델 붕괴에 핵심 역할을 했던 것은 자신이 간과했던 곤충, 즉 개미였다. 겨울철 이상기후를 의심하는 사람이 있었는가 하면, 여름철 이상기후를 의심하는 동료들도 있었다. 섀퍼는 더 많은 변수들을 넣어 모델을 좀 더 복잡하게 할까도 생각했지만, 깊이 좌절하고 만다. 대학원생들 사이에서는 섀퍼와 함께 1500미터 고지대에서 보낸 여름이 힘들었다는 말이 나돌기 시작했다. 그리고 그때 모든 것이 달라졌다.

우연히 복잡한 실내 실험에서 나타난 화학적 카오스를 다룬 논문을 발견한 섀퍼는 논문의 필자들 역시 자신과 정확히 동일한 문제를 겪었다는 것을 알게 된다. 다시 말해 용기 안에서 변동하는 수십 가지의 반응물들을 관찰하는 것은 애리조나 산맥에서 수십 종의 곤충들을 관찰하는 것과 똑같이 불가능했다. 하지만 그들은 섀퍼가 실패했던 바로 그 지점에서 성공하고 있었다. 섀퍼는 위상공간의 재구성을 다룬 논문을 읽었고, 마침내 로렌츠와 요크 및 다른 사람들의 논문을 읽게 된다. 때마침 애리조나 대학은 '카오스 속의 질서'라는 제목의 연속 강연회를 개최했고, 해리 스위니가 참석한다. 스위니는 실험 내용을 어떻게 강연해야 할지 잘 알고 있었다. 스위니가 이상한 끌개를 나타내는 등사기 화면을 사용하여 화학적 카오스를 설명하면서 "이것이 실제 데이터들이다"라고 말했을 때, 섀퍼의 등줄기가 서늘해졌다.

"별안간 그게 저의 운명이라는 생각이 들었습니다." 섀퍼가 말했다. 안식년 휴가가 다가오고 있었다. 섀퍼는 국립과학재단에 제출한 연구비 신청서를 철회하고, 구겐하임 연구비를 신청했다. 그는 산맥에서 개미들이 계절에 따라 변동한다는 것을 알게 되었다. 벌들은 동역학적으로 소란스럽게 날아다녔다. 구름은 하늘을 가로질러 미끄러져갔다. 더 이상 예전의 방식으로는 연구할 수 없었다.

출전과 더 읽을거리

이 책에는 200여 명에 달하는 과학자의 말이 인용되어 있다. 그중에는 공개강연도 있고, 전문적인 논문도 있고, 가장 중요하게는 2년 8개월에 걸친 인터뷰도 있다. 과학자들 중에는 카오스 전문가도 있고 전문가가 아닌 사람도 있다. 많은 사람이 수개월에 걸친 인터뷰에 흔쾌히 응해주었고, 역사에 관한 통찰력과 과학 현장에 대해 이야기해주었다. 그 고마움은 이루 다 말로 표현할 수 없을 정도이다. 몇몇 사람은 자기들이 수집한 미발표 논문을 보여주었다.

카오스에 관한 유용한 2차적 저작은 거의 없다. 따라서 카오스에 대해 더 알고자 하는 일반 독자들은 읽을거리를 거의 찾지 못할 것이다. 아마도 카오스에 관해 맨 처음으로 대중적으로 소개한 것은—게다가 그 주제의 묘미를 훌륭하게 전달하고 있고, 또 카오스에 쓰이는 기본적인 수학을 요약해놓은 것은—더글러스 호프스태터Douglas Richard Hofstadter가 1981년 10월 『사이언티픽 아메리칸』에 기고하고 『메타매지컬 테마Metamagical Themas』(1985)에 재수록한 칼럼일 것이다. 가장 영향력 있는 과학 논문들을 수록해놓은 하오 배린의 『카오스』(1984)와 프레드라그 비타노비츠Predrag Cvitanović의 『카오스 안의 보편성Universality in chaos』(1984)도 유용한 책이다. 이 두 책은 겹치는 부분이 거의 없다. 하오 배린의 책은 좀 더 역사 지향적인 듯하다. 프랙탈 기하학의 기원에 대해 관심을 갖고 있는 사람에게는 브누아 망델브로의『자연의 프랙탈 기하학』이 필수불가결하고 백과사전적이며 애를 태우는 책이 될 것이다. 하인츠-오토 파이트겐과 페터 리히터가 쓴『프랙탈의 아름다움 The Beauty of Fractals』(1986)은 카오스 수학의 많은 분야를 유럽-로만풍으로 연구한 책이다. 이 책에서는 망델브로와 아드리앵 두아디, 그리고 게르트 아일렌베르거의 매우 중요한 논문들도 다루고 있다. 이 책에는 컬러사진과 흑백사진이 많이 실려 있는데, 그중 몇 개는 여기에 재수록되었다. 공학자를 비롯하여 수학적 개념에 대한 실용적 개괄서를 찾는 사람들에게는 브루스 스튜어트와 J. M. 톰슨이 쓴『비선형 동역학과 카오스Nonlinerar Dynamics and Chaos』(1986)가 유용할 것이다. 이들 책은 모두 상당한 관련 지식이 없는 독자들에게는 도움이 안 된다.

나는 이 책에 나오는 사건이나 과학자들의 동기, 전망 등을 기술하면서 가능한 한 과학 용어를 피했다. 과학 용어에 정통한 독자들은 내가 그런 용어를 쓰지 않더라도 적분 가능성이나 지수 법칙의 전개 혹은 복소수 분석에 대해 읽으면서 거기에 쓰이는 과학 용어를 알 것으로 가정했기 때문이다. 높은 수준의 수학을 쓴 논문이나 특별한 참고문헌을 원하는 독자들은 이 책의 참고문헌에 실린 각 장의 주에서 그런 것들을 찾을 수 있을 것이다. 학술지에 실린 몇천 개나 되는 논문 가운데 주에 인용된 소수의 논문을 선택하면서 나는, 이 책에 기술된 사건들에 가장 직접적인 영향을 주었거나 흥미를 끄는 수학적 개념들에 대해 보다 폭넓은 맥락을 이해하고자 하는 독자들에게 가장 광범위하게 도움이 될 논문을 선택했다.

이 책에 소개된 장소의 묘사는 대체로 내가 방문한 결과에 토대를 두었다. 다음에 쓴 기관들은 연구원과 도서실 그리고 일부 경우는 컴퓨터 설비까지 이용할 수 있도록 해주었다. 보스턴 대학교, 코넬 대학교, 쿠랑수리과학연구소, 유럽중기기상예보센터, 조지아 공과대학교, 하버드 대학교, IBM 토머스 왓슨연구소, 프린스턴고등연구소, 라몽도헤르티 지구물리관측소, 로스앨러모스 국립연구소, MIT, 국립대기연구소, 국립보건연구소, 국립기상센터, 뉴욕 대학교, 니스관측소, 프린스턴 대학교, 캘리포니아 대학교 버클리캠퍼스, 캘리포니아 대학교 산타크루스 캠퍼스, 시카고 대학교, 우즈홀 해양연구소, 제록스 팔토알토연구소.

감사의 글

수많은 과학자들이 아낌없이 정보를 주고, 가르침을 주었으며 나를 인도해주었다. 도움을 준 사람들 중에는 책에 분명히 나오는 사람도 있지만, 책에 언급하지 않거나 스쳐 지나간 다른 많은 사람들도 그 못지않게 많은 시간을 내주고, 지식을 나누어주었다. 이들은 자기들이 갖고 있는 자료를 보여주고, 기억을 되짚어보고, 서로 토론도 하면서 내가 꼭 필요로 하는 과학적 사고방식을 제시해주었다. 몇몇은 책의 원고를 읽어주었다. 이들의 성심과 수고로움으로 이 책을 쓸 수 있었다.

이 책을 편집한 대니얼 프랭크에게 감사한다. 그의 상상력과 감수성과 성실함으로 책이 더 나아질 수 있었다. 능숙하고 열정적으로 일처리를 해준 대리인 마이클 칼리슬에게도 감사의 말을 전한다. 뉴욕타임스의 피터 밀론스와 돈 에릭스는 특히 많은 도움을 주었다. 또한 하인츠 오토 파이트겐, 페터 리히터, 제임스 요크, 레오 카다노프, 필립 마커스, 브누아 망델브로, 제리 골룹, 해리 스위니, 아서 윈프리, 브루스 스튜어트, 페레이둔 패밀리, 어빙 엡슈타인, 마틴 글릭스만, 스콧 번스, 제임스 크러치필드, 존 밀노어, 리처드 보스, 낸시 스턴골드와 아돌프 브로트만 등은 이 책의 사진을 제공해주었다. 나를 올바로 길러주었을 뿐 아니라 이 책의 교열을 봐준 나의 양친 베스와 도넨 글릭 두 분께도 감사드린다.

괴테는 이렇게 썼다. "어떤 과학의 역사를 우리에게 전해주려는 사람들에게는 다음과 같은 것을 기대할 권리가 있다. 말하자면 그 과학에서 다루고 있는 현상이 어떻게 사람들에게 알려졌으며, 무엇이 상상되고 추측되고 가정되었는지 또는 이런 과학이 어떻게 생각되고 있는지를 우리에게 알려주리라는 것 말이다." 계속해서 괴테는 이렇게 쓴다. 이것은 "위험한 일이다. 왜냐하면 이런 일을 하는 저자는 처음부터 어떤 것은 드러내고, 어떤 것은 드러내지 않을 것인지를 암묵적으로 밝혀야 하기 때문이다. 그럼에도 저자는 이런 일을 하면서 오랫동안 기쁨을 느끼는 것이다."

감수의 글

　　20세기 초 물리학은 상대성이론과 양자역학이 야기한 전대미문의 혁명을 겪었다. 이 새로운 물리학은 머지않아 뉴턴이 세워놓은 고전역학을 대신하여 확고히 자리를 잡았다. 이제 물리학자들은 양자역학을 바탕으로 원자핵과 모든 물질의 본질을 이해하려는 참이었다. 바로 이때, 고등학교 교과서에 나오는 진자의 운동이나 수도꼭지에서 한 방울씩 떨어지는 물방울로부터 새로운 물리학이 나올 수 있다는 사람들이 나타난다. 이런 황당해 보이는 주장을 하던 카오스 이론의 창시자들은 대개 아웃사이더였다. 이들은 과학적 비판이 아니라 감정적 저항과 적대적 반대에 직면해야 했다. 제임스 글릭의『카오스』(1987)는 이들의 이야기를 꼼꼼히 풀어가며, 카오스에 담긴 철학과 그 역사 속에서 분투하는 인간들의 모습을 그려간다.『카오스』는 모범적인 과학 서적이다. 이 분야 전문가가 보아도 그 과학적 내용의 방대함이나 주제의 깊이에 있어 탄복할 수밖에 없기 때문이다. 아마 글릭 자신도 "신이여, 진정 제가 이 책을 썼단 말입니까" 하고 말하지 않았을까 싶다.

　　사실 1987년 이후 카오스 연구에 뛰어든 과학자들은 대부분 글릭이 쓴『카오스』의 세례를 받았다고 해도 과언이 아니다. 더구나 이 책은 카오스를 일반 대중에게 알리는 데에도 큰 기여를 하여, 이제 카오스는 사회를 이해하는 하나의 키워드로 자리 잡았다. '카오스 속의 질서'니 '나비 효과'니 하는 말들이 상투적인 표현으로 느껴질 정도다. 21세기 들어 물리학계에서 카오스는 그 자체로 한물간 이론 취급을 받고 있다. 하지만 물리학 이외의 여러 분야에서는 그 응용 분야를 넓혀가고 있으며, 물리학에서도 복잡계 분야의 밑거름이 되어 우리에게 새로운 도전을 던지고 있는 중이다.

미국에서만 100만 부가 넘게 팔리며 대중과학 서적의 한 획을 그은 『카오스』의 발매 20주년 기념판이 2008년 발행되었다. 국내에서는 1993년 동문사에서 『카오스』(1987)를 번역한 바 있는데, 이번에 동아시아에서 『카오스』(2008)를 새롭게 번역하여 국내에 다시 소개한다. 이전 책에 있던 오류들을 수정 보완하여, 독자들이 보다 매끄럽게 읽을 수 있을 것이라 기대하는 바이다. 20년이나 지난 책이지만, 아직까지 이보다 잘 쓰인 카오스 책은 없다고 자신 있게 말할 수 있다. 20년 전 내가 『카오스』를 읽으며 느꼈던 전율과 감동을 새로운 세대의 미래 과학자들이 다시금 느끼기를 바라는 마음 간절하다.

2013년 5월

김상욱

참고문헌

일러두기 원서에는 지은이가 과학자들과 개인적으로 인터뷰한 부분도 주석을 달아 화자를 밝혀놓았다. 한국어판에서는 본문에 화자를 분명히 밝힌 경우 주석에서 따로 화자를 밝힐 필요가 없다고 판단해 삭제했다.

프롤로그

021　**로스앨러모스**　파이겐바움, 카루서, 캠벨, 파머, 비셔, 커, 해슬라처, 젠.

025　**미 국방부, CIA ~ 전담부서를 구성했다**　부찰, 슐레징어, 비스니프스키.

026　**운동의 새로운 요소**　요크.

026　**상태보다는 과정의 과학**　F. K. Browand, "The Structure of the Turbulent Mixing Layer," *Physica* 18D(1986), p.135.

026　**고속도로에 몰려 있는 차량행렬**　일본 과학자들이 교통 문제를 특히 진지하게 다뤘다. 이에 대해서는 다음을 참조. Toshimitsu Musha and Hideyo Higuchi, "The l/f Fluctuation of a Traffic Current on an Expressway," *Japanese Journal of Applied Physics*(1976), pp.1271~1275.

026　**이런 깨달음은 ~ 바꾸기 시작했다**　망델브로, 램지; 위즈덤, 마커스; Alvin M. Saperstein, "Chaos: A Model for the Outbreak of War," *Nature* 309(1984), pp.303~305.

026　**15년 전 ~ 있었습니다**　슐레징어.

027　**이 새로운 과학을 ~ 말하기까지 한다**　슐레징어.

027   **세 번째로 일어난 대혁명**   조지프 포드.

027   **상대성이론은 ~ 환상을 깬다**   Joseph Ford, "What Is Chaos, That We Should Be Mindful of It?" preprint, Georgia Institute of Technology, p.12.

028   **우주과학자이자 ~ 이렇게 말했다**   John Boslough, *Stephen Hawking's Universe* (Cambridge: Cambridge University Press, 1980); 또한 다음을 참조. Robert Shaw, *The Dripping Faucet as a Model Chaotic System*(Santa Cruz: Aerial, 1984), p.1.

제1장 나비 효과

035   **에드워드 로렌츠가 ~ 변해가고 있었다**   로렌츠, 말커스, 스피겔, 파머. 로렌츠의 핵심을 보여주는 세 논문 중에서 가장 중요한 것은 다음 논문을 참조. "Deterministic Nonperiodic Flow," *Journal of the Atmospheric Sciences* 20(1963), pp.130~141; 나머지 두 논문은 다음을 참조. "The Mechanics of Vacillation," *Journal of the Atmospheric Sciences* 20(1963), pp.448~464와 "The Problem of Deducing the Climate from the Governing Equations," *Tellus* 16(1964), pp.1~11. 이 세 논문은 20년 후 수학자들과 물리학자들에게 지속적으로 영향을 미쳤다. 로렌츠가 처음으로 만든 대기 컴퓨터 모델에 대한 개인적 기억에 대해서는 다음을 참조. "On the Prevalence of Aperiodicity in Simple Systems," in *Global Analysis*, eds. Mgrmela and J. Marsden(New York: Springer Verlag, 1979), pp.53~75.

036   **법칙들은 ~ 방정식이었다**   방정식으로 대기를 모델화하는 것에 대해 최근 로렌츠가 쓴 것으로는 다음을 참조. "Large–Scale Motions of the Atmosphere: Circulation," in *Advances in Earth Science*, ed. P. M. Hurley(Cambridge, Mass.: The M.I.T. Press, 1966), pp.95~109. 이런 문제에 대한 영향력 있는 분석은 다음을 참조. L. F. Richardson, *Weather Prediction by Numerical Process*(Cambridge: Cambridge University Press, 1922).

037 **수학의 순수성만큼이나 ~ 삼아야겠다고 생각한다** 로렌츠의 사유에서 수학과 기상학 사이의 갈등을 다룬 것으로는 다음을 참조. "Irregularity: A Fundamental Property of the Atmosphere," Cra–foord Prize Lecture presented at the Royal Swedish Academy of Sciences, Stockholm, Sept. 28,1983, in *Tellus* 36A(1984), pp.98~110.

039 **최고 지성은 ~ 나타날 것이다** Pierre Simon de Laplace, *A Philosophical Essay on Probabilities*(New York: Dover, 1951).

040 **서구과학의 기본적인 ~ 확대되지는 않습니다** 윈프리.

042 **불현듯 로렌츠는 진실을 깨달았다** "On the Prevalence," p.55.

042~043 **조그만 오차가 엄청난 변화를 초래한 것으로 드러났다** 동역학계에 대해 생각했던 모든 고전물리학자들과 수학자들 중에서 카오스의 가능성을 가장 잘 이해한 사람은 앙리 푸앵카레였다. 푸앵카레는 『과학과 방법*Science and Method*』에서 이렇게 말한다.

"우리가 인식하지 못하는 아주 작은 원인이 우리가 볼 수밖에 없는 엄청난 결과를 야기하며, 그리하여 우리는 이런 결과가 우연에서 기인하는 것이라고 말한다. 만약 우리가 처음 순간의 자연법칙과 우주의 상황에 대해서 정확히 알았다면, 동일한 우주가 다음 순간 어떻게 될지 정확하게 예측할 수 있을 것이다. 하지만 설령 자연법칙이 더 이상 아무런 비밀이 없는 경우라 할지라도, 우리는 여전히 상황을 근사적으로 알 수 있을 뿐이다. 만약 우리가 다음 상황에 대해 동일한 근사치로 예측할 수 있다면, 또 그게 우리가 바라는 모든 것이라면, 우리는 그 현상은 예측되었고 자연법칙에 지배된다고 말해야만 할 것이다. 그러나 항상 그렇지는 않다. 다시 말해 초기조건에서의 작은 차이가 최종적으로 아주 엄청난 현상을 만들어낼 수 있는 것이다. 이전 순간의 작은 오류가 나중에 엄청난 오류를 만들어낼 수 있다. 예측은 불가능해진다."

푸앵카레의 경고는 세기가 바뀌면서 사실상 잊힌다. 미국에서 1920~30년대에 푸앵카레를 진지하게 따른 유일한 수학자는 공교롭게도 MIT에서 젊은 에드워드 로렌츠를 잠깐 가르쳤던 조지 버코프뿐이었다.

044 그날 로렌츠는 ~ 판단했다 로렌츠; 또한 다음도 참조. "On the Prevalence," p.56.

045 1950~60년대는 ~ 기대로 가득했다 우즈와 슈나이더; 당시의 전문적 견해에 대한 폭넓은 연구로는 다음을 참조. "Weather Scientists Optimistic That New Findings Are Near," *The New York Times*, 9 September 1963. p.1.

045 그럼에도 폰 노이만은 과학자들이 ~ 생각했다 다이슨.

045 1980년대까지 ~ 막대한 투자를 했다 보너, 뱅슨, 우즈, 라이트.

047 경제성장이나 실업에 ~ 발표되었다 Peter B. Medawar, "Expectation and Prediction," in *Pluto's Republic*(Oxford: Oxford University Press, 1982), pp.301~304.

048 나비 효과 때문이었다 로렌츠는 원래 갈매기 이미지를 사용했다. 훨씬 오래 간 나비 효과라는 이름은 1979년 12월 29일 워싱턴에서 열린 미국과학진흥협회 연례회의에서 발표한 다음 논문에서 나온 것으로 보인다. "Predictability: Does the Flap of a Butterfly's Wings in Brazil Set Off a Tornado in Texas?"

048 지상에 30센티미터 간격으로 ~ 설치할 수 있다 요크.

050 로렌츠는 날씨가 반복되지 않는 ~ 있다고 보았다 "The Mechanics of Vacillation."

051 못이 없어 편자를 잃었다네 조지 허버트; 이와 관련해서는 다음 글에서 인용했다. Norbert Wiener, "Nonlinear Prediction and Dynamics," in *Collected Works with Commentaries*, ed. P. Masani(Cambridge, Mass.: The M.I.T. Press, 1981), 3:371. 위너는 로렌츠가 적어도 "날씨 사상에서 사소한 것들의 자기 진폭" 가능성을 보기를 기대했다. 그는 이렇게 말했다. "토네이도는 매우 국지적 현상이며, 분명히 하찮은 것이 토네이도의 정확한 진로를 결정할지도 모른다."

053 이 방정식의 특징은 ~ 당연하다 John von Neumann, "Recent Theories of

Turbulence"(1949), in *Collected Works*, ed. A. H. Taub(Oxford: Pergamon Press, 1963), 6:437.

053 로렌츠는 뜨거운 커피가 ~ 곧잘 이야기했다 "The predictability of hydrodynamic flow," in *Transactions of the New York Academy of Sciences* 11:25:4(1963), pp.409~432.

054 1분 후의 커피 온도를 ~ 어렵지 않습니다 *Ibid.*, p.410.

054 로렌츠는 대류 방정식에서 ~ 만들었다 대류현상을 모델화하는 7개의 방정식은 로렌츠가 방문했던 예일 대학교의 배리 살츠먼이 재정리한 것이다. 보통 살츠먼 방정식은 주기적 행태를 보이나, 하나는 (로렌츠가 말했듯) "주기적 행태를 보이지 않는"다. 로렌츠는 이러한 카오스적 행태가 일어나는 동안 4개의 변수가 영에 접근한다는 것을 알게 된다. 따라서 이들은 무시할 수 있었다. Barry Saltzman, "Finite Amplitude Convection as an Initial Value Problem," *Journal of the Atmospheric Sciences* 19(1962), p.329.

057 지구발전기 말커스; 지구자기장에 대한 카오스적 관점은 여전히 뜨거운 논쟁거리다. 몇몇 과학자들은 거대한 운석의 충격과 같은 외부 요인으로 설명하려 한다. 자기장의 역전현상이 계에 있는 카오스에서 생긴다는 생각을 다룬 것으로는 다음을 참조. K. A. Robbins, "A moment equation description of magnetic reversals in the earth," *Proceedings of the National Academy of Science*73(1976), pp.4297~4301.

057 로렌츠의 방정식이 ~ 역학적으로 유사하다 말커스.

058 변수가 3개 있는 로렌츠 방정식은 ~ 보여주고 있었다 보통 로렌츠 계라 불리는 고전적 모델은 다음과 같다.

$dx/dt=10(y-x)$

$dy/dt=-xz+28x-y$

$dz/dt=xy-(8/3)z.$

「결정론적 비주기성 흐름」이라는 논문에 등장한 이후 이 계는 폭넓게 분석되었다. 권위 있는 전문서적으로는 다음을 참조. Colin Sparrow, *The Lorenz Equations,*

Bifurcations, Chaos, and Strange Attractors(SpringerVerlag, 1982).

061 하지만 로렌츠는 기상학자였고 ~ 하지 않았다 「결정론적 비주기성 흐름」은 1960년대 중반에는 과학계에서 1년에 한 번 인용이 되었다. 하지만 20년 후 1년에 백 번이 넘게 인용되었다.

제2장 혁명

065 과학사학자 토머스 쿤은 ~ 교란 실험을 소개한다 과학혁명에 대한 쿤의 해석은 쿤이 책을 내놓은 이후 25년 동안 광범위하게 분석되고 논쟁이 일었다(쿤이 책을 내놓을 무렵 로렌츠는 자신의 컴퓨터로 날씨를 모델링하고 있었다). 쿤의 관점에 대해서는 일차적으로 『과학혁명의 구조』(김명자 옮김, 두산동아, 1992)를 참조했고, 2차적으로는 『본질적 긴장』(*The Essential Tension*)과 쿤과의 인터뷰에 따른 것이다. "What Are Scientific Revolutions?"(Occasional Paper No. 18, Center for Cognitive Science, Massachusetts Institute of Technology); 이 주제에 대한 유용하고 중요한 분석으로는 다음을 참조. I. Bernard Cohen, *Revolution in Science*(Cambridge, Mass.: Belknap Press, 1985).

066 도대체 카드의 짝을 ~ 맙소사! *Structure*, pp.62~65, 이 글은 다음 논문에서 인용한 것이다. J. S. Bruner and Leo Postman, "On the Perception of Incongruity: A Paradigm," *Journal of Personality* XVIII(1949), p.206.

066 쿤은 정상과학이 대체로 마무리 작업으로 이루어져 있다고 본다 *Structure*, p.24.

066 실험가는 이전에 ~ 수정된 버전을 실험한다 *Tension*, p.229.

067 벤저민 프랭클린이 ~ 선택할 수 있었다 *Structure*, pp.13~15.

067 정상 조건에서 연구하는 ~ 풀 수 있다고 믿는 것들이다 *Tension*, p.234.

068 카오스라는 새로운 수학을 접한 소립자물리학자 비타노비츠를 말한다.

069 톨스토이를 인용하면서 시작한다 포드와의 인터뷰 그리고 다음을 참조.

"Chaos: Solving the Unsolvable, Predicting the Unpredictable," in *Chaotic Dynamics and Fractals*, ed. M. F. Barnsley and S. G. Demko(New York: Academic Press, 1985).

070 이런 신조어가 쓰이고 있었다 하지만 마이클 배리는 『옥스퍼드 영어사전』을 보면 "카올로지^{Chaology} 는 (드물게) '카오스에 대한 설명 혹은 역사'"라고 나와 있다고 지적했다. Berry, "The Unpredictable Bouncing Rotator: A Chaology Tutorial Machine," preprint, H. H. Wills Physics Laboratory, Bristol.

070 그림 없이 연구한다는 것은 ~ 전개할 수 있을까요? 리히터의 말이다.

071 이런 결과는 우리를 흥분시키고 ~ 시작한 것이다 J. Crutchfield, M. Nauenberg and J. Rudnick, "Scaling for External Noise at the Onset of Chaos," *Physical Review Letters* 46(1981), p.933.

071 카오스의 핵심은 수학적으로 ~ 접근할 수 있다 Alan Wolf, "Simplicity and Universality in the Transition to Chaos," *Nature* 305(1983), p.182.

071 이제 카오스는 아무도 ~ 부정해야만 한다 Joseph Ford, "What is Chaos, That We Should Be Mindful of It?" preprint, Georgia Institute of Technology, Atlanta.

071 혁명은 서서히 오지 않는다 "What Are Scientific Revolutions?" p.23.

071 마치 전문가 집단이 ~ 결합된 것과 비슷하다 *Structure*, p.111.

072 새로운 과학의 실험용 쥐는 진자였다 요크를 비롯해 몇몇 다른 사람들의 표현이다.

072 아리스토텔레스는 지구를 ~ 왔다 갔다 한다고 보았다 "What Are Scientific Revolutions?" pp.2~10.

073 친구 둘 중 하나는 ~ 같은 수를 셀 것이다 *Galileo Opere* VIII: 277. 또한 다음도 참조. VIII: 129~130.

075 생리학과 정신의학, 경제 예측 ~ 사회의 진화 문제로 David Tritton, "Chaos in the swing of a pendulum," *New Scientist*, 24 July 1986, p.37. 진자 카오스의 철학적 함

의를 다룬 비전문적인 에세이로 쉽게 읽을 수 있다.

075 **물론 그럴 수도 있다** 실제로 누군가 그네를 밀면 항상 다소(아마 자신만의 무의식적 비선형 피드백 메커니즘을 사용하여) 규칙적 운동이 발생할 수 있다.

075 **하지만 이상하게 들릴지 ~ 바뀔 수도 있다** 단순진자가 일으킬 수 있는 문제들을 분석한 수많은 자료 중 잘 요약된 것은 다음을 참조. D. D'Humieres, M. R. Beasley, B. A. Huberman, and A. Libchaber, "Chaotic States and Routes to Chaos in the Forced Pendulum," *Physical Review* A 26(1982), pp.3483~3496.

076 **스페이스볼** 마이클 배리는 이 장난감 진자를 이론과 실험 양 측면에서 물리학적으로 연구했다. 논문 "The Unpredictable Bouncing Rotator"에서 배리는 오직 카오스 동역학으로만 이해할 수 있는 행태 범위에 대해 설명하고 있다. "KAM tori, bifurcation of periodic orbits, Hamiltonian chaos, stable fixed points and strange attractors."

078 **프랑스 천문학자** 에농을 말한다.

078 **일본의 전기공학자** 우에다를 말한다.

079 **한번은 젊은 물리학자가 ~ 연구하느냐고 물었다** 여기서 젊은 물리학자는 폭스다.

079 **스티븐 스메일** 스메일, 요크, 구켄하이머, 에이브러험, 메이, 파이겐바움; 이 시기 스메일의 생각에 대한 다소 일화 중심의 짧은 소개로는 다음을 참조. "On How I Got Started in Dynamical Systems," in Steve Smale, *The Mathematics of Time: Essays on Dynamical Systems, Economic Processes, and Related Topics*(New York: Springer Verlag, 1980), pp.147~151.

080 **그해 여름 모스크바에서는 ~ 수학자 5000명이 모였다** Raymond H. Anderson, "Moscow Silences a Critical American," *The New York Times*, 27 August 1966, p.1; Smale, "On the Steps of Moscow University," *The Mathematical Intelligencer* 6:2, pp.21~27.

080 **스메일이 캘리포니아로 돌아오자 ~ 지원을 취소했다** 스메일과의 인터뷰.

083 **편지를 보낸 동료는** 그 동료는 르빈슨[N. Levinson]이었다. 푸앵카레까지 거슬러 올라가는 수학의 몇 가닥 실은 여기서 합쳐진다. 버코프의 저작은 하나다. 영국에서 마리 카트라이트와 J. E. 리틀우드는 카오스 진동자에서 발트하사 반 데어 폴에 의해 나타난 단서들을 추적했다. 이들 수학자들은 모두 간단한 계에서 카오스가 일어날 가능성을 알고 있었다. 하지만 스메일은 르빈슨에게 편지를 받기 전까지는 대부분의 수학자들처럼 이들의 연구에 대해 모르고 있었다.

083 **견고함과 이상함** 스메일; "On How I Got Started."

084 **그것은 20세기에 ～ 연구한 진공관이었다** 반 데어 폴이 자신의 연구를 설명한 것으로는 다음을 참조. *Nature* 120(1927), pp.363～364.

084 **주파수가 다음 단계의 낮은 ～ 부차적인 현상이다** *Ibid.*

086 **스메일의 편자를 간단히 설명해보자** 이 연구에 대한 스메일의 최종적인 수학적 설명으로는 다음을 참조. "Differentiable Dynamical Systems," *Bulletin of the American Mathematical Society* 1967, pp.747～817(또한 다음에도 실려 있다. *The Mathematics of Time*, pp.1 ～ 82).

087 **이 과정은 마치 태피 사탕 기계가 ～ 과정과 비슷했다.** 뢰슬러.

088 **하지만 접힘은 불가피했다** 요크.

088 **그때가 황금시대였다** 구켄하이머와 에이브러험.

089 **거대한 폭풍처럼 ～ 우주의 신비로 치면 중급 정도이다** 마커스, 잉거솔, 윌리엄스; Philip S. Marcus, "Coherent Vortical Features in a Turbulent Two–Dimensional Flow and the Great Red Spot of Jupiter," paper presented at the 110th Meeting of the Acoustical Society of America, Nashville, Tennessee, 5 November 1985.

089 **격렬하게 꿈틀거리는 눈썹 속의 ～ 붉은 반점** John Updike, "The Moons of Jupiter," *Facing Nature*(New York: Knopf, 1985), p.74.

091 **보이저호는 지구에서 ～ 미스터리를 배가시켰다** 잉거솔; 또한 다음을 참조.

Andrew P. Ingersoll, "Order from Chaos: The Atmospheres of Jupiter and Saturn," *Planetary Report* 4:3, pp.8~11.

제3장 생명체의 번성과 감소

099　**엄청난 식성을 ~ 플랑크톤**　메이, 새퍼, 요크, 구켄하이머. 집단생물학에서 카오스에 대한 메이의 유명한 리뷰 논문은 다음을 참조. "Simple Mathematical Models with Very Complicated Dynamics," Nature 261(1976), pp.459~467. 또한 다음도 참조. "Biological Populations with Nonoverlapping Generations: Stable Points, Stable Cycles, and Chaos," *Science* 186(1974), pp.645~47, and May and George F. Oster, "Bifurcations and Dynamic Complexity in Simple Ecological Models," *The American Naturalist* 110(1976), pp.573~599. 카오스 이전에 수학적 개체수 모델링의 발전에 대한 훌륭한 연구로는 다음을 참조. Sharon E. Kingsland, *Modeling Nature: Episodes in the History of Population Ecology*(Chicago: University of Chicago Press, 1985).

099　**생태학자들에게 자연계는 복잡한 ~ 같은 곳이다**　May and Jon Seger, "Ideas in Ecology: Yesterday and Tomorrow," preprint, Princeton University, p.25.

100　**생태학자들은 수학적 모델을 ~ 알고 있었다**　May and George F. Oster, "Bifurcations and Dynamic Complexity in Simple Ecological Models," *The American Naturalist* 110(1976), p.573.

104　**1950년대까지 생태학자들 ~ 사람도 있었다**　메이.

105　**로지스틱 방정식 또는 이보다 좀 더 복잡한 버전을 다룬 교재**　J. Maynard Smith, *Mathematical Ideas in Biology* (Cambridge: Cambridge University Press, 1968), p.18; Harvey J. Gold, *Mathematical Modeling of Biological Systems*.

106　**불규칙한 숫자들이 ~ 생각한다는 점이었다**　메이.

107　**한번은 임질을 ~ 보고서를 작성하기도 했다**　*Gonorrhea Transmission Dynamics and Control*. Herbert W. Hethcote and James A. Yorke(Berlin: Springer Verlag, 1984).

107　**급유이부제**　요크는 컴퓨터 시뮬레이션을 통해 급유이부제 때문에 운전자들이 항상 차에 기름을 가득 채우기 위해 더 자주 주유소에 간다는 것을 밝혔다. 급유이부제는 언제 어느 때나 급유시간을 기다리는 동안 낭비되는 석유의 총량을 증가시켰다.

107~108　**반전시위가 있던 ~ 증명해 보이기도 했다**　공항 기록에는 요크가 옳다고 나와 있다.

108　**로렌츠의 논문은 불시에 ~ 마법과도 같았다**　요크.

108~109　**교수들은 수학자들에게는 ~ 싶지 않아 합니다**　Murray Gell-Mann, "The Concept of the Institute," in *Emerging Syntheses in Science, proceedings of the founding workshops of the Santa Fe Institute*(Santa Fe: The Santa Fe Institute, 1985), p.11.

111　**자연의 본질이 얼마나 ~ 이해했던 것이다**　울람은 또한 비선형성, 즉 페르미—파스타—울람 정리를 이해하는 또 다른 중요한 단서에 대해서도 설명하고 있다. 로스앨러모스의 새 매니악 컴퓨터로 계산할 수 있는 문제를 찾던 과학자들은 간단하게 떨리는(진동하는) 줄(현)을 연구한다. 이들은 패턴들이 예상치 못한 주기성으로 합쳐진다는 것을 발견한다. 울람은 이렇게 회상했다. "결과는 심지어 파동의 최고 권위자였던 페르미가 예상했던 것과도 완전히 질적으로 달랐습니다. (……) 정말 놀랍게도 줄은 아무 의미 없이 움직이기 시작했습니다." 페르미는 그 결과에 대해서 중요하게 생각하지 않았고, 이들의 연구는 널리 알려지지 않는다. 하지만 수학자와 물리학자 몇몇이 후속연구를 진행했고, 로스앨러모스에서만큼은 사람들 사이에서 회자되었다. *Adventures*, pp.226~228.

111　**코끼리가 아닌 동물에 관한 연구**　다음에서 인용했다. "Experimental Mathematics," p.374.

112　**요크의 논문은 훌륭하기도 했지만**　요크가 제자 티엔—이엔 리와 함께 쓴 다음

을 참조. Tien–Yien Li. "Period Three Implies Chaos," *American Mathematical Monthly* 82(1975), pp.985~992.

113   매개변수 r이 집적점 ~ 무슨 일이 일어날까?   언뜻 보기에 해결할 수 없는 이 문제는 메이가 해석적 방법에서 수치 실험을 하게 만들었다. 아니, 적어도 통찰은 주었다.

120   A. N. 사르콥스키가 ~ 증명했던 것이다: "Coexistence of Cycles of a Continuous Map of a Line into Itself," *Ukrainian Mathematics Journal* 16(1964), p.61

121   소련의 수학자들과 ~ 거슬러 올라간다   1986년 12월 8일, 시나이와의 개인적 대화.

121~122   최근 들어 서구의 몇몇 카오스 전문가들은 ~ 여행하지만   예를 들면 파이겐바움과 비타노비츠.

122   이처럼 가장 단순한 계라도 ~ 필요했다.   호펜스테트, 메이.

125   뉴욕 시에서 유행한 홍역 자료   William M. Schaffer and Mark Kot, "Nearly One–dimensional Dynamics in an Epidemic," *Journal of Theoretical Biology* 112(1985), pp.403~427; Schaffer, "Stretching and Folding in Lynx Fur Returns: Evidence for a Strange Attractor in Nature," *The American Naturalist* 124(1984), pp.798~820.

126   메이는 만약 모든 젊은 ~ 것이라고 주장했다   "Simple Mathematical Models," p.467.

127   그렇게 잘못 계발된 ~ 거부반응을 일으킨다   *Ibid.*

제4장 자연의 기하학

131   머릿속은 '실재의 형상' 생각으로 가득했다   망델브로, 고모리, 보스, 반슬리, 리히터, 멈포드, 허바드, 슐레징어; 망델브로의 대표작으로는 『자연의 프랙탈 기하학』이 있다. 앤서니 바르셀로스와의 인터뷰는 다음 책에 나와 있다. *Mathematical People,* ed. Donald J. Albers and G. L. Alexanderson(Boston: Birkhauser, (1985). 덜 알려져 있지만 아주 흥미로운 망델브로의 두 논문으로는 다음이 있다. "On Fractal Geometry and a Few of the Mathematical Questions It Has Raised," *Proceedings of the International Congress of Mathematicians*, 16–14 August 1983, Warsaw, pp.1661~1675; "Towards a Second Stage of Indeterminism in Science," preprint, IBM Thomas J, Watson Research Center, York town Heights, New York. 프랙탈 적용에 대한 리뷰 논문은 너무 광범위해 여기에 다 적을 수는 없지만 유용한 사례 2개를 소개하면 다음과 같다. Leonard M. Sander, "Fractal Growth Processes," *Nature* 322(1986), pp.789~793; Richard Voss, "Random Fractal Forgeries: From Mountains to Music," in *Science and Uncertainty*, ed. Sara Nash(London: IBM United Kingdom, 1985).

132 **경험 연구 분야에서 ~ 경제학밖에 없다** *Fractal Geometry*, p.423.

136 **수년 후 어떤 강연에 앞서** Woods Hole Oceanographic Institute, August 1985.

138 **부르바키** 망델브로, 리히터. 지금도 부르바키에 대해서는 쓰인 게 별로 없다. 유용한 소개 자료로는 다음을 참조. Paul R. Halmos, "Nicholas Bourbaki," *Scientific American* 196(1957), pp.88~89.

140 **수학은 특별한 진화 과정을 ~ 발전한다** 파이트겐.

141 **자신을 필요에 의한 개척자라고 불렀던** "Second Stage," p.5.

143 **이런 고도의 추상적 묘사는 ~ 중요성이 있었다** 망델브로; *Fractal Geometry*, p.74; J. M. Berger and Benoit Mandelbrot, "A New Model for the Clustering of Errors on Telephone Circuits," *IBM Journal of Research and Development* 7(1963), pp.224~236.

145 **망델브로는 ~ 요셉 효과로 불렀다** *Fractal Geometry*, p.248.

146 **구름은 구^{球}가 아니다** *Ibid.*, 예를 들어 p.1.

147 **해안선과 구불구불한 국경선에 ~ 발견하게 된다** *Ibid.*, p.27.

149 **유클리드가 1차원 또는 2차원 물체를 ~ 추상화** *Ibid.*, p.17.

150　수치 결과가 대상과 관찰자 사이의 관계에　*Ibid.*, p.18.

154　훌륭한 3차원 유사체인 에펠탑　*Fractal Geometry*, p.131, 그리고 "On Fractal Geometry," p.1663.

154　20세기 초반 수학자들이　하우스도르프와 베시코비치를 말한다.

158　미국 북동부에서 지진을 연구하기에 ～ 이루어져 있다　숄츠; C. H. Scholz and C. A. Aviles, "The Fractal Geometry of Faults and Faulting," preprint, Lamont Doherty Geophysical Observatory; C. H. Scholz, "Scaling Laws for Large Earthquakes," *Bulletin of the Seismological Society of America*72(1982), pp. 1~14.

159　'선언서 및 사례집'　*Fractal Geometry*, p.24.

165~166　대동맥에서 소동맥으로 ～ 동맥으로 지칭한다　William Bloom and Don W. Fawcett, *A Textbook of Histology*(Philadelphia: W. B. Saunders, 1975).

166　몇몇 이론생물학자들 ～ 시작했다　이러한 생각에 대해서는 다음을 참고. Ary L. Goldberger, "Nonlinear Dynamics, Fractals, Cardiac Physiology, and Sudden Death," in *Temporal Disorder in Human Oscillatory Systems*, ed. L. Rensing, U. An der Heiden, M. Mackey(New York: Springer Verlag, 1987).

166　전류의 고동을 심장의 수축성 근육 ～ 마찬가지이다　골드버거, 웨스트.

166　카오스에 관심이 많은 몇몇 심장학자들 ～ 주장했다　Ary L. Goldberger, Valmik Bhargava, Bruce J. West and Arnold J. Mandell, "On a Mechanism of Cardiac Electrical Stability: The Fractal Hypothesis," *Biophysics Journal* 48(1985), p.525.

167　듀퐁사와 미 육군　Barnaby J. Feder, "The Army May Have Matched the Goose," *The New York Times*, 30 November 1986, 4:16.

168　망델브로는 하버드 ～ 인명록에 수록된다　I. Bernard Cohen, *Revolution in Science* (Cambridge, Mass.: Belknap, 1985), p.46.

168　물론 과대망상적인 ～ 소행을 눈감아주었다　멈포드.

168~169   **동료 수학자들과 ~ 결코 성공할 수 없었을 것이다**   리히터.

169   **과학자들은 프랙탈이라는 ~ 차원이라고 불렀다**   이는 마치 망델브로가 나중에 파이겐바움 수나 파이겐바움 보편성을 참고하면서 출전 인용을 피하고자 했던 것과 같다. 대신 망델브로는 습관적으로 P. J. 미르버그를 인용했다. 미르버그는 1960년대 초에 2차 사상을 연구했던 무명의 수학자였다.

170   **망델브로가 사람들이 ~ 생각한 것은 아니라고!**   리히터.

173   **1980년대 중반 엑슨의 ~ 근간이 되었다**   클레프터.

173   **한 수학자는 어느 날 밤 ~ 얘기했다**   후버만과 관련된 이야기다.

176~177   **겨울 저녁하늘에 ~ 특별한 조합을 형성하고 있다**   "Freedom, Science, and Aesthetics," in *Schönheit im Chaos*, p.35.

177   **당시는 통제되지 ~ 것으로만 보았다**   John Fowles, *A Maggot*(Boston: Little, Brown, 1985), p.11.

178   **우리 물리학자들은 70년 전 ~ 감사해야 한다**   Robert H. G. Helleman, "Self Generated Behavior in Nonlinear Mechanics," in *Fundamental Problems in Statistical Mechanics* 5, ed. E. G. D. Cohen(Amsterdam: North Holland, 1980), p.165.

178   **물리학자들은 ~ 싶어 했다**   이를테면 레오 카다노프는 이렇게 묻는다. "프랙탈 물리학은 어디 있는가?" *Physics Today*, February 1986, p.6, 그리고 이 물음에 대한 답변으로 새로운 '다중 프랙탈' 접근을 선보인다. *Physics Today*, April 1986, p.17, 망델브로는 이에 대해 짜증스런 반응을 보인다. *Physics Today*, September 1986, p.11. 망델브로는 카다노프의 이론은 "나로 하여금 아버지라는 자긍심으로 충만하게 했다. 곧 할아버지가 되겠지?"라고 썼다.

183   **위대한 물리학자들은 ～ 난류 문제를 생각했다**   뤼엘, 에농, 뢰슬러, 시나이, 파이겐바움, 망델브로, 포드, 크라이츠넌. 난류를 이상한 끌개로 보는 역사적 맥락에 대한 수많은 관점이 있다. 괜찮은 소개 자료로는 다음을 참조. John Miles, "Strange Attractors in Fluid Dynamics," in *Advances in Applied Mechanics* 24(1984), pp.189~214. 뤼엘이 쓴 가장 쉬운 리뷰 논문으로는 다음을 참조. "Strange Attractors," *Mathematical Intelligencer* 2(1980), pp.126~137; 촉매제 역할을 했던 논문으로는 다음을 참조. David Ruelle and Floris Takens, "On the Nature of Turbulence," *Communications in Mathematical Physics* 20(1971), pp.167~192; 뤼엘의 다른 중요한 논문으로는 다음을 참조. "Turbulent Dynamical Systems," *Proceedings of the International Congress of Mathematicians*, 16~24 August 1983, Warsaw, pp.271~286; "Five Turbulent Problems," *Physica* 7D(1983), pp.40~44; and "The Lorenz Attractor and the Problem of Turbulence," in *Lecture Notes in Mathematics* No. 565(Berlin: Springer Verlag, 1976), pp.146~158.

183   **죽음을 앞둔 ～ 이야기가 있다**   이 이야기에는 다양한 버전이 있다. 오스재그는 하이젠베르크 대신에 네 명을 넣어 다음과 같이 말한다. "하느님이 실제로 이 네 사람에게 답을 주었다면, 답은 아마 이 네 사람 모두 다를 것이다."

186   **하지만 이런 균질성의 ～ 것을 알았다**   뤼엘. 또한 다음을 참조. "Turbulent Dynamical Systems," p.281.

187   **란다우가 유체역학에 ～ 인정받고 있다**   L. D. Landau and E. M. Lifshitz, *Fluid Mechanics*(Oxford: Pergamon, 1959).

188   **이러한 운동에는 진동 ～ 등이 있다**   말커스.

197   **실험이 이론을 확인하는 데 실패한 것이다**   J. P. Gollub and H. L. Swinney, "Onset of Turbulence in a Rotating Fluid," *Physical Review Letters* 35(1975), p.927. 이 최초의 실험은 회전하는 실린더 사이에서 발생하는 흐름들에 대한 몇몇 매개변수를 변화시

킴으로써 발생할 수 있는 복잡한 공간적 행태를 평가할 수 있는 문을 연 것에 그쳤다. 이후 몇 년간 "코르크마개 잔물결"에서부터 "물결 모양의 유입과 유출" 그리고 "침투하는 나선"까지 여러 패턴들이 확인되었다. 이에 대한 요약으로는 다음을 참조. C. David Andereck, S. S. Liu, and Harry L. Swinney, "Flow Regimes in a Circular Couette System with Independently Rotating Cylinders," *Journal of Fluid Mechanics* 164(1986), pp.155~183.

199 뤼엘은 연구소에서 객원 연구원으로 ~ 1971년 발표한다 "On the Nature of Turbulence."

199 15년이 지난 후에도 여전히 의견이 분분하다 이들은 곧 자신들의 아이디어가 이미 러시아 문헌에 이미 등장했었다는 것을 발견한다. 그들은 이렇게 썼다. "다른 한편 난류에 대해 우리가 내놓은 수학적 해석은 우리가 단독으로 내놓은 것으로 보였다." "Note Concerning Our Paper On the Nature of Turbulence," *Communications in Mathematical Physics* 23(1971), pp.343~344.

200 신에게 이 빌어먹을 ~ 경우가 자주 있다 "Strange Attractors," p.131.

203 캘리포니아대 수학자 몇 명 Ralph H. Abraham and Christopher D. Shaw, *Dynamics: The Geometry of Behavior*(Santa Cruz: Aerial: 1984).

205 오늘날 우리가 이해하고 있는 ~ 무슨 이유에서일까 Richard P. Feynman, *The Character of Physical Law*(Cambridge, Mass.: The M.I.T. Press, 1967), p.57.

207 우리의 견해에 대해 ~ 이단시했습니다 "Turbulent Dynamical Systems," p.275.

207~208 에드워드 로렌츠는 ~ 그림을 실었다 "Deterministic Nonperiodic Flow," p.137.

209 각자 나선형 궤도를 포함하고 ~ 조화시키기는 어렵다 *Ibid.*, p.140.

210 몇 년 후 뤼엘은 ~ 실망감을 안고 돌아온다 뤼엘.

210 당신이 발견한 것은 ~ 만들지 말라 전기회로를 연구하던 우에다가 자신의 초

창기 발견에 대해 쓴 것으로는 다음을 참조. "Random Phenomena Resulting from Nonlinearity in the System Described by Duffing's Equation," in *International Journal of Non-Linear Mechanics* 20(1985), pp.481~491. 아울러 우에다의 연구 동기와 동료들의 냉담한 반응에 대해서는 후기와 스튜어트와의 개인적 대화에 따른 것이다.

212 가장 간단해서 가장 명쾌한 이상한 끌개 에농이 자신의 발견에 대해 쓴 글로는 다음을 참조. "A Two-Dimensional Mapping with a Strange At-tractor," in *Communications in Mathematical Physics* 50(1976), pp.69~77, and Michel Hénon and Yves Pomeau, "Two Strange Attractors with a Simple Structure," in *Turbulence and the Navier-Stokes Equations,* ed. R. Teman(New York: Springer-Verlag, 1977).

214 태양계는 안정적일까 위즈덤.

215 더 많은 실험의 자유를 ~ 잊어야 합니다 Michel Hénon and Carl Heiles, "The I Applicability of the Third Integral of Motion: Some Numerical Ex II periments," *Astronomical Journal* 69(1964), p.73.

219 놀라운 일이 벌어졌다 "The Applicability," p.76.

219 수학적 증명이 필요했다 *Ibid.,* p.79.

220 에농은 마침 그곳을 방문한 한 물리학자에게서 이 물리학자는 이브 포모였다.

220 대체로 천문학자들은 ~ 분산계는 깔끔하지가 않다 에농.

224 수많은 주식시장 ~ 사람들도 있었다 램지를 말한다.

225 나는 이상한 끌개의 ~ 바로 거기에 있다 "Strange Attractors," p.137.

제6장 보편성

229 우리는 거품 조각이나 ~ 느낄 수 있다 보편성에 대해 쓴 파이겐바움의 결

정적 논문으로는 다음을 참조. Feigenbaum. "Quantitative Unversality for a Class of Nonlinear Transformations," *Journal of Statistical Physics* 19(1978), pp.25~52, and "The Universal Metric Properties of Nonlinear Transformations," *Journal of Statistical Physics* 21(1979), pp.669~706; 비록 수학적 지식이 필요하긴 하지만 다소 쉽게 접근할 수 있는 글로는 파이겐바움이 쓴 다음 글 참조. "Universal Behavior in Nonlinear Systems," *Los Alamos Science* 1(Summer 1981), pp.4~27. 또한 파이겐바움의 미출간 회고록도 참고했다. "The Discovery of Universality in Period Doubling."

237 **끊임없는 운동과 이해할 수 없는 인생의 혼잡함** 구스타프 말러가 막스 마쇼크에게 쓴 편지.

239 **자연은 미묘한 평형과 ~ 조건들이 생겨나고 있다** 현재 괴테의『색채론』은 여러 판본이 있다. 나는 괴테의 색채론을 훌륭하게 설명한 다음 책을 참조했다. *Goethe's Color Theory*, ed. Rupprecht Matthaei, trans. Herb Aach(New York: Van Nostrand Reinhold, 1970); 더 읽을 만한 자료로는 딘 주드의 뛰어난 해설이 있는 다음 책을 참조. *Theory of Colors*(Cambridge, Mass.: The M.I.T. Press, 1970).

243 **짧은 카오스의 역사에서 이 단순해 보이는 방정식** 울람과 폰 노이만은 유한 디지털 컴퓨터로 무작위적 숫자들을 발생시키는 문제를 해결하기 위해 이 방정식의 카오스적 성질을 이용한 적이 있었다.

243 **메트로폴리스와 폴 슈타인 그리고 미런 슈타인은 ~ 보았다** 울람과 폰노이만에서 요크와 파이겐바움으로 이어지는 길을 다룬 논문으로는 다음이 유일하다. "On Finite Limit Sets for Transformations on the Unit Interval," *Journal of Combinatorial Theory* 15(1973), pp.25~44.

244 **기후가 존재하는 것일까** "The Problem of Deducing the Climate from the Governing Equations," *Tellus* 16(1964), pp.1~11.

247 **일부 기상학자들은 ~ 하얀 지구 기후라 부른다** 마나베.

251 **R과 L의 똑같은 ~ 순서로 나타났다** "On Finite Limit Sets," pp.30~31. 결정적

힌트는 다음과 같다. "이러한 패턴들은 (……) 명백히 관련이 없는 네 가지 변형의 공통 성질은 패턴의 연속이 광범위한 사상들의 일반적 성질이라는 점을 암시한다. 때문에 우리는 이러한 패턴들의 연속을 U-연속이라 부르고, 여기서 U는(좀 과장해서) '보편적'이라는 걸 상징한다." 하지만 수학자들은 보편성이 실제 수들로 확장된다는 상상은 결코 하지 않는다. 수학자들은 거기에 숨겨진 기하학적 관계를 관찰하지 않은 채 84개의 다른 매개변수 값(각각의 매개변수는 소수점 7자리까지 가진다)으로 된 표를 만든다.

259   **친구들은 그가 담배에서 ~ 생각했다**   비타노비츠의 말이다.

260   **이제 갑자기 진동수들이 연역적으로 ~ 것이다**   포드.

260   **로스앨러모스에서의 연구 업적으로 ~ 명성과 부를 얻었다**   맥아더 펠로우십과 1986년 물리학에서 울프상을 수상했다.

263   **파이겐바움학**   다이슨.

264   **우리가 제대로 ~ 다행스럽고도 충격적이다**   길무어의 말이다.

264   **하지만 비타노비츠는 ~ 핑계를 댔다**   비타노비츠.

264   **보편성 이론은 ~ 수학적 언어로 증명된다**   설령 증명이 정통적인 것은 아니었지만 엄청난 양의 수치 계산에 의존했고, 따라서 컴퓨터를 사용하지 않고서는 증명이 이뤄지거나 검토될 수 없었다. 랜퍼드; Oscar E. Lanford, "A Computer Assisted Proof of the Feigenbaum Conjectures," *Bulletin of the American Mathematical Society* 6(1982), p.427; 또한 다음을 참조. P. Collet, J. P. Eckmann, and O. E. Lanford, "Universal Properties of Maps on an Interval," *Communications in Mathematical Physics* 81(1980), p.211.

264   **선생, 지금 여기서 수치를 ~**   Feigenbaum; "The Discovery of Universality," p.17.

264   **1977년 여름, 두 물리학자 조지프 포드와 ~ 주관했다**   포드, 파이겐바움, 레보비츠.

273   **알베르가 원숙해지고 있다**   리브샤베르, 카다노프.

273   **전쟁 통에도 살아남을 수 있었다**   리브샤베르.

275   **작은 상자 속의 헬륨**   Albert Libchaber, "Experimental Study of Hydrodynamic Instabilities. Rayleigh–Benard Experiment: Helium in a Small Box," in *Nonlinear Phenomena at Phase Transitions and Instabilities*, ed. T. Riste(New York: Plenum, 1982), p.259.

275   **실험실은 파리 에콜 폴리테크니크 ～ 있었다**   리브샤베르, 파이겐바움.

282   **끊임없이 흐르면서도 ～ 흐르고 있다**   Wallace Stevens, "This Solitude of Cataracts," *The Palm at the End of the Mind*, ed. Holly Stevens(New York: Vintage, 1972), p.321.

283   **단단한 것의 부드러운 피어오름**   "Reality Is an Activity of the Most August Imagination," *Ibid.*, p.396.

285   **차가운 물 자체가 제방 구실을 하는**   Theodor Schwenk, *Sensitive Chaos*(New York: Schocken, 1976), p.19.

285   **슈벵크의 '전형적 원리'**   *Ibid.*

286   **실제 운동할 때만 ～ 물의 전체 표면이다**   *Ibid.*, p.16.

286   **비평형성은 ～ 경계에서 생명이 꽃핀다**   *Ibid.*, p.39.

286~287   **모든 에너지 법칙 ～ 생각하지 않는다**   D'Arcy Wentworth Thompson, *On Growth and Form*, J. T. Banner, ed.(Cambridge: Cambridge University Press, 1961), p.8.

288   **영어로 기록된 ～ 가장 훌륭한 작품**   *Ibid.*, p.Vlii.

288~289   **모든 패턴이 하나의 ～ 거의 없었다**   Stephen Jay Gould, *Hen's Teeth and Horse's Toes*(New York: Norton, 1983), p.369.

291   **심층에 자리한 성장이라는 리듬**   *On Growth and Form*, p.267.

291 **힘으로 설명하는 에너지 작용의 해석** *Ibid.*, p.114.

293 **이 장치가 매우 민감하게 ~ 성공했다고 말했다** 캠벨.

295 **하지만 이제 계가 4초마다 ~ 새로운 진동수가 나타났다** Libchaber and Maurer, 1980 and 1981. 또한 명쾌한 요약으로는 비타노비츠의 글 참조.

300 **불과 몇 년 지나지 않아 ~ 반복하여 일어났다** 문헌 또한 방대하다. 다양한 계에서 일어난 이론과 실험의 결합에 대한 요약으로는 다음을 참조. Harry L. Swinney, "Observations of Order and Chaos in Nonlinear Systems," *Physica* 7D(1983), pp.3~15; 스위니는 전자진동자와 화학진동자에서부터 훨씬 전문적인 실험에 이르기까지 카테고리를 나눠 참고문헌 목록을 제시하고 있다.

300 **많은 사람들에게 ~ 고안한 유체 모델이었다** Valter Franceschini and Clau-dio Tebaldi, "Sequences of Infinite Bifurcations and Turbulence in a Five-Mode Truncation of the Navier-Stokes Equations," *Journal of Statistical Physics* 21(1979), pp.707~726.

300 **1980년 유럽의 연구자 집단** P. Collet, J. P. Eckmann, and H. Koch, "Period Doubling Bifurcations for Families of Maps on Rn," *Journal of Statistical Physics* 25(1981), p.1.

제8장 카오스의 형상들

309 **유행에 민감한 파격적 ~ 가르치고 있었다** 허바드; 또한 다음도 참조. Adrien Douady, "Julia Sets and the Mandelbrot Set," in pp.161~173. 『프랙탈의 아름다움』의 본문은 뉴턴법에 대한 수학적 요약을 다루고 있긴 하지만, 이 장에서 논의되고 있는 복잡한 동역학의 다른 접점에 대해서도 다루고 있다.

310 **음, 3차방정식은 ~ 말씀드리지요** "Julia Sets and the Mandelbrot Set," p.170.

314 **다시 말해 두 색깔 사이의 경계가 ~ 아니었다** Hubbard; *The Beauty of Fractals*;

Peter H. Richter and Heinz-Otto Peitgen, "Morphology of Complex Boundaries," *Bunsen Gesellschaft fuer Physikalische Chemie* 89 1985, pp.575~588.

314 망델브로 집합은 ~ 가장 복잡한 대상이다 망델브로 집합과 자기가 직접 해 볼 수 있는 마이크로컴퓨터 프로그램을 쓰는 법에 관한 읽을 만한 자료로는 다음을 참조. A. K Dewdney, "Computer Recreations," *Scientific American*(August 1985), pp.16~32. 파이트겐과 리히터는『프랙탈의 아름다움』에서 가장 장엄한 그림들 중 몇 점과 함께 수학에 대한 상세한 리뷰를 싣고 있다.

318 두터운 구름 같은 ~ 있는 것도 많다 Julia Sets and the Mandelbrot Set," p.161.

318 1979년 망델브로는 ~ 발견한다 망델브로, 라프, 허바드. 망델브로가 관찰한 바를 설명한 것으로는 다음을 참조. "Fractals and the Rebirth of Iteration Theory," in *The Beauty of Fractals*, pp.151~160.

319~320 좀 더 자세히 ~ 끊어져버렸음을 느낀다 Mandelbrot; *The Beauty of Fractals*.

324 프랙탈적인 먼지들은 ~ '함께' 존재하지 않고 허바드.

330 프랙탈 유역 경계 요크; 전문적인 이야기를 듣고 싶은 사람들에게 좋은 자료로는 다음을 참조. Steven W. MacDonald, Celso Grebogi, Edward Ott, and James A. Yorke, "Fractal Basin Boundaries," *Physica* 17D(1985), pp.125~183.

332 그 누구도 제가 ~ 프랙탈 행태입니다 1986년 4월 10일 메릴랜드에서 열린 미국국립보건원 주관 '생물학적 동역학과 이론의학 전망' 학회에서 요크의 발표 참조.

332 통상 점들의 4분의 3 이상이 경계 위에 위치했다 요크.

333 안정과 파국 사이의 경계 이와 유사하게 엔지니어들에게 카오스를 소개하는 글에서 브루스 스튜어트와 톰슨은 이렇게 경고했다. "선형계 고유 반응에 익숙하기 때문에 안정성에 대한 잘못된 인식을 갖고 있는 분석가나 실험가는 모의실험이 안정적 주기의 평형 상태로 자리 잡으면(다른 초기조건에서 나온 결과를 신경 써서 탐구하지 않고) '유레카, 문제가 해결됐다'고 소리친다. 잠재해 있는 치명적 오류나 재앙을 피하기 위해 산업설계자들은 이들 시스템의 동역학적 반응을 완벽하게 탐구하기

위해 엄청난 노력을 기울여야만 한다. *Nonlinear Dynamics and Chaos*(Chichester: Wiley, 1986), p.xiii.

334 아마도 우리들은 ~ 할지도 모른다   *The Beauty of Fractals*, p.136.

334 반복되는 함수 계에 의한 프랙탈의 총체적 구성   예를 들어 다음을 참조. "Iterated Function Systems and the Global Construction of Fractals," *Proceedings of the Royal Society of London* A 399(1985), pp.243~275.

제9장 동역학계 집단

343 산타크루스   파머, 쇼, 크러치필드, 패커드, 버크, 노인베르크, 에이브러험, 구켄하이머. 정보이론을 카오스에 적용한 로버트 쇼의 핵심 저작으로는 다음을 참조. *The Dripping Faucet as a Model Chaotic System*(Santa Cruz: Aerial, 1984), 더불어 다음도 참조. "Strange Attractors, Chaotic Behavior, and Information Theory," *Zeitschrift fuer Naturforschung* 36a(1981), p.80. 몇몇 산타크루스 학생들의 룰렛 실험에 대한 것으로는 다음을 참조. Thomas Bass, *The Eudemonic Pie*(Boston: Houghton Mifflin, 1985). Spiegel.

345 우주의 부정맥   Edward A. Spiegel, "Cosmic Arrhythmias," in *Chaos in Astrophysics*, J. R. Buchler et al., eds.(New York: D. Reidel, 1985), pp.91~135.

347 프로그래머들은 여러 회로를 ~ 모의실험한다   쇼, 크러치필드, 버크.

350 도인 파머   룰렛 프로젝트에 대해서 그룹 멤버들이 함께 쓴 『행복의 파이[The Eudemonic Pie]』에서 주연은 파머고, 패커드는 조연이다.

351 미국의 다른 대학교와 ~ 차지하고 있었다   버크, 파머, 크러치필드.

359 정보이론은 철학이 ~ 창안했다   고전적 텍스트이기는 하지만 여전히 꽤 읽을 만한 자료로는 다음을 참조. Claude E. Shannon and Warren Weaver, *The Mathematical Theory of Communication*(Urbana: University of Illinois, 1963), 위버가 쓴 유용한

서문도 참조.

361 통신이론에서 ~ 흥분이 느껴질 것이다 *Ibid.*, p.13.

364 자신의 논문을 자코 논문 공모전에 보냈다 보낸 논문은 「이상한 끌개, 카오스적 행태와 정보의 흐름」이다.

366 콜모고로프와 야샤 시나이가 ~ 이미 했던 것이다 사나이와의 개인적 대화.

369 산타크루스 그룹이 나중에 ~ 찾아볼 수 없었다 파머; 인간의 면역체계에 대한 동역학적 접근, 즉 신체의 '기억' 능력이나 패턴을 창조적으로 인식하는 능력에 대한 동역학적 접근은 다음 논문을 참조. J. Doyne Farmer, Norman H. Packard, and Alan S. Perelson, "The Immune System, Adaptation, and Machine Learning," preprint, Los Alamos National Laboratory, 1986.

369 중요한 변수 가운데 하나가 흐름의 속도이다 *The Dripping Faucet*, p.4.

370 고도의 컴퓨터 계산 *Ibid.*

374 뤼엘과 함께 이상한 끌개를 ~ 닦아놓았다 수많은 다양한 분야에서 실험기법의 중추가 된 이런 방법은 산타크루스 연구자들과 다른 실험가들 및 이론가들에 의해 엄청나게 세련되고 확장되었다. 산타크루스 연구자들이 내놓은 논문 중 중요한 것으로는 다음을 참조. Norman H. Packard, James P. Crutchfield, J. Doyne Farmer, and Robert S. Shaw [the canonical byline list], "Geometry from a Time Series," *Physical Review Letters* 47(1980), p.712. 이 주제를 다룬 플로리스 타켄스의 가장 영향력 있는 논문으로는 다음을 참조. Floris Takens was "Detecting Strange Attractors in Turbulence," in *Lecture Notes in Mathematics* 898, D. A. Rand and L. S. Young, eds.(Berlin: Springer Verlag, 1981), p.336. 초창기 논문이긴 하지만 위상공간 투영법의 재구성에 대한 꽤 폭넓은 논의로는 다음을 참조. Harold Froeh ling, James P. Crutchfield, J. Doyne Farmer, Norman H. Packard, and Robert S. Shaw, "On Determining the Dimension of Chaotic Flows," *Physica* 3D(1981), pp.605~617.

375 몇 년 후 일부 교수들 ~ 부인했다 예를 들면 노인베르크 교수가 있다.

376 **게다가 멤버들은 교묘한 ~ 관심을 갖고 있었다** 학생들이 사상을 완전히 무시한 것은 아니다. 메이의 연구에 고무된 크러치필드는 1978년 분기 다이어그램을 만들기 위해 엄청난 노력을 기울였다. 컴퓨터 센터의 플로터를 사용할 수 없었지만, 수천 개의 점을 찍느라 무수한 펜들이 망가졌다.

379 **카오스에 관한 논문이 ~ 실리게 되었다** Bernardo A. Huberman and James P. Crutchfield, "Chaotic States of Anharmonic Systems in Periodic Fields," *Physical Review Letters* 43(1979), p.1743.

380 **파머는 그룹 정신을 ~ 화를 냈다** 크러치필드.

380 **기상 전문가들은 ~ 놓고 토론했다** 이를테면 『네이처』에서는 아직도 논쟁 중이다.

380 **주식시장 자료를 분석하는 경제학자** 램지를 말한다.

380 **프랙탈 차원, 하우스도르프 차원** J. Doyne Farmer, Edward Ott, and James A. Yorke, "The Dimension of Chaotic Attractors," *Physica* 7D(1983), pp.153~180.

380 **끌개의 속성을 ~ 필요한 정보량** *Ibid.*, p.154.

제10장 내적 리듬

386 **버나도 후버만은 이론생물학자와 ~ 있음을 깨달았다** 1986년 메릴랜드에서 열린 '생물학적 동역학과 이론의학의 전망' 학회에서 후버만과 만델이 발표한 내용과 인터뷰 참조. 또한 다음 논문도 참조. Bernardo A. Huberman, "A Model for Dysfunctions in Smooth Pursuit Eye Movement," preprint, Xerox Palo Alto Research Center, Palo Alto, California.

392 **세 가지가 있다. ~ 생겨났는지 가르쳐준다** 가이아 가설에 대한 상상력 넘치는 동역학적 관점, 즉 어떻게 지구의 복잡한 시스템이 스스로를 제어하고, 의도적인

의인화가 놓치는 것은 무엇인지에 대한 개괄적 설명으로는 다음을 참조. 제임스 러브록, 『가이아』, 홍욱희 옮김, 갈라파고스, 2004.

394　연구자들은 신체를 ~ 인식하기 시작했다　다소 임의적이긴 하지만 생리학적 주제에 대한 참고문헌을 모아보면 다음과 같다. Ary L. Goldberger, Valmik Bhargava, and Bruce J. West, "Nonlinear Dynamics of the Heartbeat," *Physica* 17D(1985), pp.207~214. Michael C. Mackay and Leon Glass, "Oscillation and Chaos in Physiological Control Systems," Science 197(1977), p.287. Mitchell Lewis and D. C, Rees, "Fractal Surfaces of Proteins," *Science* 230(1985), pp.1163~1165. Ary L. Goldberger, et al., "Nonlinear Dynamics in Heart Failure: Implications of Long-Wavelength Cardiopulmonary Oscillations," *American Heart Journal* 107(1984), pp.612~615. Teresa Ree Chay and John Rinzel, "Bursting, Beating, and Chaos in an Excitable Membrane Model," *Biophysical Journal* 47(1985), pp.357~366. 특히 이런 논문을 모아놓은 것 중에 유익하고 폭넓은 것으로는 다음을 참조. *Chaos*, Arun V. Holden, ed.(Manchester: Manchester University Press, 1986).

395　우리 모두를 흥분시킬 동역학계　Ruelle, "Strange Attractors," p.48.

398　1980년대 중반 뉴욕 대학교 쿠랑연구소의 ~ 시작했다　페스킨; David M. McQueen and Charles S. Peskin, "Computer-Assisted Design of Pivoting Disc Prosthetic Mitral Valves," *Journal of Thoracic and Cardiovascular Surgery* 86(1983), pp.126~135.

398　겉보기에는 건강한 심장이 ~ 높았다　코언.

401　윈프리는 생리학적 ~ 개척하기 시작했다　윈프리가 생물학적 계의 기하학적 시간에 대한 자신의 관점을 전개한 도발적이고 아름다운 책으로는 다음이 있다. *When Time Breaks Down: The Three-Dimensional Dynamics of Electrochemical Waves and Cardiac Arrhythmias*(Princeton: Princeton University Press, 1987); 이를 심장의 박동에 적용한 리뷰 논문으로는 다음을 참조. Arthur T. Winfree, "Sudden Cardiac Death: A Problem in Topology," *Scientific American* 248(May 1983), p.144.

404 할머니는 마치 오픈카를 ～ 든다고 말했다   스트로가츠; Charles A. Czeisler, et al., "Bright Light Resets the Human Circadian Pacemaker Independent of the Timing of the Sleep-Wake Cycle," *Science* 233(1986), pp.667~670. Steven Strogatz, "A Comparative Analysis of Models of the Human Sleep-Wake Cycle," preprint, Harvard University, Cambridge, Massachusetts.

405 마인즈는 그 장치를 ～ 죽고 말았다   "Sudden Cardiac Death."

405 물론 이 일에는 재간이 필요하다   아이데커.

407 전에 수학적 연구나 ～ 나타난다고 할 수 있다   Michael R. Guevara, Leon Glass, and Alvin Schrier, "Phase Locking, Period-Doubling Bifurcations, and Irregular Dynamics in Periodically Stimulated Cardiac Cells," *Science* 214(1981), p.1350.

410 정상적으로 진동하던 ～ 진동하기 시작한다   Leon Glass and Michael C. Mackay, "Pathological Conditions Resulting from Instabilities in Physiological Control Systems," *Annals of the New York Academy of Sciences* 316(1979), p.214.

412 다양한 축척과 ～ 반복적인 과정이다   Ary L. Goldberger, Valmik Bhargava, Bruce J. West, and Arnold J. Mandell, "Some Observations on the Question: Is Ventricular Fibrillation 'Chaos,'" preprint.

413 만델은 가장 보편적으로 ～ 평가를 내렸다   Arnold J. Mandell, "From Molecular Biological Simplification to More Realistic Central Nervous System Dynamics: An Opinion," in *Psychiatry: Psychobiological Foundations of Clinical Psychiatry* 3:2, J. O. Cavenar, et al., eds.(New York: Lippincott, 1985).

413 배후에 깔려 있는 ～ 화학적 교환기쯤으로 생각한다   *Ibid.*

418 시스템의 동역학   후버만.

418 사고思考를 경계가 흐릿한   Bernardo A. Huberman and Tad Hogg, "Phase Transitions in Artificial Intelligence Systems," preprint, Xerox Palo Alto Research Center, Palo Alto, California, 1986. 또한 다음도 참조. Tad Hogg and Bernardo

A. Huberman, "Understanding Biological Computation: Reliable Learning and Recognition," *Proceedings of the National Academy of Sciences* 81(1984), pp.6871~6875.

418   '질서의 흐름'을 ~ 능력을 가지고 있다   Erwin Schrödinger, *What Is Life?*(Cambridge: Cambridge University Press, 1967), p.82.

419   지금까지 우리는 물리학에서 ~ 진부해 보인다   *Ibid.*, p.5.

제11장 카오스와 그 너머

427   그렇다고 카오스라는 용어 ~ 이뤄진 것은 아니다   Holmes, *SIAM Review*28, p.107; Hao, *Chaos*(Singapore: World Scientific, 1984), p.i; Stewart, "The Geometry of Chaos," in *The Unity of Science, Brookhaven Lecture Series*, No. 209(1984), p.1; Jensen, "Classical Chaos," *American Scientist*(April 1987); 크러치필드와의 개인적 대화; Ford, "Book Reviews," *International Journal of Theoretical Physics* 25(1986), No.1.

429   열역학 법칙들을 ~ 보일 것이다   *Gaia*, p.125.

430   열역학을 심도 있게 연구하는 ~ 알고 있다   P. W. Atkins, *The Second Law*(New York: W. H. Freeman, 1984), p. 179. 이 훌륭한 최근 저작은 카오스 계에서 소산의 창조적 힘을 탐구하는 제2법칙의 설명으로 몇 안 되는 것들 중 하나다. 열역학과 동역학계 사이의 관계에 대한 아주 개성 넘치고 철학적인 시각을 보여주는 것으로는 다음을 참조. 일리야 프리고진, 『혼돈으로부터의 질서』, 신국조 옮김, 자유아카데미, 2011.

431   지금은 눈송이의 각뿔과 ~ 사실이 알려졌다   랑거; 동역학적 눈송이를 다룬 최근 문헌은 아주 많다. 가장 유용한 것으로는 다음을 참조. James S. Langer, "Instabilities and Pattern Formation," *Reviews of Modern Physics*(52) 1980, pp.1~28; Johann Nittmann and H. Eugene Stanley, "Tip Splitting without Interfacial Tension

and Dendritic Growth Patterns Arising from Molecular Anisotropy", *Nature* 321(1986), pp.663~668; David A. Kessler and Herbert Levine, "Pattern Selection in Fingered Growth Phenomena," to appear in *Advances in Physics*.

435　**나뭇가지 결정의 ~ 유기체를 보았던 것이다**　골룹, 랑거.

435　**대류에서 관찰되는 이상한 형태의 ~ 연구했다**　패턴 형성에 대한 연구 중 이런 경로에 대한 흥미로운 사례는 다음을 참조. P. C. Hohenberg and M. C. Cross, "An Introduction to Pattern Formation in Nonequilibrium Systems," preprint, AT&T Bell Laboratories, Murray Hill, New Jersey.

435　**천문학에서 카오스 ~ 중력 불안정을 이용한다**　위즈덤; Jack Wisdom, "Meteorites May Follow a Chaotic Route to Earth," *Nature* 315(1985), pp.731~33, and "Chaotic Behavior and the Origin of the 3/1 Kirkwood Gap," *Icarus* 56(1983), pp.51~74.

435　**그러한 모델을 ~ 알게 된다**　파머와 패커드는 이렇게 말했다. "적응적 행태는 단순한 구성요소들의 상호작용을 통해 자연스럽게 발생하는 창발적 성질이다. 이러한 요소들이 뉴런이건 아미노산이건, 개미건, 비트 열이건, 적응은 전체의 집합적 행태가 개별적 부분들의 총합의 행태와 질적으로 구분될 때만 발생할 수 있다. 이것이 바로 비선형성에 대한 정의다." "Evolution, Games, and Learning: Models for Adaptation in Machines and Nature," 1985년 로스앨러모스 비선형연구센터에서 열린 회의록 서문.

435　**진화란 피드백 구조를 가진 카오스다**　"What Is Chaos?" p.14.

436　**과학계가 더 이상 변칙들을 외면할 수 없게 되는**　*Structure*, p.5.

439　**흥미진진하면서도 약간은 위협적인**　William M. Schaffer, "Chaos in Ecological Systems: The Coals That Newcastle Forgot," *Trends in Ecological Systems* 1(1986), p.63.

439　**생태학에서 기본 개념들로 ~ 비선형적 폭풍이다**　William M. Schaffer and Mark Kot, "Do Strange Attractors Govern Ecological Systems?" *Bio−Science* 35(1985), p.349.

439　섀퍼는 이상한 끌개를 ~ 연구했다　예를 들어 다음을 참조. William M. Schaffer and Mark Kot, "Nearly One Dimensional Dynamics in an Epidemic," *Journal of Theoretical Biology* 112(1985), pp.403~427.

440　몇 년 후 애리조나 ~ 산타카타리나 산맥으로 갔다　섀퍼; 또한 윌리엄 섀퍼의 다음 미출간 논문도 참조. William M. Schaffer, "A Personal Hejeira.

찾아보기